SCHÄFFER
POESCHEL

Ingo Balderjahn / Günter Specht

Einführung in die Betriebswirtschaftslehre

8., überarbeitete Auflage

2020
Schäffer-Poeschel Verlag Stuttgart

Prof. Dr. Ingo Balderjahn, Seniorprofessur für Betriebswirtschaftslehre mit dem Schwerpunkt Marketing, Universität Potsdam;
Prof. Dr. Dr. h. c. mult. Günter Specht leitete das Institut für Betriebswirtschaftslehre, insbesondere Technologiemanagement und Marketing, an der Technischen Universität Darmstadt.

Dozenten finden ergänzende Unterlagen zu diesem Lehrbuch unter www.sp-dozenten.de

Bibliografische Information der Deutschen Nationalbibliothek
Die Deutsche Nationalbibliothek verzeichnet diese Publikation in der Deutschen Nationalbibliografie; detaillierte bibliografische Daten sind im Internet über http://dnb.d-nb.de abrufbar.

Print	ISBN 978-3-7910-4523-8	Bestell-Nr. 20016-0003
EPDF	ISBN 978-3-7910-4524-5	Bestell-Nr. 20016-0152

www.schaeffer-poeschel.de
service@schaeffer-poeschel.de

Bildnachweis (Cover): © Pressmaster, shutterstock
Produktmanagement: Alexander Kühn
Satz: Claudia Wild, Konstanz
März 2020

Schäffer-Poeschel Verlag Stuttgart
Ein Unternehmen der Haufe Group

Vorwort zur achten Auflage

Die achte Auflage wurde inhaltlich aktualisiert und überarbeitet. Darüber hinaus ist die Übersichtlichkeit, Lesbarkeit und Verständlichkeit des Buches weiter verbessert worden. Lernziele, Kontrollfragen und Aufgaben runden das Lehrbuch ab. Die bewährte Konzeption dieses Lehrbuchs, in kompakter Form, prägnant, übersichtlich, gut lesbar und verständlich an vielen Stellen auch kritisch reflektierend das einschlägige, moderne betriebswirtschaftliche Grundlagenwissen auf anspruchsvollem Niveau dem Leser und der Leserin zu vermitteln, wurde weiter optiomiert.

Der Grad der Komplexität von Managementaufgaben in Unternehmen hat in den letzten Jahren weiter zugenommen. Globalisierung von Wertschöpfungsketten und Wettbewerb, beschleunigte Durchdringung digitalisierter Systeme in allen gesellschaftlichen und wirtschaftlichen Bereichen sowie die fortschreitende, ungebremste, die menschliche Existenz bedrohende Zerstörung des Klimas, der Umwelt und der Biodiversität prägen die aktuellen und zukünftigen Herausforderungen unternehmerischer Entscheidungen. Das vorliegende Buch kann diese großen Herausforderungen der Betriebswirtschaftslehre nicht in Tiefe behandeln, aber immer wieder an bestimmten Stellen auf die ethische und moralische Verantwortung von Unternehmen hinweisen.

Das Lehrbuch eignet sich besonders gut als ergänzendes Lehrmittel in einführenden Veranstaltungen zur Betriebswirtschaftslehre an Universitäten, Fachhochschulen und anderen höheren Bildungsinstitutionen. Dabei werden nicht nur die Bachelor-Studiengänge der Betriebswirtschaftslehre, Ökonomie und des Wirtschaftsingenieurwesens angesprochen, sondern auch andere Studiengänge mit Betriebswirtschaftslehre als Nebenfach sowie weiterbildende Studiengänge. Aber auch Personen aus Wirtschaft, Politik, Kultur und Gesellschaft, die an den Grundlagen der Betriebswirtschaftslehre interessiert sind, werden es wegen der Verständlichkeit, Übersichtlichkeit und Nachvollziehbarkeit zu schätzen wissen. Darüber hinaus kann das Buch auch sehr gut dem Selbststudium dienen.

Potsdam und Berlin, im Dezember 2019
Ingo Balderjahn

Darmstadt, im Dezember 2019
Günter Specht

Vorwort zur ersten Auflage

Die Grundlagen für diesen Text wurden an der Technischen Hochschule Darmstadt in einer einsemestrigen Vorlesung mit dem Titel »Einführung in die Betriebswirtschaftslehre« geschaffen, die sich in erster Linie an Wirtschaftsingenieure, Wirtschaftsinformatiker und Ingenieure richtete. Ziel dieser Veranstaltung war es, in knapper, kompakter Form einen umfassenden Überblick über die Inhalte dieses Fachs zu geben. Diesem Anspruch folgt auch das vorliegende Buch. Kurz und bündig – aber anspruchsvoll – soll das Buch Leser ansprechen, die an einer Einführung interessiert sind, die sowohl wissenschaftliche als auch praktische Problemstellungen und -lösungen aufgreift. Inhaltlich steht das aktuelle Grundwissen der Betriebswirtschaftslehre im Vordergrund. Dennoch sollten und konnten einige Akzente gesetzt werden. So wurden beispielsweise Fragen des F&E-, Innovations- und Technologiemanagements relativ größere Beachtung geschenkt. als dies in den meisten einführenden Lehrbüchern der Betriebswirtschaftslehre der Fall ist. Bemerkenswert ist weiterhin, dass die Behandlung von Produktionsfaktoren und Produktionsfunktionen nicht wie üblich im Rahmen der Erörterung fertigungswirtschaftlicher Fragen erfolgt, sondern betriebsfunktionsübergreifend in einem Abschnitt über die Betriebswirtschaft als produktives System. Damit wird dem Gedanken Rechnung getragen, dass in allen betrieblichen Funktionsbereichen Leistungen erstellt werden. In einer Zeit, in der Dienstleistungen immer wichtiger werden, kommt einer solchen Umorientierung in der Behandlung von Produktionsfaktoren und -funktionen programmatische Bedeutung zu. Hinsichtlich der wissenschaftstheoretischen Grundlegung in den ersten Kapiteln des Buches mag der eine oder andere Leser die Frage stellen, ob ein derartiges Thema in einer Einführung angebracht ist. Die Antwort kann unterschiedlich ausfallen. Jeder, der sich mit Problemen in Betrieben und in der Betriebswirtschaftslehre beschäftigt, sollte jedoch darüber nachdenken, warum und mit welchem Ziel er dies tut. Einen Anstoß dazu soll speziell die Diskussion von zentralen Aufgaben der Wissenschaft geben. Studenten des Wirtschaftsingenieurwesens haben mir bei der textlichen Überarbeitung meines Vorlesungsskriptums wertvolle Hilfe geleistet. An erster Stelle möchte ich cand. Wirtschaftsingenieur Matthias Beck danken, der mit großer Sorgfalt das Vorlesungsskriptum auf dem PC geschrieben und dabei zahlreiche Verbesserungen vorgenommen hat. Stud. Wirtschaftsingenieur Carsten Schildknecht und stud. Wirtschaftsingenieur Johannes Becker-Flügel haben in der Endphase der Textbearbeitung mitgeholfen und zahlreiche Schaubilder und Tabellen angefertigt. Auch dafür bedanke ich mich bestens.

Darmstadt, im März 1990 Günter Specht

Inhaltsverzeichnis

Abkürzungsverzeichnis

Abs.	Absatz
AktG	Aktiengesetz
Aufl.	Auflage
BetrVG	Betriebsverfassungsgesetz
BDA	Bundesvereinigung der Deutschen Arbeitgeberverbände
BDI	Bundesverband der Deutschen Industrie e. V.
BGB	Bürgerliches Gesetzbuch
CAD	Computer Aided Design
CAM	Computer Aided Manufacturing
CIM	Computer Integrated Manufacturing
CPM	Critical Path Method
DIW	Deutsches Institut für Wirtschaftsforschung
EMAS	Environmental (Eco-) Management and Audit Scheme
et al.	et alii (lat.) (und andere)
EStG	Einkommensteuergesetz
f.	folgende
ff.	fortfolgende
GbR	Gesellschaft bürgerlichen Rechts
GE	Geldeinheit
GmbHG	GmbH-Gesetz
GewSt	Gewerbesteuer
GuV	Gewinn- und Verlustrechnung
GWB	Gesetz gegen Wettbewerbsbeschränkungen
HGB	Handelsgesetzbuch
Hrsg.	Herausgeber
IFRS	International Financial Reporting Standards
IHK	Industrie- und Handelskammer
IuK	Information und Kommunikation
KMU	Kleine und mittelständische Unternehmen
ME	Mengeneinheit
NGO	Non-Governmental Organization (Nichtregierungsorganisation)
OECD	Organisation für wirtschaftliche Zusammenarbeit und Entwicklung
PPS	Produktionsplanung und -steuerung
SGF	Strategisches Geschäftsfeld
u. a.	und andere/unter anderem
u. U.	unter Umständen
vgl.	vergleiche
ZE	Zeiteinheit

1 Der Gegenstand der Betriebswirtschaftslehre

Lernziele

- Sie kennen das Erkenntnisobjekt der BWL und können es erläutern.
- Sie wissen, was unter Wirtschaften zu verstehen ist.
- Sie wissen, was ein Betrieb und was ein Haushalt ist.
- Sie wissen, was Menschenbilder sind und wozu sie in der BWL gebraucht werden.
- Sie wissen, was Wirtschaftsgüter sind und können sie klassifizieren.
- Sie kennen das Wirtschaftlichkeitsprinzip allgemein und in seinen beiden Formen.
- Sie können die Begriffe Effizienz und Effektivität voneinander abgrenzen.
- Sie können einen allgemeinen Produktionsprozess beschreiben und kennen unterschiedliche Arten an Produktionsfaktoren.
- Sie kennen die Produktivität und die Rentabilität als Effizienzkennziffern.

1.1 Betriebswirtschaftslehre in der Praxis

Unternehmen begegnen uns im täglichen Leben in unterschiedlicher Form. Dazu gehören einerseits große private *Industriebetriebe* wie Automobilhersteller (z. B. Volkswagen, Toyota), *Handelsbetriebe* (z. B. Aldi, Metro) und *Dienstleistungsunternehmen* wie Banken (z. B. Deutsche Bank, Commerzbank) und Versicherungen (z. B. Allianz, Iduna) sowie andererseits auch *mittelständische und kleinere Unternehmen* (z. B. Handwerksbetriebe, landwirtschaftliche Betriebe). Neben privat geführten Unternehmen gibt es auch Unternehmen, die in öffentlicher Hand stehen. Trotz aller Unterschiede im Leistungsangebot und in der Struktur dieser Unternehmen gibt es eine wesentliche Gemeinsamkeit: Alle Unternehmen bieten auf Märkten Produkte an, also Sach- und Dienstleistungen, die wir als Konsumenten zur Befriedigung unserer Bedürfnisse benötigen. Auch die Unternehmen selbst benötigen Materialien, Vorprodukte und Vorleistungen, um ihrerseits Güter herstellen zu können. Wirtschaftsgüter setzen sich meistens aus Sach- und Dienstleistungsanteilen zusammen. Eine Sachleistung, z. B. ein Pkw, ist immer mit einem Dienstleistungsangebot verbunden (z. B. Garantieleistungen, Kundendienst). Zur Verdeutlichung der Sachverhalte, mit denen sich die Betriebswirtschaftslehre auseinanderzusetzen hat, sollen exemplarisch die nachfolgenden Beispiele dienen.

Unternehmensgründung

Die Diskussion um die Förderung der Gründung innovativer Unternehmen nimmt in der Bundesrepublik breiten Raum ein. Durch spezielle Förderprogramme wird versucht, den »Existenzgründern« und »Startups« bei der Lösung typischer Gründungsprobleme zu helfen. Die Betriebswirtschaftslehre kann in vielfältiger Weise bei Unternehmensgründungen behilflich sein. Zu den Problemen der Unternehmensgründung gehören u. a.:

- Probleme bei der Erstellung des sogenannten *Business-Plans*, d. h. insbesondere bei der Beschreibung der Geschäftsidee und des Produktkonzepts, des Marktes (u. a. Marktpotenzial, Zielkunden, Wettbewerber), der Fähigkeiten des Gründers bzw. des Gründerteams, der Chancen und Risiken sowie des Finanzierungsbedarfs.
- Finanzierungsprobleme: Woher bekommt ein Existenzgründer das erforderliche Startkapital (z. B. Förderprogramme, Kredite, Venture-Capital, Business Angels)?
- Probleme mit gründungsrelevanten rechtlichen Vorschriften (z. B. Handelsrecht, Steuerrecht).
- Qualifikationsprobleme bei den Gründern, die oft entweder nur technisch oder nur kaufmännisch qualifiziert sind.
- Marketingprobleme: Über welchen einzigartigen Kundennutzen verfügt die Sach- oder Dienstleistung? Wie soll der Markt erschlossen werden (z. B. persönliche Kontakte, Werbung, Vertrieb)?
- Personalprobleme: Welche Qualifikationen von Mitarbeiterinnen und Mitarbeitern sind erforderlich?
- Raum- und Standortprobleme: Wo, in welchen Räumen, soll die Geschäftstätigkeit stattfinden?
- Probleme mit der Bürokratie (z. B. Erfordernis zahlreicher Behördengänge und Genehmigungen).

Insbesondere in der betriebswirtschaftlichen Teildisziplin *Entrepreneurship* erfolgt eine Behandlung von Unternehmensgründungen und Gründerpersönlichkeiten.

Diversifikation und Konzentration

Wenn von Diversifikation gesprochen wird, dann ist damit die Ausweitung der betrieblichen Tätigkeiten auf neuartige Leistungsbereiche des Unternehmens gemeint. Mit einer derartigen Diversifikationsstrategie versuchten insbesondere in den 1990er Jahren viele Unternehmen, sich durch weitere »Standbeine« in anderen Märkten weniger krisenanfällig zu machen oder dort neue Wachstumsmöglichkeiten zu erschließen. In der heutigen Zeit der Globalisierung sind allerdings häufiger Konzentrationstendenzen bei großen internationalen Unternehmen zu beobachten. Seit Mitte der 1980er Jahre diversifizierte der Automobilkonzern *Daimler-Benz* unter seinem damaligen Vorstandsvorsitzenden *Edzard Reuter* in die Bereiche Luftfahrt (»Deutsche Aerospace AG«, DASA) und Verkehrstechnik (»ADtranz«). Die »Deutsche Airbus GmbH« und die »Daimler-Benz Inter Services« (debis) wurden als Tochtergesellschaften gegründet. *Jürgen Schrempp*, der 1995 Reuter ablöste, trennte sich dann von vielen dieser Verlust bringenden Tochtergesellschaften und konzentrierte das Unternehmen wieder auf den Automobilbau. Zu dieser Strategie gehörte 1998 auch die Fusion mit Chrysler zu *DaimlerChrysler*, die im Jahr 2007 allerdings wieder rückgängig gemacht wurde. Auch *Siemens* befindet sich in einem schon lange andauernden Umbauprozess. Der traditionsreiche Mischkonzern fokussiert sich heute auf den Gebieten Elektrifizierung, Automatisierung und Digitalisierung. Der Bereich Healthcare (insbesondere Medizintechnik) wird eigenständig unter dem Dach von *Siemens* geführt. Unternehmensbereiche, die nicht dazu passten oder erwartete Renditeziele verfehlten, wie z. B. die Handysparte (ging an *BenQ*), das Netzgeschäft (wurde 2013 vollständig an *Nokia* verkauft), der Autozulieferer *Siemens VDO* (ging an Continental), der 50-Prozent-Anteil an *BSH Bosch und Siemens Hausgeräte* GmbH (ging 2014 vollständig an Bosch), wurden abgestoßen. Die *Preussag AG* wurde 1923 als Preußische Bergwerks- und Hütten-Aktiengesellschaft gegründet und hat sich nach mehrmaligem Umbau zuerst durch Diversifikation zu einem Mischkonzern und heute durch Konzentration zu einem Freizeitunternehmen entwickelt. Seit 2002 firmiert die *Preussag AG* unter *TUI AG*. Durch die Konzentration auf bestimmte Branchen bzw. Bereiche versuchen die Unternehmen, ihre Position auf diesen Märkten zu verbessern. Oft wird angestrebt, dort die Nummer 1 bzw. 2 zu werden. Gründe für die Diversifikation liegen in der Erschließung von Wachstumsmärkten und der Risikostreuung. Konzentrationen werden durchgeführt, um im globalen Wettbewerb mithalten zu können.

Krisenmanagement (»Turn Around«)

Krisen sind unerwartete, diskontinuierlich auftretende Störereignisse mit ungewisser Eintrittswahrscheinlichkeit und gravierendem Schadenspotenzial für das in die Krise geratene Unternehmen. Unternehmen können in Krisensituationen geraten, wenn

- keine strategische Frühaufklärung im Unternehmen implementiert ist,
- ihre Produkte nicht mehr wettbewerbsfähig sind und keine neuen, innovativen Produkte die alten Produkte ersetzen können,
- das Management eines Unternehmens (z. B. bei Korruptionsvorwürfen, menschenunwürdigen Produktionsbedingungen) oder seine Produkte (z. B. bei Sicherheitsmängeln, Umwelt- oder Klimaschädigung) in den Medien unter Druck geraten (z. B. bei öffentlichen Skandalen),
- die Wirtschaft im Allgemeinen oder eine spezielle Branche, zu der ein Unternehmen gehört, sich in einer Krise befindet.

In Krisensituationen entwickeln sich die Umsätze rückläufig und zusätzlich kann es zu finanziellen Belastungen (z. B. durch Schadensersatzansprüche) und Imageschäden kommen. Um eine Unternehmenskrise erfolgreich überwinden zu können,

- müssen die Ursachen der Krise identifiziert werden (z. B. ein Liquiditätsengpass),
- muss ein Krisenplan vorhanden sein, der angibt, wie sich ein Unternehmen vorstellt, aus der Krise herauszukommen (z. B. Gespräche mit der Bank führen, um die Finanzierung zu sichern),
- müssen im Rahmen eines Maßnahmen-Audit die erwarteten Wirkungen der getroffenen Maßnahmen zeitnah überprüft werden, um gegebenenfalls schnell Korrekturmaßnahmen einleiten zu können,
- muss eine professionelle Krisenkommunikation in den Dialog mit Anspruchsgruppen, insbesondere mit lokalen Behörden und den Medien, eintreten.

Fazit
Unternehmen bieten im Wettbewerb mit Konkurrenten Produkte auf nationalen und internationalen Märkten an. Der Markterfolg ist wesentlich davon abhängig, wie gut es dem Unternehmen gelingt, Produkte kundengerecht zu entwickeln und kostengünstig herzustellen. Das erfordert, dass an allen Stellen im Unternehmen wirtschaftlich, d. h. effizient, entschieden wird und dass arbeitsteilige Prozesse auf gesetzte Ziele ausgerichtet werden. Tätigkeiten im Unternehmen umfassen die Analyse und Planung wirtschaftlich relevanter Aspekte, das Treffen, Durchsetzen und Kontrollieren von Entscheidungen sowie Aufgaben der Organisation und Führung des Unternehmens als Ganzes und seiner einzelnen Funktions- und Geschäftsbereiche.

Zur Zukunftssicherung sollten die Unternehmen aus Krisen lernen und ihre Fähigkeiten, mit Krisen umzugehen (Krisenbereitschaft), verbessern.

1.2 Wirtschaften und Betriebe

Die Probleme und Fragestellungen, mit denen sich eine Wissenschaft beschäftigt, richten sich auf das sogenannte Erkenntnisobjekt. Das Erkenntnisobjekt der Betriebswirtschaftslehre sind wirtschaftliche Entscheidungen über knappe Güter in Betrieben (Wöhe et al. 2016, S. 33; Schweitzer 2009a, S. 52 ff.). Wirtschaftliches Entscheiden beinhaltet das Problem, menschliche Bedürfnisse zielorientiert mittels knapper Ressourcen möglichst optimal zu befriedigen. Hier ergibt sich ein *Spannungsverhältnis* zwischen den im Prinzip unbegrenzten menschlichen Bedürfnissen einerseits und den begrenzten bzw. knappen Gütern andererseits (Abb. 1-1). Dieses Spannungsverhältnis begründet ein Optimierungsproblem, das zum Wirtschaften zwingt. Nur knappe Ressourcen unterliegen dem Zwang zum Wirtschaften (vgl. Kap. 1.4). Sogenannte *freie Güter* wie die Luft zum Atmen stehen dem Menschen dagegen unbeschränkt (allerdings in unterschiedlichen Qualitäten) zur Verfügung.

Wirtschaften

Wirtschaften ist ein zentraler Begriff innerhalb der Betriebswirtschaftslehre. Er kann unterschiedlich definiert werden:

- Wirtschaften heißt zu entscheiden, welchen Bedürfnissen welche knappen Mittel zur Befriedigung zugewiesen werden.
- Wirtschaften ist das Disponieren über knappe Güter, die am Markt gehandelt werden und sich zur Befriedigung menschlicher Bedürfnisse eignen (Schierenbeck/Wöhle 2016, S. 3 f.).
- Wirtschaften heißt, über knappe Ressourcen in Betrieben zu entscheiden (Schweitzer 2009a, S. 52; Wöhe et al. 2016, S. 4).

Den Definitionen ist zu entnehmen, dass sich der *Wert eines Gutes* sowohl durch seine Fähigkeit zur Bedürfnisbefriedigung als auch durch die für die Beschaffung des Gutes

Abb. 1-1

Wirtschaftliche Entscheidungen im Spannungsfeld zwischen Bedürfnissen und Ressourcen

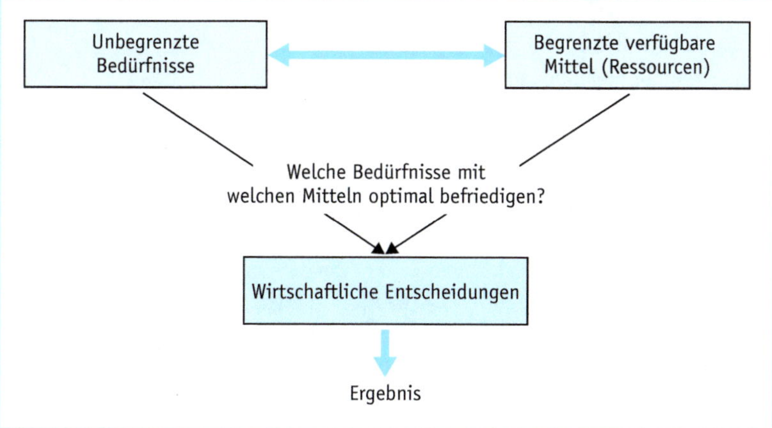

aufzubringenden knappen Mittel (oft finanzielle Mittel) ergibt. Nach einer noch heute in den Wirtschaftswissenschaften gängigen Auffassung wird das mit dem Streben nach Beseitigung eines wahrgenommenen Mangels verbundene Gefühl als *Bedürfnis* bezeichnet, und in der Beseitigung des Mangels besteht die Befriedigung des Bedürfnisses (Balderjahn 1995). Durch die Absicht, mit dem Erwerb von Wirtschaftsgütern (Sach- und Dienstleistungen) Bedürfnisse befriedigen zu wollen, entsteht ein *Bedarf*. Stehen ausreichend Geldmittel für einen Kauf dieser Güter zur Verfügung, so bildet sich eine marktwirksame Nachfrage. Die *Nachfrage* ist der durch die Fähigkeit zum Kauf *(Kaufkraft)* gestützte Bedarf. Je besser es einem Wirtschaftsgut gelingt, vorhandene Bedürfnisse zu befriedigen, desto höher ist die *Zufriedenheit* des Käufers mit diesem Produkt. Die Fähigkeit eines Produkts, menschliche Bedürfnisse zu befriedigen (sog. *Customer Value*), spiegelt sich in seinem Preis wider.

Entscheidungen über den Einsatz knapper Ressourcen zur menschlichen Bedürfnisbefriedigung werden von Wirtschaftseinheiten bzw. Wirtschaftssubjekten getroffen.

Wirtschaften definieren wir als der von Wirtschaftseinheiten gezielt und effizient durchgeführte Einsatz knapper Ressourcen zum Zwecke der Bedürfnisbefriedigung bzw. Bedarfsdeckung.

Betrieb

Zur Definition von Betrieben gibt es zwei unterschiedliche Auffassungen. Nach der ersten ist jede Wirtschaftseinheit ein Betrieb, unabhängig davon, ob in dieser Wirtschaftseinheit produziert oder konsumiert wird. Folgt man der zweiten Auffassung, so werden als Betriebe nur solche Wirtschaftseinheiten bezeichnet, deren Aufgabe es ist, Produkte zur Deckung eines Fremdbedarfs herzustellen (vgl. Wöhe et al. 2016, S. 27). Wirtschaftseinheiten, in denen es um die Eigenbedarfsdeckung geht (Haushalte), werden aus der Betriebswirtschaftslehre ausgeschlossen und einer speziellen *»Hauswirtschaftslehre«* zugeordnet. Wir folgen der zweiten Auffassung und definieren Betriebe wie folgt:

> *Betriebe* sind wirtschaftlich handelnde, soziale, technische und rechtliche Wirtschaftseinheiten mit der Aufgabe der Herstellung und des Verkaufs von Produkten zur Fremdbedarfsdeckung.

Erkenntnisobjekt der BWL

Da »Wirtschaften« in Betrieben stattfindet, kann der Betrieb einerseits als theoretisches Erkenntnisobjekt und andererseits als praktisches *Erfahrungsobjekt* der Betriebswirtschaftslehre aufgefasst werden (vgl. Wöhe et al. 2016, S. 33; Schneider 1987, S. 162). Es ist allerdings nicht ganz einfach, den wissenschaftlichen Aspekt von anderen, praktischen Aspekten abzugrenzen. Um den Objektbereich, also das, womit sich die Betriebswirtschaftslehre als Wissenschaft zu beschäftigen hat, genau erfassen zu können, werden sogenannte *Abgrenzungskriterien* bzw. *Auswahlprinzipien* verwendet (Wöhe et al. 2016, S. 33). Anhand dieser Kriterien kann überprüft werden, ob ein spezifisches Problem oder eine spezielle Fragestellung zur Wissenschaft der Betriebswirtschaftslehre gehört oder zu anderen Fachdisziplinen (vgl. Schweitzer 2009a, S. 50 f.). In der Literatur werden zur Abgrenzung des betriebswirtschaftlichen Erkenntnisobjektes neben dem Kriterium der Güterknappheit, die Gewinnmaximierung und die Kombination der Produktionsfaktoren als Abgrenzungskriterien genannt (vgl. Schweitzer 2009a, S. 50 ff.). Gegen die (langfristige) *Gewinnmaximierung* als Abgrenzungskriterium ist einzuwenden, dass Betriebe neben dem Gewinnstreben noch zahlreiche andere Ziele verfolgen (z. B. Marktanteilsziele). Und obwohl dem Ziel der Gewinnmaximierung große Bedeutung in der Wirtschaft zukommt, ist es oft nicht das dominante Ziel. Gemeinnützige, öffentliche Betriebe, die nicht nach Gewinn streben, würden nach diesem Abgrenzungskriterium nicht von der Betriebswirtschaftslehre erfasst werden. Das wäre nicht zweckmäßig. Zudem ist zu bedenken, dass eine strikte Ausrichtung am Gewinnziel politische, soziale und ökologische Belange vernachlässigen würde. Gegen die *Kombination der Produktionsfaktoren* im Rahmen der Fertigung als Abgrenzungskriterium spricht, dass sich das betriebliche Geschehen dann auf rein funktionale Zusammenhänge in Form technischer Input-Output-Beziehungen reduzieren würde, also nur auf einen Teilbereich wirtschaftlicher Problemstellungen (Schweitzer 2009a, S. 51). Hier wird der Auffassung gefolgt, dass das Wirtschaften, also das Entscheiden über knappe Güter in Betrieben, das Erkenntnisobjekt der Betriebswirtschaftslehre ist und die *Güterknappheit* das geeignete Abgrenzungskriterium darstellt (Schweitzer 2009a, S. 52).

> *Erkenntnisobjekt* der Betriebswirtschaftslehre ist das Entscheiden über knappe Güter in Betrieben.

Betriebe sind auf eine *Fremdbedarfsdeckung* (»Produktionsentscheidungen«) gerichtet, während Haushalte den primären Zweck der *Eigenbedarfsdeckung* (»Konsumentscheidungen«) verfolgen (vgl. Abb. 1-2). Zur Deckung eines fremden Bedarfs sind im Betrieb überwiegend Produktionsaufgaben zu lösen. Entscheidungen werden eigen-

Abb. 1-2

Klassifikation von Wirtschaftseinheiten

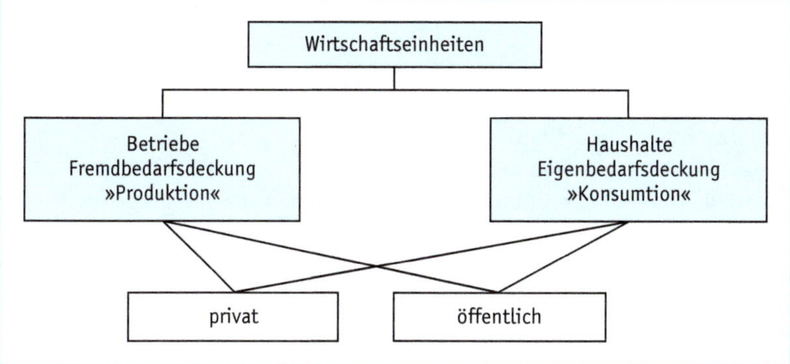

verantwortlich und unter Tragen des wirtschaftlichen Risikos in Betrieben getroffen (vgl. Schweitzer 2009a, S. 29 ff.). *Haushalte* sind dagegen konsumorientiert und verfolgen die Deckung des eigenen Bedarfs. Betriebe können in private und öffentliche Betriebe gegliedert werden (vgl. Abb. 1-2). Bei *privaten Betrieben* sind die Eigentümer Privatpersonen bzw. private Gesellschaften. *Öffentliche Betriebe und Verwaltungen* (z. B. Stadtwerke) stehen dagegen ganz oder überwiegend im Besitz der »öffentlichen Hand« (Staat und Gebietskörperschaften). Private Betriebe verfolgen privatwirtschaftliche Ziele (z. B. Gewinnsteigerung, Marktanteilserhöhung) und öffentliche Betriebe und Verwaltungen orientieren sich an gemeinwirtschaftlichen Zielen (Kostendeckung, Verbesserung der allgemeinen Lebensqualität). Ähnlich können auch Haushalte unterschieden werden. *Private Haushalte* (z. B. der Familienhaushalt) decken den individuellen Bedarf der Mitglieder, während öffentliche Haushalte größeren sozialen Gebilden (Kommunen, Städten) Güter zur Deckung eines kollektiven Bedarfs bereitstellen (z. B. Gesundheitsfürsorge, Bildung). *Öffentliche Haushalte* sind Körperschaften, Anstalten und öffentlich-rechtliche Stiftungen (vgl. Schweitzer 2009a, S. 36; vgl. auch Kap. 7.3.2).

Unternehmen

Die Begriffe »Betrieb« und »Unternehmen« werden oft synonym verwendet. Wöhe, Döring und Brösel (2016, S. 36) verwenden den Begriff Unternehmung jedoch nur für solche Betriebe, die selbstbestimmt entscheiden können (*Autonomieprinzip*), dem erwerbswirtschaftlichen Prinzip (Gewinnmaximierung) folgen und sich mehrheitlich im privaten Eigentum befinden.

1.3 Wirtschaftsgüter

Wirtschaftsgüter sind Gegenstand marktlicher Austauschbeziehungen zwischen Anbietern (Produzenten) und Nachfragern (Konsumenten).

Wirtschaftsgüter dienen der Befriedigung menschlicher Bedürfnisse und haben einen Preis, der von ihrer Knappheit (*Preis als Äquivalent zur Knappheit*) und der Wichtigkeit der durch sie zu befriedigenden Bedürfnisse (*Preis als Äquivalent zum Produktnutzen*) abhängt.

Merkmale von Wirtschaftsgütern

Wirtschaftsgüter zeichnen sich durch folgende *Merkmale* aus:

- Sie eignen sich zur Bedürfnisbefriedigung und stiften deshalb einen *Nutzen* für den Nachfrager (*Customer Value*).
- Sie sind knapp und haben deshalb einen *Preis*.
- Sie werden auf Märkten gehandelt, d. h., sie werden von Herstellern bzw. Händlern angeboten und von Konsumenten (Business-to-Consumer/B-to-C-Markt) bzw. Unternehmen (Business-to-Business/B-to-B-Markt) nachgefragt. Der *relevante Markt* umfasst alle zwischen Anbietern und Nachfragern von Produkten stattfindenden Austauschbeziehungen (*Transaktionen*). Neben Gütermärkten beschäftigt sich die Betriebswirtschaftslehre auch mit Arbeits- und Kapitalmärkten.

Den knappen Wirtschaftsgütern stehen die sogenannten *freien Güter* gegenüber, die kostenlos und in ausreichenden Mengen vorhanden sind (z. B. Luft und Sonnenlicht) (vgl. Abb. 1-3). Allerdings können auch freie Güter, jedenfalls in akzeptablen Qualitätsbereichen, knapp werden. Die Luft zum Atmen kostet im Allgemeinen nichts, allerdings ist die Luft in stark industrialisierten Gebieten oder an stark befahrenen Straßenkreuzungen oft gesundheitlich bedenklich. Wer bessere Luft haben will, z. B. im Urlaub, muss dafür bezahlen (z. B. Luftkurorte). Auch das Wasser von Seen und Meeren hat eine unterschiedliche Qualität und das Trinkwasser ist inzwischen teuer und in vielen Regionen der Welt knapp geworden.

Güterklassifikationen

Wirtschaftsgüter können nach folgenden Kriterien unterschieden bzw. klassifiziert werden (vgl. Bea et al. 2006, S. 3; Schierenbeck/Wöhle 2016, S. 4 f.):

- Stellung im Leistungsprozess: *Einsatzgüter* (Input) werden dem Leistungsprozess zugeführt (z. B. Rohstoffe) und *Ausbringungsgüter* (Output) sind das Ergebnis des Leistungsprozesses (z. B. erzeugte Güter wie Computer).
- Zeitpunkt der Leistungserstellung: *Austauschgüter* liegen zum Zeitpunkt des Kaufes vor und werden dem Käufer nach Einigung mit dem Anbieter übergeben (Produktion vor dem Kauf; z. B. Kaffee). *Kontraktgüter* liegen beim Kaufabschluss noch nicht vor, sondern werden erst durch entsprechende Spezifikationen nach Kaufabschluss kundenindividuell erstellt (Produktion nach dem Kauf; z. B. ein Kreuzfahrtschiff).
- Funktion im Leistungsprozess: In einer Geldwirtschaft dienen *Nominalgüter* (Geld und Rechte auf Geld) dem Tausch und als Recheneinheit. *Realgüter* stiften dagegen selbst einen unmittelbaren Nutzen (z. B. Rohstoffe).
- Verwendungsreife: Nach der Verwendungsreife werden unterschieden: Ur- oder Rohstoffe (z. B. Öl, Bauxit, Kohle), Halbfertigerzeugnisse und Halbwaren (z. B. Metalle, Kunststoffe), Zwischenprodukte (z. B. Kotflügel, Zahnräder), Fertigerzeugnisse (Endprodukte).
- Größenordnung der Fertigung: *Massenprodukte* (z. B. Smartphones, Speicherchips) oder *Individualprodukte* (z. B. Maßanzug, Eigenheim, Frisur).

Abb. 1-3

Güterarten

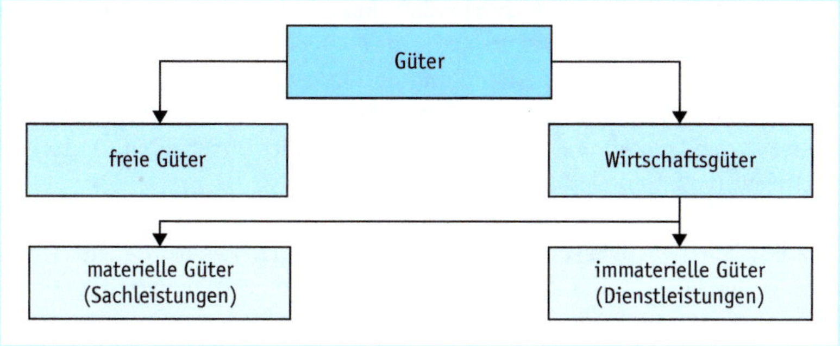

- Grad der Materialität: Materielle Güter (*Sachgüter* wie Automobile, Getränke, Bekleidung) oder immaterielle Güter (*Dienstleistungen* wie Urlaubsreisen, Versicherungen, Softwareprogramme). Der Begriff »Produkt« wird in diesem Buch als Oberbegriff für Sach- und Dienstleistungen verwendet (vgl. auch Abb. 1-3).
- Verwendungszweck: *Konsumgüter* werden direkt von Letztverbraucher nachgefragt (z. B. Tablets, Bücher, Kinofilme) und *Industriegüter* von Unternehmen beschafft, um damit weitere Güter zu erstellen (z. B. Gasturbinen, Industrieroboter, Druckmaschinen).
- Nutzungsdauer: *Verbrauchsgüter* (kurzlebige Güter) sind zum einmaligen Gebrauch bzw. Verzehr geeignet (z. B. Brot, Zahnpasta, Wein) und *Gebrauchsgüter* (langlebige Güter) werden über eine längere Zeit eingesetzt (z. B. Kühlschränke, Waschmaschinen, Bekleidung).
- Beziehungen zwischen den Gütern: *Komplementäre Güter* ergänzen (z. B. Drucker und Druckerpatronen) und *substitutive Güter* ersetzen sich gegenseitig bei der Nutzung. Substitutionsgüter stellen Nutzungsalternativen in Entscheidungssituationen dar (z. B. Laptop oder Tablet).
- Grad der Güterähnlichkeit: *Homogene Güter* sind völlig bzw. nahezu identisch (z. B. elektrischer Strom unterschiedlicher Anbieter) und *heterogene Güter* unterscheiden sich hinsichtlich bestimmter Qualitätsmerkmale (z. B. Marken bei Automobilen).
- Beschaffungsaufwand: Unterschieden werden: *Convenience Goods* (minimaler Beschaffungsaufwand, z. B. Milch und Käse), *Shopping Goods* (höherer Aufwand für Suche und Bewertung, z. B. Computer, Bekleidung) und *Speciality Goods* (sehr hoher Beschaffungsaufwand wie z. B. bei Hobbyprodukten).
- Beschaffungsrisiko: Unterschieden werden: *Suchgüter* (Beurteilung der Qualität vor dem Kauf möglich wie z. B. bei einer Lampe), *Erfahrungsgüter* (Beurteilung der Qualität erst mit der Nutzung und nach dem Kauf möglich wie z. B. bei einer Urlaubsreise) und *Vertrauensgüter* (Qualitätsbeurteilung kaum bzw. nicht möglich wie z. B. bei ärztlichen Leistungen).

1.4 Das Wirtschaftlichkeitsprinzip

Die Effizienz

Wirtschaften wurde definiert als das Entscheiden über knappe Güter in Betrieben (vgl. Schweitzer 2009a, S. 52). Bei mehreren Entscheidungs- bzw. Handlungsmöglichkeiten fordert das Wirtschaftlichkeitsprinzip, die *optimale Lösung*, also die für eine spezifische Situation bestmögliche Handlungsoption, zu finden und auszuwählen. Für diese Aufgabe, Entscheidungsalternativen nach ihrer Wirtschaftlichkeit zu bewerten, werden *Entscheidungskriterien* verwendet. Das wichtigste Entscheidungskriterium ist die Effizienz (vgl. Abb. 1-4).

Die Effizienz (Wirtschaftlichkeit) einer Entscheidung bzw. einer Handlungsoption ergibt sich aus dem Verhältnis des Ertrags dieser Handlung (Output) zu den eingesetzten Mitteln (Aufwand), die notwendig sind, um diesen Ertrag zu erreichen (Input).

Ökonomisches Prinzip

Aus einer Menge möglicher Entscheidungs- bzw. Handlungsoptionen ist diejenige optimal, die mit der höchsten Effizienz verbunden ist (höchstes Output/Input-Verhältnis). Die Orientierung am Wirtschaftlichkeitsprinzip wird auch als *Rationalprinzip* bzw. *ökonomisches Prinzip* bezeichnet. Wirtschaftssubjekte handeln dann rational, wenn sie sich stets für die effizientere Lösung entscheiden (Wöhe et al. 2016, S. 33). Zur Beurteilung der Wirtschaftlichkeit von Handlungsoptionen können unterschiedliche *Effizienzkennziffern* herangezogen werden (vgl. Kap. 1.5).

Da nicht gleichzeitig der Aufwand minimiert und der Ertrag maximiert werden kann, müssen zwei Formen des Wirtschaftlichkeitsprinzips unterschieden werden, bei denen entweder der Aufwand oder der Ertrag fixiert werden:

- Nach dem *Maximumprinzip* wird stets die Handlungsoption ausgewählt, die mit einem bestimmten Aufwand den höchsten Ertrag erbringt.
- Nach dem *Minimumprinzip* wird stets die Handlungsoption ausgewählt, die einen bestimmten Ertrag mit dem geringsten Aufwand erreicht.

Beim Wirtschaftlichkeitsprinzip handelt es sich um eine grundsätzliche, auf Rationalität ausgerichtete Zielrichtung bei Entscheidungen. Insbesondere aufgrund von Entscheidungsunsicherheiten durch fehlende oder fehlerhafte Informationen über relevante Entscheidungsaspekte und unzureichende Erfahrung sowie mangelndes Wissen der Entscheider genügen betriebliche Entscheidungen in der Praxis nur selten diesen Rationalitätsanspruch. Insofern muss sich die Betriebswirtschaftslehre auch mit *suboptimalen Entscheidungen* beschäftigen. Neben der *Optimierung* (z. B. Maximierung der Rendite) treten deshalb in der Praxis ergänzend die *Satisfizierung* durch Definition eines »Zufriedenheitsniveaus« (z. B. das Erreichen einer Rendite von mindestens 12 %) und die *Fixierung* (Erreichen einer 12 %-Rendite) als Handlungsziele in Erscheinung.

Die Effektivität

Grundvoraussetzung dafür, dass eine Handlung ein effizientes Ergebnis liefern kann, ist, dass diese Handlung auch zielführend (effektiv) ist. Die Effektivität bewertet, ob eine Handlung geeignet ist, intendierte Ziele zu erreichen.

Die *Effektivität* (Wirksamkeit) misst den Grad, zu dem durch eine Entscheidung oder Handlungsoption geplante Ziele erreicht werden.

Das Wirtschaftlichkeitsprinzip bezieht sich nur auf ökonomische Kriterien, d. h. auf die *ökonomische Effizienz*. Psychologische, soziale und ökologische Aspekte menschlichen Handelns bleiben hiervon unberücksichtigt. Deshalb vertreten Wöhe et al. (2016, S. 41) auch die Auffassung, dass das ökonomische Prinzip dazu dient, die Fragestellungen der Betriebswirtschaftslehre von denen anderer Sozialwissenschaften (z. B. Soziologie) abzugrenzen. Während ökologisches Handeln auch nach Effizienzkriterien (sogenannte »ökologische Effizienz«) beurteilt werden kann, sind soziale Aktivitäten von Unternehmen (z. B. ehrenamtliche Engagements von Unternehmensmitarbeitern) besser mit Effektivitätskriterien zu bewerten (vgl. Balderjahn 2013, S. 26). Da ökologische und soziale Konsequenzen betrieblicher Entscheidungen nicht oder nur eingeschränkt durch das ökonomische Prinzip erfasst werden, ist es notwendig, das Erkenntnisobjekt der Betriebswirtschaftslehre auf betrieblich relevante Schnittstellen zu Nachbarwissenschaften wie z. B. zu der Soziologie, der Psychologie und den Naturwissenschaften zu erweitern (vgl. Schanz 2009, S. 112), ohne dadurch die Wissenschaftlichkeit der betriebswirtschaftlichen Analysen aufgeben zu müssen (*Dilettantismusvorwurf*). Voraussetzung dafür ist eine Öffnung der Betriebswirtschaftslehre zu den Sozialwissenschaften. Reale betriebliche Probleme sind in der Regel nicht rein disziplinär, d. h. nur mit den Mitteln der Betriebswirtschaftslehre, zu lösen, sondern nur interdisziplinär.

1.5 Leistungserstellung und Effizienz im Betrieb

Unternehmen haben die Aufgabe, unter Einsatz von Ressourcen (Inputgüter) markt- und wettbewerbsfähige Produkte (Outputgüter in Form von Sach- und Dienstleistungen) zu erstellen (vgl. Abb. 1-4). Die zur Produktion von Gütern benötigten Ressourcen werden als *Produktionsfaktoren* bezeichnet. Durch die im Produktionsprozess stattfindende Transformation von Inputgütern (z. B. Holz, Lack, Kleber, Energie) in Outputgüter (z. B. Möbel) findet eine *Wertschöpfung* (Schaffung von Mehrwert; vgl. Kap. 8.1) statt (vgl. Schmalen/Pechtl 2013, S. 4; Wöhe et al. 2016, S. 280). Der vollständige betriebliche Leistungsprozess umfasst die Phasen Beschaffung (Bereitstellung) der Produktionsfaktoren, Kombination der Produktionsfaktoren (Fertigung) und Absatz der erstellten Erzeugnisse (vgl. Schierenbeck/Wöhle 2016, S. 233).

Der Produktionsprozess

Unter *Produktion* im engeren Sinne wird die Fertigung von Gütern in Unternehmen verstanden. Im weiteren Sinne umfasst dieser Begriff jegliche Leistungserstellung in allen betrieblichen Funktionsbereichen (z. B. auch in Forschung und Entwicklung, Beschaffung, Vertrieb) und in sämtlichen Wirtschaftsbranchen (z. B. Handel, Dienstleistungen; vgl. Kap. 8.4).

Der Vorgang der Transformation von Inputgütern, den Produktionsfaktoren, in Erzeugnisse bzw. Produkte im Rahmen einer Input-Output-Beziehung wird als *Produktionsprozess* bezeichnet.

In Produktionsprozessen werden allerdings nicht nur die gewünschten Produkte hergestellt, sondern es fallen nahezu unvermeidbar auch stoffliche (z. B. Produktionsabfälle) und energetische (z. B. Abwärme) Rückstände (auch sogenannte Kuppelprodukte) an (Abb. 1-4).

Abb. 1-4

Grundmodell eines betrieblichen Produktionsprozesses

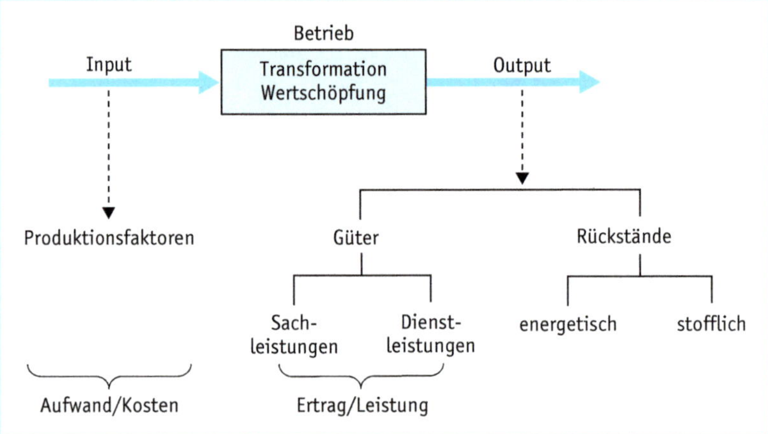

Die Produktionsfaktoren

Voraussetzung für die Leistungserstellung ist die Bereitstellung von geeigneten Produktionsfaktoren.

Produktionsfaktoren sind materielle und immaterielle Güter, die zur Leistungserstellung benötigt, eingesetzt und kombiniert werden.

Dazu gehören u. a. Grundstücke, Fabrikations- und Verwaltungsgebäude, Maschinen, Rohstoffe, Umweltgüter (Luft, Wasser, Boden), Energie (Erdöl, Erdgas, Strom), Arbeitskräfte und Informationen (Wissen). *Erich Gutenberg* (1897 bis 1984) hat mit dem Ziel, die Entstehung von Produkten zu beschreiben, ein *System produktiver Faktoren* entworfen, das zwischen drei Elementarfaktoren und den dispositiven Faktoren unterscheidet (vgl. Abb. 1-5). Danach sind *Elementarfaktoren* Betriebsmittel, Werkstoffe und ausführende menschliche Arbeitsleistung. *Betriebsmittel* sind alle im Betrieb zur Produktion eingesetzten Gegenstände, die nicht Bestandteil des Outputs werden (z. B. Grundstücke, Gebäude, Maschinen, Werkzeuge). Der Kauf von Betriebsmitteln wird als *Investition* bezeichnet (vgl. Schmalen/Pechtl 2013, S. 4, Kap. 8.8).

Abb. 1-5

Das System produktiver Faktoren nach *Erich Gutenberg*

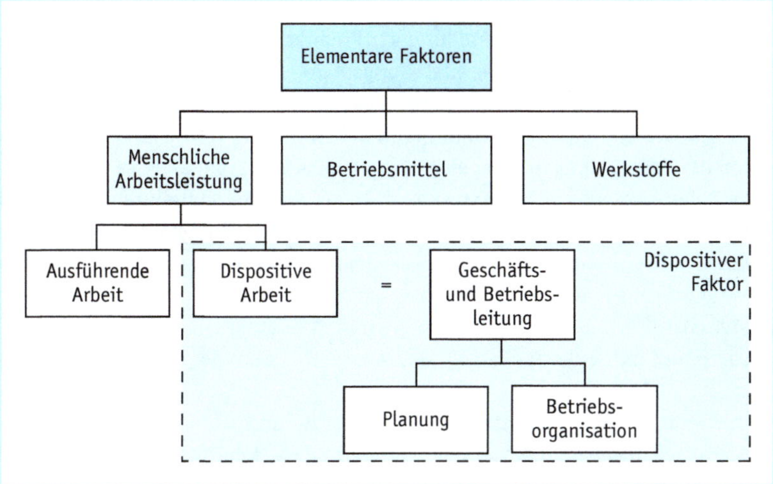

Werkstoffe werden ganz oder teilweise Bestandteil des Outputs (z. B. Rohstoffe, Materialien) oder sind zum Betrieb von Betriebsmitteln erforderlich (z. B. Energie, Schmierstoffe; vgl. Schierenbeck/Wöhle 2016, S. 233). Die *menschliche Arbeitsleistung*, also die im Betrieb erbrachten Leistungen von Menschen, wird in ausführende Tätigkeiten (z. B. Lackieren, Buchhaltung) und *dispositive Arbeit* (Unternehmensführungsaufgaben) untergliedert. Allerdings ist in der Praxis nicht immer eine eindeutige Unterscheidung möglich. Im Rahmen der Leitung und Steuerung von Unternehmen ist es die Aufgabe des dispositiven Faktors, die Elementarfaktoren wirtschaftlich effizient zu kombinieren. Dazu gehören insbesondere die derivaten Funktionen der Planung und Organisation (vgl. Kap. 6.3).

Das System der Produktionsfaktoren von *Gutenberg* genießt bis heute große Beachtung, obwohl auch Kritik daran formuliert wird (z. B. Wissen fehlt als Produktionsfaktor). So gibt es noch weitere Vorschläge für Produktionsfaktorsysteme. *Ulrich* (1970, S. 47) unterscheidet z. B. die Produktionsfaktoren Mensch, Anlagen, Materialien, Energie, Informationen und Geld. Auch dieses System von Ulrich wird kritisiert, da der »Faktor Geld« auf einer anderen Ebene als die anderen Faktoren anzusiedeln ist. Mit Geld lassen sich die anderen Produktionsfaktoren beschaffen. Wichtig erscheint allerdings der Hinweis, dass *Informationen* (Wissen, Erfahrungen, Knowhow) zu den – oft entscheidenden – Produktionsfaktoren gehören (vgl. Kap. 8.10.1). Umstritten ist, ob die *Zeit* ein Produktionsfaktor ist. Da kein Einsatz von Produktionsfaktoren ohne den Verbrauch von Zeit denkbar ist, kann die Zeit kaum als eigenständiger Produktionsfaktor interpretiert werden. Allerding spielt die Zeit bei der Bewertung der Effizienz bzw. der Produktivität eine große Rolle. Weiterhin wird die Zeit zur Unterscheidung der Produktionsfaktoren nach der *Dauer der Nutzenabgabe* benötigt. Hierbei wird zwischen *Repetierfaktoren* (Verbrauchsfaktoren, Werkstoffe), die ihren

Nutzen nur im Moment des Verbrauchs entfalten (z. B. Treibstoffe), und *Potenzialfaktoren* (Gebrauchsfaktoren wie menschliche Arbeitsleistung, Maschinen und Grundstücke), die ihren Nutzen während der ganzen Zeit des Gebrauchs stiften, differenziert (vgl. Kap. 4.1).

Bereitstellungsplanung

Zur Beschaffung bzw. Bereitstellung der Produktionsfaktoren ist eine Bereitstellungsplanung notwendig. Die Bereitstellungsplanung ist zum einen eine technische Aufgabe, da der Produktionsprozess weitgehend Art, Menge, Qualität, Zeit und den Ort der Güterbereitstellung bestimmt (vgl. Schierenbeck/Wöhle 2016, S. 237). Zum anderen handelt es sich auch um eine ökonomische Aufgabe, denn es gilt, die Differenz zwischen den »Bereitstellungserlösen« und den »Bereitstellungskosten« möglichst zu maximieren. Da sich die Erlöse oft nicht exakt den Bereitstellungsaktivitäten zurechnen lassen, beschäftigt man sich bei der Bereitstellungsplanung primär mit der Erfassung und Minimierung der Bereitstellungskosten, die wie folgt gegliedert werden können:

- direkte und indirekte *Beschaffungskosten* (z. B. Planungs- und Abwicklungskosten),
- *Reservierungskosten* (z. B. spezielle Lagerkosten) und
- *Fehlmengenkosten* (z. B. Kosten der Produktionsumstellung, wenn bestimmte Faktoren fehlen).

Effizienzkennziffern

Produktionsfunktion

Die *Wirtschaftlichkeit* betrieblichen Handelns kann mit Effizienzkennziffern beurteilt und geprüft werden. Solche Effizienzkennziffern lassen sich aus dem Produktionsprozess ableiten. Der Produktionsprozess wird durch *Produktionsfunktionen*, die den Zusammenhang zwischen der Ausbringungsmenge *M* der Fertigung eines Produkts und den Produktionsfaktor-Einsatzmengen r_1 bis r_n darstellen, beschrieben (vgl. Gleichung 1 und die weiterführenden Darstellungen in Kap. 4.1).

$$M = f(r_1, r_2, ..., r_n) \text{ mit } r_i > 0 \qquad (1)$$

Da der Zusammenhang in Gleichung 1 von der jeweiligen Art des Produktionsprozesses abhängig ist, gibt es eine sehr große Anzahl verschiedenartiger Produktionsfunktionen. Die Ausbringungsmenge *M* wird auch als *Produktionsergebnis* bezeichnet.

Produktivität

Eine wichtige Effizienzkennziffer zur Beurteilung der Wirtschaftlichkeit eines Produktionsprozesses ist die Produktivität. Die *Produktivität* ist eine Kennzahl zur *mengenmäßigen* Wirtschaftlichkeit und dient der Beurteilung der Ergiebigkeit des Einsatzes von Produktionsfaktoren.

> Die Produktivität bezeichnet das Verhältnis aus dem mengenmäßigen Output (Produktionsergebnis) zum mengenmäßigen Input (Summe der Faktoreinsatzmengen) eines Produktionsprozesses (Wöhe et al. 2016, S. 38; Thommen et al. 2017, S. 46; sowie Gleichung 2).

$$\text{Produktivität} = \frac{\text{Ausbringungsmenge}}{\text{Faktoreinsatzmenge}} = \frac{\text{mengenmäßiger Output}}{\text{mengenmäßiger Input}} \qquad (2)$$

Werden mehrere, unterschiedliche Produktionsfaktoren zur Herstellung eines Produkts benötigt, so tritt das Problem ungleicher Maßeinheiten auf (z. B. Energie in kWh und Material in kg). Die Summe der eingesetzten Mengen an Produktionsfaktoren kann dann nicht berechnet werden. Deshalb wird in der Praxis die Produktivität immer für einzelne Produktionsfaktoren getrennt ermittelt (*partielle Produktivitätskennziffern*) wie z. B.:

$$\text{Arbeitsproduktivität} = \frac{\text{Ausbringungsmenge}}{\text{Arbeitsstunden}} \tag{3a}$$

oder

$$\text{Maschinenproduktivität} = \frac{\text{Ausbringungsmenge}}{\text{Maschinenlaufzeit}} \tag{3b}$$

Partielle Produktivitätskennziffern liefern nützliche Informationen über die Produktivität einzelner Produktionsfaktoren.

Wirtschaftlichkeit

Werden sowohl die Produktionsmengen als auch die Faktoreinsatzmengen mit den jeweiligen Preisen bewertet, so kann die dimensionslose Kennziffer der *Wirtschaftlichkeit* berechnet werden.

Die Wirtschaftlichkeit bezeichnet das Verhältnis Ertrag (wertmäßiger Output) zum Aufwand (wertmäßiger Input; Wöhe et al. 2016, S. 38).

Während durch den *Ertrag* der Wert aller in einer Periode erbrachten Leistungen ausgedrückt wird, erfasst der *Aufwand* den Wert aller in einer Periode verbrauchten Leistungen (vgl. Abb. 1-4 und Kap. 8.9.1). *Kosten* ergeben sich aus dem in Geld bewerteten Input und *Leistung* aus dem in Geld bewerteten Output eines Produktionsprozesses (vgl. Schmalen/Pechtl 2013, S. 10). Da die Wirtschaftlichkeit eine dimensionslose Zahl ist, kann sie im Gegensatz zur Produktivität zwischen Produktionsprozessen und Betrieben verglichen werden.

$$\text{Wirtschaftlichkeit} = \frac{\text{wertmäßiger Output}}{\text{wertmäßiger Input}} = \frac{\text{Leistung}}{\text{Kosten}} \text{ bzw. } \frac{\text{Ertrag}}{\text{Aufwand}} \tag{4}$$

Erwerbswirtschaftliches Prinzip

Nach dem *erwerbswirtschaftlichen Prinzip* soll die Produktion nach Art und Menge so durchgeführt werden, dass ein möglichst hoher Gewinn bzw. eine möglichst hohe Rentabilität erreicht wird (Schmalen/Pechtl 2013, S. 12). Gewinn und Rentabilität stellen *Erfolgsgrößen* der betrieblichen Tätigkeit dar. Der *Gewinn G* (operativer Gewinn bzw. Betriebsergebnis, vgl. Kap. 5.2.1) ergibt sich aus der Differenz zwischen Umsatz *U* und Kosten *K*:

$$G = U - K \tag{5a}$$

Der *Umsatz U* ergibt sich aus der Summe der mit Preisen p_j bewerteten Mengen x_j der abgesetzten Güter $j = 1 \ldots m$:

$$U = \sum_{j=1}^{m} x_j p_j \tag{5b}$$

Die *Gesamtkosten K* ergeben sich aus der Summe der mit Preisen q_i bewerteten Mengen r_i der eingesetzten Güter bzw. Produktionsfaktoren $i = 1 \ldots n$:

$$K = \sum_{i=1}^{n} r_i q_i \tag{5c}$$

Rentabilität

Grundsätzlich setzen Rentabilitätskennziffern eine Erfolgsgröße (z. B. den Gewinn) in Beziehung zu einer Kapitaleinsatzgröße (Schierenbeck/Wöhle 2016, S. 80).

> Die *Rentabilität* ist ein Maß für die Höhe der Verzinsung des in einem Betrieb investierten Eigen- bzw. Gesamtkapitals während einer bestimmten Zeitperiode.

Es wird zwischen der *Eigenkapitalrentabilität* R_{EK} und der *Gesamtkapitalrentabilität* R_{GK} unterschieden (vgl. Gleichung 6a und 6b; weitere Rentabilitätskennziffern siehe Schierenbeck/Wöhle 2016, S. 81).

$$R_{EK} = \frac{G}{EK} \times 100\,[\%] \tag{6a}$$

$$R_{GK} = \frac{G + i_{FK}}{EK + FK} \times 100\,[\%] \text{ und } GK = EK + FK \tag{6b}$$

mit:
GK = Gesamtkapital
EK = Eigenkapital
FK = Fremdkapital
i_{FK} = Fremdkapitalzinsen

Das Eigenkapital *EK* wird von den Eigentümern und das Fremdkapital *FK* von den Gläubigern der Unternehmung zur Verfügung gestellt (vgl. Kap. 8.8.3).

Die *Umsatzrentabilität* R_U (prozentualer Anteil des Gewinns am Umsatz *U*) ergibt sich aus:

$$R_U = \frac{G}{U} \times 100\,[\%] \tag{7}$$

Die *Eigenkapitalrentabilität* R_{EK} kann mit Hilfe der Umsatzrentabilität R_U folgendermaßen ausgedrückt werden:

$$R_{EK} = \left[\frac{G}{U}\right] \times \left[\frac{U}{EK}\right] \times 100\,[\%] \tag{8}$$

Nach Gleichung 8 kann eine hohe Eigenkapitalrentabilität durch eine hohe *Umsatzrentabilität* (G/U) und/oder durch eine hohe *Kapitalumschlagsgeschwindigkeit* (U/EK) erzielt werden. Die Rentabilität wird als *Return on Investment* (RoI) bezeichnet, wenn sie sich auf das Betriebsergebnis (Zähler) und auf das zu Betriebszwecken eingesetzte Eigenkapital (Nenner) bezieht (vgl. Schmalen/Pechtl 2013, S. 13; Schierenbeck/Wöhle 2016, S. 99 f. und Kap. 8.9.1).

Kontrollfragen Kapitel 1

1. *Welches ist das Erkenntnisobjekt der BWL?*
2. *Was versteht man unter »Wirtschaften«?*
3. *Was sind Wirtschaftsgüter?*
4. *Was ist ein Betrieb?*
5. *Was wird unter einem Unternehmen verstanden?*
6. *Was versteht man unter dem »Ökonomischen Prinzip« und welche Arten dieses Prinzips lassen sich unterscheiden?*
7. *Welche Güterarten lassen sich unterscheiden?*
8. *Was versteht man unter dem Begriff »Produktion«?*
9. *Was ist ein Produktionsprozess?*
10. *Was sind Produktionsfaktoren? Nennen Sie konkrete Beispiele.*
11. *Beschreiben Sie das System produktiver Faktoren nach Gutenberg.*
12. *Was versteht man unter Repetier- und Potenzialfaktoren?*
13. *Was beschreibt eine Produktionsfunktion?*
14. *Definieren Sie die Begriffe Effektivität und Effizienz.*
15. *Was ist ein Effizienzkriterium?*
16. *Was versteht man unter Produktivität?*
17. *Wie ist die Wirtschaftlichkeit definiert?*
18. *Was versteht man unter Rentabilität und welche Arten gibt es?*

Übungsaufgabe Kapitel 1

Aufgabenstellung

In einem chemischen Großlabor eines pharmazeutischen Unternehmens wurde im vergangenen Jahr ein neues Medikament zur akuten Behandlung eines Schlaganfalls eingeführt. Zur Herstellung von M = 10 Mengeneinheiten (ME) des Wirkstoffes »SLAG-Antagonist«, der für das neue Medikament benötigt wird, sind 7,2 kg des Rohstoffes »ß-Saft«, 5 kWh elektrische Energie und 30 min Arbeitszeit erforderlich. Während des Herstellungsprozesses gehen aufgrund der Hitzeentwicklung 10 % des eingesetzten Rohstoffes »ß-Saft« verloren. Die Einkaufpreise der Produktionsfaktoren betragen für »ß-Saft« 0,25 €/kg, für die Elektrizität 0,08 €/kWh und für die Arbeitskraft 25,00 €/h. Der Wirkstoff SLAG-Antagonist wird für 6,– €/ME verkauft.

Fragen

a) *Bestimmen Sie für die drei Produktionsfaktorarten Rohstoff, Elektrizität und Arbeitskraft die Produktivitäts- und Wirtschaftlichkeitskennziffern.*
b) *Berechnen Sie die Gesamtwirtschaftlichkeit über alle Faktorverbräuche. Was sagt diese Kennziffer aus?*

Lösung

Teilproduktivitäten

$$\text{Teilproduktivität}_{\text{Rohstoff}} = \frac{10\,\text{ME}}{8\,\text{kg}} = 1{,}25\,\frac{\text{ME}}{\text{kg}}$$

Hinweis: Bei der Bestimmung der Teilproduktivität bzw. Wirtschaftlichkeit des Faktors »Rohstoff« ist zu beachten, dass im Rahmen des Produktionsprozesses 10 % des Rohstoffes verloren gehen.

Es gilt: 7,2 kg = $r_{Rohstoff} - 0{,}1\, r_{Rohstoff}$, *daraus ergibt sich* $r_{Rohstoff} = 7{,}2\ \text{kg}/0{,}9 = 8\ \text{kg}$

$$\text{Teilproduktivität}_{\text{Energie}} = \frac{10\ \text{ME}}{5\ \text{kWh}} = 2\,\frac{\text{ME}}{\text{kWh}}$$

$$\text{Teilproduktivität}_{\text{Arbeitszeit}} = \frac{10\ \text{ME}}{30\ \text{min}} = \frac{10\ \text{ME}}{0,5\ \text{h}} = 20\,\frac{\text{ME}}{\text{h}}$$

Teilwirtschaftlichkeit

$$\text{Teilwirtschaftlichkeit}_{\text{Rohstoff}} = \frac{\text{Ausbringungsmenge} \times \text{Verkaufspreis}}{\text{Einsatzmenge} \times \text{Faktorpreis}} = \frac{10\ \text{ME} \times 6\ €/\text{ME}}{8\ \text{kg} \times 0{,}25\ €/\text{kg}} = 30$$

$$\text{Teilwirtschaftlichkeit}_{\text{Energie}} = \frac{10\ \text{ME} \times 6\ €/\text{ME}}{5\ \text{kWh} \times 0{,}08\ €/\text{kWh}} = 150$$

$$\text{Teilwirtschaftlichkeit}_{\text{Arbeitszeit}} = \frac{10\ \text{ME} \times 6\ €/\text{ME}}{0{,}5\ \text{h} \times 25\ €/\text{h}} = 4{,}8$$

Gesamtwirtschaftlichkeit

$$\text{Gesamtwirtschaftlichkeit} = \frac{\text{Ausbringungsmenge} \times \text{Verkaufspreis}}{\sum_i \text{Einsatzmenge des Faktors i} \times \text{Preis des Faktors i}}$$

Gesamtwirtschaftlichkeit =

$$\frac{10\ \text{ME} \times 6\ €/\text{ME}}{(8\ \text{kg} \times 0{,}25\ €/\text{kg}) + (5\ \text{kWh} \times 0{,}08\ €/\text{kWh}) + (0{,}5\text{h} \times 25\ €/\text{h})} = \frac{60}{14{,}90} = 4{,}03$$

Interpretation: 60 Euro Umsatz werden mit 14,90 Euro an Faktorkosten erzielt. Es wird ca. das Vierfache der Kosten an Umsatz erreicht.

Weiterführende Literatur

Balderjahn, I. (2013): Nachhaltiges Management und Konsumentenverhalten, München.

Bea, F. X./Friedl, B./Schweitzer, M. (2006): Einleitung Leistungsprozess, in: Bea, F. X./Friedl, B./Schweitzer, M. (Hrsg.), Allgemeine Betriebswirtschaftslehre, Bd. 3: Leistungsprozess, 9. Aufl., Stuttgart, S. 1–7.

Schierenbeck, H./Wöhle, C. B. (2016): Grundzüge der Betriebswirtschaftslehre, 19. Aufl., München.

Schmalen, H./Pechtl, H. (2013): Grundlagen und Probleme der Betriebswirtschaft, 15. Aufl., Stuttgart.

Schweitzer, M. (2009a): Gegenstand und Methoden der Betriebswirtschaftslehre, in: Bea, F. X./Schweitzer, M. (Hrsg.), Allgemeine Betriebswirtschaftslehre, Bd. 1: Grundfragen, 10. Aufl., Stuttgart, S. 23–80.

Thommen, J.-P./Achleitner, A.-K./Gilbert, D. U./Hachmeister, D./Kaiser, G. (2017): Allgemeine Betriebswirtschaftslehre, 8. Aufl., Wiesbaden.

Wöhe, G./Döring, U./Brösel, G. (2016): Einführung in die Allgemeine Betriebswirtschaftslehre, 26. Aufl., München.

2 Betriebswirtschaftslehre als Wissenschaft

Lernziele

- Sie kennen die Aufgaben und Funktionen einer Wissenschaft.
- Sie können die BWL in das allgemeine System der Wissenschaften einordnen.
- Sie wissen, was eine Nominaldefinition ist.
- Sie kennen das Hempel- und Oppenheim-Schema wissenschaftlicher Erklärungen.
- Sie können das Falsifikationsprinzip erläutern und anwenden.
- Sie wissen, was ein Modell ist und wozu Modelle in der BWL benötigt werden.
- Sie wissen, an welchen Stellen Werturteile in der BWL getroffen werden können.
- Sie wissen, welche Fragen die Unternehmensethik aufwirft und was unter Verantwortung verstanden wird.

2.1 Wissenschaft und ihre Aufgaben

Wissenschaft

Wissenschaft ist jede Tätigkeit, die darauf zielt, systematisch und intersubjektiv nachvollziehbar unter Verwendung anerkannter wissenschaftlicher Methoden und Regeln Erkenntnisse aus bestimmten, gegenseitig abgegrenzten Objekten der Wissenschaft zu gewinnen (vgl. Peters et al. 2005, S. 1 ff.). Wissenschaftliche Erkenntnisse sind »wahre« bzw. in Ermangelung zweifelsfreier Prüfmethoden temporär als »bewährt« eingeschätzte, allgemeingültige Einsichten. Sie stellen das prüfbare Wissen einer Wissenschaft dar. Jede Wissenschaft ist durch drei Elemente vollständig beschrieben:

- Erkenntnisobjekt (z. B. der Betrieb),
- Erkenntnisziele (z. B. Erklärung von Zusammenhängen) und
- Methoden und Regeln der Erkenntnisgewinnung (z. B. empirische Studien).

Wirtschaftswissenschaft

Grundlegende Ziele einer Wissenschaft sind das Entdecken, Beobachten, Beschreiben und Analysieren relevanter Sachverhalte innerhalb des Erkenntnisobjekts, das Erklären von Zusammenhängen und Wirkungsstrukturen mit Hilfe allgemeingültiger Theorien sowie die Gewinnung von Wissen zur Gestaltung und Veränderung innerhalb des Erkenntnisobjektes.

Die *Wirtschaftswissenschaft* zielt auf die Beschreibung, Erklärung, Prognose und Gestaltung gesamtwirtschaftlicher (Volkswirtschaftslehre) und einzelwirtschaftlicher (Betriebswirtschaftslehre) Phänomene.

Es ist das erklärte Ziel der Wirtschaftswissenschaften, wirtschaftlich relevante *Gesetzmäßigkeiten* und Phänomene (z. B. Konjunkturzyklen, Zahlungsbereitschaften von Konsumenten) zu erkennen, mit Hilfe von Theorien und Modellen zu beschreiben und zu erklären. Während sich die *Volkswirtschaftslehre* auf gesamtwirtschaftliche Fragestellungen und Zusammenhänge konzentriert und die Wirtschaft als komplexes System aus zahlreichen unabhängig voneinander agierenden Wirtschaftseinheiten (u. a. Betriebe, Nachfrager, Staat) auffasst (*makroskopische Betrachtungsweise*), betrachtet die *Betriebswirtschaftslehre* den einzelnen Betrieb (Unternehmung) in seinen Strukturen und geschäftlichen Verflechtungen (*mikroskopische Betrachtungsweise*). Aufgabe der Betriebswirtschaftslehre ist das Beschreiben und Erklären wirtschaftlicher Prozesse und Entscheidungen in Betrieben sowie das Formulieren von Empfehlungen zur bestmöglichen Erfüllung betrieblicher Zielsetzungen (Betriebswirtschaftslehre als praktisch-normative Wissenschaft; vgl. Peters et al. 2005, S. 5 f.). Die Betriebswirtschaftslehre ist eine anwendungsorientierte Wissenschaft, deren Ziel es ist, Erkenntnisse zu gewinnen, die geeignet sind, für Probleme der betrieblichen Praxis Lösungen bzw. Lösungsvorschläge bereitzustellen (Thommen et al. 2017, S. 16 f.).

Wissenschaft kann aufgefasst werden als

- *Tätigkeit* der Erkenntnisgewinnung (wissenschaftliche Analyse wie z. B. Durchführung einer empirischen Studie),
- *Institution* der Erkenntnisgewinnung (Einrichtungen, die wissenschaftlich tätig sind wie z. B. Universitäten und Forschungsinstitute) und
- *Ergebnis* der Erkenntnisgewinnung (Entwicklung von Theorien und Modellen zu einem Erkenntnisobjekt wie z. B. betriebswirtschaftliche Kostentheorien; vgl. Weber et al. 2014, S. 22 f.).

Wissenschaftsfunktionen

Das wissenschaftliche Ergebnis kann, *subjektiv* betrachtet, das systematisch geordnete und reflektierte Wissen einer einzelnen Person oder einer Forschergruppe ausdrücken (z. B. in einem Fachaufsatz) oder, *objektiv* gesehen, ein systematisch geordnetes Gefüge von intersubjektiv nachprüfbaren Sätzen oder Aussagen darstellen (z. B. allgemein anerkannte wissenschaftliche Theorien). Es können drei *Funktionen von Wissenschaft* unterschieden werden (vgl. Raffée 1974, S. 16):

- Wissenschaft hat eine *fundierende Funktion*, die sich ausdrückt in der
  - *Wissenschaftstheorie*, die theoretische Aussagen über Wissenschaft selbst formuliert,
  - *Wissenschaftsethik*, die sich mit den normativen Fragestellungen einer Wissenschaft und den Beurteilungsmaßstäben wirtschaftlichen Handelns auseinandersetzt (vgl. Kap. 2.4),
  - *Theoriebildung* mit Ursache-Wirkungs-Aussagen über Zusammenhänge in der Realität (kausale Theorien) und
  - *Bereitstellung von Modellen und Regeln* zur Veränderung, Gestaltung, Kontrolle und Beherrschung der jeweiligen Realität (praktisch-normative Funktion).
- Wissenschaft hat eine *kritische Funktion*, die sich einerseits ausdrückt in der Kritik an der Wissenschaft selbst (z. B. Fehler in Theorien identifiziert) und andererseits

in der Kritik an der realen Wissenschaftspraxis (z. B. Finanzierung wissenschaftlicher Studien).

- Wissenschaft hat eine *utopische Funktion*, die sich durch die Formulierung von neuen Leitbildern und Zukunftsmodellen (Denkmodellen) ausdrückt.

2.2 Die Betriebswirtschaftslehre im System der Wissenschaften

Übergeordnet werden Wissenschaften in metaphysische (nicht auf Erfahrung und/oder intersubjektive Prüfbarkeit der Aussagensysteme gestützte Wissenschaften) und nicht-metaphysische Wissenschaften unterschieden. Die nicht-metaphysischen Wissenschaften werden in Formal- und Realwissenschaften eingeteilt.

Formalwissenschaften (z. B. Mathematik) zeichnen sich dadurch aus, dass

- sie keinen Bezug zu realen Objekten haben bzw. ihn nicht benötigen,
- sie ein System von Zeichen mit Regeln zur Verwendung dieser Zeichen besitzen und
- ihre Aussagen nur logisch überprüfbar sind, also keinen faktischen Wahrheitsgehalt haben.

Realwissenschaften (z. B. Wirtschaftswissenschaften) zeichnen sich dadurch aus, dass

- sie einen Realitätsbezug haben und
- der Wahrheitsgehalt ihrer Aussagen sowohl logisch als auch faktisch überprüfbar ist.

Die *Betriebswirtschaftslehre* (BWL) lässt sich in dieses Schema einordnen als eine Realwissenschaft, die sich formalwissenschaftlicher Methoden bedient (vgl. Abb. 2-1).

Abb. 2-1

Die Betriebswirtschaftslehre im System der Wissenschaften

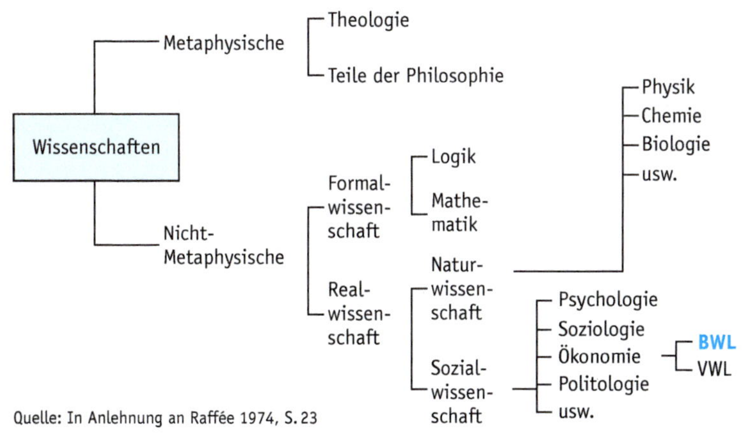

Quelle: In Anlehnung an Raffée 1974, S. 23

Die Betriebswirtschaftslehre als Teil der Wirtschaftswissenschaften (Ökonomie) untergliedert sich weiter in unterschiedliche betriebswirtschaftliche Teildisziplinen bzw. »Spezielle Betriebswirtschaftslehren«. Damit kommt die zunehmende Spezialisierung und erforderliche Professionalisierung innerhalb der Betriebswirtschaftslehre ebenso zum Ausdruck (Differenzierung nach betriebswirtschaftlichen Funktionen bzw. Aufgaben) wie spezifische institutionelle Besonderheiten, welche die betriebswirtschaftliche Lehre und Forschung berücksichtigen muss (Differenzierung nach Wirtschaftszweigen bzw. Branchen; vgl. Abb. 2-2). Die einzelnen speziellen Betriebswirtschaftslehren sind wiederum in weitere Themenfelder untergliedert. So kann das Marketing beispielsweise in Teilbereiche wie Strategisches Marketing, Marketing-Mix, Konsumentenverhalten und Marktforschung weiter untergliedert werden. Zudem gibt es zahlreiche Themenfelder, die sich aus der Schnittmenge mehrerer Teildisziplinen ergeben wie z. B. das Dienstleistungsmanagement (Marketing, Personalwesen, Organisation u. a.). Neben den speziellen Betriebswirtschaftslehren existiert noch die sogenannte »Allgemeine Betriebswirtschaftslehre«, die solche Bereiche zusammenfasst, die für alle Betriebe charakteristisch sind (vgl. Weber et al. 2014, S. 21). Hierzu gehören zum einen allgemeine Fragestellungen wie z. B. nach der Rechtsform und dem betrieblichen Standort (sogenannte *konstitutive Bereiche*) und zum anderen grundlegende Teilbereiche aus den jeweiligen speziellen Betriebswirtschaftslehren (z. B. grundlegende Aspekte der Organisationsgestaltung). Die Betriebswirtschaftslehre ist zudem eine Sozialwissenschaft, da sie sich auch mit sozialen Phänomenen im Betrieb (z. B. Gruppeninteraktionen) sowie mit den »institutionellen und organisatorischen Voraussetzungen menschlichen Handelns (Wöhe et al. 2016, S. 40)« beschäftigen muss.

Abb. 2-2

Einteilung spezieller Betriebswirtschaftslehren

Spezielle Betriebswirtschaftslehren (SBWL)

institutionell

- Industriebetriebslehre
- Handelsbetriebslehre
- Bankbetriebslehre
- Versicherungsbetriebslehre
- Betriebswirtschaftslehre öffentlicher Unternehmen
- Verkehrsbetriebslehre

funktionell

- Produktion
- Marketing
- Finanzierung
- Rechnungswesen
- Organisation
- Personalwesen
- Controlling
- Logistik
- Informationswirtschaft

nebengeordnet

- Steuerlehre
- Wirtschaftsprüfung
- Operations Research

2.3 Wissenschaftstheoretische Grundlagen der Betriebswirtschaftslehre

2.3.1 Definitionen und Begriffe

Die Wissenschaftstheorie kann als Metawissenschaft, also als eine Wissenschaft von Wissenschaften, aufgefasst werden. Sie beschäftigt sich systematisch mit dem Prozess der Erkenntnisgewinnung und den damit zusammenhängenden Aspekten Begriffsbildung, Aussagensysteme, Hypothesen und Theorien sowie deren Begründung und Überprüfung (vgl. Weber et al. 2014, S. 26; Winkler/Falter 1997, S. 66). Die Wissenschaftstheorie legt in Form von Regeln und Methoden Voraussetzungen wissenschaftlichen Arbeitens fest und stellt insofern eine Forschungslogik bzw. *Methodologie der Wissenschaften* dar (Kriz/Lisch 1988, S. 383). Weiterhin muss sich jede Wissenschaft die Frage nach den Werturteilen und der Ethik stellen.

Voraussetzung wissenschaftlicher Tätigkeit ist die Klarheit, Präzision und Widerspruchsfreiheit der verwendeten Sprache und Aussagen. Jede Wissenschaft bildet Fachsprachen heraus, die bestimmte Begriffe eindeutig definieren und präzisieren, um sich dadurch von der Umgangssprache zu unterscheiden (vgl. Weber et al. 2014, S. 26 ff.). Begriffe werden als »Denkeinheiten« verstanden, die aus einer Menge von Gegenständen mit gemeinsamen Eigenschaften gebildet werden. Definitionen nehmen in der wissenschaftlichen Theoriebildung eine zentrale Rolle ein. Sie bestimmen die Begriffe, grenzen diese von anderen Begriffen ab und ermöglichen die Einordnung von Begriffen in umfassendere Begriffssysteme.

Die *Definition* ordnet einen bekannten Vorstellungsinhalt (sogenanntes *Definiens*, der Begriff) einem Wort, einer Wortkombination oder einem Zeichen (sogenanntes *Definiendum*, die Benennung) zu.

So definiert die Betriebswirtschaftslehre den bewerteten, sachzielbezogenen Güterverzehr (Begriff) durch das Wort »Kosten« (Benennung). Mit Hilfe der Definition wird also eine Vereinbarung darüber getroffen, einem bestimmten Sachverhalt bzw. einem bestimmten Phänomen ein ganz bestimmtes (festgelegtes) Wort, das in der Wissenschaft als *Terminus* bezeichnet wird, zuzuordnen (vgl. Weber et al. 2014, S. 26). Hierbei handelt es sich um eine sogenannte *Nominaldefinition* (Gleichsetzungsdefinition). Nominaldefinitionen sind sprachliche Konventionen und legen fest, wie ein bestimmter Begriff oder Phänomen (z. B. Güterverzehr) benannt werden soll (z. B. Kosten). Sie können weder wahr noch falsch, sondern nur mehr oder weniger zweckmäßig sein (Weber et al. 2014, S. 27).

Wichtige Dimensionen eines *Begriffs* sind sein Inhalt, sein Umfang und die an den Begriff gestellten Anforderungen.

- Der *Begriffsinhalt* erfasst die Gesamtheit der Merkmale und Beziehungen von Gegenständen, die der Begriffsbildung dienen (z. B. die Ableitung des Begriffs *Kosten* aus den Merkmalen des Güterverzehrs).

- Der *Begriffsumfang* bezieht sich auf die Menge aller Gegenstände, die durch einen bestimmten Begriff widergespiegelt werden (z. B. beim Begriff *Kosten* alle unterschiedlichen Kostenbegriffe wie z. B. wertmäßige, pagatorische und kalkulatorische Kosten).
- Die *Begriffsanforderungen* sind vor allem Klarheit, Präzision und Zweckmäßigkeit, d. h. die Unterscheidbarkeit von anderen Begriffen, und die Operationalität, worunter eine möglichst eindeutige Zuordnung realer Sachverhalte zu dem Begriff zu verstehen ist.

Unter *Terminologie* wird der Gesamtbestand aller Begriffe einer Fachwissenschaft oder einer Disziplin verstanden (z. B. in einem *Glossar* abgelegt).

2.3.2 Hypothesen und Theorien

Die Hauptaufgabe einer Wissenschaft besteht darin, Theorien über Sachverhalte bzw. Phänomene ihres Objektbereiches zu entwerfen. Theorien werden benötigt, um Ursache-Wirkungs-Zusammenhänge aufzudecken (Aufgabe der Erklärung). Mit der Kenntnis kausaler Zusammenhänge ist es möglich, einerseits zielorientiert gestaltend in solche Zusammenhänge einzugreifen (Aufgabe der Gestaltung) und andererseits, Vorhersagen über zukünftige Entwicklungen abzugeben (Aufgabe der Prognose).

> *Theorien* sind Systeme miteinander verbundener Hypothesen und haben die Aufgabe, einen Ausschnitt der Realität in einen begrifflichen Zusammenhang zu bringen.

Theorien versuchen, reale Sachverhalte zu erklären, formulieren Gesetzmäßigkeiten und haben eine prognostische Relevanz (Kirsch et al. 2007, S. 7). *Hypothesen* sind kausale Aussagen über Beziehungen zwischen zwei oder mehreren Sachverhalten (Variablen) in Form von »wenn-dann« oder »je-desto«-Sätzen. Von den kausalen (explikativen) Aussagen können noch *deskriptive Aussagen* unterschieden werden, die der Beschreibung von Sachverhalten dienen.

Reichenbachschema

Der wissenschaftliche Forschungsprozess ist arbeitsteilig und umfasst nach dem sogenannten Reichenbachschema drei Phasen (vgl. Kirsch et al. 2007, S. 10; auch Weber et al. 2014, S. 28).

Der Entdeckungszusammenhang

In dieser Phase geht es um die Frage, wie, d. h. mit welchen Methoden (*Methodologie*), wissenschaftliche Erkenntnisse gewonnen werden können. Methoden der Erkenntnisgewinnung und -absicherung sind Verfahren, die intersubjektiv nachvollziehbar sind und der Beantwortung offener Fragen dienen (Forschungsfragen). Sie können drei unterschiedlichen *Erkenntnisprinzipien* zugeordnet werden

- Die *Induktion*: Bei dieser Methode wird von Einzelbeobachtungen der Realität auf eine allgemeingültige Aussage, eine *Hypothese*, geschlossen (Generalisierung, *empirische Methode*).

- Die *Deduktion*: Die Deduktion setzt das Vorliegen von Theorien (Axiome, Prämissen) voraus. Aus diesen Theorien werden dann schlüssig (nach den Regeln der Logik) weitere Aussagen (Konklusionen, Theoremen) hergeleitet (Schlussfolgerung, *formale Methode*).
- Die *Hermeneutik*: Hier dient der menschliche Verstand als Erkenntnisquelle. Es ist eine Methode zur gedanklichen Auslegung (Interpretation) und Durchdringung von Problemen (Modellbildung, *analytische Methode*).

Der Begründungszusammenhang

Diese Phase umfasst die wissenschaftliche Überprüfung von Hypothesen und Theorien und dient der Erkenntnisabsicherung. Nach dem *kritischen Rationalismus* sind Theorien vorläufige und spekulative Vermutungen, die der Mensch entwickelt, um seine Probleme zu überwinden. Da der Mensch nicht in der Lage ist, über Raum und Zeit hinweg die »Richtigkeit« einer Hypothese zu beweisen (Verifikation), erfolgt eine Überprüfung nach dem sogenannten *Falsifikationsprinzip* (vgl. Kirsch et al. 2007, S. 10 f.). Danach wird eine Hypothese wiederholt mit der Realität konfrontiert. Hypothesen, die diesen »Widerlegungsversuchen« standhalten, werden als *»nomologische«* bzw. bewährte Hypothesen bezeichnet. Voraussetzung für Falsifikationsversuche ist, dass Hypothesen *gehaltvoll* sind, d. h., sie müssen einen möglichst hohen Allgemeinheitsgrad aufweisen, also wenig in der *Wenn-Komponente* ausschließen und in der *Dann-Komponente* der Hypothese präzise Aussagen machen (Kirsch et al. 2007, S. 8). Theorien müssen falsifizierbar sein, da sie sonst ohne Aussagegehalt und damit inhaltsleer sind.

Der Verwendungszusammenhang

In dieser Phase geht es um die Frage, welchen Beitrag wissenschaftliche Theorien zur menschlichen Problemlösung leisten können (Erkenntnisnutzung). Theorien übernehmen drei Aufgaben (vgl. Weber et al. 2014, S. 30):

- Theorien können Realitätsausschnitte erklären (*Erklärungsfunktion*),
- Theorien können das Eintreten von Ereignissen in der Zukunft vorhersagen (*Prognosefunktion*) und
- Theorien ermöglichen Aussagen über eine zielorientierte Gestaltung von realen Zusammenhängen (*pragmatische Funktion*).

Schema von Hempel-Oppenheim

Eine Struktur zur Ableitung wissenschaftlicher Aussagen liefert das logisch-deduktive Schema von Hempel-Oppenheim (vgl. Kirsch et al. 2007, S. 9; Schanz 2009, S. 86; Abb. 2-3). Nach diesem Schema wird ein einzelner beobachtbarer Sachverhalt *E* (das *Explanandum*) aus einer erklärenden Aussagenmenge *G* (Gesetze, Theorien, Hypothesen) unter Beachtung von Anfangsbedingungen *A* (Antezedenzbedingungen) logisch-deduktiv abgeleitet (vgl. Schanz 2009, S. 86). *G* und *A* werden zusammengefasst als *Explanans* bezeichnet.

Beispiel **Lineare Preisabsatzfunktion**

▸▸▸ Gegeben sei eine lineare Preisabsatzfunktion der Form: $x_A = 100 - 5\ p_A$. Wird der Preis p_A für das Produkt A vom Anbieter auf 10 Euro festgelegt (Anfangsbedingung), so wird sich, die Gültigkeit der Preisabsatzfunktion unterstellt (G), ein Absatz x_A von 50 Mengeneinheiten (Prognose) ergeben. Wird beobachtet, dass 50 Mengeneinheiten von Produkt A abgesetzt werden, dann kann dieser Absatz mit der Höhe des Preises von 10 Euro erklärt werden (Erklärung). Wenn ein Anbieter 50 Mengeneinheiten seines Produkts A verkaufen möchte, dann muss er dieses Produkt zum Preis von 10 Euro anbieten (Technologie, Gestaltung). ◂◂◂

Abb. 2-3

Hempel-Oppenheim-Schema wissenschaftlicher Erklärungen

Gesetze, Theorien, Hypothesen:	$G_1, G_2, \ldots, G_n$	**Explanans**
Anfangsbedingungen:	$A_1, A_2, \ldots, A_k$	
logische Ableitung	⇕	
realer Sachverhalt:	E	**Explanandum**

2.3.3 Modelle der Betriebswirtschaftslehre

Die Betriebswirtschaftslehre setzt in hohem Maße realtheoretische Modellanalysen zur Erkenntnisgewinnung und -formulierung ein. Modelle sind Abstraktionen der sie abbildenden Realitäten und dienen der Komplexitätsreduktion.

> *Modelle* sind strukturgleiche (isomorphe) oder strukturähnliche (homomorphe), vereinfachte Abbilder der Wirklichkeit, die von allen für den Untersuchungsgegenstand unwesentlichen Inhalten abstrahieren (z. B. Marktmodelle, Entscheidungsmodelle).

Neben den für die Wissenschaft sehr wichtigen, der Erklärung dienenden *theoretisch-begrifflichen Modellen* (z. B. das Marktmodell) gibt es noch *ikonische Modelle* (z. B. physische Modelle wie Designentwürfe für bestimmte Produkte, Konstruktionszeichnungen, Landkarten) und *symbolische Modelle*, die unter Verwendung abstrakter Zeichen und mit Hilfe syntaktischer Regeln das Original abbilden (z. B. Computerprogramme). Durch die Abstraktion vom Unwesentlichen wird eine gewünschte Komplexitätsreduktion erreicht (vgl. Bea 2009a, S. 344; vgl. Abb. 2-4). Modelle sollen die Komplexität der wirtschaftlichen Realität vereinfachen und übersichtlicher machen, um so zu Erkenntnissen insbesondere über kausale Zusammenhänge zu gelangen, die sonst unerkannt bleiben würden. Da auch Modelle den Anspruch der Allgemeingültigkeit verfolgen, werden die Begriffe Modell und Theorie oft synonym verwendet. Werden Modelle mit Hilfe von sogenannten *Ceteris-Paribus-Klauseln* (c.p. »unter sonst gleichen Bedingungen«) oder unter Zugrundelegung realitätsfremder Verhaltensannahmen (z. B. Homo oeconomicus) entworfen, so wird vom *Modellplato-*

Abb. 2-4

Modellbildung

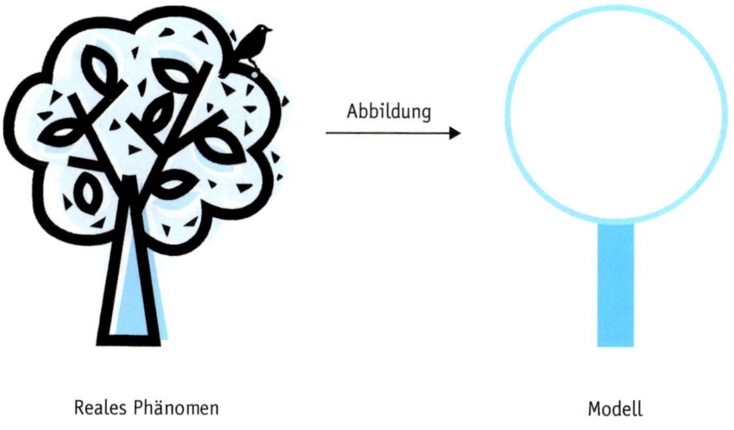

nismus gesprochen. Diese Modelle sind immun gegenüber Falsifikationsversuchen und insofern gehaltlos. Bei einem Modell, das z. B. rationales Verhalten annimmt, kann bei Nichteintreten der Modellvorhersagen argumentiert werden, dass die Menschen irrational gehandelt haben. In der Betriebswirtschaft spielen Beschreibungs- (z. B. betriebliches Rechnungswesen), Erklärungs- (z. B. die Preisabsatzfunktion) und Entscheidungsmodelle (z. B. Entscheidungsbaum) eine große Rolle.

2.3.4 Werturteile in der Betriebswirtschaftslehre

Werturteile stellen persönliche Einschätzungen oder Bekenntnisse als Ausdruck innerer Wert- und Moralvorstellungen dar (z. B. »Der Mindestlohn ist gut«). Solche Werturteile stehen im Gegensatz zu wissenschaftlichen Aussagen, die intersubjektiv hinsichtlich ihres Wahrheitsgehaltes überprüft werden können (z. B. »Bei einer Preiserhöhung um 5 Euro wird sich der Absatz des Produktes um 2,5 % reduzieren«). Über die Frage, ob die Betriebswirtschaftslehre als Wissenschaft oder einzelne Wissenschaftler Werturteile abgeben dürfen oder nicht (sogenanntes *Werturteilsproblem*), findet seit vielen Jahrzehnten eine intensive Diskussion statt, ohne dass heute von einer einheitlichen Auffassung zu diesem Problem gesprochen werden kann (vgl. Schanz 2009, S. 101 ff.; Wöhe et al. 2016, S. 10). Werturteile sind grundsätzlich nicht objektiv (Küpper 2011, S. 7). Da es die Aufgabe der Wissenschaften ist, auf wissenschaftliche Methodik gestütztes, prüfbares Wissen (Sach- oder Ist-Aussagen) ohne subjektive Wertungen bereitzustellen, könnte eine ethisch-normativ orientierte Betriebswirtschaftslehre abgelehnt werden. Das *Wertfreiheitspostulat* (»Wissenschaftler haben sich Werturteilen zu enthalten«) bedeutet allerdings nicht, dass Wissenschaften vollständig auf Werturteile verzichten müssen.

Werturteile können folgendermaßen unterschieden werden (vgl. Kirsch et al. 2007, S. 52):

- *Werturteile im Basisbereich* betreffen das Wissenschaftsprogramm, die Forschungsthemen und Lehrinhalte sowie die Forschungsmethoden (z. B. Auswahl der zu bearbeitenden Fragestellungen, Verwendung von bestimmten Methoden und Daten) einer Disziplin und sind unvermeidlich für jede Wissenschaft (Küpper 2011, S. 6).
- *Werturteile im Objektbereich* (Gegenstandsbereich der Wissenschaft) sind Wertungen von Menschen, die Gegenstand der wissenschaftlichen Forschung sind (z. B. Manager bewerten alternative Unternehmensstrategien).
- *Werturteile im Aussagenbereich* sind Wertungen von Wissenschaftlern selbst (z. B. die Aussage »Mitbestimmung der Arbeitnehmer ist gut«). Hier stellt sich das eigentliche Werturteilsproblem dahingehend, ob Wissenschaftler in ihren wissenschaftlichen Aussagen persönliche Wertungen einbringen dürfen.

Eine vollständig werturteilsfreie Wissenschaft kann es also nicht geben (Küpper 2011, S. 7). Wertfreiheit ist prinzipiell nur im Aussagenbereich einer Wissenschaft möglich. Hinsichtlich der Frage, ob Werturteile im Aussagenbereich zulässig sind oder nicht (Wertfreiheit), gibt es zwei unterschiedliche Positionen:

- Normative Positionen:
  - *Ethisch-normative Betriebswirtschaftslehre*: Aus ethischen Grundwerten dürfen Normen für wirtschaftliches Handeln abgeleitet werden (vgl. Schanz 2009, S. 101 f.).
  - *Neo-normative Betriebswirtschaftslehre*: Wohl begründete, offene Empfehlungen werden als zulässig angesehen.
- Nicht-normative Positionen: Nicht-normative Ansätze, wie der praktisch-normative Ansatz der Betriebswirtschaftslehre, halten Handlungsempfehlungen über den Einsatz von Mitteln und Instrumenten für notwendig, nicht zulässig sind aber Empfehlungen über die zu erreichenden Ziele (vgl. Thommen et al. 2017, S. 64). Wöhe et al. (2016, S. 11) sprechen in diesem Zusammenhang von *sekundären Werturteilen*, die nicht das Ziel bewerten, sondern die Handlungsalternativen mit unterschiedlichen Zielerreichungsgraden.

Weiterhin gibt es eine Diskussion darüber, ob die Betriebswirtschaftslehre eine reine (nur der Wissenschaft verpflichtet) oder eine angewandte Wissenschaft (auch der Praxis verpflichtet) sein soll. Eine *reine Wissenschaft* verfolgt nur Erkenntnisziele und keine praktischen Ziele. Die *angewandte Wissenschaft* will praktische Probleme lösen helfen. Die Betriebswirtschaftslehre in ihrer *praktisch-normativen Ausrichtung* ist daher den angewandten Wissenschaften zuzuordnen, da sie versucht, praktische Probleme in Betrieben lösen zu helfen.

Eine vollständig von subjektiven Werturteilen freie Betriebswirtschaftslehre ist nicht möglich (vgl. Kap. 2.3.4). Es müssen sowohl im Basisbereich der Betriebswirtschaftslehre Werturteile getroffen werden (z. B. Gegenstand der BWL) als auch über die Folgen wissenschaftlichen Arbeitens. Weiterhin gibt es Teile der Betriebswirtschaftslehre (z. B. die normative Entscheidungstheorie), in denen Normen diskutiert und normenorientierte Regeln empfohlen werden (Küpper 2011, S. 3).

2.4 Ethik in der Betriebswirtschaftslehre

Moral und Ethik

Heute wird wieder intensiver zu Fragen der Moral und der Ethik in der Wirtschaft diskutiert. Dabei geht es sowohl um die Übernahme von Verantwortung durch Unternehmen als auch um die Schaffung gemeinsamer Werte (*Shared Values*) für Unternehmen und Gesellschaft (Kreikebaum et al. 2011, S. 26 f.). Die *Moral* stellt dem Individuum über Generationen weitergegebene soziale Regeln (oft implizit) zur Verfügung, die ihm als Orientierungshilfe bei Entscheidungen dienen und als Maßstäbe dafür herangezogen werden können, ob Handlungen sozial erwünscht (gut) oder unerwünscht (schlecht) sind (Scherer/Picot 2008, S. 4). Die *Ethik* dagegen ist eine Wissenschaft, die Werte, Normen und Verhaltensweisen überprüft und beurteilt und insofern herrschende Moralvorstellungen kritisch reflektiert. Für menschliches Handeln werden Regeln bzw. Verfahren gesucht, um deren Sittlichkeit zu beurteilen (Küpper 2011, S. 27). Es kann zwischen der deskriptiven und der normativen Unternehmensethik unterschieden werden. Während die *deskriptive Unternehmensethik* die Existenz und Wirkung von Normen und Werten in Unternehmen beschreibt, nach Erklärungen dafür sucht und deren Wirkungen auf betriebliche Entscheidungen erfasst, werden in der *normativen Unternehmensethik* Normen begründet und Entscheidungen bzw. Handlungen empfohlen.

Unternehmensverantwortung

Die *Unternehmensethik* konzentriert sich dementsprechend auf unternehmerische Normen, Werte, Verhaltensweisen und deren Konsequenzen auf Mensch, Gesellschaft und Umwelt. Im Fokus stehen solche Normen und Werte, an denen sich im Unternehmen tätige Menschen orientieren (z. B. Unternehmensverfassung, Führungsstile; vgl. Scherer/Picot 2008, S. 5). Insbesondere geht es um die »Untersuchung ethischer Fragestellungen bei wirtschaftlichen Entscheidungen in Unternehmungen« (Küpper 2011, S. 34). Für die aus Entscheidungen und Handlungen von Individuen, Organisationen, Unternehmen und Institutionen folgenden Konsequenzen können diese zur Verantwortung bzw. zur Rechenschaft gezogen werden. Insofern ist mit jeder Entscheidung auch Verantwortung verbunden. Verantwortung entsteht dann, wenn ein *»Subjekt«* (der Verantwortungsträger, z. B. der Unternehmensvorstand) für ein *»Objekt«* (der Verantwortungsgegenstand, z. B. eine Entscheidung, Mitarbeiter und Mitarbeiterinnen) gegenüber einer *»Instanz«* (z. B. einem Gericht, dem Gewissen) hinsichtlich bestimmter *»Standards«* (Verantwortungskriterien, z. B. Werte und Normen für ethisches Verhalten) zur Rechenschaft gezogen werden kann. Insofern ergänzt die Unternehmensethik die für die Bewertung von Handlungsalternativen üblichen ökonomisch-rationalen Kriterien durch Verantwortungskriterien. Verantwortungskriterien können in der Unternehmensverfassung (*Corporate Governance*) bzw. in sogenannten *Codes of Conduct* (z. B. soziale und ökologische Kriterien) festgelegt werden (vgl. Kap. 7.3.1).

Unter Verantwortung versteht man die freiwillige, erwartete oder erzwungene Rechtfertigung bzw. Verteidigung einer Entscheidung oder einer Handlung eines Verantwortungsträgers vor einer Instanz (*Balderjahn 2013, S. 43*).

Entscheidungen lösen Wirkungen aus, für die Verantwortung besteht oder übernommen werden kann (vgl. Küpper 1999, S. 39). Voraussetzung für das Tragen von Verantwortung ist, dass eine kausale bzw. begründbare Verknüpfung von der Entscheidung über die Handlung zu den (erwünschten bzw. unerwünschten) Handlungsfolgen existiert. Das erfordert eine »ethische Reflektion«, d.h. das Hinterfragen von bestehenden Wert- und Normvorstellungen (Kreikebaum et al. 2011, S. 180). Allerdings sind in den oft sehr vernetzten und komplexen Strukturen in Natur, Wirtschaft und Gesellschaft die Folgen von einzelnen Handlungen meist unbekannt. Nicht für alle Ereignisse oder Zustände auf dieser Welt können konkrete Handlungsursachen bzw. Verantwortliche ausgemacht werden.

Corporate Social Responsibility

Unternehmensethische Fragen werden heute oft unter dem Begriff *Corporate Social Responsibility* (CSR) diskutiert und behandelt. Danach tragen Unternehmen Verantwortung für die Gesellschaft und einzelne Menschen (z.B. für Kommunen, für eigene Mitarbeiter und solche von Lieferanten). Da Unternehmen auch Teil der Gesellschaft sind, sollten sie auch Verantwortung für die Gesellschaft bzw. für einzelne *Anspruchsgruppen* übernehmen (Kreikebaum et al. 2011, S. 29).

Corporate Social Responsibility (CSR) stellt eine unternehmerische Norm dar, nach der sich Wirtschaftsunternehmen über die Rechtslage hinaus freiwillig zu einer umfassenden Übernahme von Verantwortung für die Umwelt und Gesellschaft bekennen.

Möglichkeiten dazu sind z.B. die Schaffung humaner Arbeitsbedingungen, die Gewährleistung von Organisationsfreiheit, die Beseitigung jeglicher Diskriminierung am Arbeitsplatz und der Einsatz umweltfreundlicher Technologien im Unternehmen (Balderjahn 2013, S. 49). Solche Forderungen gehören z.B. zu den zehn Prinzipien des *UN Global Compact* (www.unglobalcompact.org), einer weltweit verbreiteten Initiative zur Förderung sozial und ökologisch verantwortungsbewussten Managements. Beitretende Unternehmen verpflichten sich öffentlich, die zehn Prinzipien des *UN Global Compact* zu befolgen (vgl. Kap. 3.2.5). Solche freiwilligen *Selbstverpflichtungen* ergänzen nationales und internationales Recht, wie z.B. Vorschriften des Arbeitsrechts (z.B. Kündigungsschutzgesetz) und des Sozialrechts (z.B. Bestimmungen über die Arbeitslosenversicherung). Ein weiteres Instrument zur Förderung einer sozial verantwortlichen Unternehmensführung ist der SA 8000 von der *Social Accountability International* (SAI; http://sa-intl.org). Er zielt auf eine globale Verbesserung und Sicherung von Arbeitsbedingungen (*Human Rights for Workers*).

Die Betriebswirtschaftslehre sollte Fragen der Ethik, insbesondere solchen nach den globalen Konsequenzen unternehmerischer Entscheidungen für Umwelt, Klima und Gesellschaft mehr als bisher thematisieren und Wege aufzeichnen, den ökologischen Fußabdruck ökonomischen Erfolgs nicht über das Maß hinausgehen zu lassen, was die Erde jährlich regenerierbar an Ressourcen bereit zu stellen in der Lage ist. Dazu muss die Betriebswirtschaftslehre aber ihre enge Zweckbestimmung einer nur auf den ökonomischen Erfolg ausgerichteten Managementlehre überwinden. Nur mit einer Betriebswirtschaftslehre, die die Verantwortung von Unternehmen nicht nur gegenüber den Shareholdern definiert, sondern auch gegenüber der Umwelt und Gesellschaft, können Fortschritte im Umwelt-, Klima-, Ressourcen, und Artenschutz sowie in der gesellschaftlichen Wohlfahrt und Lebensqualität der Menschen erreicht werden.

Kontrollfragen Kapitel 2

1. *Nennen Sie drei wichtige Aufgaben von Wissenschaft und erläutern Sie, was darunter zu verstehen ist.*
2. *Es lassen sich verschiedene Arten von Wissenschaften unterscheiden. Ordnen Sie die BWL ein.*
3. *Was versteht man unter einer Definition? Bilden Sie ein Beispiel aus der BWL!*
4. *Was ist eine Theorie?*
5. *Welche Phasen unterscheidet das Reichenbachschema? Geben Sie für jede Phase ein Beispiel.*
6. *Aus welchen Komponenten besteht das logisch-deduktive Erklärungsschema?*
7. *Welche Erkenntnisprinzipien gibt es?*
8. *Was wird unter Falsifikation verstanden?*
9. *Wann ist eine Hypothese gehaltvoll und wie wird sie dann bezeichnet?*
10. *Was ist ein Modell und welche Arten gibt es?*
11. *Welche Aufgaben kommen den Modellen in der BWL zu?*
12. *Erläutern Sie das Werturteilsproblem.*
13. *Womit beschäftigt sich die Unternehmensethik?*
14. *Was wird unter Corporate Social Responsibility verstanden?*
15. *In welcher Beziehung stehen Entscheidung und Verantwortung?*

Weiterführende Literatur

Balderjahn, I. (2013): Nachhaltiges Management und Konsumentenverhalten, München.

Bea, F. X. (2009a): Entscheidungen des Unternehmens, in: Bea, F. X./Schweitzer, M. (Hrsg.), Allgemeine Betriebswirtschaftslehre, Bd. 1: Grundfragen, 10. Aufl., Stuttgart, S. 333–437.

Kirsch, W./Seidl, D./van Aaken, D. (2007): Betriebswirtschaftliche Forschung, Stuttgart.

Kreikebaum, H./Gilbert, D. U./Behnam, M. (2011): Strategisches Management, 7. Aufl., Stuttgart.

Küpper, H.-U. (2011): Unternehmensethik, 2. Aufl. Stuttgart.

Peters, S./Brühl, R./Stelling. J. N. (2005): Betriebswirtschaftslehre, 12. Aufl., München, Wien.

Raffée, H. (1974): Grundprobleme der Betriebswirtschaftslehre, Göttingen.

Schanz, G. (2009): Wissenschaftsprogramme der Betriebswirtschaftslehre, in: Bea, F. X./Schweitzer, M. (Hrsg.), Allgemeine Betriebswirtschaftslehre, Bd. 1: Grundfragen, 10. Aufl., Stuttgart, S. 81–159.
Weber, W./Kabst, R./Baum, M. (2014): Einführung in die Betriebswirtschaftslehre, 9. Aufl., Wiesbaden.
Wöhe, G./Döring, U./Brösel, G. (2016): Einführung in die Allgemeine Betriebswirtschaftslehre, 26. Aufl., München.

3 Basiskonzepte der Betriebswirtschaftslehre

Lernziele

- Sie kennen die Unterschiede zwischen dem ökonomistischen und dem sozialwissenschaftlichen Basiskonzept der BWL.
- Sie wissen, was ein Paradigma ist und was Wissenschaftsprogramme sind.
- Sie kennen den faktoranalytischen Ansatz von *Gutenberg*.
- Sie können die Grundaussage und die einzelnen Elemente des entscheidungsorientierten Ansatzes von *Heinen* erläutern.
- Sie können Entscheidungssituationen hinsichtlich ihres Informationsstandes klassifizieren.
- Sie kennen das Grundmodell der präskriptiven Entscheidungstheorie.
- Sie kennen Entscheidungsregeln bei Sicherheit, Risiko und Ungewissheit und können diese auf konkrete Entscheidungssituationen anwenden.
- Sie sind in der Lage, einen Entscheidungsbaum aufzustellen.
- Sie kennen verschiedene Ansätze der BWL.

3.1 Allgemeine Basiskonzepte

Basiskonzepte der Betriebswirtschaftslehre stellen Übereinkünfte von Wissenschaftlern dar, aus welcher Perspektive und mit welchen wissenschaftlichen Methoden betriebswirtschaftliche Probleme zu bearbeiten sind. Es handelt sich um breit angelegte Entwürfe zu den Grundsätzen einer Wissenschaft (z. B. Abgrenzung des Erkenntnisobjekts, Art der eingesetzten wissenschaftlichen Methoden), die als *Leitideen* dem arbeitsteiligen Forschungsprozess eine Richtung geben (vgl. Schanz 2009, S. 88 ff.). Auf einer sehr allgemeinen, ersten Ebene kann nach Raffée (1974, S. 77 ff.) zwischen dem ökonomistischen, die Dominanz von Ökonomie und deren Wertfreiheit betonenden, und dem sozialwissenschaftlichen, die Betriebswirtschaftslehre in den Sozialwissenschaften integrierenden, Basiskonzept unterschieden werden (vgl. Abb. 3-1).

Ökonomistisches Basiskonzept

Nach dem *ökonomistischen Basiskonzept* ist die Betriebswirtschaftslehre eine eigenständige, auf ethische Normen verzichtende (wertfreie) und von anderen wissenschaftlichen Disziplinen (sogenannte Nachbarwissenschaften) eindeutig abgegrenzte Wissenschaft, die sich vornehmlich mit dem Aspekt der Gewinnerzielung und -verwendung durch wirtschaftliche Tätigkeit unter Beachtung von ökonomischen Effizienzkriterien beschäftigt (vgl. dazu Schneider 1995, S. 117 ff.). Soziale und gesellschaftliche Fragen werden nicht (z. B. gerechter Lohn) oder nahezu ausschließlich auf der Grundlage ökonomischer Theorien behandelt (z. B. Arbeitsmotivation).

Abb. 3-1

Grundkonzepte erster Ordnung

Ökonomistisches Basiskonzept	Sozialwissenschaftliches Basiskonzept
▸ BWL als eigenständige und wertfreie Wirtschaftswissenschaft ▸ Vorrangstellung der Eigentümer *(Shareholder-Ansatz)* ▸ Ziel der Gewinnmaximierung	▸ BWL als spezielle, interdisziplinär geöffnete Sozialwissenschaft ▸ Partizipation aller Anspruchsgruppen *(Stakeholder-Ansatz)* ▸ Ziel des Gemeinwohls

Quelle: In Anlehnung an Raffée 1974, S. 79ff.; Wöhe 2016 et al, S. 4ff.

Auf moralische und ethische Betrachtungen wird verzichtet (Wöhe et al. 2016, S. 7). Eine interdisziplinäre Öffnung zu anderen Wissenschaften, insbesondere zu den Sozialwissenschaften (z. B. Psychologie, Soziologie), wird mit dem Argument abgelehnt, dass dadurch die Eigenständigkeit der Betriebswirtschaftslehre als Wissenschaft verlorengeht (vgl. Schneider 1995, S. 142). Zudem hätte eine mangelnde Professionalität der Betriebswirtschaftler in anderen Wissenschaften ein Dilettieren in Nachbardisziplinen zur Folge (*Dilettantismusvorwurf*). Das ökonomistische Basiskonzept stellt ab auf den marktwirtschaftlichen Wettbewerb mit flankierendem Ordnungsrahmen als Koordinierungssystem bei Einräumung einer Vorrangstellung der Eigenkapitalgeber (*Shareholder*; Wöhe et al. 2016, S. 7, 50).

Sozialwissenschaftliches Basiskonzept

Das *sozialwissenschaftliche Basiskonzept,* das eng mit dem entscheidungsorientierten Ansatz von *Edmund Heinen* verbunden ist (vgl. Heinen 1991; Schanz 2009, S. 111 ff. und Kap. 3.2.1), öffnet demgegenüber die Betriebswirtschaftslehre für andere Wissenschaften und verfolgt ein interdisziplinäres, auf die Leitidee der menschlichen Bedürfnisbefriedigung und des Gemeinwohls gerichtetes, wissenschaftliches Forschungsprogramm (vgl. Schanz 2009, S. 116). Zudem richtet sich dieses Basiskonzept nicht einseitig auf die Befriedigung der Interessen der *Shareholder*, sondern sieht die gesellschaftliche Legitimation von Unternehmen nur dann als gesichert an, wenn allen Anspruchsgruppen Partizipationsrechte vom Unternehmen eingeräumt werden (*Stakeholder-Ansatz*; Wöhe et al. 2016, S. 7, 50 ff.). Dieses Basiskonzept, das in Deutschland die meisten Anhänger findet, fasst die Betriebswirtschaftslehre als eine spezielle Sozialwissenschaft auf. Dafür sprechen die folgenden Argumente:

- Wirtschaften ist ein *Ausschnitt sozialen Handelns*, der ohne Einbeziehung der Sozialwissenschaften (z. B. der Psychologie) nicht vollständig erklärt werden kann.
- *Interdisziplinäre Fragestellungen und Probleme*, d. h. Schnittmengen und Schnittstellen der Betriebswirtschaftslehre mit anderen Wissenschaften, werden durch dieses Konzept nicht ausgeklammert bzw. ignoriert. Durch die »Öffnung zu den Sozialwissenschaften« lässt sich ein realitätsnäheres und auf praktische Probleme bezogenes Wissen erlangen. So könnten z. B. im Marketing und im Personalwesen

ohne Rückgriff auf verhaltenswissenschaftliche Erkenntnisse relevante Sachverhalte (z. B. die Kundenzufriedenheit im Marketing und die Leistungsmotivation im Personalwesen) wenn überhaupt, nur sehr unzureichend bearbeitet werden. Eine nur auf die Ökonomik fokussierte Betrachtung würde die Betriebswirtschaftslehre in ihrem Erklärungsanspruch stark einengen und schwächen. Die Tragfähigkeit dieses Basiskonzepts lässt sich insbesondere am Forschungserfolg in den betriebswirtschaftlichen Teildisziplinen Management (vgl. Kap. 6), Personalwirtschaft (vgl. Kap. 8.7) und Marketing (vgl. Kap. 8.2) erkennen.
- Das sozialwissenschaftliche Basiskonzept ermöglicht die Integration von Fragen der *ethischen und sozialen Verantwortung* von Unternehmen (vgl. auch Kap. 2.4 und Kap. 3.2.5).

Wissenschaftsprogramme

Für diese beiden grundlegenden Basiskonzepte lassen sich konkretere Ausformungen identifizieren. In diesem Zusammenhang wird häufig von spezifischen Wissenschafts- bzw. Forschungsprogrammen, *Paradigmen* oder Ansätzen gesprochen, die als Grundkonzeptionen eine spezifische Einordnung und wissenschaftliche Behandlung von Einzelproblemen der Betriebswirtschaftslehre unter Einsatz eines speziellen methodologischen Konzepts ermöglichen (vgl. Schanz 2009, S. 81 ff.; Schweitzer 2009b, S. 5 f.). Heute existiert ein Nebeneinander von mehreren Wissenschaftsprogrammen, ohne dass eines davon den Anspruch erhebt, herrschend oder dominant für die Betriebswirtschaftslehre zu sein. Es kann vielmehr ein *Wissenschaftspluralismus* festgestellt werden. Das Spektrum der gegenwärtigen Wissenschaftsprogramme umfasst folgende Ansätze (vgl. auch Schweitzer 2009b, S. 5):
- faktoranalytischer Ansatz von *Erich Gutenberg*,
- entscheidungsorientierter Ansatz von *Edmund Heinen*,
- systemorientierter Ansatz von *Hans Ulrich*,
- situativer Ansatz,
- ökologieorientierter bzw. nachhaltigkeitsorientierter Ansatz,
- verhaltenswissenschaftlicher Ansatz,
- institutionenorientierter Ansatz und
- prozess-, ressourcen- und kompetenzorientierter Ansatz.

Faktoranalytischer Ansatz

Gutenberg hat die Betriebswirtschaftslehre als Wissenschaft von der Produktivitätsbeziehung aufgefasst (vgl. Schanz 2009, S. 82). Ausgangsbasis des faktoranalytischen Ansatzes ist ein System produktiver Faktoren (vgl. Kap. 1.6). Der Betriebsprozess wird primär unter dem Aspekt der Kombination produktiver Faktoren analysiert. *Gutenberg* strebte mit seiner methodischen Ausrichtung auf die *klassische Mikroökonomie* eine theoretische Geschlossenheit sowie eine starke Formalisierung bzw. Mathematisierung der Betriebswirtschaftslehre an (vgl. Schanz 2009, S. 104 ff.). Die Enge dieses auf Fragen der Produktions-, Finanz- und Absatzwirtschaft fokussierten Ansatzes sowie seine theoretisch-abstrakte Ausrichtung sind oft kritisiert worden. Argumentiert wird, dass qualitative und nicht-monetäre betriebliche Aspekte, die insbesondere in den Managementbereichen Marketing, Organisation, Führung und Personalwesen eine zentrale Rolle spielen, ausgeklammert werden. Insofern liegen die

Schwächen des faktoranalytischen Ansatzes in seinen idealtypischen, praxisfernen Prämissen (z. B. rationales Entscheidungsverhalten) und der damit verbundenen empirischen Gehaltlosigkeit (Vorwurf des *Modell-Platonismus*; vgl. auch Kap. 2.3.3) sowie im Verzicht auf die Einbeziehung verhaltenswissenschaftlicher Erkenntnisse (vgl. Schanz 2009, S. 110). Wegen seiner Eigenständigkeit und einseitigen Orientierung an der Interessenlage der Unternehmung und den Shareholdern (partikulärer Ansatz) kann das Wissenschaftsprogramm Gutenbergs dem ökonomistischen Basiskonzept zugeordnet werden. Heute hat dieser Ansatz an Bedeutung verloren. Die anderen Konzepte werden im folgenden Kapitel näher beschrieben.

3.2 Spezielle Basiskonzepte

3.2.1 Der entscheidungsorientierte Ansatz

3.2.1.1 Grundlagen und Merkmale des entscheidungsorientierten Ansatzes

Der entscheidungsorientierte Ansatz als Grundkonzeption der Betriebswirtschaftslehre wurde maßgeblich von *Edmund Heinen* in den 1960er Jahren geprägt. Da Wirtschaften als das Entscheiden über knappe Güter in Betrieben definiert wird (vgl. Kap. 1.2), ist es nicht überraschend, dass sich die Betriebswirtschaftslehre Entscheidungsproblemen annimmt. Das Besondere an diesem Ansatz ist, dass Entscheidungen als realwissenschaftliche Phänomene aufgefasst und nicht mehr im mikroökonomischen Kontext des *Homo oeconomicus* betrachtet werden. Reale Entscheidungen sind insbesondere von Wissensdefiziten des Entscheiders in konkreten Entscheidungssituationen geprägt. Die Analyse realer Entscheidungen erfordert nach *Heinen* deshalb zwingend eine Integration von Erkenntnissen der Sozialwissenschaften und die Orientierung an empirisch überprüfbaren Theorien und Hypothesen (vgl. Schanz 2009, S. 113; Kap. 2.3.2 und Abb. 3-2). Damit ist der entscheidungsorientierte Ansatz eine Konkretisierung des sozialwissenschaftlichen Basiskonzepts der Betriebswirtschaftslehre. Dieser Ansatz genießt noch heute eine beachtliche Stellung innerhalb der Betriebswirtschaftslehre. Nach diesem Ansatz werden insbesondere Modelle zur Optimierung von Produktions- und Finanzierungsprogrammen sowie zur optimalen Lagerhaltung eingesetzt (Wöhe et al. 2016, S. 18).

Der entscheidungsorientierte Ansatz der Betriebswirtschaftslehre umfasst folgende Teilbereiche (vgl. Abb. 3-2):

- Die *Zielanalyse*: Welche Ziele sollen vom Unternehmen verfolgt werden?
- *Systematisierung von Aufgabenfeldern*: Welche betrieblichen Entscheidungsprobleme sollen gelöst werden (z. B. Beschaffungs-, Produktions-, Absatz-, Personal- und Finanzierungsprobleme)?
- Entwicklung von *Erklärungsmodellen*: Welches Wissen (z. B. Theorien) steht zur Problemlösung und Entscheidungsfindung zur Verfügung (z. B. Kenntnis von Kosten- und Preisabsatzfunktionen)?

Abb. 3-2

Elemente des entscheidungsorientierten Ansatzes der Betriebswirtschaftslehre

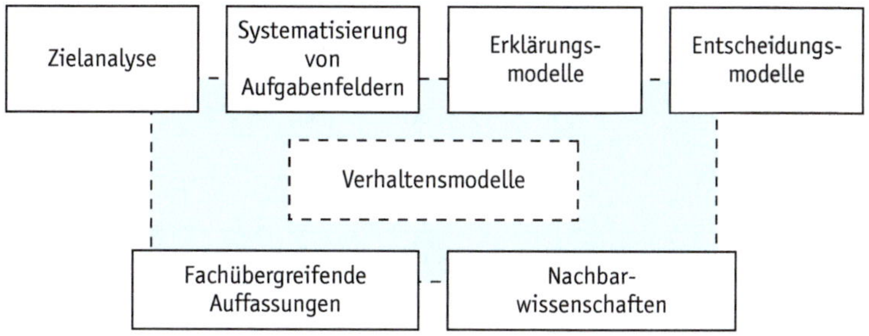

Quelle: In Anlehnung an Heinen 1991, S. 13

- Bereitstellung von *Entscheidungsmodellen und -regeln*: Wie soll unter bestimmten Bedingungen wirtschaftlich rational entschieden werden? Hierbei geht es um die Frage, wie Mittel effizient eingesetzt werden sollen, um die gesetzten Ziele bestmöglich zu erreichen. Der Grad der Zielerreichung ist ein Maß für den Erfolg. Wegen dieser *Gestaltungsaufgabe* fasst sich die Betriebswirtschaftslehre auch als praktisch-normative Wissenschaft auf (vgl. Schanz 2009, S. 114 f.).

Deskriptive Entscheidungstheorie

Es kann zwischen der deskriptiven (»Wie werden Entscheidungen getroffen?«) und der präskriptiven (normativen) Entscheidungstheorie (»Wie sollen Entscheidungen getroffen werden«) unterschieden werden. Die *Deskriptive Entscheidungstheorie* untersucht reale Entscheidungsprozesse bei Individuen und Gruppen unter Berücksichtigung von Ergebnissen der Verhaltenswissenschaften (vgl. Bamberg et al. 2012, S. 5 ff.; Wöhe et al. 2016, S. 90). Auf der Basis der Beschreibung, wie im Betrieb Entscheidungen getroffen werden, zielt die deskriptive Entscheidungstheorie darauf, »empirisch gehaltvolle Hypothesen über das Verhalten von Individuen und (Personen-)Gruppen im Entscheidungsprozess zu formulieren« (Laux et al. 2014, S. 17). Reale Entscheidungsprozesse, die als *Problemlösungsprozess* aufgefasst werden, umfassen sämtliche Aktivitäten, die von der Entstehung eines Problems bis zu dessen Lösung durchgeführt werden müssen (vgl. Staehle 1999, S. 295). Dieser Prozess kann in vier *Entscheidungsphasen* zerlegt werden (Laux et al. 2014, S. 12 ff.; vgl. Abb. 3-3):

- *Problemstellungsphase:* Erkennen und Analysieren des Entscheidungsproblems und Präzisierung der Ziele.
- *Lösungsfindungsphase:* Suchen, Identifizieren, Analysieren und Formulieren von potenziellen Alternativen zur Problemlösung.
- *Urteilsphase:* Festlegen von Bewertungskriterien, Bewerten der Alternativen und Alternativen nach Präferenzen ordnen.
- *Implementierungsphase*: Entscheidung für eine Alternative, Durchsetzung, Kontrolle und Überwachung (Monitoring) sowie Anpassung im Zeitablauf.

Abb. 3-3

Phasen eines extensiven Entscheidungsprozesses

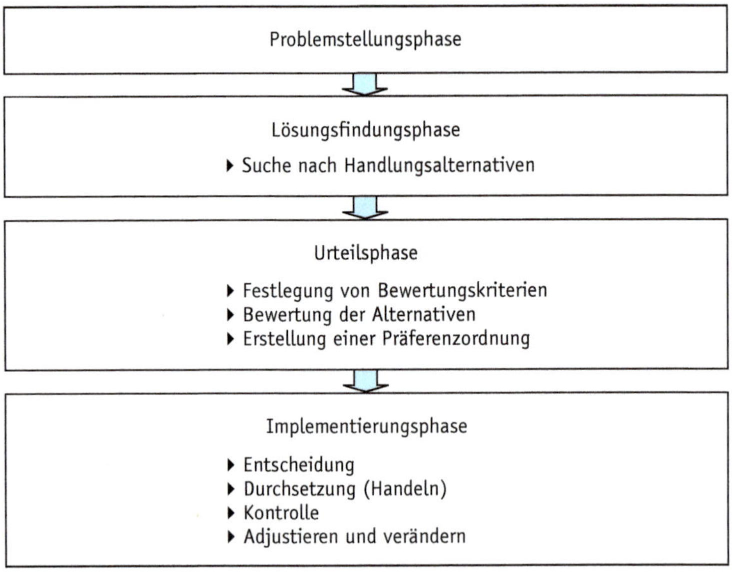

Merkmale betrieblicher Entscheidungen

Jede dieser Entscheidungsphasen kann wiederum als (Sub-)Entscheidungsprozess aufgefasst werden (vgl. Staehle 1999, S. 295 f.). Normalerweise laufen Entscheidungsprozesse mit Rückkopplung ab, sodass Korrekturen in vorangegangenen Entscheidungsphasen möglich sind. Es lassen sich folgende Merkmale von betrieblichen Entscheidungen bzw. Entscheidungssituationen unterscheiden:

- Entscheidungsträger (Individuum oder Kollektiv),
- Anlass der Entscheidung (antizipativ oder reaktiv),
- Zeithorizont der Entscheidung (strategisch oder operativ),
- Planungsintensität der Entscheidung (hoch oder gering),
- Objekt der Entscheidung (Ziele oder Mittel),
- Art der Entscheidung (Führungsentscheidungen oder operative Entscheidungen),
- Häufigkeit und Neuigkeitsgrad der Entscheidung, der Entscheidungssituation bzw. des Entscheidungsproblems (innovativ oder routiniert),
- Anzahl der durch die Entscheidung zu erreichenden Ziele (ein Ziel oder mehrere Ziele),
- Informationsstand des Entscheiders (Entscheidung unter Sicherheit, Risiko oder Ungewissheit) und
- Struktur des Entscheidungsproblems (wohl strukturiert oder schlecht strukturiert).

Wohl strukturierte Entscheidungsprobleme zeichnen sich durch eine vollständige, in sich abgeschlossene und eindeutige Beschreibung aller Elemente des Entscheidungsfeldes aus, sodass mit Hilfe exakter, formal-mathematischer Methoden (Algorithmen) eine optimale Lösung gefunden werden kann.

Ein *Algorithmus* ist ein Ablaufplan zur Lösung eines Problems in verbundenen Teilschritten. Bei schlecht strukturierten Entscheidungsproblemen liegen keine vollständigen Informationen über das gesamte Entscheidungsfeld vor, sodass heuristische Lösungsverfahren (Näherungsmethoden) eingesetzt werden müssen, die zwar gute bzw. zufriedenstellende, aber keine optimalen Lösungen garantieren.

Präskriptive Entscheidungstheorie

Während die deskriptive Entscheidungstheorie Entscheidungsprozesse beschreibt, wie in der Realität Entscheidungen getroffen werden, gibt die präskriptive (normative) Entscheidungstheorie Regeln vor, wie im Betrieb Entscheidungen rational getroffen werden sollen (Laux et al. 2014, S. 4). Einen Entscheidungsprozess umfasst nach Bamberg et al. (2012, S. 1 ff.) ein *Subjektsystem*, mit den Zielen und Informationen des Entscheidungsträgers sowie mit den von ihm verwendeten Entscheidungsprozeduren bzw. -regeln, und ein *Objektsystem*, das unter dem Begriff *Entscheidungsfeld* Entscheidungsalternativen, Umweltzustände und Entscheidungskonsequenzen bzw. -ergebnisse zusammenfasst (vgl. Kap. 3.2.1.2). Die *Präskriptive Entscheidungstheorie* beschäftigt sich nunmehr damit, Regeln zu finden, die eine rationale (*Rationalitätspostulat*) Nutzenbewertung der Entscheidungsalternativen ermöglichen. Eine zentrale Rolle bei betrieblichen Entscheidungen spielt das Wissen, über das ein Entscheidungsträger in einer konkreten Entscheidungssituation verfügt (Informationsstand). Informationsunsicherheiten bei realen Entscheidungen liegen häufig hinsichtlich der Umweltzustände (Bedingungen, unter denen Entscheidungen zu treffen sind) und der Entscheidungskonsequenzen (Ergebnisse von Entscheidungen) vor. Dementsprechend werden nach dem *Informationsstand* die Entscheidungssituationen »Sicherheit«, »Risiko« und »Ungewissheit« unterschieden (Bamberg et al. 2012, S. 22 ff.; vgl. Abb. 3-4). *Entscheidungen unter Sicherheit* sind dadurch charakterisiert, dass voll-

Abb. 3-4

Einteilung von Entscheidungssituationen hinsichtlich des Informationsstandes

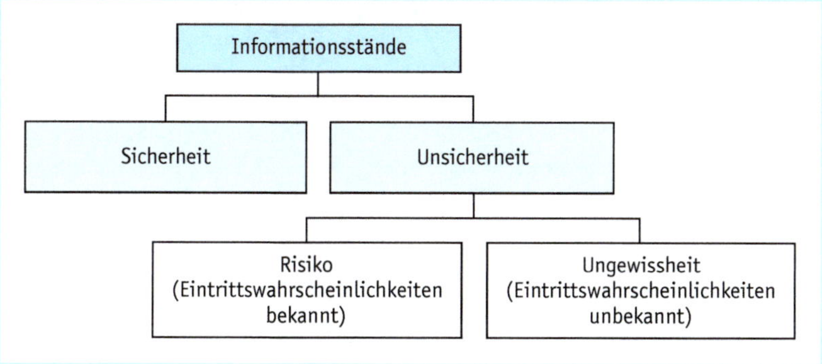

ständige Informationen über alle Entscheidungselemente vorliegen. Insbesondere sind der zu berücksichtigende Umweltzustand und die Ergebnisse bzw. Konsequenzen einzelner Entscheidungsalternativen bekannt. Liegen über die Umweltzustände und/ oder Entscheidungsergebnisse keine vollständigen Informationen vor, so wird von einer unsicheren Entscheidungssituation (Risiko und Ungewissheit) gesprochen (vgl. Abb. 3-4). Die Begriffe für die jeweiligen Informationsstände werden nicht einheitlich verwendet. Bea et al. (2009a, S. 348) vertauschen die Begriffe »Unsicherheit« und »Ungewissheit« der Abb. 3-4 und Laux et al. (2014, S. 33) bezeichnen »Ungewissheit« als »Unsicherheit im engeren Sinne«.

Zur formalen Behandlung unsicherer Entscheidungen reicht es aus, nur für ein Element des Objektsystems Unsicherheit zu unterstellen. Ohne Einschränkung der Allgemeinheit wird deshalb in der hier folgenden Darstellung davon ausgegangen, dass nur über die Umweltzustände unvollständige Informationen vorliegen. Entscheidungsalternativen und -ergebnisse sind demgegenüber vollständig bekannt (vgl. Bamberg et al. 2012, S. 24 f.). Unsichere Entscheidungssituationen werden weiter in Entscheidungen unter Risiko und Ungewissheit aufgeteilt. Bei *Entscheidungen unter Risiko* liegt eine Wahrscheinlichkeitsverteilung bzw. -vermutungen für das Eintreten verschiedener Umweltzustände bei sicheren Erwartungen für Alternativen und Entscheidungskonsequenzen vor. Die Wahrscheinlichkeiten (objektiv ermittelt oder subjektiv geschätzt), mit denen einzelne Umweltzustände eintreten können, werden als bekannt vorausgesetzt (z. B. Wahrscheinlichkeit dafür, dass ein Konkurrent seine Preise senkt). Demgegenüber lassen sich bei *Entscheidungen unter Ungewissheit* keine Wahrscheinlichkeiten für das Eintreten bestimmter Umweltsituationen angeben. Es wird lediglich als bekannt vorausgesetzt, welche Umweltzustände eintreten können, nicht aber, mit welcher Wahrscheinlichkeit.

Entscheidungsproblem

Im Mittelpunkt eines Entscheidungsproblems stehen Ziele und das Problem, diese Ziele zu erreichen (Problemlösungen). Alle Überlegungen zur Lösung von Problemen

Abb. 3-5

Komponenten eines Entscheidungsproblems

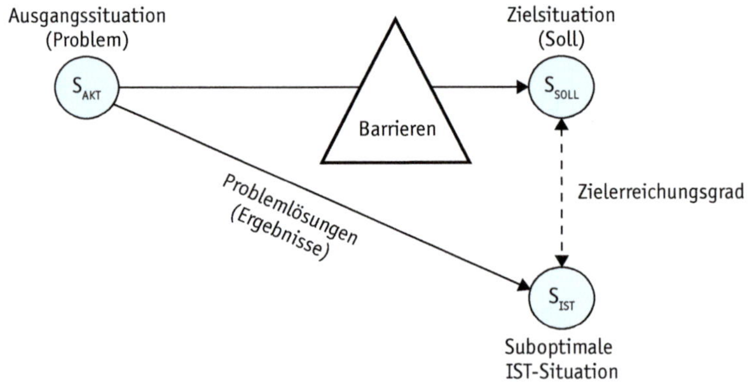

Quelle: In Anlehnung an Dörner 1979, zitiert bei Staehle 1999, S. 294

beziehen sich auf eine Ausgangssituation (das Problem) und auf eine zukünftige Situation (Lösung des Problems). Allgemein betrachtet können Entscheidungsprobleme durch folgende drei Komponenten gekennzeichnet sein (vgl. Dörner 1979, zitiert bei Staehle 1999, S. 294; vgl. Abb. 3-5): Durch

- einen unerwünschten aktuellen Ausgangszustand S_{AKT},
- einen angestrebten Zielzustand S_{SOLL},
- einen mit Maßnahmen tatsächlich erreichten Endzustand S_{IST}, der sich durch eine unzureichende Überwindung von Handlungsbarrieren vom angestrebten Zielzustand mehr oder weniger stark unterscheiden kann. In der Differenz zwischen S_{SOLL} und S_{IST} ergibt sich der *Zielerreichungsgrad*.

3.2.1.2 Entscheidungsmodelle und Entscheidungskalküle

Die präskriptive Entscheidungstheorie trifft im Rahmen ihrer Entscheidungslogik Aussagen über optimales Entscheiden nach dem *Rationalitätspostulat* unter Annahme des Ziels der Nutzenmaximierung. Dieser Ansatz spielt im ökonomistischen Basiskonzept der Betriebswirtschaftslehre eine große Rolle (vgl. Bamberg et al. 2012, S. 3). Mit Hilfe einer formalen Entscheidungslogik werden unter der Annahme geschlossener, wohl strukturierter Entscheidungsmodelle dem Rationalitätspostulat folgend Handlungsempfehlungen gegeben. *Entscheidungsmodelle* dienen insofern der Ermittlung einer optimalen Handlungsalternative.

Grundmodell der Entscheidungstheorie

Nach Laux et al. (2014, S. 30) setzt sich ein Entscheidungsmodell aus dem Entscheidungsfeld und der Entscheidungsregel zusammen. In dem Grundmodell der präskriptiven Entscheidungstheorie umfasst das *Entscheidungsfeld* die folgenden Elemente (vgl. Bea 2009a, S. 342 ff. Wöhe et al. 2016, S. 88 f.):

- Umweltzustände (Situationen) $\boldsymbol{S} = \{S_j \ (j= 1,\ldots, m)\}$: Hierbei handelt es sich um vom Entscheider nicht zu beeinflussende Faktoren, die die Ergebnisse von Entscheidungen beeinflussen können (z. B. konjunkturelle Entwicklungen). Die Umweltzustände bilden den *Zustandsraum* des Entscheidungsfeldes.
- Handlungsalternativen $\boldsymbol{A} = \{A_i \ (i= 1,\ldots, n)\}$: Handlungsalternativen sind voneinander unabhängige und vom Entscheider wählbare Optionen zur Erreichung angestrebter Ziele. Sie bilden den *Aktionsraum* des Entscheidungsfeldes und beinhalten alle dem Entscheider zur Verfügung stehenden Handlungsmöglichkeiten.
- Ziele $\boldsymbol{Z} = \{Z_k \ (k= 1,\ldots, p)\}$: Ziele sind Aussagen über angestrebte Zustände. Sie dienen im Entscheidungsmodell als *Entscheidungskriterien* zur Bewertung der Ergebnisse der jeweiligen Alternativen nach ihrem Zielerreichungsgrad.
- Ergebnisse $\boldsymbol{E} = \{e_{ijk}\}$: Die Handlungskonsequenzen (Zielbeiträge) werden als Ergebnisse bezeichnet. Jeder Kombination aus A_i und S_j wird ein Ergebnis e_{ijk} für die Erreichung von Ziel Z_k zugeordnet. Diese Zuordnung wird als Ergebnisfunktion bezeichnet und durch eine *Ergebnismatrix* dargestellt (vgl. Abb. 3-6). Insbesondere dann, wenn die Ergebnisse bzw. Zielgrößen unterschiedliche Maßeinheiten haben (z. B. Gewinn in Euro und Marktanteil in Prozent), müssen die Ergebniswerte e_{ijk} nach ihren *Zielerreichungsgraden* in dimensionslose Nutzenwerte $u_{ijk} = u(e_{ijk})$ transformiert werden (vgl. Bamberg et al. 2012, S. 35 f.). Je höher der Zielerreichungsgrad, desto höher der Nutzenbeitrag eines Ergebnisses. Diese Matrix wird dann als Nutzen- bzw. *Entscheidungsmatrix* bezeichnet.

Abb. 3-6

Allgemeine Form einer Ergebnismatrix

Umweltzustände		S_1				…	S_m			
Alternativen	**Ziele**	Z_1	Z_2	…	Z_p	…	Z_1	Z_2	…	Z_p
A_1		e_{111}	e_{112}	…	e_{11p}	…	e_{1m1}	e_{1m2}	…	e_{1mp}
A_2		e_{211}	e_{212}	…	e_{21p}	…	e_{2m1}	e_{2m2}	…	e_{2mp}
…		…	…	…	…	e_{ijk}	…	…	…	…
A_n		e_{n11}	e_{n12}	…	e_{n1p}	…	e_{nm1}	e_{nm2}	…	e_{nmp}

Entscheidungsregeln

Zur Entscheidungsfindung im Rahmen dieses Grundmodells werden Entscheidungsregeln verwendet. Mit Hilfe solcher *Entscheidungsregeln* kann der rationale Entscheider für im Grundmodell exakt beschriebene Entscheidungsprobleme unter bestimmten Annahmen die jeweils optimale Handlungsalternative auswählen. Die Entscheidungsregel leitet aus der Struktur des Entscheidungsfeldes diejenige Alternative ab, die die zugrunde gelegten Ziele am besten erreicht (*Optimalitätskriterium*; Laux et al. 2014, S. 34). Diese Regeln zeichnen sich durch ein axiomatisch-deduktives Vorgehen bei idealtypischen Entscheidungsmodellen aus. Die Entscheidung ist hier eine logische Folge der Annahmen (entscheidungslogische Kalküle).

Entscheidungskalküle

Im Gegensatz zu den Entscheidungsregeln der präskriptiven Entscheidungstheorie dienen realwissenschaftliche Entscheidungskalküle, die dem *Operations Research* zugeordnet werden, der Entscheidungsfindung bei realen Problemstellungen (z. B. Probleme der Produktion oder Logistik). Hier kommen mathematische Optimierungs- und Simulationsmodelle zum Einsatz (vgl. Kap. 3.2.1.7; Wöhe et al. 2016, S. 96 ff.). Im Gegensatz zum dargestellten Modell der präskriptiven Entscheidungstheorie unterstellt die *Spieltheorie* keine passive Umwelt, sondern einen rational handelnden Gegenspieler. Die Ergebnisse von Entscheidungen hängen danach nicht von den unbeeinflussbaren Umweltzuständen, sondern vom Handeln der Gegenspieler ab (vgl. Warning/Welzel 2007, S. 56; Wöhe et al. 2016, S. 94 ff.).

Für die nun folgenden Entscheidungsregeln gehen wir vom Grundmodell der präskriptiven Entscheidungstheorie aus. Am bekanntesten sind die Entscheidungsregeln bei den Informationsständen Sicherheit, Risiko und Unsicherheit (vgl. Abb. 3-4). Ohne Einschränkung der Gültigkeit der Entscheidungsregeln wird vorausgesetzt, dass nur hinsichtlich der Umweltzustände S_j Unsicherheit bestehen kann. Für Alternativen und Ergebnisse wird immer sicheres Wissen (Sicherheit) unterstellt (vgl. Bamberg et al. 2012, S. 25).

3.2.1.3 Entscheidungsregel bei Sicherheit

Die Entscheidungsregel bei Sicherheit wird auf Entscheidungssituationen angewandt, die dadurch gekennzeichnet sind, dass ein Umweltzustand $S_j = S$ (der Index j entfällt) mit Sicherheit eintritt und die Ergebnisse e_{ik} der Alternativen A_i hinsichtlich der Ziele Z_k bekannt sind (vgl. Bamberg et al. 2012, S. 41 ff.). Diese Entscheidungsregel besagt, dass diejenige Alternative A_i auszuwählen ist, deren Summe der gewichteten Zielerreichungsgrade u_{ik} (Nutzenwerte) am größten ist (*Entscheidungskriterium der Nutzenmaximierung*). Vor Anwendung dieser Entscheidungsregel wird mit Hilfe des *Dominanzkriteriums* der Aktionsraum ***A*** auf die zulässigen Aktionen reduziert (vgl. Bamberg et al. 2012, S. 37 f.). Zulässig sind alle Handlungsalternativen A_i, die nicht von einer anderen Alternative dominiert werden. Eine Alternative A_i dominiert eine Alternative $A_{i'}$, wenn sie bei keinem Ziel Z_k zu einem schlechteren Ergebnis und bei mindestens einem Ziel zu einem besseren Ergebnis führt. Zur Nutzenbewertung der Handlungsalternativen A_i wird eine *Nutzenskala* bzw. Punkteskala verwendet, die in Abhängigkeit der jeweiligen Zielerreichungsgrade den Ergebnissen e_{ik} Punktewerte u_{ik} zuordnet (*Bernoulli-Prinzip*). Die Berechnung der *Nutzenwerte* U_i der einzelnen Handlungsalternativen A_i erfolgt nach der Formel:

$$U_i = \sum_{k=1}^{p} g_k u_{ik}$$

Dabei gibt g_k das Gewicht bzw. die Bedeutung von Z_k an (Zielpräferenz des Entscheiders) und u_{ik} ist der mit Punkten bewertete Zielerreichungsgrad von A_i bei Z_k (vgl. Abb. 3-7). Wenn die Summe der Gewichte g_k eins ergibt, dann liegen die Nutzenwerte der Alternativen U_i im Wertebereich der Punkteskala. Im Beispiel der Abb. 3-7 ist die Alternative A_1 zu wählen.

Für Entscheidungsprobleme bei Sicherheit bietet sich die sogenannte *Nutzwertanalyse* an (wird auch als Punktwertmodell oder *Scoring-Modell* bezeichnet; vgl. Bea 2009a, S. 355 f.). Die Nutzwertanalyse ist ein Verfahren zur Entscheidungsfindung bei mehreren, unterschiedlich gewichteten quantitativen und qualitativen Zielen und sicheren Informationen (vgl. Kap. 6.4.3).

3.2.1.4 Entscheidungsregel bei Risiko

Abb. 3-7

Beispiel einer Nutzenmatrix für eine Entscheidung bei Sicherheit

Ziele:	Z_1	Z_2	Z_3	**Nutzenwert**
Gewichtung:	$g_1 = 0{,}6$	$g_2 = 0{,}3$	$g_3 = 0{,}1$	U_i
Alternativen:				
A_1	5	2	6	☞ 4,2
A_2	3	4	7	3,7
A_3	1	5	5	2,6

Nutzenskala: 0 = niedrigste Zielerreichung bis 10 = maximale Zielerreichung

Unsicherheitssituation

Während bei Entscheidungssituationen unter Sicherheit bekannt ist, welcher Umweltzustand zum Entscheidungszeitpunkt vorliegt und welche Konsequenzen die einzelnen Handlungsoptionen hinsichtlich der vorgegebenen Ziele haben, sind bei unsicheren Entscheidungssituationen für die Umweltzustände nur die Eintrittswahrscheinlichkeiten (Risikosituation) bzw. nur der mögliche Eintritt bekannt (Ungewissheitssituation). Ohne Einschränkung der Allgemeinheit setzen die folgenden Darstellungen unsicherer Entscheidungen Risiko- bzw. Ungewissheitssituationen nur bei den Umweltzuständen voraus (vgl. Bamberg et al. 2012, S. 24 f.).

Bei Risikosituationen ist zum Entscheidungszeitpunkt noch unsicher, welcher der potenziell möglichen Umweltzustände S_j eintreten wird. Der Entscheidungsträger kennt aber für die einzelnen Umweltzustände S_j deren *Eintrittswahrscheinlichkeiten* $w_j = w(S_j)$, wobei gilt, dass $\Sigma w_{j=1...m} = 1$. Es können objektive, aus der Wahrscheinlichkeitstheorie berechnete Wahrscheinlichkeiten ebenso zum Einsatz kommen wie subjektiv vom Entscheidungsträger aus persönlicher Erfahrung geschätzte Wahrscheinlichkeiten. Zur Vereinfachung der Darstellung wird hier angenommen, dass nur ein Ziel $Z_k = Z$ vom Entscheider verfolgt wird (der Index k entfällt).

Bei Entscheidungsproblemen unter Risiko wird diejenige Alternative A_i, deren statistischer Erwartungswert EW_i für das Ergebnis e_i

$$EW_i(e_i) = \sum_{j=1}^{m} w_j e_{ij}$$

am höchsten ist, ausgewählt (*Entscheidungskriterium der Erwartungswertmaximierung*). Dabei ist e_{ij} das erwartete Ergebnis von A_i, wenn S_j eintritt. Diese Regel wird auch als *Bayesche-Regel* bezeichnet (vgl. Bea 2009a, S. 349). Wird diese Regel nicht direkt auf die Ergebnisse, sondern auf Nutzenwerte u_{ij} angewendet, spricht man vom *Bernoulli-Prinzip* (vgl. Abb. 3-8). Die Ergebnisse e_{ij} werden dann in Nutzenwerte u_{ij} überführt und der Erwartungswert des Nutzens bestimmt. u_{ij} ist der mit Punkten bewertete Zielerreichungsgrad der Alternative A_i bei Eintritt von S_j. Der Entscheidungsträger, der diese Regel anwendet, wird als *risikoneutral* bezeichnet. Im Beispiel der Abb. 3-8 ist die Alternative A_2 zu wählen.

Abb. 3-8

Beispiel einer Nutzenmatrix für eine Entscheidung bei Risiko

Situationen: **Wahrscheinlichkeiten:**	**S_1** **$w_1 = 0,2$**	**S_2** **$w_2 = 0,6$**	**S_3** **$w_3 = 0,2$**	**Erwartungswert des Nutzens**
Alternativen:				
A_1	3	5	8	5,2
A_2	5	8	6	☞ 7,0
A_3	6	6	7	6,2

Nutzenskala: 0 = niedrigste Zielerreichung bis 10 = maximale Zielerreichung

3.2.1.5 Entscheidungsregeln bei Ungewissheit

Bei Entscheidungssituationen unter Ungewissheit können den Umweltzuständen keine Eintrittswahrscheinlichkeiten zugeordnet werden. Es sind dem Entscheider lediglich die Umweltzustände S_j bekannt, die eintreten können. Auch hier wird vereinfachend vorausgesetzt, dass der Entscheider nur ein Ziel verfolgt (vgl. Bamberg et al. 2012, S. 109 ff.). Bei ungewissen Entscheidungssituationen muss zusätzlich die *Risikoneigung*, d. h. der Grad der Bereitschaft eines Entscheidungsträgers, mögliche, aber ungewollte Ergebnisse seiner Entscheidung in Kauf zu nehmen, berücksichtigt werden. Es werden *risikoneutrale* (Orientierung an der statistischen Erwartung), *risikoscheue* bzw. *risikoaverse* (Orientierung an der Vermeidung bzw. Minimierung von Verlusten) und *risikofreudige* Neigungen (Orientierung an den potenziellen Chancen) unterschieden (Wöhe et al. 2016, S. 91 ff.). In Abhängigkeit der Risikoneigung des Entscheiders können folgende Entscheidungsregeln unterschieden werden (vgl. Bea 2009a, S. 349 ff.):

- Die *Laplace-Regel* entspricht der *Bayes-Entscheidungsregel* unter der Annahme, dass alle potenziellen Umweltzustände S_j mit gleicher Wahrscheinlichkeit $w = w_j = 1/m$ auftreten können. Ausgewählt wird nach dieser Regel, die einen risikoneutralen Entscheider unterstellt, diejenige Alternative A_i mit der höchsten Nutzensumme U_i:
$$U_i = \sum_{j=1}^{m} u_{ij}.$$
Im Beispiel der Abb. 3-9 wird Alternative A_2 gewählt ($U_2 = 18$).
- Die *Minimax-Regel* (wird auch als *Wald-Regel* bezeichnet) ist eine Pessimismus-Regel, die für einen risikoscheuen bzw. risikoaversen Entscheider geeignet ist. Ausgewählt wird diejenige Alternative, die bei Eintritt des jeweils ungünstigsten Umweltzustandes zum relativ besten Ergebnis führt, d. h. die Alternative mit dem maximalen Minimum. Zu maximieren ist das Zeilenminimum der Entscheidungsmatrix. Im Beispiel der Abb. 3-9 wird Alternative A_3 gewählt ($U_{3min} = 3$).
- Die *Maximax-Regel* ist eine Optimismus-Regel, die für den risikofreudigen Entscheider geeignet ist. Ausgewählt wird diejenige Alternative, die bei Eintritt des günstigsten Umweltzustandes das bestmögliche Ergebnis verspricht, unabhängig davon, ob das Ergebnis bei Eintritt eines anderen Umweltzustandes schlechter ist als das anderer Alternativen. Zu maximieren ist das Zeilenmaximum der Entscheidungsmatrix. Im Beispiel der Abb. 3-9 wird Alternative A_1 gewählt ($U_{1max} = 10$).
- Die Pessimismus-Optimismus-Regel *(Hurwicz-Regel)*: Die Minimax-Regel orientiert sich nur an den minimalen und die Maximax-Regel nur an den maximalen Ergebnis-

Abb. 3-9

Beispiel für Entscheidungsregeln bei Ungewissheit

Situationen:	**S_1**	**S_2**	**S_3**	**Lacplace-Regel**	**Minimax-Regel**	**Maximax-Regel**	**Hurwicz-Regel $\alpha = 0{,}7$**
Alternativen:							
A_1	4	10	1	15	1	10	7,3
A_2	2	8	8	18	2	8	6,2
A_3	7	3	5	15	3	7	5,8

sen. Die Pessimismus-Optimismus-Regel berücksichtigt durch die Spezifikation eines sogenannten *Optimismusparameters* α ($0 \leq \alpha \leq 1$) beide Extremwerte. Je nach Risikoneigung des Entscheiders kann dieser Parameter einen hohen (risikofreudig) oder einen geringen (risikoscheu) Wert annehmen. Je größer α ist, umso optimistischer ist der Entscheider. Ausgewählt wird nach dieser Entscheidungsregel diejenige Alternative A_i, deren Summe aus dem mit α gewichteten maximalen und dem mit $(1-\alpha)$ gewichteten minimalen Ergebnis am höchsten ist [$U_i = \alpha\ U_{imax} + (1-\alpha)\ U_{imin}$]. Im Beispiel der Abb. 3-9 wird Alternative A_1 gewählt ($U_1 = 7{,}3$).

- Die *Savage-Niehans-Regel* (Prinzip des kleinsten Bedauerns): Entscheidungsgrundlage ist hier der potenziell mögliche Nutzenverlust (*Opportunitätskosten*) bzw. der Nachteil, der eintritt, wenn nicht die optimale Alternative gewählt wurde. Dazu wird für jeden möglichen Umweltzustand S_j das Nutzenmaximum U_{jmax} [$u_{ij} \rightarrow$ max (i = 1... n)] bestimmt. Für jeden Umweltzustand S_j werden nun von diesem Nutzenmaximum U_{jmax} die Nutzenwerte u_{ij} für alle Alternativen A_i (i = 1... n) abgezogen [U_{jmax}-u_{ij} (i = 1... n)]. Diese Differenzwerte sind nun Maße für die Höhe des Verlustes bzw. Bedauerns darüber, für den eingetretenen Umweltzustand nicht die optimale Alternative gewählt zu haben (vgl. Bea 2009a, S. 352 f.). Für die Entscheidungssituation in Abb. 3-9 ist die sogenannte Opportunitätskostenmatrix in Abb. 3-10 dargestellt (vgl. Bamberg et al. 2012, S. 36 f.). Optimal ist die Alternative, deren maximaler Nachteil am geringsten ist. Im Beispiel der Abb. 3-10 wird die Alternative A_2 gewählt (maximaler Nachteil ist 5).

Typisch an dieser Opportunitätskostenmatrix ist, dass in jeder Spalte mindestens eine Null steht. In diesen Fällen ist die optimale Alternative bei gegebenem Umweltzustand S_j gewählt worden und es besteht kein Grund, zu bedauern. Alternative A_2 ist optimal, da hier ein maximaler möglicher Nachteil von 5 Nutzeneinheiten im Vergleich zu 7 bei den beiden anderen Alternativen eintreten kann. Diese Regel unterstützt risikoaverse Entscheidungen.

Die vorgestellten Entscheidungsregeln bieten in vielerlei Hinsicht Anlass zur Kritik. Zunächst wird rationales Verhalten (Maximierer, Minimierer) unterstellt, obwohl in der Realität oft andere Gesichtspunkte den Ausschlag geben. Der Wert der oft lediglich subjektiv geschätzten Wahrscheinlichkeiten für das Eintreten von Umweltzuständen dürfte ebenfalls oft zweifelhaft sein. Darüber hinaus sind in realen Entscheidungssituationen weder alle Handlungsalternativen noch alle Umweltsituationen zum

Abb. 3-10

Savage-Niehans-Regel am Beispiel der Daten von Abbildung 3-9

Situationen:	**S_1**	**S_2**	**S_3**	**maximaler Nachteil**
Alternativen:				
A_1	3	0	7	7
A_2	5	2	0	5
A_3	0	7	3	7

Zeitpunkt der Entscheidung bekannt. Schwierigkeiten bereitet es auch, exakte Zielerreichungsgrade anzugeben. Von daher ist von den Entscheidungsregeln nur ein geringer Beitrag zur Bewältigung realer Probleme im Betrieb zu erwarten. Auf der anderen Seite sind in der Praxis oft auch zufriedenstellende Lösungen ausreichend und das Risiko kann unter Umständen durch eine flexible Planung abgefangen werden, was die Entscheidungsmodelle nicht berücksichtigen.

3.2.1.6 Mehrstufige Entscheidungsprobleme

Dynamische Entscheidungsmodelle

Bei den oben behandelten Entscheidungsproblemen sind wir davon ausgegangen, dass eine Entscheidung zu einem bestimmten Zeitpunkt getroffen wird (*statisches Entscheidungsmodell*). In der betrieblichen Praxis, z. B. bei mehrstufigen Investitionsentscheidungen, sind Ergebnisse allerdings oft Resultate von Entscheidungssequenzen. Entscheidungen fallen dann zeitlich gestaffelt nacheinander an und die jeweils zeitlich vorangehende (Teil-)Entscheidung beeinflusst das Ergebnis der nachfolgenden (Teil-)Entscheidung (vgl. Bamberg et al. 2012, S. 233 f.; Schierenbeck/Wöhle 2016, S. 460). In diesen Fällen haben wir es also nicht mehr mit einer einzelnen, auf einen bestimmten Zeitpunkt bezogenen Entscheidung, sondern mit einer aufeinander bezogenen Folge von *n* Entscheidungen $\{a_i \text{ (i = 1, ... n)}\}$ im Zeitablauf t = 0, ... T zu tun. Der Prozess beginnt zu $t = 0$ mit einem Anfangszustand Z_0. Jede dem Zustand Z_{t-1} nachfolgende Entscheidung a_i zum Zeitpunkt *t* liefert ein Ergebnis e_i (Z_{t-1}, a_i), das zu einem End- bzw. Zwischenzustand Z_t führt. Modelle, die zeitliche Interdependenzen zwischen den Entscheidungen berücksichtigen, werden als *dynamische Entscheidungsmodelle* bezeichnet. Das Ziel dieser Modelle ist, diejenige Entscheidungssequenz A_{opt} $\{a_1, a_2, ..., a_i, ..., a_n\}$ auszuwählen, die zum optimalen (End-)Ergebnis führt (Bamberg et al. 2012, S. 233).

Stochastischer Entscheidungsbaum

Unter der Voraussetzung einer endlichen Anzahl von Entscheidungen und Zuständen kann der zeitlich gestaffelte Entscheidungsprozess grafisch in Form eines Entscheidungsbaums dargestellt werden. Ein *Entscheidungsbaum* besteht aus rechteckig dargestellten *Zustands- bzw. Ergebnisknoten* Z_t, welche die Entscheidungssituation zu den jeweiligen Zeitpunkten *t* erfassen, und den Entscheidungen a_i, welche die Kanten des Entscheidungsbaumes bilden (vgl. Bamberg et al. 2012, S. 236; Bea 2009a, S. 337). Durch eine bestimmte Entscheidung a_i zum Zeitpunkt *t-1* tritt eine neue Entscheidungssituation Z_{it} zum Zeitpunkt *t* mit einem (Zwischen-)Ergebnis e_{it} ein. Bei Entscheidungssequenzen gibt der Index *i* den Verlauf der gewählten Aktivitäten a_i an. Wenn es möglich ist, der Entscheidung a_i mit Sicherheit ein Ergebnis e_i zuzuordnen, dann liegt ein *deterministischer Entscheidungsbaum* vor (vgl. Bamberg et al. 2012, S. 236; Domschke/Scholl 2008, S. 70). Bei einer Risikosituation hingegen sind Entscheidungsergebnisse bzw. Zustände Z_t nicht mehr mit Sicherheit aus vorangegangenen Zuständen Z_{t-1} und Entscheidungen a_i zum Zeitpunkt *t-1* vorhersagbar, sondern unterliegen einer (bekannten) Wahrscheinlichkeitsverteilung (vgl. Bamberg et al. 2012, S. 236). Diese Situation wird in einem *stochastischen Entscheidungsbaum* durch die Einführung von durch Kreise dargestellten Zufallsknoten S_i (*stochastische Knoten*) abgebildet. Die Kanten dieser Zufallsknoten beschreiben die Wahrscheinlichkeiten p_{iq} dafür, dass ein Zustand Z_{t-1} durch eine Entscheidung a_i zum Zeitpunkt *t-1* in den Zustand Z_{iqt} zum Zeitpunkt *t* überführt wird.

Beispiel **Stochastischer Entscheidungsbaum**

▸▸▸ In der Abb. 3-11 ist zur Veranschaulichung dieser Methode ein einfaches, über zwei Perioden laufendes Entscheidungsproblem dargestellt (aus Gründen der Übersichtlichkeit sind die Zustandsbezeichnungen für die Endergebnisse nicht angegeben). Ein Unternehmen steht vor der Entscheidung (Z_0), einen bestimmten Auslandsmarkt mit den eigenen Produkten zu beliefern. Die Geschäftsführung ist sich aber uneinig. Während einige zuerst prüfen lassen wollen (a_1), ob die Situation dafür günstig bzw. ungünstig eingeschätzt wird, lehnen andere Mitglieder der Geschäftsleitung ein Auslandsengagement rundweg ab (a_2). Bei einer Wahrscheinlichkeit von p_1, dass die Prüfung günstig ausfällt ($e_{11} \rightarrow Z_{11}$), wird erwogen, gemeinsam mit einem Partner vor Ort in die Produktion und den Vertrieb des Produkts zu investieren (a_3) oder die Investitionen selbst zu tragen (a_4). Falls ein Partner beteiligt wird (a_3), gilt es als unsicher (S_3), ob der Partner sich mit einem hohen (p_3) oder nur mit einem geringen Betrag ($p'_3 = 1\text{-}p_3$) an den Investitionskosten beteiligen wird. Bei der eigenen Investitionsdurchführung (a_4) wird von sicheren Gewinnerwartungen ausgegangen. Bei ungünstiger Einschätzung ($p'_1 = 1\text{-}p_1$) des Auslandsgeschäfts ($e_{1'1} \rightarrow Z_{1'1}$) ist geplant, die Produkte entweder indirekt (a_5) oder direkt (a_6) zu exportieren. Für den indirekten Export (a_5) sind zwei Varianten mit unterschiedlicher Ergebniserwartung (p_5 bzw. $p'_5 = 1\text{-}p_5$) möglich. Übernimmt das Unternehmen den Auslandsvertrieb selbst (a_6), so wird die Gewinnerwartung als sicher eingeschätzt. Für den Fall, dass

Abb. 3-11

Stochastischer Entscheidungsbaum am Beispiel

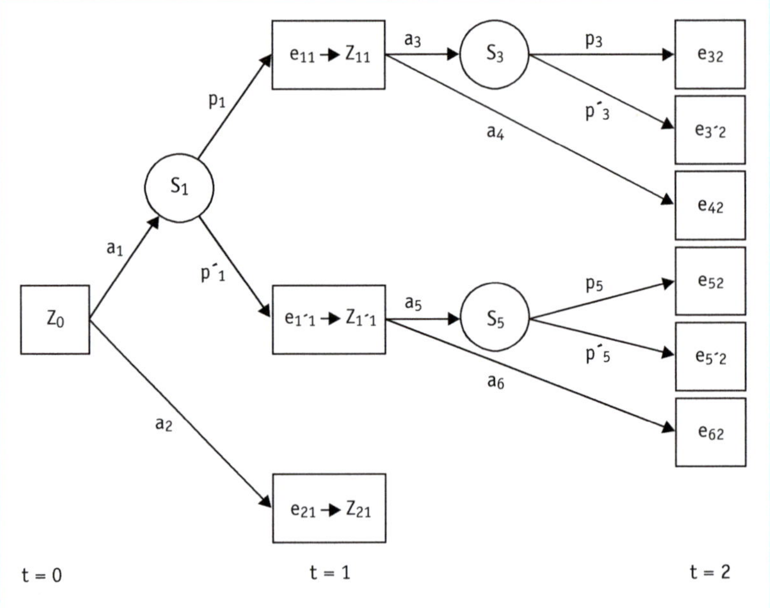

ein Auslandssegment komplett ausgeschlossen wird (a_2), ergeben sich sichere Gewinnerwartungen ($e_{21} \rightarrow Z_{21}$). ◂◂◂

Roll-Back-Verfahren

Die optimale Entscheidungsfolge A_{opt} $\{a_1, a_2, ..., a_i, ..., a_n\}$ lässt sich mit dem sogenannten *Roll-Back-Verfahren* (Rückwärtsrechnung) ermitteln (vgl. Bamberg et al. 2012, S. 239 ff.; Domschke/Scholl 2008, S. 72). Beginnend bei den Ergebnissen der letzten Entscheidungsperiode, werden für die vorangehenden stochastischen Knoten *Ergebniserwartungen* aus der Summe der mit den (bedingten) Wahrscheinlichkeiten p_{iq} multiplizierten alternativen Ergebnisse e_{iq} berechnet. Die jeweils maximale Ergebniserwartung $e_{i,max}$ eines Entscheidungsknotens dient als Grundlage für die weitere Berechnung der Ergebniserwartung des davor liegenden Entscheidungsknotens. Ausgewählt wird die Entscheidungssequenz mit der höchsten Ergebniserwartung. Dieses Verfahren kann anhand der Abb. 3-12 erläutert werden.

Abb. 3-12

Beispiel für das Roll-Back-Verfahren

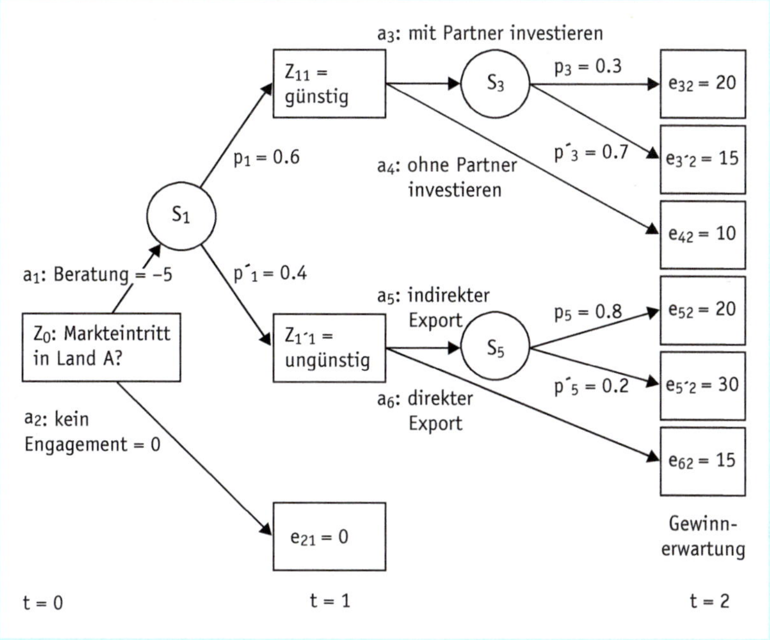

Beispiel **Roll-Back-Verfahren**

▸▸▸ Die Zahlenangaben zu den Gewinnerwartungen in Abb. 3-12 sind in Geldeinheiten (GE) angegeben. Die Gewinnerwartung bei günstiger Einschätzung des Auslandsgeschäfts beträgt für den Fall der Kooperation mit einem Partner (S_3) 0,3 × 20 + 0,7 × 15 = 16,5 GE. Der Gewinn von 10 GE im Fall der Aufnahme einer Geschäftstätigkeit ohne Partner gilt in diesem Beispiel als sicher. Für den Entscheidungsknoten Z_{11} wird nun das höhere Ergebnis, also e_{11} = 16,5 GE, zugrunde gelegt. Die Gewinnerwartung bei *ungünstiger* Einschätzung des Auslandsgeschäfts beträgt für den Fall des indirekten Exports (S_5) 0,8 × 20 + 0,2 × 30 = 22 GE. Beim direkten Export gilt die Gewinnerwartung in Höhe von 15 GE als sicher, so dass für $Z_1'{}_1$ eine Erwartung von $e_1'{}_1$ = 22 GE angesetzt wird. Für die Beratungsalternative (S_1) beträgt die Gewinnerwartung demnach 18,7 = 0,6 × 16,5 + 0,4 × 22. Hiervon müssen noch die Kosten für die Expertise in Höhe von 5 GE abgezogen werden, so dass sich für diesen Entscheidungsstrang eine Gewinnerwartung von 13,7 GE ergibt. Da die Alternative a_2 eine Gewinnerwartung von e_{21} = 0 GE aufweist, ist unter dem Prinzip der Nutzenmaximierung die Alternative a_1 auszuwählen. Bei günstiger Einschätzung des Auslandsgeschäfts ist dann die Kooperation (a_3) und bei ungünstiger Einschätzung der indirekte Export (a_5) optimal. ◀◀◀

Die Durchführung einer Entscheidungsbaumanalyse scheitert in der Praxis oft an den nicht vorhandenen Daten. Auch die Schätzungen der Wahrscheinlichkeiten sind oft sehr unsicher. Zudem reagiert das Modell sehr sensibel auf Veränderungen der Wahrscheinlichkeiten (vgl. Schierenbeck/Wöhle 2016, S. 463). Vorteilhaft ist, dass dieses Verfahren Entscheider dazu zwingt, mehrstufige Entscheidungsprobleme in ihren Konsequenzen zu durchdenken.

3.2.1.7 Modellgestützte Lösung von realen Entscheidungsproblemen

Zur rationalen Lösung von Entscheidungsproblemen wird diejenige Alternative gesucht, mit der gegebene Ziele bestmöglich erreicht werden. Reale betriebliche Entscheidungsprobleme sind allerdings oft sehr komplex und erfordern deshalb zur Lösung mathematisch gestützte Optimierungsverfahren (vgl. Wöhe et al. 2016, S. 96 f.) Das Ziel solcher Verfahren, die das *Operations-Research* (OR) bereitstellt, ist es, die komplexe Struktur realer betrieblicher Entscheidungsprobleme durch ein mathematisches Modell so darzustellen, dass eine optimale Lösung gefunden werden kann. Operations-Research-Verfahren sind umso geeigneter, je besser es gelingt, reale Probleme in formale Optimierungsmodelle zu überführen. Anwendung finden diese Methoden insbesondere bei Problemen in den Bereichen Produktion (z. B. Maschinenbelegungsplanung), Logistik (z. B. Lagerhaltung), Investition und Finanzierung.

Verfahrensansätze nach Lösungsqualität

Nach der Lösungsqualität lassen sich zwei verschiedene *Verfahrensansätze* unterscheiden (vgl. Bea 2009a, S. 353 ff.; Domschke/Scholl 2008, S. 73):

- *Exakte Optimierungsverfahren* setzen mathematische Algorithmen ein, die garantieren, dass die optimale Lösung in einer endlichen Anzahl von Rechenschritten gefunden wird. Solche Verfahren sind allerdings nur bei wohlstrukturierten Problemsituationen, die oft zur Vereinfachung des Modells sehr restriktive Annahmen über die Realität treffen, anwendbar (z. B. Verfahren der *Linearen Optimierung*; vgl. Kap. 6.4.6).
- *Heuristische Verfahren* bestehen oft aus einer Anzahl von Regeln oder Bearbeitungsschritten, die zur Lösung eines Problems sequentiell durchgeführt werden müssen. Diese Verfahren garantieren nicht, die optimale Lösung – soweit es diese überhaupt gibt – zu finden, sondern sie zielen auf brauchbare, Erfolg versprechende, zufriedenstellende Lösungen. Es handelt sich um *Näherungsverfahren*. Die

verwendeten Verfahren können entweder mathematisch-heuristisch (z. B. Simulationsverfahren) oder nicht-mathematisch-heuristisch (z. B. Heuristische Regeln) sein (vgl. Bea 2009a, S. 356 f.).

3.2.2 Der systemtheoretische Ansatz

Der auf *Hans Ulrich* (1919–1997, Professor in St. Gallen, Schweiz) zurückgehende Systemansatz fasst das Unternehmen als ein sehr komplexes produktives und soziales System auf (vgl. Schanz 2009, S. 116 ff.). Er ist demzufolge dem sozialwissenschaftlichen Basiskonzept zuzuordnen.

Ein *System* wird definiert als eine geordnete Gesamtheit von Elementen, zwischen denen schon Relationen bestehen oder noch herbeigeführt werden können.

Dieser Ansatz zielt darauf, mit Hilfe von Begriffen und Erkenntnissen der *Systemtheorie* und der *Kybernetik* betriebswirtschaftliche Sachverhalte zu beschreiben und zu gestalten. Dieser Ansatz von *Ulrich* versteht sich als »Gestaltungslehre«. Das Suchen nach wissenschaftlichen Erklärungen steht dabei nicht im Vordergrund des Interesses (vgl. Schanz 2009, S. 121). Die Aussagensysteme haben keinen empirischen Wahrheitsgehalt, sondern nur eine *heuristische Funktion*, d. h., sie helfen, Lösungen im Vorfeld der Theorienfindung oder im Rahmen gestaltungsorientierter Aufgaben zu finden.

Regel- und Steuersysteme

Grundgedanke dieses interdisziplinären Ansatzes ist es, dass über Wissenschaften hinweg vielfach isomorphe Systeme existieren (z. B. aus der Biologie, der Soziologie und der Mechanik), die auf Betriebe übertragen werden können (Wöhe et al. 2016, S. 18). Aus systemtheoretischer Perspektive können Unternehmen als *regelungsbedürftige Systeme* aufgefasst werden, auf die die Kybernetik als allgemeine Regelungslehre angewendet werden kann (vgl. Schanz 2009, S. 117 f.). Regel- und Steuersys-

Abb. 3-13

Grundstruktur eines Regelkreises und einer Steuerkette

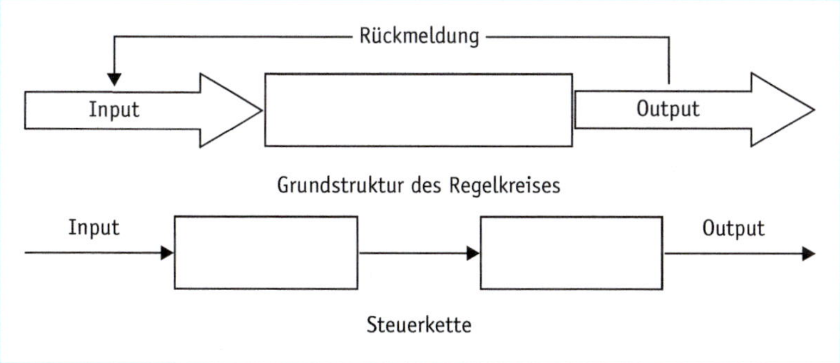

teme zeichnen sich dadurch aus, dass sie nach Störungen, die ihr Gleichgewicht beeinträchtigen, mit Hilfe von Steuerungs- und Regelungsmechanismen wieder in den Gleichgewichtszustand (*Homöostase*) zurückkehren bzw. einen neuen Gleichgewichtszustand einnehmen. Ein *Regelkreis* bildet ein geschlossenes Rückkopplungssystem, das automatisch Soll-Ist-Abweichungen korrigiert (z. B. Thermostat bei Heizungen). Unter *Steuerung* versteht man dagegen eine bewusst herbeigeführte Störungskompensation, die ohne Rückkopplung auskommt (vgl. Abb. 3-13).

Die Grundgedanken des Systemansatzes und der Kybernetik lassen sich auf den Betrieb übertragen. Jedes Unternehmen kann als System interpretiert und mit systemtheoretischen Begriffen beschrieben werden. Die Möglichkeit zur Interpretation des Unternehmens als ein kybernetisches System ist in Abb. 3-14 dargestellt. Zur Korrektur betrieblicher Störungen (z. B. Produktionsausfälle, Liquiditätsengpässe) werden die Ergebnisse (Ist-Werte) eines Betriebsprozesses (Regelstrecke) mit den Vorgaben (Soll-Werte) verglichen und gegebenenfalls Anpassungsmaßnahmen ergriffen. Das Planungssystem kann durch ein zweites Regelkreismodell beschrieben werden, das nach einer Abweichungsanalyse gegebenenfalls neue Soll-Werte festlegt.

Um-Systeme der Unternehmung

Der systemorientierte Ansatz fasst Unternehmen als offene, produktive und soziale Systeme auf (vgl. dazu Kap. 4). Ein Unternehmen aus systemtheoretischer Sicht ist demzufolge ein

- offenes (d. h. ein System mit Beziehungen nach außen),
- komplexes (d. h. ein nicht vollständig überschaubares System),
- dynamisches (d. h. ein sich mit der Zeit veränderndes System),

Abb. 3-14

Regelkreismodell des betrieblichen Führungsprozesses

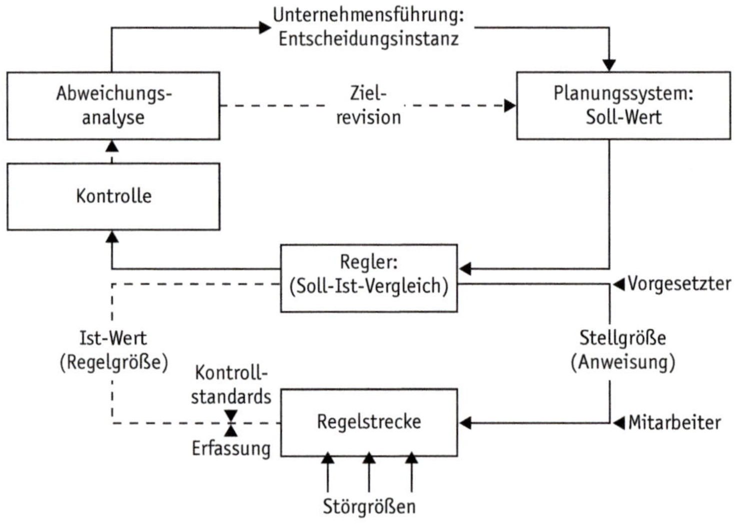

Quelle: In Anlehnung an Raffée 1974, S. 85

- nicht deterministisches (d. h. ein System, dessen Verhalten nicht eindeutig prognostizierbar und stochastischen Gesetzmäßigkeiten unterworfen ist),
- zielorientiertes und
- ein sozio-technisches System (d. h. auf Produktivität angelegtes soziales System).

Im Unternehmen können *In-Systeme* (Subsysteme wie z. B. Beschaffung, Produktion, Planung, Führung; vgl. Kap. 4 und Kap. 6) identifiziert werden und Unternehmen sind darüber hinaus eingebettet in andere (externe) *Um-Systeme* (z. B. Märkte, Gesellschaft). Diese Um-Systeme, die zusammengefasst auch als *Umfelder* einer Unternehmung bezeichnet werden (vgl. Kap. 4.4.1), sind in Abb. 3-15 zweckmäßigerweise in ein ökonomisches und in ein gesellschaftspolitisches Um-System eingeteilt worden. Das *ökonomische Um-System* erfasst jene Akteure und Institutionen, mit denen das Unternehmen in unmittelbarer geschäftlicher Beziehung steht (z. B. Märkte des Unternehmens wie Absatz-, Arbeits- und Kapitalmärkte). Das *gesellschaftspolitische Um-System* umfasst diejenigen Akteure und Institutionen, mit denen das Unternehmen in einer mittelbaren Beziehung steht (externe Anspruchsgruppen wie z. B. Politik). Soweit aus diesen Systemen eine vom Unternehmen nicht zu beeinflussende Wirkung auf das Unternehmen ausgeht (z. B. Rechtsprechung), wird auch von *Rahmenfaktoren* gesprochen (vgl. Kap. 4.4). Für Unternehmen sind Forderungen interner (z. B. Mitarbeiter, Aktionäre) und externer, *Anspruchsgruppen* entscheidungsrelevant (vgl. Kap. 4.4.1). Von diesen Um-Systemen gehen mittel- bis unmittelbare Einflüsse auf das Unternehmensgeschehen aus.

Zusammengefasst kann festgehalten werden, dass der Systemansatz zur Beschreibung offener, komplexer, dynamischer, rückgekoppelter Organisationen geeignet ist. Er konzentriert sich auf die Gestaltungsaufgabe und verzichtet dabei weitgehend auf deduktiv-nomologische Erklärungsansätze (vgl. Schanz 2009, S. 121). Als Vorteil wird seine abstrakte, Disziplinen übergreifende, interdisziplinäre Sprache und Orientierung sowie sein heuristisches Potenzial, d. h. seine Möglichkeiten beim Auffinden

Abb. 3-15

Das Unternehmen als offenes System

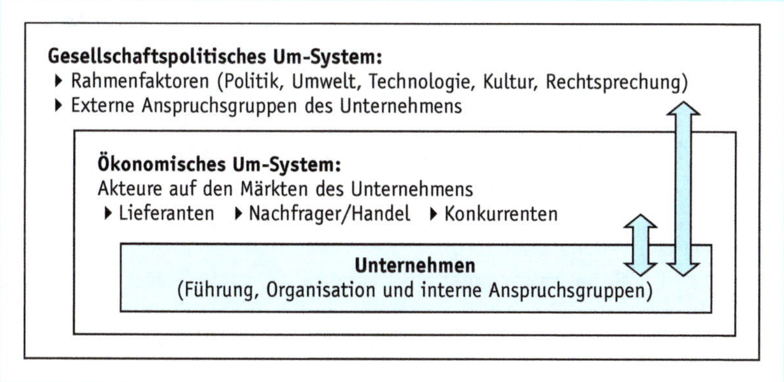

neuer Fragestellungen und bei der Suche nach neuen Gesetzen, genannt. Ein weiterer Vorteil ist seine Anschaulichkeit. Darüber hinaus fördert der Systemansatz das Denken in Analogien, was den Wissenstransfer erleichtern kann. Allerdings richtet sich gerade gegen die Abstraktheit der Begriffe erhebliche Kritik. So sind nach Ansicht von Schanz (2009, S. 123) sehr allgemeine, abstrakte Begriffe für die wissenschaftliche Analyse ungeeignet. Sie können dazu beitragen, Sachverhalte eher zu verschleiern als diese aufzudecken.

3.2.3 Der situative Ansatz

Auch wenn sich der systemtheoretisch-kybernetische Ansatz als gestaltungsorientiert ausgibt, so weist er doch einen sehr hohen Formalisierungs- und Abstraktionsgrad auf. Die Kritik daran hat verstärkt den Ruf nach konkreten Gestaltungsempfehlungen für die Managementpraxis bzw. Unternehmensführung laut werden lassen (vgl. Staehle 1999, S. 48 ff.). Die situativen Ansätze (auch konsistenztheoretischer Ansatz; *Contingency Approach*) begegnen diesen Forderungen mit einem dezidierten empirischen Forschungsprogramm, das Abhängigkeiten zwischen der Situation (Unternehmensumwelt wie z. B. die Branchenstruktur), der Organisationsstruktur (dem Management) und der Effizienz von Organisation und Führung (z. B. unternehmerischer Erfolg) empirisch ermitteln will (vgl. Staehle 1999, S. 48). Es wird angenommen, dass eine erfolgreiche Führung eines Unternehmens von der jeweiligen Situation, in der sich das Unternehmen befindet (z. B. Wettbewerbssituation auf einem Markt), abhängt (situative Führung; vgl. Bea 2011, S. 25 f.). Es lassen sich zwei situative Ansätze unterscheiden, der klassische und der verhaltenswissenschaftliche situative Ansatz (vgl. Staehle 1999, S. 48).

Kongruenz-Effizienz-Hypothese

Der *klassische situative Forschungsansatz* gibt die hohen Ansprüche einer allgemeinen Theorie (z. B. den der Generalisierbarkeit) auf und versucht, Aussagen auf mittleren Abstraktionsniveaus herauszuarbeiten. Das Ziel ist, den Zusammenhang zwischen der Unternehmenssituation (unabhängige Variable), der Unternehmensorganisation (intervenierende Variable) und der Führung (abhängige Variable) empirisch aufzudecken, um so dem Management Empfehlungen für erfolgreiches Handeln geben zu können (vgl. Staehle 1999, S. 50; Thommen et al. 2017, S. 449). Nach der *Kongruenz-Effizienz-Hypothese* ist die Effizienz eines Unternehmens umso höher, je stärker die Kongruenz (Übereinstimmung, der sogenannte *Fit*) zwischen Situation, Struktur und Verhalten ist (vgl. Abb. 3-16; Staehle 1999, S. 50). Managementhandeln im Unternehmen ist also durch den Einfluss der jeweiligen Unternehmenssituation auf die Organisationsstruktur determiniert. Dieser *situative Determinismus* des klassischen Ansatzes reduziert unternehmerische Entscheidungen auf ein bloßes Anpassungsverhalten an interne und externe Gegebenheiten.

Kritisiert wird dieser Ansatz nicht nur wegen seiner stark deterministischen und mechanistischen Sichtweise, sondern insbesondere aufgrund der Dominanz empirischer Methoden im Forschungsprogramm. Betrachtet werden nur messbare Größen. Verhaltensrelevante qualitative Einflussfaktoren wie z. B. Macht und Führungsstile werden hingegen vernachlässigt (vgl. Staehle 1999, S. 53). Zudem zeichnen sich die

Abb. 3-16

Deterministisch-situativer Ansatz

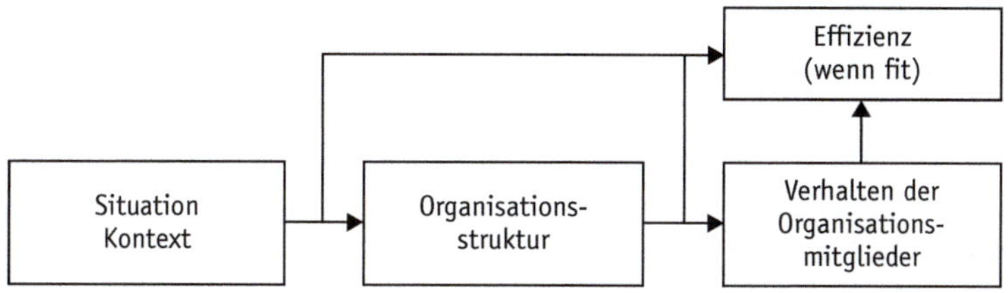

Quelle: Staehle 1999, S. 51

Aussagen durch einen geringen Bewährungsgrad (Allgemeingültigkeit), durchweg niedrige Korrelationen zwischen den Dimensionen Situation, Struktur und Verhalten des Modells sowie durch inkonsistente Forschungsergebnisse aus (vgl. Staehle 1999, S. 51). Darüber hinaus sind situative Aussagen prinzipiell nicht falsifizierbar, da in der Wenn-Komponente eine ganz spezifische Situation festgehalten wird (c.p.-Klausel; vgl. Kap. 2.3.2). Aus der Kritik, verhaltensbestimmende, qualitative Einflussgrößen zu vernachlässigen, wurde im situativen Forschungsprogramm der *verhaltenswissenschaftlich-situative Ansatz* entwickelt, der zwischen der Situation und der Organisation den *Handlungsspielraum* schaltet. Handlungsspielräume befreien den klassischen Ansatz zudem vom *Determinismusvorwurf* (vgl. Staehle 1999, S. 55).

3.2.4 Der verhaltenswissenschaftliche Ansatz

Der verhaltenswissenschaftliche Ansatz stellt das reale menschliche Verhalten in den Mittelpunkt der Betrachtung und öffnet sich ganz bewusst den Sozialwissenschaften. Mit Hilfe allgemeiner Theorien über das Verhalten von Menschen sollen wirtschaftlich relevante Sachverhalte (z. B. das Verhalten von Konsumenten) erklärt werden (vgl. Schanz 2009, S. 143 f.). Der Mensch wird in der Betriebswirtschaftslehre einerseits als Mitarbeiter in einem Unternehmen mit leitenden Funktionen (Bereich Führung; vgl. Kap. 6) oder mit ausführenden Aufgaben (Bereich Personalwirtschaft; vgl. Kap. 8.7) und andererseits als Nachfrager von Wirtschaftsgütern (Bereich Marketing; vgl. Kap. 8.2) betrachtet. Insofern interessiert sich die Betriebswirtschaftslehre nicht für das gesamte Verhaltensspektrum von Menschen, sondern nur für solche Verhaltensaspekte, die für das betriebliche und marktliche Geschehen relevant sind. Deshalb könnte vermutet werden, dass sich die Betriebswirtschaftslehre als sogenannte »Aspektlehre« (vgl. Schneider 1987, S. 15) auf die Betrachtung »wirtschaftlichen« Handelns und Entscheidens von Menschen beschränken kann (z. B. Abgabe von Arbeitsleistungen und Kauf von Produkten). Das wäre allerdings eine viel zu enge Betrachtung, da das *betriebliche Geschehen* auch von Verhaltensweisen maßgeblich bestimmt wird, die keinen unmittelbaren Bezug zum Aspekt der Wirtschaftlichkeit aufweisen. Hierbei handelt es sich um

- soziale Verhaltensaspekte (z. B. Machtausübung, Kommunikation, Konflikte),
- psychische Verhaltensaspekte (z. B. persönliche Interessen, Arbeitsmotivation und -zufriedenheit, Stress am Arbeitsplatz),
- technische Verhaltensaspekte (z. B. Mensch-Maschine-Schnittstellen, Technologieakzeptanz),
- ökologische Verhaltensaspekte (z. B. Umweltschutz),
- ergonomische Verhaltensaspekte (z. B. Gestaltung von Arbeitsplätzen, Arbeitsgesundheit) und
- Verhaltensaspekte der Informationsverarbeitung (z. B. Datenschutz, kognitive Komplexität).

Lewins Feldkräfte

Jedes menschliche Verhalten *V*, auch das hier betrachtete Verhalten als Manager oder Mitarbeiter in einem Unternehmen sowie als Konsument von Produkten, ist das Ergebnis interagierender Prozesse zwischen einem Individuum *P* und seiner (physischen und sozialen) Umwelt *U*. Die Gesamtheit der Verhalten bestimmenden »Feldkräfte« *P* und *U* wurde von Lewin (vgl. Lewin 1963, S. 272) als »Lebensraum« einer Person bezeichnet.

$$V = f(P, U)$$

Handlungsabläufe werden hiernach auf die Bedingungskonstellation des jeweiligen Lebensraums zurückgeführt und erklärt. Verhaltensrelevant sind persönliche Merkmale *P* wie z. B. das Wissen, Motivation und Fähigkeiten einer Person (vgl. Kap. 8.2.2). Zur Umwelt *U* gehören das *gesellschaftliche Umfeld* (z. B. Familie, Arbeitskollegen), das *technologische Umfeld* (z. B. IT-Systeme, Maschinen am Arbeitsplatz), das *materielle Umfeld* (Arbeitsplatzgestaltung, Innengestaltung von Shopping Centern) und das *ökologische Umfeld* (z. B. Schadstoffemissionen am Arbeitsplatz und Umweltverträglichkeit von Produkten).

Nach *Silberer* (1979, S. 50 ff.) lassen sich Verhaltensweisen des Menschen in der Wirtschaft auf zwei *Basisprinzipien* zurückführen:

- Nach dem *Gratifikationsprinzip* strebt der Mensch nach Belohnung und versucht, Bestrafung zu vermeiden. Dies ist verbunden mit dem Lernprinzip der *operanten Konditionierung*: Verhaltensweisen, die zum Erfolg führen, werden in der Zukunft wiederholt ausgeführt und solche, die zu einem Misserfolg führen, werden unterdrückt.
- Nach dem *Kapazitätsprinzip* ist uneingeschränkt rationales Handeln aufgrund des begrenzten mentalen Leistungsvermögens des Menschen (begrenzte Informationsaufnahme- und -verarbeitungskapazitäten) nicht möglich. Die menschliche Urteilsbildung erfolgt nicht so wie es das mikroökonomische Menschenbild des *Homo oeconomicus* uns nahe legt. Abweichungen von einer rationalen Entscheidung, sogenannte *Urteilsverzerrungen*, entstehen u. a. durch Begrenzungen bei der Informationsverarbeitung (z. B. Erinnerungs- und Denkprozesse) des Menschen.

Das Verhalten von Menschen bzw. Gruppen wird innerhalb der Betriebswirtschaftslehre, insbesondere in den Teilgebieten Personalführung (vgl. Kap. 8.7) und Marketing (vgl. Kap. 8.2), und dort insbesondere in den Fachgebieten *Konsumentenverhalten* und *organisationales Beschaffungsverhalten* behandelt (vgl. Backhaus/Voeth 2014; Balderjahn/Scholderer 2007).

Die Betriebswirtschaftslehre öffnet sich Erkenntnissen der Verhaltenswissenschaften (z. B. Sozialpsychologie) zur Erklärung spezifischer Probleme und zur Theorieentwicklung (vgl. Schanz 2009, S. 143 ff.). Angenommen wird zum einen, dass nicht nur naturwissenschaftliche Vorgänge, sondern auch soziale und psychische Prozesse bestimmten Gesetzen folgen, die mit Hilfe von Theorien erfasst werden können. Allerdings sind psychische und soziale Prozesse nie deterministisch, sondern folgen bestenfalls einer bestimmten Wahrscheinlichkeitsverteilung. Zum anderen wird beim Menschen begrenzt rationales Verhalten und als treibende Kraft das Streben nach Bedürfnisbefriedigung unterstellt. Der verhaltenswissenschaftliche Ansatz rückt ganz bewusst vom neoklassischen Menschenbild des *Homo oeconomicus* ab und legt seinen Theorien realitätsnähere Menschenbilder zugrunde.

Menschenbilder

Der Mensch ist in der Komplexität seiner Persönlichkeit und seinen vielfältigen Verhaltensformen kaum gänzlich zu erfassen. Deshalb legen Wissenschaften, die sich mit dem Menschen beschäftigen bzw. wo menschliches Verhalten Eingang in das Theoriegebäude findet, sogenannte *Menschenbilder* ihren Analysen und Theorien zugrunde (vgl. Schweitzer 2009a, S. 44 ff.).

Menschenbilder stellen vereinfachte Annahmen bzw. modellhafte Vorstellungen über das menschliche Verhalten dar, die Eingang finden in die wissenschaftliche Theorieentwicklung.

Homo oeconomicus

Die Volkswirtschaftslehre legt ihren Theorien den *Homo oeconomicus* zugrunde, die Fiktion eines umfassend informierten und stets rational den persönlichen Nutzen maximierend handelnden Menschen (vgl. Schweitzer 2009a, S. 45; Wöhe et al. 2016, S. 6). In der Betriebswirtschaftslehre wurde der Mensch im Sinne der *Gutenbergschen Systematik* lange auf seine Funktion als Produktionsfaktor reduziert (vgl. Kap. 1.6). Für eine erfolgreiche *Führung* von Menschen in Unternehmen ist allerdings ein realistischeres Menschenbild erforderlich (zur Führung vgl. Kap. 6). So lassen sich aus den jeweiligen, zugrunde gelegten Menschenbildern unterschiedliche Führungsstile und -modelle begründen. Deshalb hat sich die Betriebswirtschaftslehre von dem Menschenbild des Homo oeconomicus befreit. Auch das aus den Annahmen des *Homo oeconomicus* abgeleitete Leitbild der *Konsumentensouveränität* ist viel zu realitätsfern, um den Anforderungen des modernen Marketing gerecht werden zu können (vgl. Kroeber-Riel/Gröppel-Klein 2013, S. 743 ff.). Im Folgenden werden nach einer Darstellung des *Homo oeconomicus* beispielhaft drei Menschenbilder vertiefend diskutiert: der rational handelnde Mensch, der Mensch als soziales Wesen und der Mensch als Potenzial von Fähigkeiten und Fertigkeiten.

Taylorismus

Vom *Homo oeconomicus* wird angenommen, dass er sich ausschließlich rational verhält (*Rationalprinzip*) und sich immer für die Alternative entscheidet, die mit Sicherheit seinen persönlichen monetären Nutzen maximiert. Nach diesen Menschenbild können Menschen am Arbeitsplatz nur durch ökonomische Anreize (*Incentives*), wie z. B. höhere Löhne, und nicht durch nicht-ökonomische Anreize, wie z. B. ein breiteres Aufgabenspektrum, zur Leistung motiviert werden. Diese, nur auf ökonomische Anreize abstellende Denkhaltung fand im *Taylorismus* eine frühe Umsetzung. In dem 1911 veröffentlichten Buch »The Principles of Scientific Management« schlägt der US-Amerikaner *Frederick Winslow Taylor* zur Erhöhung der Arbeitsproduktivität folgende Maßnahmenbereiche (sogenannte *Managementprinzipien*) vor (vgl. Staehle 1999, S. 24):

- systematische Durchführung von Zeitstudien als Voraussetzung von differenzierten Akkordsätzen,
- Trennung von Planung und Ausführung,
- Einsatz wissenschaftlicher Arbeitsmethoden,
- Kontrolle durch das Management und
- funktionale Organisation, also z. B. Arbeitsteilung durch Fließfertigung.

In der Entwicklung von Arbeitsmethoden ging es *Taylor* insbesondere darum, Arbeitsprozesse genau zu analysieren und in möglichst kleine Aufgabenelemente, die von verschiedenen Arbeitern erledigt werden können, zu zerlegen. Damit wurde ein rationellerer Einsatz von Menschen und Maschinen im Produktionsprozess angestrebt. Das nach den Managementprinzipien zweite wesentliche Element des Taylorismus ist die konsequente Trennung von ausführender und planender Tätigkeit (*Funktionsmeistersystem*). Durch eine extreme *Arbeitsteilung* sollten Arbeiten auf möglichst einfache Verrichtungen reduziert werden, zu deren Ausführung keine besonderen Qualifikationen erforderlich sind. Diese Art der Arbeitsteilung wurde als ein wesentlicher ökonomischer Vorteil angesehen. Eine Weiterentwicklung des *Taylorismus* ist der *Fordismus*. Darunter werden die Managementprinzipien des Automobilherstellers *Henry Ford* nach dem Ersten Weltkrieg verstanden, die neben der arbeitsorganisatorisch optimalen Anordnung von Menschen und Maschinen bei der Montage uniformer Massenprodukte auch eine drastische Lohnerhöhung, eine Arbeitszeitverkürzung sowie eine erhebliche Senkung der Verkaufspreise der Automobile zur Steigerung des Absatzes vorsahen. Grundlage des Fordismus ist das *Prinzip der Fließfertigung*, das beim Automobilhersteller *Ford* ab 1913 zur Produktion eingesetzt wurde (zur Fließfertigung vgl. Kap. 8.4.3).

Beschränkte Rationalität

Das Menschenbild des *Homo oeconomicus* ist für die Betriebswirtschaftslehre unzweckmäßig, da es als reines Denkmodell und begriffliches Konstrukt realitätsfremd ist und somit nicht als Grundlage zur Führung von Menschen im Betrieb und zur zielorientierten Beeinflussung von Konsumenten im Markt herangezogen werden kann. Realistischer dagegen ist die Annahme beschränkt-rational handelnder Menschen. Der beschränkt-rational handelnde Mensch ist aufgrund seiner begrenzten Informationsverarbeitungskapazität, begrenzter Zeitbudgets und sonstiger Ressourcenknappheiten meistens nicht in der Lage und oft auch nicht willens, nach der optimalen, d. h. der Nutzen maximierenden Entscheidungsalternative zu suchen. Zufriedenstellende Handlungsergebnisse, die einfacher und schneller erzielt werden, reichen dem Menschen oft aus. Daraus resultiert ein *beschränktes Rationalverhalten*, das gekennzeichnet ist durch

- eine Beschränkung der Suche auf relativ gute, zufriedenstellende Handlungsalternativen (*Satisfying versus Maximizing*),

- überwiegend einfache, wenig komplexe und oft emotional gefärbte Entscheidungsregeln und Entscheidungsprozeduren,
- überwiegend von Gewohnheiten geprägtes (habitualisiertes) Verhalten,
- »Muddling Through-Verhaltenstendenzen« (Durchwursteln; vgl. Staehle 1999, S. 522).

Human-Relations-Ansatz

Im Gegensatz zum rationalen Menschenbild steht die Vorstellung vom Menschen als soziales Wesen (*Homo sociologicus*). Hiernach orientiert sich das Verhalten der Mitarbeiter weniger an den ökonomischen Anreizen und Kontrollen, sondern stärker an den sozialen Beziehungen mit Kollegen und innerhalb von Teams. Während die *psychotechnische Forschung* in erster Linie die Abhängigkeit der Arbeitsleistung von den objektiven physikalischen Arbeitsbedingungen untersucht hat, versucht der *Human-Relations-Ansatz*, die Wirkung sozialer Phänomene wie z. B. Gruppenidentität und Gruppennormen auf die Arbeitsleistung zu erfassen. Analysiert wird, wie sich in Organisationen soziale Gruppen bilden und wie sie sich am besten zu einer produktiven Gemeinschaft entwickeln.

Zu den *Führungsprinzipien* nach diesem Menschenbild gehören:

- die Motivation der Mitarbeiter,
- der direkte persönliche Kontakt zu den Mitarbeitern,
- die Delegation von Entscheidungsaufgaben sowie die
- Information und Partizipation von Mitarbeitern.

Ein wesentliches Ergebnis dieses Human-Relations-Ansatzes sind Kenntnisse über die Wirkung der *Arbeitsmotivation*. Die sogenannten *Hawthorne-Experimente* haben gezeigt, dass allein die Anwesenheit der Forscher und deren Interesse für die Arbeiter deren Leistung erhöht, auch wenn keine Veränderung der objektiven Arbeitsbedingungen stattgefunden hat (vgl. Staehle 1999, S. 33). Es sind demnach nicht nur die physikalischen Arbeitsbedingungen, die die Arbeitsproduktivität beeinflussen, sondern auch die Aufmerksamkeit, die Arbeitern gegenüber von Führungskräften entgegengebracht wird (Thommen et al. 2017, S. 449). Führungspersonen im Betrieb sollten demnach weniger technische als vielmehr soziale Qualifikationen aufweisen. Dazu gehören das Durchführen von Mitarbeitergesprächen, Anerkennung guter Leistungen und ein gutes kooperatives, partizipatives Führungsverhalten.

Human Resources Management

Das *Human Resources Management* (Personalwirtschaft, vgl. Kap. 8.7) rückt das Individuum mit seinen eigenen Potenzialen wieder stärker in den Mittelpunkt der Betrachtung (vgl. Staehle 1999, S. 39). Mitarbeiter werden als Quelle von unternehmensnützlichen Fähigkeiten und Fertigkeiten betrachtet, die es gilt, zu Tage zu bringen, zu fördern und weiterzuentwickeln. Hieraus wurden zahlreiche *Motivationstheorien* aufgestellt (z. B. *Bedürfnishierarchie* von Maslow, *Theorie X und Y* von McGregor und *Zwei-Faktoren-Theorie* der Arbeitszufriedenheit von Herzberg, Mausner und Snydermann; vgl. Staehle 1999, S. 39). Die Bedeutung der Identifikation mit dem Arbeitsplatz und die Arbeitszufriedenheit von Mitarbeitern nimmt eine zentrale Position im *Human-Resources-Management* ein.

3.2.5 Der Nachhaltigkeitsansatz

Sustainable Development

Im Nachhaltigkeitsansatz der Betriebswirtschaftslehre wird das ökonomische Handeln bzw. das ökonomische Prinzip ergänzt durch die Berücksichtigung ökologischer und sozialer Aspekte wirtschaftlichen Handelns. Im Rahmen des gesellschaftspolitischen Leitbildes der »Nachhaltigen Entwicklung« *(Sustainable Development)* bedeutet *nachhaltiges Wirtschaften* im Betrieb ein Handeln, das einerseits die Lebenschancen zukünftiger Generationen gegenüber den Möglichkeiten der derzeitigen Generation nicht verschlechtert (sogenannte *intergenerative Gerechtigkeit*) und wonach sich andererseits ein Wohlstandsausgleich zwischen armen und reichen Ländern dieser Welt einstellen soll (sogenannte *intragenerative Gerechtigkeit*; vgl. Balderjahn 2013, S. 12). Der Begriff »Sustainable Development« stand im Zentrum der Konferenz der Vereinten Nationen für Umwelt und Entwicklung (United Nations Conference on Environment and Development: UNCED) in Rio de Janeiro im Juni 1992. 178 Staaten auf der *Rio-Konferenz* bekannten sich zur gemeinsamen Verantwortung für den Erhalt der Lebensgrundlagen der Menschheit auf dieser Welt. Zudem hat das *Umweltprogramm der Vereinten Nationen* (UNEP) das Konzept einer *»Green Economy«* für eine nachhaltige Wirtschaft auf die Agenda gesetzt.

> Auf Unternehmen bezogen heißt Nachhaltigkeit, unter wirtschaftlichen Bedingungen sozial gerecht und umweltverträglich zu entscheiden und zu handeln.

Leitprinzipien nachhaltigen Wirtschaftens

Nachhaltiges Wirtschaften verfolgt vier Leitprinzipien (Balderjahn 2013, S. 16 ff.):
- Verantwortungsprinzip,
- Kreislaufprinzip,
- Kooperationsprinzip und
- Anspruchsgruppenprinzip.

Das *Verantwortungsprinzip* stellt das normative bzw. ethisch-moralische Element nachhaltigen Wirtschaftens im Betrieb dar. Die *»Generationengerechtigkeit«* des Nachhaltigkeitsgebots erfordert, dass jeder Einzelne, jeder Konsument und jede gesellschaftliche Gruppe, jede staatliche und nicht-staatliche Organisation, die Wirtschaft und damit auch jedes Unternehmen für die Folgen eigenen Handelns selbst geradestehen muss (Übernahme von Eigenverantwortung). Alle Menschen in allen Ländern der Welt und in allen gesellschaftlichen, kulturellen und wirtschaftlichen Positionen tragen nach diesem Leitprinzip die Verantwortung für den Erhalt und die Sicherung der sozialen und natürlichen Lebensgrundlagen der Menschen (vgl. Balderjahn 2013, S. 16 f.). Das Verantwortungsprinzip stellt die Grundlage von *Corporate Social Responsibility* (CSR) dar, das als unternehmerisches Leitbild eine Verpflichtung zur umfassenden Übernahme von Verantwortung für Umwelt und Gesellschaft beinhaltet (vgl. Kap. 2.4).

Das *Kreislaufprinzip* ist ein Schlüsselprinzip nachhaltigen Wirtschaftens. Es zielt auf die Schaffung und Aufrechterhaltung geschlossener Stoffströme in allen Wertschöpfungsphasen, insbesondere in betrieblichen Produktionsprozessen. Das Kreislaufprinzip leitet sich aus der Ökosystemforschung ab, wonach eine dauerhafte Bewirtschaftung mit Rohstoffen nur dann möglich ist, wenn die Funktionen der natürlichen Umwelt für den Menschen (Versorgung mit Ressourcen und Aufnahme von Emissionen) dauerhaft nicht gefährdet werden und die Interdependenzen (Austauschbeziehungen) zwischen dem ökologischen und dem ökonomischen System, das die Umwelt für Produktion und Konsum in Anspruch nimmt, bekannt sind und von den Akteuren im Sinne der Nachhaltigkeit gestaltet werden (Balderjahn 2013, S. 17 f.). Die Kreislaufwirtschaft (*Circular Economy*) ist darauf gerichtet, industrielle Stoffkreisläufe zu schließen.

Das *Kooperationsprinzip* erfordert zum einen auf der politischen Ebene eine weltweite Zusammenarbeit aller Länder zur Förderung einer nachhaltigen Entwicklung und zum anderen auf wirtschaftlicher Ebene eine Zusammenarbeit aller an Wertschöpfungs- und Stoffkreisläufen beteiligten, betroffenen oder interessierten Akteure (z. B. Unternehmen, Konsumenten, Anspruchsgruppen). Die soziale Gemeinschaft sowie die natürliche Umwelt sind sogenannte »Öffentliche Güter« (*Common Goods*), die nur in Kooperation aller, die diese Güter nutzen, auf Dauer erhalten bleiben können (Balderjahn 2013, S. 19).

Das *Anspruchsgruppenprinzip* erfordert, so wie es im *Grünbuch der Europäischen Kommission* zur sozialen Verantwortung (Europäische Kommission 2001, S. 5) formuliert ist, dass Unternehmen in Wechselbeziehung mit ihren Anspruchsgruppen (Stakeholdern) »auf freiwilliger Basis soziale Belange und Umweltbelage in ihre Unternehmenstätigkeit integrieren«. Unternehmen müssen nach diesem Prinzip über die gesamte Wertschöpfungskette hinweg (*Supply-Chain*) die Verantwortung gegenüber Anspruchsgruppen anerkennen und deren Erwartungen und Forderungen bei allen betrieblichen Entscheidungen und Aktivitäten mit berücksichtigen. Unverantwortliches Verhalten von Unternehmen können Anspruchsgruppen durch Entzug ihrer Unterstützung sanktionieren (Balderjahn 2013, S. 20 f.).

Abb. 3-17

Zielbereiche nachhaltigen Wirtschaftens

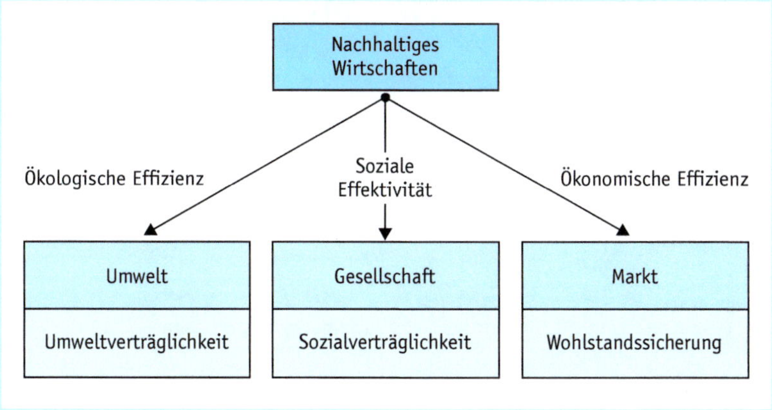

Nachhaltiges Management

Nachhaltiges Management umfasst ganz allgemein die zielorientierte Gestaltung arbeitsteiliger Prozesse zur Schaffung eines ökonomisch, ökologisch und sozial begründeten Mehrwerts für Unternehmen und Gesellschaft (vgl. Abb. 3-17). Es ist langfristig (strategisch) angelegt und fokussiert sich entsprechend dem *Triple-Bottom-Line-Konzept* (TBL) auf die Dimensionen ökonomischer Erfolg (*Profit*), Umwelt-, Klima- und Ressourcenschutz (*Planet*) sowie soziale Verantwortung (*People*). Das TBL-Konzept richtet sich speziell auf den ökonomischen Mehrwert, den ein Unternehmen durch umwelt- und sozialverträgliches Management erzielen kann.

Öko-Bilanzen

Zur Analyse und Beurteilung der *Umweltverträglichkeit* im Betrieb werden vor allem ökologieorientierte Kennzahlen und sogenannte Öko-Bilanzen eingesetzt. *Ökologieorientierte Kennzahlen* sind wichtige Instrumente nachhaltigen Managements. Sie verdichten Informationen und machen die Leistungen nachhaltigen Managements messbar und vergleichbar. In der Betrachtung von Entwicklungen sind Fortschritte durch Kennzahlen erkennbar und Schwachstellen können aufgedeckt werden. Darüber hinaus werden Kennzahlen zur Zielformulierung eingesetzt (z. B. Energiekosten je Output-Einheit). *Öko-Bilanzen* werden mit dem Ziel erstellt, durch eine systematische Erfassung und Bewertung potenzieller Umwelteinwirkungen von Stoffen, Produkten und Verfahren ökologische Schwachstellen im Betrieb sowie Möglichkeiten ihrer Beseitigung zu erkennen. Alle umweltrelevanten *Stoff- und Energieströme* werden erfasst und in einem *Input-Output-Tableau* dargestellt (vgl. Abb. 3-18). Zur Analyse und Bewertung der mit diesen Strömen verbundenen Umwelteinwirkungen werden Methoden der Öko-Bilanzierung eingesetzt (vgl. Balderjahn 2013, S. 121 ff.).

Nachhaltige Managementsysteme

Umweltverträgliche Strukturen im Betrieb können durch sogenannte *Umweltmanagementsysteme* nach der EG-Öko-Audit-Verordnung (EMAS) oder nach der ISO 14001-Normenreihe implementiert werden. Die EMAS-Verordnung (EMAS III 2010) legt insbesondere sechs *Kernindikatoren* nachhaltigen Wirtschaftens zugrunde: Energieeffizienz, Materialeffizienz, Wasserverbrauch, Flächenverbrauch, Abfallaufkommen, Emissionen. Zur Umsetzung von Grundsätzen der sozialen Verantwortung in Unternehmen steht seit 2010 die ISO 26000 Norm »*Social Responsibility*« zur Verfügung (Balderjahn 2013, S. 190 ff.). Grundsätze sozial- und umweltverträglichen Wirt-

Abb. 3-18

Grundmodell einer Öko-Bilanz

Input	Output
Güter und Materialien ▸ Rohstoffe ▸ Hilfsstoffe ▸ Betriebsstoffe ▸ Wasser ▸ Luft **Energien** ▸ Elektrische Energie ▸ Thermische Energie **Bodenversiegelung**	**Stoffliche Emissionen** ▸ Abfall/Sekundärstoffe ▸ Abwasser ▸ Abluft **Konsumgüter** **Verpackungen** **Energetische Emissionen** ▸ Abwärme ▸ Lärm

schaftens können den zehn Prinzipien des *UN Global Compact* entnommen werden. Beim *UN Global Compact* handelt es sich um eine weltweit anerkannte Initiative für mehr sozial und ökologisch verantwortungsbewusstes Management (www.unglobal compact.org). Ziel dieses freiwilligen Netzwerkes ist es, verantwortungsbewusstes Verhalten von Unternehmen durch die Einhaltung der zehn Prinzipien weltweit zu fördern und Kooperationen mit Anspruchsgruppen anzuregen. Zu diesen zehn Prinzipien gehören u. a. die Einhaltung der Menschenrechte im Betrieb, die Versammlungs- und Verhandlungsfreiheit, das Verbot von Zwangs- und Kinderarbeit, der Umweltschutz und die Abschaffung von Korruption in Betrieben.

3.2.6 Der Ansatz der Neuen Institutionenökonomik

Die Neue Institutionenökonomik (*Informationsökonomischer Ansatz*) stellt eine Weiterentwicklung der volkswirtschaftlichen Theorie dar, die auch von der Betriebswirtschaftslehre aufgegriffen worden ist. Sie beschäftigt sich damit, wie Institutionen (z. B. Unternehmen) entstehen, wie sie auf das ökonomische Verhalten von Menschen wirken und wie sie rational und effizient gestaltet werden können (vgl. Ebers/Gotsch 2006, S. 247 ff.; Picot et al. 2003, S. 38).

Institutionen sind »sozial sanktionierbare Erwartungen, die sich auf die Handlungs- und Verhaltensweisen eines oder mehrerer Individuen beziehen« (z. B. Rechtsordnungen, Unternehmensverfassungen, Organisationen; Picot et al. 2003, S. 38 f.).

Ökonomische Aktivitäten vollziehen sich nicht nur auf Märkten (z. B. Güterkäufe), sondern auch innerhalb von Institutionen (z. B. Eigenfertigung; vgl. Macharzina/Wolf 2018, S. 54). *Transaktionen*, also der Austausch von Gütern zwischen wirtschaftlichen Akteuren, können demnach grundsätzlich auf dem *Markt* oder innerhalb des Unternehmens (*Hierarchie*) abgewickelt werden (vgl. Macharzina/Wolf 2018, S. 54 f.; Wöhe et al. 2016, S. 13). Dieser Sachverhalt spielt aus betriebswirtschaftlicher Sicht insbesondere bei der Frage nach einem Fremdbezug (Markt) oder der Eigenfertigung (Unternehmen) von Gütern und Leistungen (*Make-or-buy-Problem*) eine große Rolle. Die *Neue Institutionenökonomie* interessiert sich weniger für die unternehmerische Aufgabe der Gütererstellung, sondern für Verfügungsrechte von Unternehmen und deren Übertragung auf andere Wirtschaftssubjekte (Wöhe et al. 2016, S. 21). Zur *Neuen Institutionenökonomik* werden insbesondere drei theoretische Ansätze zusammengefasst (vgl. Macharzina/Wolf 2018, S. 54 ff.; Schanz 2009, S. 133 ff.):

Theorie der Verfügungsrechte

Die Theorie der Verfügungsrechte (*Property-Rights-Theorie*) setzt sich mit dem Einfluss institutioneller Regelungen und Bedingungen auf das Verhalten von Wirtschaftssubjekten auseinander. Transaktionen werden als Tausch von Verfügungsrechten zwischen Wirtschaftssubjekten interpretiert (Wöhe et al. 2016, S. 22). Diese Theorie geht davon aus, dass die Verteilung von Wirtschaftsgütern maßgeblich von der Ausgestaltung bestimmter Verfügungs- und Handlungsrechte abhängig ist (vgl. Macharzina/Wolf 2018, S. 56). Verfügungsrechte legen den Nutzen, den Individuen aus Gütern ziehen können, fest (z. B. Unterschiede beim Kauf oder Leasing eines Pkw). Diese Rechte betreffen Festlegungen zur Art der Güternutzung, Veränderung von Gütern, Aneignung von Gewinnen aus der Güternutzung und Festlegungen zur Veräußerung von Gütern. Weiterhin wird unterstellt, dass die Verteilung von Handlungsrechten Konsequenzen für die Effizienz der Güterverwendung hat (vgl. Schanz 2009, S. 135 f.).

Transaktionskostentheorie

Die Transaktionskostentheorie beschäftigt sich mit den anfallenden Kosten bei der Übertragung von Verfügungsrechten (Wöhe et al. 2016, S. 22). Dabei handelt es sich zum einen um anfallende Kosten bei der Anbahnung, der Formulierung und dem Abschluss (Ex-ante-Transaktionskosten wie z. B. Kosten von Vertragsverhandlungen) von Verträgen und zum anderen um solche infolge der Überwachung auf Einhaltung dieser Verträge (Ex-post-Transaktionskosten wie z. B. Kosten für die Sicherung der Durchsetzung von Verträgen; vgl. Schanz 2009, S. 137 ff.). Untersucht wird, wie Transaktionen in bestimmten institutionellen Arrangements effizient abgewickelt und organisiert werden können. Zudem wird dieser Ansatz herangezogen, um die Entstehung von Institutionen zu erklären. Institutionen bilden sich dann, wenn der Leistungserstellungsprozess über den Markt (Preis als Koordinationsinstrument) teurer ist als im Unternehmen (Hierarchie: Anweisung als Koordinationsinstrument; vgl. Macharzina/Wolf 2018, S. 58).

Agency-Theorie

Die Agency-Theorie (*Prinzipal-Agent-Theorie*) beschäftigt sich mit dem *Auftrag* als ein spezieller Vertragstyp (Wöhe et al. 2016, S. 22). Diese Theorie setzt *Delegationsbeziehungen* (Agenturverhältnis) zwischen Auftraggebern (*Prinzipale*) und Auftragnehmern (*Agenten*) voraus. Die zentrale Annahme dieser Theorie besteht darin, dass Informationen und Wissen innerhalb einer Auftragsbeziehung einseitig zugunsten der Agenten verteilt sind (Existenz sogenannter *Informationsasymmetrien*). So fehlen dem Prinzipal einerseits oft Informationen über wichtige Eigenschaften des Agenten (sogenannte *Hidden Characteristics*) und andererseits können dem Prinzipal Absichten und Handlungen (*Hidden Intentions* und *Hidden Actions*) des Agenten weitgehend verborgen bleiben. Der Prinzipal muss also grundsätzlich davon ausgehen, dass Agenten ihren Handlungsspielraum opportunistisch, d. h. im eigenen Interesse, ausnutzen (vgl. Schanz 2009, S. 139 f.; Wöhe et al. 2016, S. 23). Für die Betriebswirtschaftslehre sind insbesondere die Beziehungen zwischen Eigentümern (Prinzipale) und Managern (Agenten) sowie zwischen Vorgesetzten und weisungsabhängigen Mitarbeitern von großer Bedeutung (vgl. Schanz 2009, S. 139 f.). Dieser Aspekt ist deshalb von Interesse, weil die Geschäftsführung in großen Unternehmen oft durch die Eigentümer auf angestellte Manager übertragen wird (z. B. bei der Aktiengesellschaft). Die Eigentümer delegieren Entscheidungsbefugnisse auf das Management und tragen dabei das Risiko, von diesem übervorteilt zu werden (*Moral Hazard*). Die Agency-Theorie soll eine möglichst effiziente Lösung des Agenturverhältnisses ermöglichen.

3.2.7 Der prozess- und ressourcenorientierte Ansatz

Prozessorientierter Ansatz

Der prozessorientierte Ansatz (vgl. Gaitanides 2007) betont die Bedeutung der Integration (Verkettung) von Arbeitsabläufen für den Erfolg eines Unternehmens. Er steht im Gegensatz zu auf Produktivitätssteigerung zielenden Konzepten der Arbeitsteilung und Spezialisierung und ist dann von Vorteil, wenn die Produktivitätsvorteile der Arbeitsteilung und Spezialisierung durch höhere Flexibilität sowie bessere Kontrolle und Transaktionskostenersparnisse einer Prozessorganisation überkompensiert werden können (Picot et al. 2012, S. 389).

»*Prozesse* sind Tätigkeitsfolgen, deren Integration zu einem abgeschlossenen Gesamtbearbeitungsprozess (Tätigkeitskette) zu deutlichen Zeit- und Kostenersparnissen führen kann« (Picot et al. 2012, S. 375).

Das Charakteristische an einem Prozess ist, dass Tätigkeiten bzw. Aktivitäten miteinander verbunden bzw. zielorientiert verkettet werden (Hauschildt/Salomo 2007, S. 480). In Unternehmen geht es um die Definition von *Geschäftsprozessen*, wobei Kernprozesse (z. B. Auftragsabwicklung) und unterstützende Prozesse (z. B. Instandhaltung) unterschieden werden können. Die Unternehmensführung kann als eine Folge von Planungs-, Organisations-, Mitarbeiterführungs-, Koordinations- und Kontrolltätigkeiten aufgefasst werden, die sich innerhalb von Prozessen realisieren (vgl. Macharzina/Wolf 2018, S. 46). Das Ziel der Prozessorientierung ist eine abteilungs- und funktionsübergreifende, integrierende Optimierung der Aufgabenerfüllung und eine Reduzierung von Schnittstellenproblemen (vgl. Specht 2000, S. 265 ff.). Dies trägt zur Verringerung von Prozesszeiten, Kostensenkungen, Qualitätssteigerung und einer Erhöhung der Flexibilität bei. Prozesse von aufeinanderfolgenden Wertschöpfungsschritten sind nicht auf innerbetriebliche Vorgänge begrenzt, sondern können im Extremfall die gesamte vertikale Wertschöpfungskette von der Urproduktion bis zur Vermarktung von Konsumgütern erfassen (vgl. Picot et al. 2012, S. 382). Für das Marketing (vgl. Kap. 8.2) bedeutet dies z. B., dass Marketingaktivitäten über alle *Wertschöpfungsstufen* hinweg auf die Wertvorstellungen der Endverbraucher hin ausgerichtet werden müssen, wenn das Unternehmen Erfolg haben will. Ein Anwendungsfall einer unternehmensübergreifenden Prozessorientierung ist die Optimierung der Aktivitäten innerhalb einer Produktions- und Lieferkette durch *Supply-Chain-Management*. Ein anderes Beispiel ist der Innovationsprozess, der speziell durch die Organisation von *Simultaneous Engineering Teams* (vgl. Kap. 8.3.8.2) gefördert wird.

Ressourcenorientierter Ansatz

Nach dem ressourcenorientierten Ansatz der Betriebswirtschaftslehre (*Resource-based-View*) ist der Erfolg eines Unternehmens von dessen unternehmensinternen, einzigartigen und spezifischen Ressourcen abhängig. Damit unterscheidet sich dieser Ansatz deutlich vom *Structure-Conduct-Performance-Paradigma* der Industrieökonomik (vgl. Porter 1980), wonach die Branchenstruktur, unternehmensexterne Faktoren also, maßgeblich die Wettbewerbsposition eines Unternehmens bestimmt. Der ressourcenorientierte Ansatz bezweifelt insbesondere die in diesem Paradigma zum Ausdruck kommende Dominanz marktorientierter, externer Faktoren auf den Unternehmenserfolg (vgl. Kap. 8.2). Stattdessen wird unterstellt, dass es spezifische, einzigartige Potenziale von Unternehmen sind, die erfolgswirksam sind und als Kernkompetenzen oder Ressourcen bezeichnet werden (vgl. Macharzina/Wolf 2018, S. 65).

Unter dem Begriff *Ressourcen* sind solche wettbewerbsrelevanten, zur betrieblichen Wertschöpfung eingesetzten Mittel (Inputgüter) zu verstehen, die wertvoll (haben einen hohen Nutzen), selten (kein Konkurrent oder nur sehr wenige besitzen sie) und für einen genügend langen Zeitraum nicht imitierbar und nicht substituierbar sind.

Diese Ressourcen wie z. B. Managementfähigkeiten, Organisationsprozesse, Patente und Vermögenswerte, dienen dem Management zur Verbesserung der Marktstellung des Unternehmens. Es wird zwischen *tangiblen* (z. B. Anlagen, Rohstoffversorgung) und *intangiblen* (z. B. Wissen, Unternehmensimage, Marke) Ressourcen unterschieden. Intangible Ressourcen, die nach außen kaum in Erscheinung treten, wie z. B. die Unternehmenskultur, werden auch als *tacit* oder *narrative* bezeichnet. Die Aufgabe des Managements nach dem ressourcenbasierten Ansatz ist, die Ressourcen erfolgswirksam einzusetzen und für das Ressourcenpotenzial »Einzigartigkeit« zu erlangen (vgl. Macharzina/Wolf 2018, S. 66). Dazu sind *Managementkompetenzen* erforderlich, die einen effizienten und Erfolg bringenden Einsatz der vorhandenen Ressourcen herbeiführen.

Kontrollfragen Kapitel 3

1. *Worin unterscheidet sich das sozialwissenschaftliche von dem ökonomistischen Basiskonzept der BWL?*
2. *Charakterisieren Sie kurz den faktoranalytischen Ansatz von Gutenberg.*
3. *Welches sind wichtige Elemente des entscheidungsorientierten Ansatzes in der BWL?*
4. *Welche Entscheidungsphasen durchläuft ein Problemlösungsprozess?*
5. *Welche Merkmale betrieblicher Entscheidungen können unterschieden werden?*
6. *Was versteht man unter schlecht strukturierten Problemen?*
7. *Erläutern Sie den Unterschied zwischen der präskriptiven und der deskriptiven Entscheidungstheorie.*
8. *Erläutern Sie das Grundmodell der präskriptiven Entscheidungstheorie.*
9. *Was unterscheidet Entscheidungen bei Sicherheit, Risiko und Ungewissheit?*
10. *Erläutern Sie eine Entscheidungsregel bei Sicherheit.*
11. *Erläutern Sie eine Entscheidungsregel bei Risiko.*
12. *Erläutern Sie vier Entscheidungsregeln bei Ungewissheit.*
13. *Was wird mit einem Entscheidungsbaum dargestellt?*
14. *Worin unterscheiden sich Optimierungsverfahren von heuristischen Lösungsmethoden?*
15. *Was ist ein System?*
16. *Wie kann ein Unternehmen aus systemtheoretischer Sicht beschrieben werden?*
17. *Welches sind die Nachteile des Systemansatzes in der BWL?*
18. *Welche Um-Systeme eines Unternehmens können unterschieden werden?*
19. *Welches sind die Merkmale eines situativen Ansatzes der BWL?*
20. *Was besagt die Kongruenz-Effizienz-Hypothese des situativen Ansatzes?*
21. *Erläutern Sie den Begriff »Nachhaltigkeit«.*

22. *Welche vier Leitprinzipien unterstützen nachhaltiges Wirtschaften?*
23. *Welche drei Zielbereiche verfolgt nachhaltiges Wirtschaften?*
24. *Welches sind die drei Teiltheorien der Neuen Institutionenökonomik?*
25. *Was sind Ressourcen und durch welche vier Eigenschaften sind sie charakterisiert?*

Übungsaufgabe Kapitel 3

Aufgabenstellung
Die Geschäftsführung eines Unternehmens steht vor der Frage, ein neues Produkt am Markt einzuführen. Bei der Einführung würden Ausgaben in Höhe von 100.000 Euro anfallen. Vor der möglichen Produkteinführung möchte die Geschäftsführung eine Kampagne zur Imageverbesserung des Unternehmens durchführen. Diese ist mit Ausgaben in Höhe von 50.000 Euro verbunden. Die Erfolgsquote einer solchen Kampagne liegt erfahrungsgemäß bei 60 %. Die Geschäftsleitung möchte bei ihrem Entscheidungsproblem auch die beiden möglichen Nachfrageszenarien »hoher Absatz« und

Abb. 3-19

Entscheidungsbaum mit Gewinnerwartungen an den Entscheidungsknoten

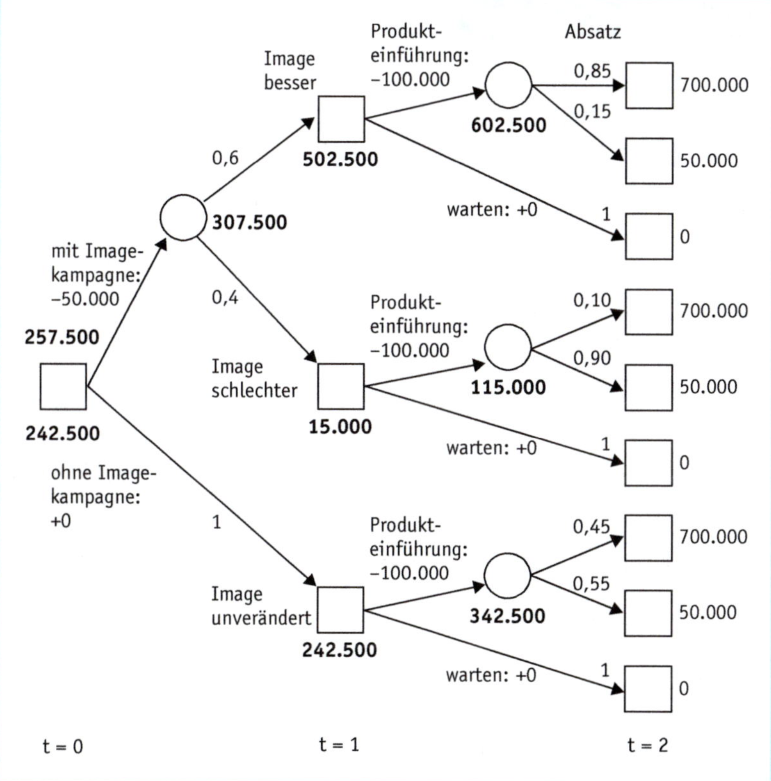

»niedriger Absatz« berücksichtigen. Bei hohem Absatz werden die erwarteten Einnahmen auf 700.000 Euro, bei niedrigem auf nur 50.000 Euro geschätzt. Falls sich der Ruf nach der Imagekampagne tatsächlich verbessert haben sollte, werden diese 700.000 Euro mit einer Wahrscheinlichkeit von 85 % erzielt, falls sich das Image aber verschlechtert haben sollte, beträgt die Wahrscheinlichkeit dafür nur 10 %. Wird auf die Imagekampagne verzichtet, werden die Einnahmen in Höhe von 700.000 Euro mit einer Wahrscheinlichkeit von 45 % erzielt. Die Geschäftsführung muss nun entscheiden, ob das neue Produkt eingeführt werden soll und ob eine vorherige Imagekampagne sinnvoll ist.

Frage

Seien Sie der Geschäftsführung dabei behilflich und ermitteln Sie unter Voraussetzung der Risikoneutralität die optimale Politik. Lösen Sie das vorliegende Entscheidungsproblem mit Hilfe eines Entscheidungsbaumes.

Lösung

Die Entscheidung zur Durchführung einer Imagekampagne mit anschließender Produkteinführung hat mit 257.500 Euro die höchste Ergebniserwartung.

Weiterführende Literatur

Balderjahn, I. (2013): Nachhaltiges Management und Konsumentenverhalten, Konstanz, München.

Bamberg, G./Coenenberg, A. G./Krapp, M. (2012): Betriebswirtschaftliche Entscheidungslehre, 15. Aufl., München.

Bea, F. X. (2011): Einleitung: Führung, in: Bea, F. X./Schweitzer, M. (Hrsg.), Allgemeine Betriebswirtschaftslehre, Bd. 2: Führung, 10. Aufl., Konstanz, München, S. 23–37.

Bea, F. X. (2009a): Entscheidungen des Unternehmens, in: Bea, F. X./Schweitzer, M. (Hrsg.), Allgemeine Betriebswirtschaftslehre, Bd. 1: Grundfragen, 10. Aufl., Stuttgart, S. 332–437.

Domschke, W./Scholl, A. (2008): Grundlagen der Betriebswirtschaftslehre, 4. Aufl. Berlin u. a.

Ebers, M./Gotsch, W. (2006): Institutionenökonomische Theorien der Organisation, in: Kieser, A./Ebers, M. (Hrsg.), Organisationstheorien, 6. Aufl., Stuttgart, S. 247–308.

Hauschildt, J./Salomo, S. (2007): Innovationsmanagement, München.

Laux, H./Gillenkirch, R. M./Schenk-Mathes, H. Y. (2014): Entscheidungstheorie, 9. Aufl., Berlin, Heidelberg.

Macharzina, K./Wolf, J. (2018): Unternehmensführung, 10. Aufl., Wiesbaden.

Picot, A./Dietl, H./Franck, E./Fiedler, M./Royer, S. (2012): Organisation, 6. Aufl., Stuttgart.

Schanz, G. (2009): Wissenschaftsprogramme der Betriebswirtschaftslehre, in: Bea, F. X./Schweitzer, M. (Hrsg.), Allgemeine Betriebswirtschaftslehre, Bd. 1: Grundfragen, 10. Aufl., Stuttgart, S. 83–161.

Schweitzer, M. (2009b): Grundfragen, in: Bea, F. X./Schweitzer, M. (Hrsg.), Allgemeine Betriebswirtschaftslehre, Bd. 1: Grundfragen, 10. Aufl., Stuttgart, S. 1–22.
Schneider, D. (1995): Betriebswirtschaftslehre, Bd. 1, 2. Aufl., Wiesbaden.
Specht, G. (2000): Schnittstellenmanagement: Marketing und Forschung und Entwicklung, in: Herrmann, A./Hertel, G./Virt, W./Huber, F. (Hrsg.), Kundenorientierte Produktgestaltung, München, S. 265–285.
Staehle, W. H. (1999): Management, 8. Aufl., München.
Warning, S./Welzel, P. (2007): Industrieökonomik, in: Busse von Colbe, W./ Coenenberg, A. G./Kajüter, P./Linnhoff, U./Pellens, B. (Hrsg.), Betriebswirtschaft für Führungskräfte, 3. Aufl., Stuttgart, S. 47–85.
Wöhe, G./Döring, U./Brösel, G. (2016): Einführung in die Allgemeine Betriebswirtschaftslehre, 26. Aufl., München.

4 Die Subsysteme eines Betriebes

Lernziele

- Sie wissen, was eine Produktionsfunktion ist.
- Sie kennen substitutionale, homogene, inhomogene und limitationale Produktionsfunktionen.
- Sie wissen, was eine Verbrauchsfunktion beschreibt.
- Sie können erläutern, was ein Gozinto-Graph ist.
- Sie wissen, wie Kosten definiert sind und was eine Kostenfunktion ist.
- Sie können erläutern, was eine Minimalkostenkombination ist.
- Sie kennen die Begriffe Beschäftigung und Beschäftigungsgrad.
- Sie können die Kostenbegriffe fixe Kosten, variable Kosten, Stückkosten und Grenzkosten voneinander abgrenzen.
- Sie kennen unterschiedliche Gruppenprozesse, die auf die Arbeitsproduktivität wirken.
- Sie wissen, was Anspruchsgruppen sind und welche Arten es gibt.
- Sie kennen einschlägige Mitbestimmungsgesetze.

4.1 Der Betrieb als produktives System

Produktionsfunktion

Der systemorientierte Ansatz der Betriebswirtschaftslehre fasst Unternehmen als offene, produktive und soziale Systeme auf (vgl. Kap. 3.2.2). Wir nehmen Bezug darauf und werden in diesem Kapitel einzelne interne Subsysteme (In-Systeme) sowie Beziehungen des Unternehmens zu externen Systemen (Um-Systeme) behandeln. Der Betrieb als produktives System umfasst die Input-Faktoren (Produktionsfaktoren) und die mit ihnen durch Transformation (Produktionsprozess) erzeugten Güter (Output; vgl. Abb. 1-4). Aus betriebswirtschaftlicher Sicht geht es hier einerseits um die Bereitstellung der zur Herstellung der Güter (Sach- und Dienstleistungen) erforderlichen Produktionsfaktoren (*Bereitstellungsplanung*; vgl. Schierenbeck/Wöhle 2016, S. 237 ff.) und andererseits um die Kombination der Produktionsfaktoren im Produktionsprozess (*Produktionsplanung*; vgl. Schierenbeck/Wöhle 2016, S. 262 ff.). Grundlage der Produktionsplanung ist die Kenntnis der *Produktionsfunktion*.

Eine Produktionsfunktion stellt den quantitativen Zusammenhang zwischen den zur Gütererstellung einzusetzenden Mengen r_i an Produktionsfaktoren i (i = 1... n) und der Ausbringungsmenge M eines Produkts (Einproduktunternehmen) in einer Planungsperiode *T* dar (Schierenbeck/Wöhle 2016, S. 271; vgl. Gleichung 9):

$$M = f(r_1, r_2, ..., r_n) \text{ mit } r_i > 0. \quad (9)$$

Solche Funktionen sind formale Modelle, die reale Produktionsprozesse sehr vereinfacht darstellen und von organisatorischen und technischen Details abstrahieren (vgl. Domschke/Scholl 2008, S. 86). Die *Produktionstheorie* hat zum Ziel, solche funktionalen Zusammenhänge aufzuzeigen (Wöhe et al. 2016, S. 285). Entsprechend den unterschiedlichen Beziehungen zwischen Input (Produktionsfaktoren) und Output (hergestelltes Gut) werden verschiedene Arten von Produktionsfunktionen betrachtet. In Abhängigkeit davon, ob es zwischen den Produktionsfaktoren ein technisch zwingendes, mengenmäßiges Einsatzverhältnis gibt (z. B. $r_1/r_2 = 1/3$) oder nicht (z. B. $r_1 \times r_2 = \text{const}$), wird zwischen limitationalen und substitutionalen Produktionsfunktionen unterschieden (vgl. Schierenbeck/Wöhle 2016, S. 272; Thommen et al. 2017, S. 401 f.).

Substitutionale Produktionsfunktionen

Substitutionale Produktionsfunktionen zeichnen sich durch ein variables Mengenverhältnis bzw. durch variable Mengenkombinationen $(r_1, r_2, ..., r_n)$ der eingesetzten Produktionsfaktoren aus (vgl. Bloech/Lücke 2006, S. 202 ff.). Die Einsatzmengen der Produktionsfaktoren können bei der Erbringung einer Leistung (Output) gegenseitig ausgetauscht (substituiert) werden, ohne dass sich die Ausbringungsmenge *M* verändert. Bei beliebiger Teilbarkeit der Faktoreinsatzmengen r_i kann die mit verschiedenen Faktormengenkombinationen erzielte Produktionsmenge *M* als sogenannte *Isoquante* dargestellt werden (vgl. Abb. 4-1). Ein verringerter Mengeneinsatz eines Faktors $r_1 \rightarrow r'_1$ (z. B. Maschinenstunden) kann durch den höheren Mengeneinsatz eines anderen Faktors $r_2 \rightarrow r'_2$ (z. B. Arbeitsstunden) ausgeglichen werden (*periphere Substitution*; vgl. Bloech/Lücke 2006, S. 204). Darüber hinaus kann noch zwischen der partiellen und der totalen Substitution unterschieden werden. Bei einer *partiellen Substitution* kann ein Produktionsfaktor nur teilweise, aber nicht vollständig durch einen oder mehrere andere Faktoren ersetzt werden (z. B. bei einer erforderlichen Mindestmenge eines Input-Gutes). Kann dagegen ein Faktor vollständig durch andere ersetzt werden, so wird von einer *totalen Substitution* gesprochen (vgl. Domschke/Scholl 2008, S. 88). Zur Erreichung eines höheren Produktionsniveaus ($M_2 > M_1$) können alle Faktoreinsatzmengen gemeinsam im gleichen Verhältnis erhöht werden (*totale Faktorvariation*; vgl. diagonalen Pfeil in Abb. 4-1) oder es kann die Einsatzmenge nur eines Faktors bei Konstanz der anderen Einsatzmengen erhöht werden (*partielle Faktorvariation*; horizontaler bzw. vertikaler Pfeil in Abb. 4-1; vgl. Schmalen/Pechtl 2013, S. 583).

Homogene Produktionsfunktion

Ein Beispiel für eine substitutionale Produktionsfunktion ist die *Cobb-Douglas-Produktionsfunktion*: $M = c\, r_1^{\gamma}\, r_2^{\,1-\gamma}$, mit c = konstant und $0 \leq \gamma \leq 1$ (hier für zwei Einsatzfaktoren r_1 und r_2; vgl. Domschke/Scholl 2008, S. 90; Schmalen/Pechtl 2013, S. 583). Die *Cobb-Douglas-Produktionsfunktion* ist auch ein Beispiel für eine linear-homogene Produktionsfunktion. Eine Produktionsfunktion ist homogen vom Grade α,

Abb. 4-1

Substitutionale Produktionsfunktion

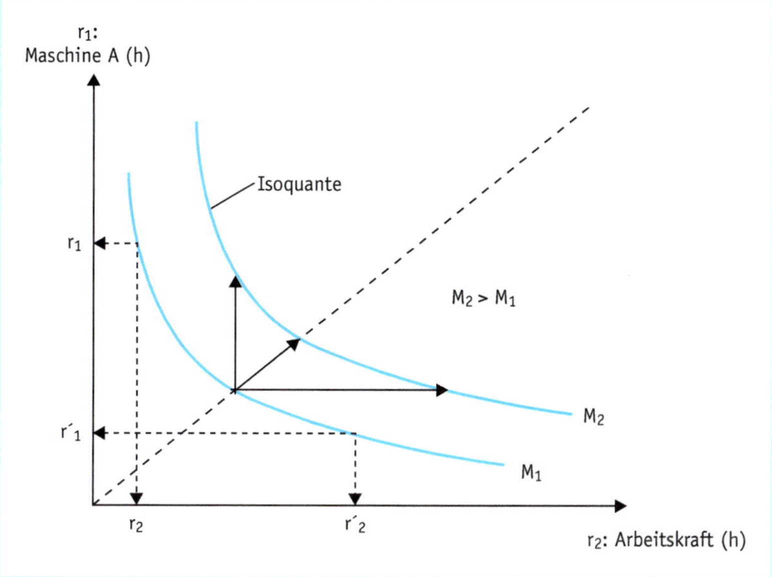

wenn durch eine Erhöhung des totalen Faktormengeneinsatzniveaus um das λ-Fache (λr_1, λr_2, ..., λr_n) die Produktionsmenge M um das λ^α-Fache ansteigt. Es gilt also für eine homogene Produktionsfunktion vom Grade α ($\alpha \geq 0$):

$$M \lambda^\alpha = f(\lambda r_1, \lambda r_2, ..., \lambda r_n) \tag{10}$$

Verdoppelt sich z. B. die Ausbringung M, wenn der Faktormengeneinsatz verdoppelt wird ($\lambda = 2$), ist $\alpha = 1$. Es wird von einer linear-homogenen Produktionsfunktion gesprochen. Bei $\alpha < 1$ besitzt die Funktion abnehmende (degressiv-homogene) und bei $\alpha > 1$ zunehmende (progressiv-homogene) Grenz- bzw. Skalenerträge M' (vgl. Abb. 4-2, Gleichung 11 und Domschke/Scholl 2008, S. 90). Nicht-homogene Produktionsfunktionen (ohne einen monoton steigenden Zusammenhang zwischen M und r_i) werden als *inhomogen* bezeichnet.

Ertragsgesetzliche Produktionsfunktion

In der Industrie sind substitutionale Produktionsfunktionen eher selten anzutreffen. Sie lassen sich häufiger in der landwirtschaftlichen Produktion finden. Eine solche, aus der Landwirtschaft abgeleitete substitutionale, inhomogene Produktionsfunktion ist die *ertragsgesetzliche Produktionsfunktion*, die auch als *Produktionsfunktion vom Typ A* bezeichnet wird (vgl. Abb. 4-3). In Abhängigkeit der Entwicklung der Ausbringung M und der Grenzerträge M' können verschiedene Typen von Ertragsfunktionen unterschieden werden (Schierenbeck/Wöhle 2016, S. 275). Sehr häufig wird ein S-förmiger Ertragsverlauf postuliert. Wird ein Faktor r_i (z. B. Arbeitskraft) bei Konstanz aller anderen Produktionsfaktoren (z. B. Dünger und Saatgut) variiert (partielle Faktorvariation), so ergeben sich nach dem *S-förmigen Ertragsverlauf* zunächst stei-

Abb. 4-2

Arten homogener Produktionsfunktionen

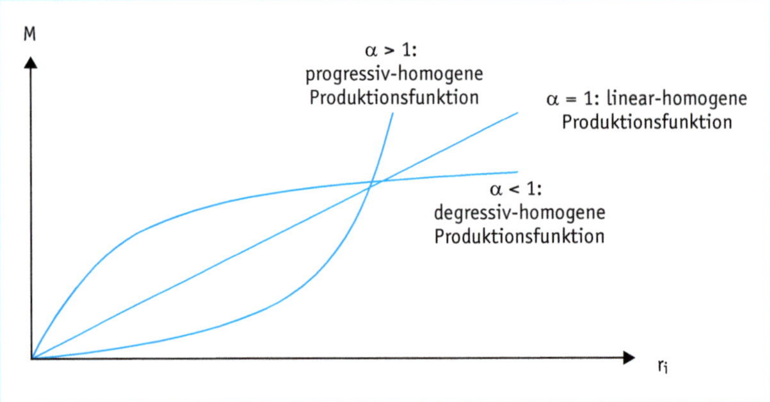

gende, dann sinkende und nach Erreichen des Ertragsmaximums M_{max} rückläufige Ertragszuwächse bzw. *Grenzerträge M′* (*Grenzproduktivitäten*):

$$M'(r_i) = \frac{\partial M}{\partial r_i} \quad (11)$$

Unter Berücksichtigung von zwei partiell gegenseitig substituierbaren Faktoren ergibt sich das sogenannte *Ertragsgebirge*, das in einer dreidimensionalen Darstellung abgebildet werden kann (vgl. Abb. 4-4; Wöhe et al. 2016, S. 285; Domschke/Scholl 2008, S. 89).

Abb. 4-3

S-förmiger ertragsgesetzlicher Kurvenverlauf

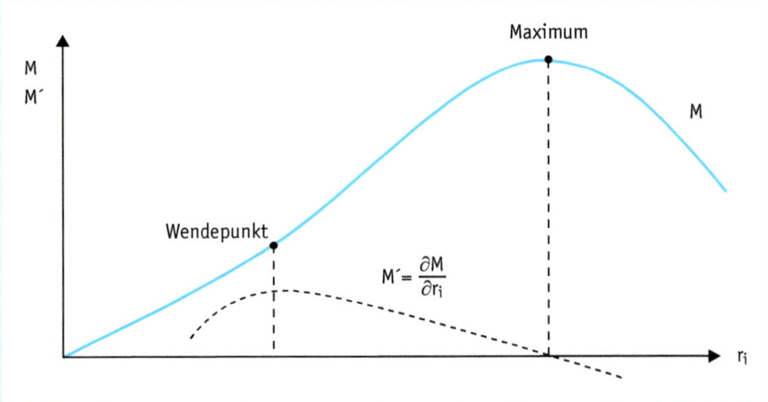

Abb. 4-4

Ertragsgebirge einer ertragsgesetzlichen Produktionsfunktion

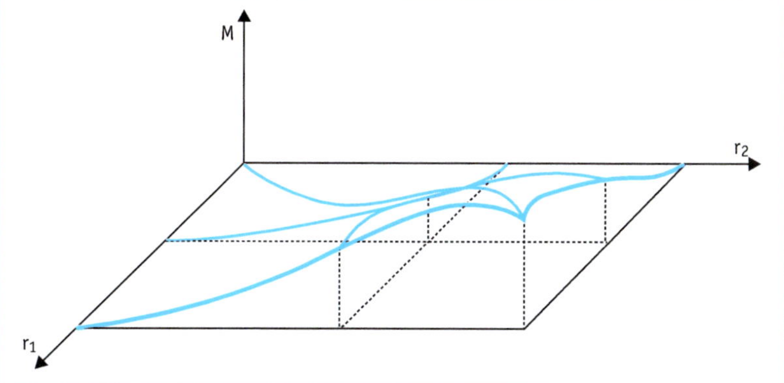

Alle alternativen Faktormengenkombinationen (r_1, r_2), bei denen die Ausbringungsmenge *M* konstant bleibt, liegen auf einem Kurvenzug, der *Isoquante* (horizontaler Schnitt durch das Ertragsgebirge; vgl. Schierenbeck/Wöhle 2016, S. 273). Bei einem vertikalen Schnitt wird einer der beiden Einsatzfaktoren konstant gehalten, so dass der S-förmige Zusammenhang zwischen dem variablen Einsatzfaktor und der Ausbringungsmenge analysiert werden kann.

Limitationale Produktionsfunktionen

Limitationale Produktionsfunktionen, auch *Produktionsfunktionen vom Typ B* bzw. Produktionsfunktion von *Gutenberg* genannt, geben ein festes Einsatzverhältnis (z. B. $\Delta r_1/\Delta r_2 = \beta$; vgl. Abb. 4-5) der Faktoren vor (vgl. Bloech/Lücke 2006, S. 206 ff.; Domsche/Scholl 2005, S. 92 f.). Produktionsfaktoren können bei diesem Produktionsfunktions-Typ nicht gegenseitig substituiert werden. Diese Produktionsfunktionen sind für die industrielle Produktion typisch (z. B. stehen zur Herstellung eines Tisches die Materialien Holz, Lack und Schrauben in einem festen Verhältnis). Nur eine totale Variation aller Faktoreinsatzmengen (z. B. um einen bestimmten Prozentwert) ändert die Ausbringungsmenge *M* (vgl. diagonalen Pfeil in Abb. 4-5). Dagegen erhöht sich der Output nicht, wenn nicht alle Einsatzmengen aller Faktoren verhältnisgerecht erhöht werden. Für jede Ausbringungsmenge *M* ergibt sich nur eine mögliche effiziente Faktormengenkombination, die geometrisch als Prozessgerade dargestellt werden kann (Wöhe et al. 2016, S. 285 f.).

Die Produktionsfunktion Typ B wurde von *Gutenberg* mit dem Ziel entwickelt, den Verbrauch an Betriebsstoffen (Verbrauchsfaktoren wie z. B. Benzin, Strom) und die Abnutzung von Betriebsmitteln (Potenzialfaktoren wie z. B. Maschinen) bei der Produktion ermitteln zu können. Danach ist die Ausbringungsmenge *M* abhängig von der Leistung bzw. *Intensität d* (Ausbringungsmenge *M* je Zeiteinheit) des Betriebsmittels bzw. des Aggregats (Gruppe von Betriebsmitteln) und deren *Laufzeit t* (Produktionszeit):

$$M = d \times t \qquad (12)$$

Abb. 4-5

Linear-limitationale Produktionsfunktion

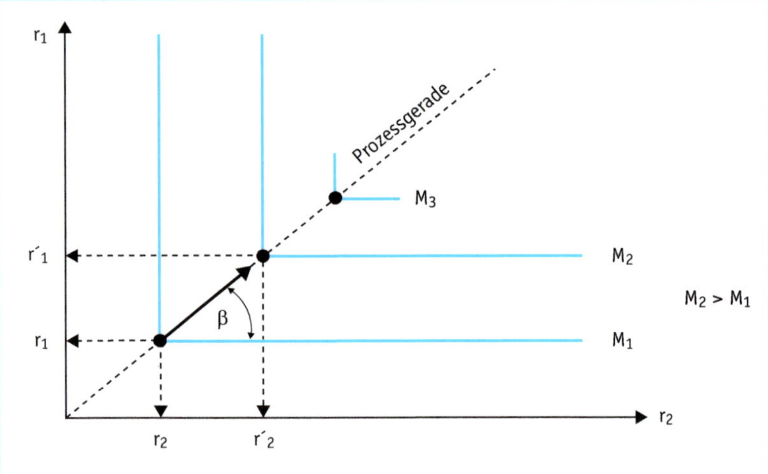

Verbrauchsfunktionen

Der Zustand eines Aggregats (technische Merkmale) wird als konstant angenommen. Durch *Verbrauchsfunktionen* α_i *(d)* wird der Zusammenhang zwischen der Leistung eines Aggregats *d* und dem *spezifischen Verbrauch* α_i von Betriebsstoffen *i* (i = 1 ... n), bezogen auf eine ME des Outputs *M*, dargestellt. Verbrauchsfunktionen verlaufen typischerweise konvex, d. h., die verbrauchsoptimale Intensität d_{opt} (*Betriebsoptimum*) liegt in der Regel zwischen der minimal d_{min} und maximal d_{max} möglichen Leistung eines Aggregats (vgl. Domschke/Scholl 2008, S. 97; Schmalen/Pechtl 2013, S. 226). Über die Verbrauchsfunktionen können nach Gleichung 13 die für eine Produktion benötigten Verbrauchsmengen der Betriebsstoffe (r_i r_1, ... r_n) ermittelt werden.

$$r_i = \alpha_i\,(d) \times M = \alpha_i\,(d) \times d \times t \qquad (13)$$

Die von *Heinen* entwickelte *Produktionsfunktion vom Typ C*, eine Weiterentwicklung der Produktionsfunktion vom Typ B (Gutenberg-Produktionsfunktion), zerlegt den Produktionsprozess in viele Teilprozesse (sogenannte *Elementarkombinationen*; vgl. Bloech/Lücke 2006, S. 208 f.), so dass eindeutige Beziehungen zwischen technischen (Leistung der Betriebsmittel je Zeiteinheit: M/t) und ökonomischen Leistungen (Verbrauch von r_i je Mengeneinheit Output) dargestellt werden können (vgl. Domschke/Scholl 2008, S. 99).

Mehrstufige Produktionsfunktionen

Nach der Anzahl der Endprodukte können Produktionsfunktionen für den *Einproduktbetrieb*, der in der Industrie allerdings selten vorkommt, und für den *Mehrproduktbetrieb*, der den Regelfall darstellt, unterschieden werden. Nach der Anzahl der Produktionsstufen werden darüber hinaus *einstufige* Produktionsfunktionen, die zur Fertigung nur einen Produktionsschritt benötigen, und *mehrstufige Produktionsfunktionen*, bei

Abb. 4-6

Gozinto-Graph einer Lkw-Anhänger-Produktion

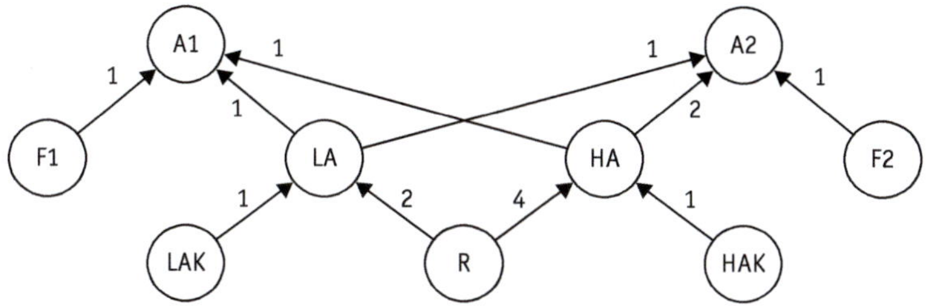

Endprodukte:
A1 = Zweiachsanhänger, A2 = Dreiachsanhänger

Zwischenprodukte (2. Ebene):
F1 = Fahrgestell 1, F2 = Fahrgestell 2, LA = Lenkachse, HA = Hinterachse

Zwischenprodukte (1. Ebene):
LAK = Lenkachsenkörper, R = Rad, HAK = Hinterachsenkörper

Quelle: In Anlehnung an Müller-Merbach 1976, S. 45

denen die Fertigung in mehreren aufeinanderfolgenden Prozessen bzw. Arbeitsgängen erfolgt, unterschieden. Während einstufige Produktionsfunktionen eher selten sind, stellen mehrstufige Produktionsfunktionen in der Industrie den Normalfall dar.

Gozinto-Graph

Mehrstufige Produktionsprozesse können, lineare *Limitationalität* vorausgesetzt, durch sogenannte *Gozinto-Graphen* dargestellt werden (vgl. Domschke/Scholl 2008, S. 95 f.; Schmalen/Pechtl 2013, S. 231). Ein *Gozinto-Graph* ist ein gerichteter Graph, der die zwischen Rohstoffen, Zwischen- und Endprodukten (stellen die Knoten i, j im Graphen dar) bestehenden Mengenbeziehungen *(i, j)* durch Pfeile darstellt. Die mit den Pfeilen verbundenen *Produktionskoeffizienten* a_{ij} geben an, wie viele ME von *i* unmittelbar zur Herstellung einer ME von *j* benötigt werden. In Abb. 4-6 ist als Beispiel ein *Gozinto-Graph* für eine mehrstufige, lineare Produktionsfunktion zur Herstellung von Lkw-Anhängern in einem Mehrproduktbetrieb dargestellt (vgl. Müller-Merbach 1976, S. 45 f.; Abb. 4-6).

Die Produktionsfunktionen vom Typ B für das Lkw-Anhänger-Beispiel lassen sich durch folgendes Gleichungssystem darstellen, wobei die Mengen der einzelnen End- und Zwischenprodukte mit $X_R, \ldots, X_{LA}, \ldots, X_1$ bezeichnet sind:

$$
\begin{aligned}
X_{A1} &= X_1 \\
X_{A2} &= X_2 \\
X_{LA} &= X_1 + X_2 \\
X_{HA} &= X_1 + 2\,X_2 \\
X_{LAK} &= X_{LA} \\
X_{HAK} &= X_{HA} \\
X_R &= 2\,X_{LA} + 4\,X_{HA}
\end{aligned}
$$

In der Praxis werden diese Produktionsstrukturen in sogenannten *Stücklisten* erfasst, um daraus den (Sekundär-)Bedarf an Material und Halbfabrikaten zu ermitteln (vgl. Bloech/Lücke 2006, S. 216 ff.). In Matrixform (*Direktbedarfsmatrix*) geschrieben, sieht obiges Gleichungssystem wie folgt aus:

$$\begin{pmatrix} X_{A1} \\ X_{A2} \\ X_{LA} \\ X_{HA} \\ X_{LAK} \\ X_{HAK} \\ X_R \end{pmatrix} = \begin{pmatrix} 1 & 0 & 0 & 0 & 0 & 0 \\ \alpha_1 & 1 & 0 & 0 & 0 & 0 \\ \alpha_2 & 0 & 1 & 0 & 0 & 0 \\ 0 & 0 & 0 & 1 & 0 & 0 \\ 0 & 0 & 0 & 0 & 1 & 0 \\ 0 & 0 & 0 & 0 & 0 & 1 \end{pmatrix} \begin{pmatrix} X_1 \\ X_2 \\ X_{LA} \\ X_{HA} \end{pmatrix}$$

Eine allgemeine Formulierung von *Verbrauchsfunktionen* bzw. von Produktionsfunktionen vom *Typ B* kann folgendermaßen durchgeführt werden (vgl. Domschke/Scholl 2008, S. 93): Sei M_j die Ausbringungsmenge von Produkt j (j = 1… J), r_{ij} die Einsatzmenge von Verbrauchsgut i (i = 1 … n) (Werkstoff, auch *Repetierfaktor* genannt) für Menge M_j von Produkt j und a_{ij} der Verbrauch von Faktor i je ME von Produkt j (*Produktionskoeffizient*), so ergibt sich der Gesamtverbrauch von Faktor i für das gesamte Produktionsprogramm (j = 1 … J) aus Gleichung 14:

$$r_i = \sum_{j=1}^{J} r_{ij} = \sum_{j=1}^{J} a_{ij} M_j \tag{14}$$

Der Verbrauch von *Potenzialfaktoren* p_k (Betriebsmittel und menschliche Arbeit) kann ebenfalls durch Gleichung 14 bestimmt werden, wobei für a_{ij} der spezifische Verbrauch a_{kj} von Potenzialfaktor k zur Herstellung einer ME von Produkt j eingesetzt werden muss. Die für den Einsatz der Potenzialfaktoren k (k = 1 … K) benötigten Mengen an *Repetierfaktoren* r_i (z. B. Betriebsstoffe) sind gemäß Gleichung 15 zu bestimmen, wobei h_{ik} den spezifischen Verbrauch des Repetierfaktors i in Abhängigkeit von der Nutzung des Potenzialfaktors k angibt.

$$r_i = \sum_{k=1}^{K} r_{ik} = \sum_{k=1}^{K} h_{ik} p_k \tag{15}$$

Die Bestimmung der Funktionen für jeden einzelnen Produktionsvorgang ist in der Praxis recht schwierig.

4.2 Der Betrieb als ökonomisches System

4.2.1 Kostentheorie und Kostenfunktionen

Die Kostentheorie wird immer im Zusammenhang mit der Produktionstheorie (vgl. Kap. 4.1) behandelt (*Produktions- und Kostentheorie*). Die Kostentheorie dient dazu, auf der Grundlage der Produktionstheorie die Kosten bestimmenden Größen (*Kosteneinflussgrößen*) zu identifizieren und den Einfluss dieser Größen auf die Kosten offenzulegen. Damit ergänzt die Kostentheorie die Analyse produktiver Zusammenhänge durch eine ökonomische, auf Preisen beruhende Bewertung von Produktionsfaktoren und -prozessen (*Wertbetrachtung*). Die durch Produktionsfunktionen (vgl. 4.1) dargestellten mengenmäßigen Beziehungen zwischen den Produktionsfaktoren (Inputgüter) und den Outputgütern werden innerhalb der Kostentheorie einer wertmäßigen Betrachtung unterzogen. Durch eine Bewertung aller zur Herstellung einer Marktleistung M (Menge eines Outputgutes) verbrauchten Mengen an Produktionsfaktoren r_1, r_2, ..., r_n (sogenanntes *Mengengerüst* der Kosten) mit ihren jeweiligen Preisen q_1, q_2, ..., q_n (sogenanntes *Wertgerüst* der Kosten) werden die Gesamtkosten für die eingesetzten Produktionsfaktoren ermittelt (vgl. Schmalen/Pechtl 2013, S. 581; Wöhe et al. 2016, S. 289 f.).

Kosten sind definiert als der mit Preisen bewertete Verzehr von Produktionsfaktoren, der durch die betriebliche Leistungserstellung und -verwertung in einer Periode verursacht wird (Wöhe et al. 2016, S. 290).

Die Beschreibung des Zusammenhangs zwischen den Faktorverbräuchen r_i und den Faktorpreisen q_i wird durch eine *Kostenfunktion* K in der folgenden Form dargestellt:

$$K = \sum_{i=1}^{n} r_i q_i \qquad (16)$$

Werden die Faktorpreise q_i als fest vorgegebene Größen vorausgesetzt (z. B. feste Marktpreise), so bildet die Funktion nach Gleichung 16 die Abhängigkeit der Gesamtkosten K von der Ausbringungsmenge $M = f(r_1, r_2, ..., r_n)$ ab (Wöhe et al. 2016, S. 290). Faktorpreise q_i unterscheiden sich nach der Art der Inputgüter (z. B. Materialpreise, Arbeitslöhne, Kreditzinsen), nach dem Bewertungszeitpunkt (z. B. Anschaffungspreise, Wiederbeschaffungspreise, Tagespreise) und nach ihrem Realisierungsgrad (z. B. Angebotspreise, Marktpreise).

Minimalkosten-kombination

Die *Kostentheorie* zielt darauf, zentrale *Kosteneinflussgrößen* sichtbar zu machen (vgl. Kap. 4.2.2) und solche Faktormengenkombinationen $(r_1, r_2, ..., r_n)$ bei substitutiven Produktionsfaktoren zu ermitteln, mit denen eine gegebene Produktionsmenge $\overline{M}$ eines Gutes zu minimalen Kosten $K_{min} = f(r_1, r_2, ..., r_n)_{opt.}$ hergestellt werden kann (sogenannte *Minimalkostenkombination*; vgl. Bloech/Lücke 2006, S. 219 f.).

Beispiel **Minimalkostenkombination bei zwei Produktionsfaktoren**

▸▸▸ Für das Beispiel fester Faktorpreise $\overline{q}_1$ und $\overline{q}_2$ und einer von der Faktormengenkombination (r_1, r_2) abhängigen Kostenfunktion $K = r_1 \overline{q}_1 + r_2 \overline{q}_2$ stellt Abb. 4-7 die Ermittlung der Minimalkostenkombination dar. Die Steigung der linearen Kostenfunktion ist vom Verhältnis der Faktorpreise $(\overline{q}_2/\overline{q}_1)$ abhängig. Für vier fest vorgegebene Kostenniveaus K_1 bis K_4 sind die sogenannten *Isokostengeraden* $\overline{K}_m = r_1 \overline{q}_1 + r_2 \overline{q}_2$ mit m = 1 ... 4 abgebildet. Das Faktormengeneinsatzverhältnis (r_1, r_2) ist dort kostenminimal, wo erstmals eine vom Nullpunkt des Koordinatensystems aus parallel verschobene *Isokostengerade* $\overline{K}$ die *Isoquante* $\overline{M} = \overline{M}(r_1, r_2)$ tangiert (K_3 in Abb. 4-7; Schierenbeck/Wöhle 2016, S. 282; Wöhe et al. 2016, S. 294 ff.). Liegen die Kostengeraden unterhalb der *Isoquante* $\overline{M}$, dann reichen die vorgegebenen Kosten nicht aus, die

Abb. 4-7

Minimalkostenkombination $A(r_{1\,opt.}, r_{2\,opt.})$ bei konstanter Ausbringungsmenge $\overline{M}$

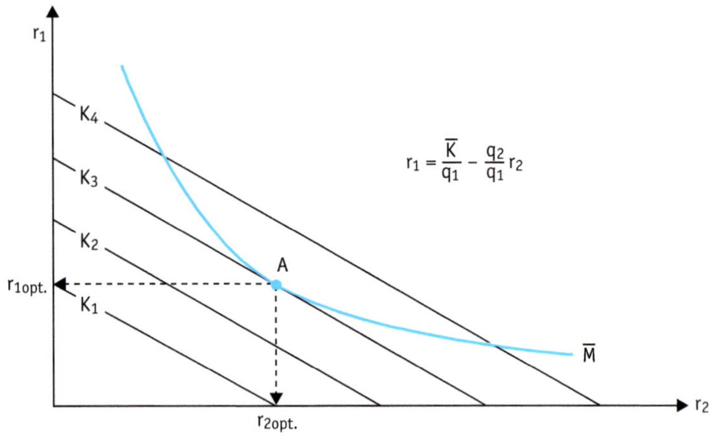

Quelle: In Anlehnung an Schierenbeck/Wöhle 2016, S. 282

Produktionsmenge $\overline{M}$ herzustellen (K_1 und K_2). Bei Kostengeraden oberhalb der kostenoptimalen Faktormengenkombination (K_4) wird die Produktionsmenge $\overline{M}$ mit zu hohen Kosten (ineffizient) produziert. ◂◂◂

Weiterhin stellt die Kostentheorie ein konzeptionelles Fundament des betrieblichen *Rechnungswesens* dar (vgl. Schmalen/Pechtl 2013, S. 581). So übernimmt die primäre Wertkategorie *Preis* sowohl im Rahmen der Ermittlung wesentlicher Größen des Rechnungswesens (sekundäre Wertkategorien wie Erfolg, Ertrag und Gewinn) als auch bei Beschaffungsentscheidungen (z. B. Bewertung der Preisgünstigkeit von Angeboten) eine zentrale Funktion.

4.2.2 Kosteneinflussgrößen

Wesentlich für eine wert- bzw. kostenmäßige Beurteilung von Produktionsprozessen ist die Kenntnis davon, welche Größen die Kosten beeinflussen. Mit diesem Wissen ist es möglich, Kosten im Sinne des ökonomischen Prinzips zu senken (*Kostensenkungsziel*). Folgende Größen wirken auf die Kosten (*Kosteneinflussgrößen*; vgl. Schmalen/Pechtl 2013, S. 581 ff.; Wöhe et al. 2016, S. 299 ff.):

- Die *Faktorpreise* beeinflussen die Kosten unmittelbar sowie mittelbar über die Faktoreinsatzmengen.
- Die *Faktorqualitäten* stellen geforderte Eigenschaften der Produktionsfaktoren für einen Fertigungsprozess dar. Mit zunehmenden Qualitätsanforderungen steigen die Kosten.

- Das *Produktionsprogramm* legt fest, welche Güter in welcher Reihenfolge innerhalb eines Zeitraumes (Periode), in welchen Mengen (z. B. *Losgröße*) und mit welcher Qualität hergestellt werden sollen. Es beeinflusst die Kosten zum einen durch die Art und Anzahl der herzustellenden Produkte und die dafür erforderlichen Produktionsfaktoren sowie durch die eingesetzte *Fertigungstechnologie* (Schmalen/Pechtl 2013, S. 584).
- Die *Produktionsbedingungen* beeinflussen die Produktionskosten sowohl hinsichtlich der Gestaltung des *Fertigungsablaufes* (Fertigungstypen und Fertigungsverfahren; vgl. Kap. 8.4.2) als auch hinsichtlich der *Fertigungskonzepte* (z. B. Modulstrategien der Fertigung).
- Die *Betriebsgröße* wird durch die gesamte Fertigungskapazität (Leistungsfähigkeit) definiert, die durch die Ausstattung des Betriebes mit Potenzialfaktoren (z. B. Produktionsanlagen) und menschlicher Arbeitskraft bestimmt ist. Die Bereitstellung dieser Kapazität verursacht Kosten.
- Der *Beschäftigungsgrad*

  $$\frac{M_{ist}}{M_{max}} \times 100\ [\%]$$

  gibt die prozentuale periodenbezogene Auslastung (*Beschäftigung*) der maximalen Produktionskapazität M_{max} (*Kapazitätsgrenze*) eines Betriebes in Prozent an. Als Beschäftigung wird die innerhalb einer Periode im Betrieb tatsächlich erzeugte Gütermenge M_{ist} bezeichnet. Veränderungen der Beschäftigung haben in der Regel durch Veränderungen des Verbrauchs an Produktionsfaktoren einen mittelbaren Einfluss auf die Kosten (beschäftigungsvariable Kosten; vgl. Kap. 4.2.3). Auch der Beschäftigungsgrad schlägt sich auf die Kosten nieder: Unter- bzw. Überschreitungen der Kapazitätsgrenze haben zusätzliche Kosten zur Folge (vgl. Domschke/Scholl 2008, S. 101). Hinsichtlich der Veränderung des Beschäftigungsgrades (Beschäftigungsabweichungen) sind die Begriffe Nutzkosten und Leerkosten wichtig (vgl. Schmalen/Pechtl 2013, S. 585). Die für die Bereitstellung der (maximalen) Produktionskapazität anfallenden Fixkosten K_f werden hinsichtlich des Beschäftigungsgrades in einen Nutzkosten- und einen Leerkostenanteil aufgeteilt. Der Fixkostenanteil für die genutzte Produktionskapazität wird als *Nutzkosten* K_N bezeichnet (vgl. Schierenbeck/Wöhle 2016, S. 874 f.). Er berechnet sich aus dem Produkt von Beschäftigungsgrad und Fixkosten (vgl. Abb. 4-8). Die Differenz aus Fixkosten und Nutzkosten ergibt die Leerkosten ($K_L = K_f - K_N$). Leerkosten entstehen bei Unterbeschäftigung, d. h. dann, wenn die mit Fixkosten bereitgestellte Produktionskapazität nicht ausgelastet ist ($M_{ist} < M_{max}$). Von den anfallenden Fixkosten wird nur ein Teil genutzt.

Abb. 4-8

Nutz- und Leerkostenverläufe

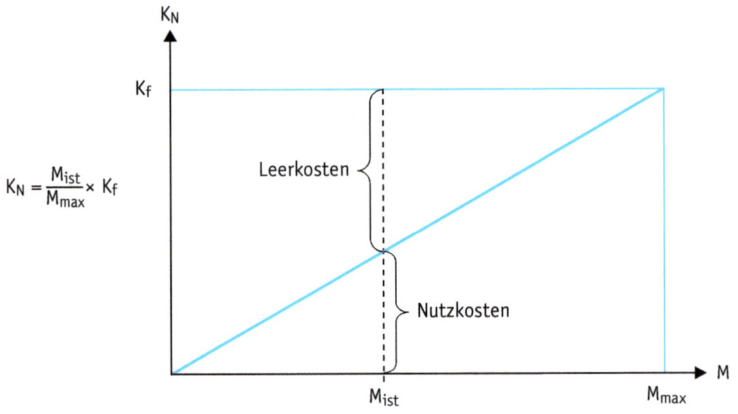

Quelle: In Anlehnung an Schmalen/Pechtl 2013, S. 585

4.2.3 Kostenverläufe

Die Kostenfunktion bildet die Abhängigkeit der Kosten der Produktion eines Gutes von der Ausbringungsmenge *M* (Beschäftigung) dieses Gutes ab. Aus Vereinfachungsgründen nehmen wir im Folgenden an, dass nur ein Produkt hergestellt wird. Da zur Produktion einer vorgegebenen Menge *M* eines Produkts die in der Produktionsfunktion festgelegten Mengen an Produktionsfaktoren r_i erforderlich sind, können die *Gesamtkosten K* auch in Abhängigkeit der Ausbringungsmenge des Produkts bzw. der Beschäftigung *M* dargestellt werden:

$$K = K[M(r_i)] \quad (17)$$

Diese von Änderungen der Beschäftigung *M* abhängigen Gesamtkosten *K(M)* ergeben sich aus der Summe der (beschäftigungs-)fixen Kosten K_f und der (beschäftigungs-) variablen Kosten K_v:

$$K = K_f + K_v(M) \quad (18)$$

Fixkostendegression

Während die *fixen Kosten* K_f durch einen von der Beschäftigung unabhängigen Faktorverbrauch entstehen und für unterschiedliche Mengen von *M* konstant bleiben (Kosten für die Aufrechterhaltung der Betriebsbereitschaft wie. z. B. Mietkosten für Lagerhallen), verändern sich die *variablen Kosten* K_v, wenn sich *M* verändert. Mit zunehmender Ausbringungsmenge *M* verteilen sich die (konstanten) Fixkosten auf eine größer werdende Stückzahl, so dass die Fixkostenbelastung je Stück bzw. Produkt ($k_f = K_f/M$) sinkt (sogenannte *Fixkostendegression*). Bei der *Einproduktfertigung* lassen sich die variablen Kosten K_v als Funktion der Beschäftigung *M* beschreiben (vgl. Gleichung 18; Bloech/Lücke 2006, S. 221). Zudem können Kosten auch dahingehend unterschieden werden, ob sie durch eine zu treffende Entscheidung beeinflusst werden können (dispositionsabhängige Kosten) oder nicht (dispositionsunabhängige Kosten; Schierenbeck/Wöhle 2016, S. 267). Zur optimalen Lösung eines Entscheidungsproblems werden nur die beeinflussbaren Kosten herangezogen. Variable Kosten K_v können in Abhängigkeit der Beschäftigung *M* proportional (linear), progressiv (konvex), degressiv (konkav) und regressiv (konvex) verlaufen (vgl. Abb. 4-9; Schierenbeck/Wöhle 2016, S. 270).

Kostengrößen

Es können weitere *Kostengrößen* definiert werden:

- Stück- oder Selbstkosten: $k(M) = \frac{K(M)}{M}$
- Variable Stückkosten: $k_v(M) = \frac{K_v(M)}{M}$
- Grenzkosten: $K'(M) = \frac{dK(M)}{dM}$

Die mit einer marginalen Steigerung *dM* der Produktionsmenge *M* zusätzlich verursachten Kosten *dK* werden als *Grenzkosten* bezeichnet. Die Grenzkosten entsprechen der ersten Ableitung *K'(M)* der Gesamtkostenfunktion *K(M)* an der Stelle *M* (vgl. Domschke/Scholl 2008, S. 103). Eine Gesamtkostenfunktion lässt sich bei einem variablen Produktionsfaktor r_i aus der Umkehrfunktion $r_i = f^{-1}(M)$ der Produktionsfunktion $M = f(r_i)$ herleiten (Spiegelung an der 45°-Linie). Die Kostenfunktion entsteht dann durch die Bewertung der Faktoreinsatzmenge r_i mit dem Preis q_i, d.h.

Abb. 4-9

Arten von Kostenverläufen

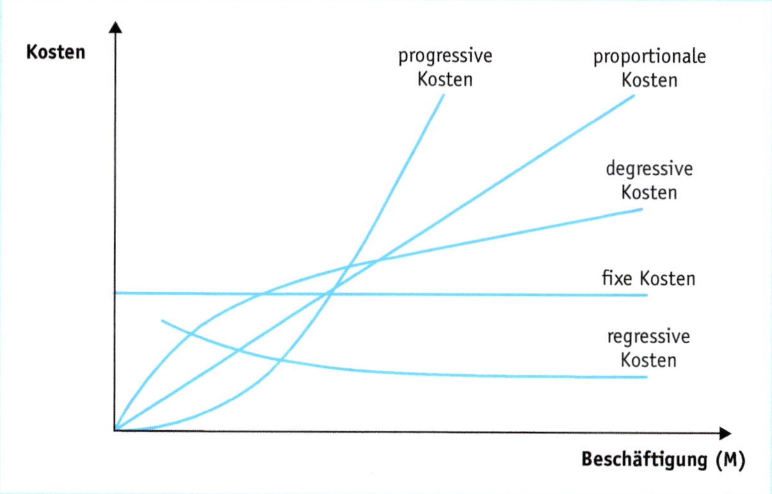

Abb. 4-10

Kostenverläufe bei ertragsgesetzlicher Anpassung

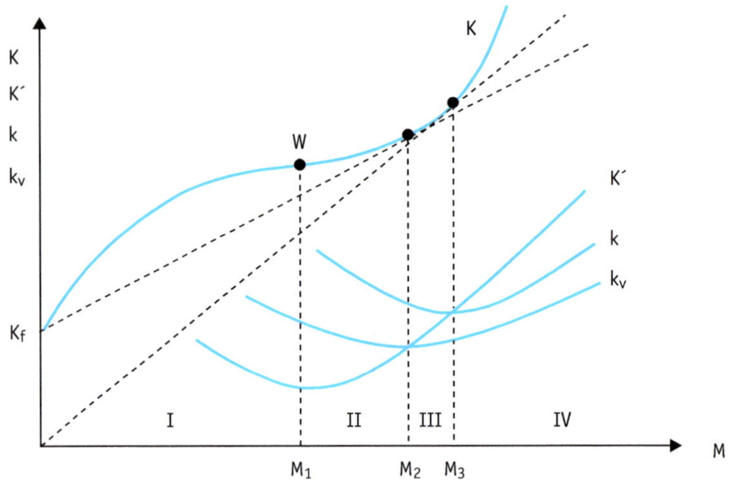

Quelle: Bloech/Lücke 2006, S. 224

($r_i \times q_i$). Für einen *ertragsgesetzlichen Kostenverlauf* sind die Kostengrößen in Abb. 4-10 dargestellt.

Ertragsgesetzlicher Kostenverlauf

Die ertragsgesetzliche Kostenfunktion wird oft in vier Phasen unterteilt (Abb. 4-10; Wöhe et al. 2016, S. 303 ff.). Die Gesamtkosten *K* beginnen für M = 0 bei den Fixkosten K_f und steigen dann bis zum Wendepunkt *W* degressiv (Phase I) und im weiteren Verlauf progressiv an. Bei M_1 (Wendepunkt) sind die Grenzkosten *K′* minimal und im Minimum der variablen Stückkosten k_v bei M_2 (Ende Phase II) gilt K′= k_v. Dieses Minimum wird auch als *kurzfristige Preisuntergrenze* bezeichnet (vgl. Bloech/Lücke 2006, S. 224). Im Minimum der Stückkosten *k* bei M_3 (Ende Phase III) gilt K′= k. Dieses Minimum wird auch als *langfristige Preisuntergrenze* bzw. *Betriebsoptimum* bezeichnet (vgl. Schierenbeck/Wöhle 2016, S. 283 f.; Wöhe et al. 2016, S 304 f.).

Kostenverläufe bei Gutenberg-Produktionsfunktionen

Die *Gutenberg-Produktionsfunktion* leitet sich auf der Basis von *Verbrauchsfunktionen* $\alpha_i(d)$ ab (vgl. Kap. 4.1). Verbrauchsfunktionen stellen den Zusammenhang zwischen der Leistungsintensität *d* eines Aggregats (M/t) und dem Verbrauch $\alpha_i(d)$ eines Produktionsfaktors r_i je Outputeinheit dar. Durch Bewertung des *spezifischen Verbrauchs* $\alpha_i(d)$ von Faktor *i* mit dem Preis q_i je ME von *i* können die *spezifischen Faktorkosten* [Kosten/M] $k_{vi} = \alpha_i \times q_i$ je Outputeinheit ermittelt werden (vgl. Kap. 4.1; Bloech/Lücke 2006, S. 225 ff.). Für eine Aggregatlaufzeit *t* (Produktionslaufzeit) ergibt sich die Ausbringungsmenge *M* aus dem Produkt (d × t) und somit berechnen sich die variablen Kosten K_{vi} für Verbrauchsstoff r_i aus Gleichung 19:

$$K_{vi} = k_{vi} \times M = \alpha_i(d) \times q_i \times d \times t \qquad (19)$$

Fixe Kosten werden nicht über Verbrauchsfunktionen ermittelt. Aus der Summe aller variablen Kosten K_{vi} (i = 1... n) zuzüglich der fixen Kosten ergeben sich dann die Gesamtkosten.

Anpassungsmaßnahmen sind erforderlich, wenn sich die Produktionsmengen in den Planungsperioden ändern sollen. Kostenfunktionen für eine *Gutenberg-Produktionsfunktion* sind in Abhängigkeit von Anpassungsmaßnahmen bei Veränderung des Beschäftigungsgrades sehr unterschiedlich. Es werden folgende Anpassungsarten unterschieden (Wöhe et al. 2016, S. 308 f.):

- Bei der *zeitlichen Anpassung* wird die Laufzeit t der Aggregate bei konstanter Leistung d verändert (z. B. Erhöhung der Bandgeschwindigkeiten, Mehrschichtbetrieb). Bleiben die Faktorkosten q_i über die Ausbringungsmengen M konstant, so ist der Kostenverlauf linear. Verändern sich die Faktorpreise bei bestimmten Ausbringungsmengen sprunghaft, so liegt eine stückweise lineare Kostenfunktion vor.
- Bei der *intensitätsmäßigen Anpassung* wird die Ausbringungsmenge M durch Veränderung der Intensität d (Leistungsabgabe je Zeiteinheit) variiert. Hieraus ergibt sich ein nicht-linearer, konvexer Verlauf der Kostenfunktion (vgl. Bloech/Lücke 2006, S. 231 f.).
- Bei der *quantitativen Anpassung* wird die Anzahl der beanspruchten Aggregate verändert (z. B. Stilllegung oder Zuschaltung von Maschinen). Dadurch verändern sich in der Regel die Fixkosten sprunghaft (Sprungkosten).

4.3 Der Betrieb als soziales System

4.3.1 Gruppen und Gruppeninteraktionen

> Die *soziale Dimension* des Betriebes erfasst die Menschen, die in einem Betrieb arbeiten, und die zwischen ihnen bestehenden Beziehungen.

Diese sozialen Aspekte betrieblichen Geschehens lassen sich am besten an Gruppen, die Subsysteme der Unternehmung darstellen, beschreiben. In Unternehmen bilden sich zahlreiche kleine Gruppen, sogenannte *Primärgruppen*, die sich durch länger anhaltende, regelmäßig wiederkehrende, intensive Interaktion, insbesondere Kommunikation, zwischen den Gruppenmitgliedern auszeichnen. Es kann zwischen formellen und informellen Gruppen unterschieden werden. *Formelle Gruppen* sind in der Organisationsstruktur des Unternehmens vorgesehen. Dagegen bilden sich *informelle Gruppen* innerhalb einer Organisation spontan und ungeplant aufgrund persönlicher Werte und Sympathiegefühle der Mitglieder (vgl. Staehle 1999, S. 269; Steinmann et al. 2013, S. 596 f.). Das Modell von Steinmann et al. (2013, S. 545) liefert einen geeigneten schematischen Rahmen zur Darstellung verschiedener Gruppenprozesse und deren Konsequenzen auf die Leistungsabgabe der Gruppen (vgl. Abb. 4-11). Es unterteilt die Bereiche Gruppeninput (Gruppenmitglieder), Gruppenprozesse (Interaktionen Gruppe/System) und Gruppenoutput (Gruppenleistung; vgl. auch Berthel/Becker 2013, S. 129). Der *Gruppeninput* wird bestimmt durch die Gruppenmitglieder

Abb. 4-11

Die Gruppe als Subsystem der Unternehmung

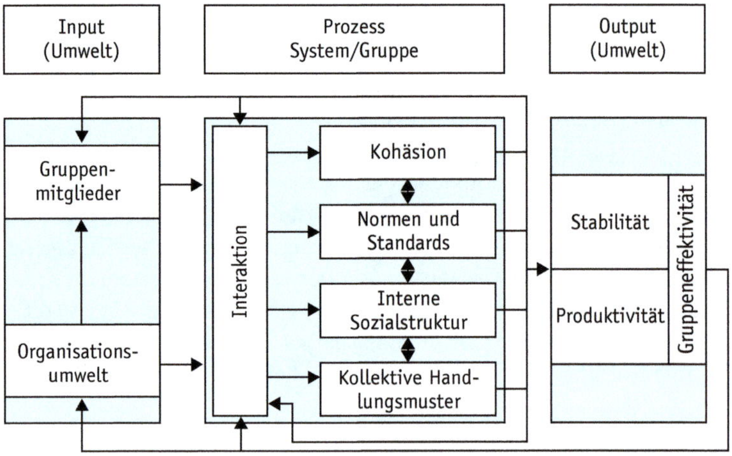

Quelle: In Anlehnung an Steinmann et al. 2013, S. 545

und durch auf sie einwirkende Einflüsse der gruppenexternen Organisationsumwelt (z. B. Aufgabenstellung, Anreizsystem; vgl. Abb. 4-11).

Die Gruppenmitglieder selbst verfolgen oft die gleichen Ziele (z. B. Entgelt) und sind sich hinsichtlich ihrer persönlichen Werte, Normen, Bedürfnisse und Präferenzen oft ähnlich (homogene Gruppenzusammensetzung). Gruppen

- werden von Außenstehenden als Einheit wahrgenommen,
- haben eine eigene Identität (»Wir-Gefühl«),
- verfügen über eine innere soziale Ordnung bzw. Struktur (z. B. Hierarchie, Rollen),
- teilen spezifische Ziele, Normen und Werte und
- vermitteln ein Gefühl der Zusammengehörigkeit (Sympathie)

(vgl. Balderjahn/Scholderer 2007, S. 94 f.; Kroeber-Riel/Gröppel-Klein 2013, S. 524). Als Beispiele können kleine Abteilungen, Projektgruppen, Teams, Freundeskreise und Cliquen im Betrieb genannt werden.

Kommunikationsprozesse

Gruppenbildung und Gruppenhandeln werden durch Interaktionsprozesse gesteuert. Unter *Interaktion* versteht man Formen wechselseitiger Einwirkung und Bezugnahme von an der Interaktion beteiligten Personen durch Kommunikation und Handeln.

Kommunikation dient allgemein der Übermittlung von Informationen, Bedeutungsinhalten und Bewertungen zum Zwecke der zielorientierten Einflussnahme auf Überzeugungen, Erwartungen, Einstellungen und Verhaltensweisen (vgl. Balderjahn/Scholderer 2007, S. 187).

Kommunikationsinhalte sind u. a. Anweisungen, Befehle, Erläuterungen, Hinweise und Beschwerden. Abb. 4-12 skizziert ein *Grundmodell der technischen Kommunikation*. Dieses Modell beschreibt den Prozess der Übermittlung einer Nachricht bzw. Information von einem Sender zu einem Empfänger und die damit verbundenen Funktionen kodieren (Botschaft in Sprache übertragen), senden, empfangen und dekodieren (Sprache entschlüsseln und Botschaft verstehen; vgl. Staehle 1999, S. 300).

Kommunikationsprozesse – Störungen

Kommunikationsprozesse unterliegen verschiedenen *Störungen*, die bewirken können, dass nicht immer das, was ein Sender (z. B. eine Vorgesetzte) beabsichtigt zu kommunizieren, auch so vom Empfänger (z. B. ein Mitarbeiter) verstanden wird. Kommunikationsstörungen können verschiedene Ursachen haben:

- *technische Störungen* im Übertragungskanal (z. B. Rauschen im Telefon),
- *semantische Störungen*, die durch Verwendung von mehrdeutigen Zeichen bzw. Wörtern hervorgerufen werden und Interpretation und Verständnis erschweren (z. B. Verwenden von Fremdwörtern),
- *prädispositionsbedingte Störungen* führen zur selektiven Wahrnehmung von Informationen beim Empfänger (z. B. Verdrängung unerwünschter Nachrichten).

In Betrieben findet Kommunikation innerhalb der Personalführung (vgl. Kap. 6) zur zielgerichteten Beeinflussung von Einstellungen und Verhaltensweisen von Mitarbeitern und Gruppen sowie ungeplant aufgrund persönlicher, informeller Kontakte (*soziale Kommunikation*) statt. Das Verhältnis der Kommunikationspartner zueinander und der Informationsfluss werden durch die Kommunikationsstruktur bestimmt (vgl. Staehle 1999, S. 304 ff.).

Abb. 4-12

Grundmodell eines Kommunikationsprozesses

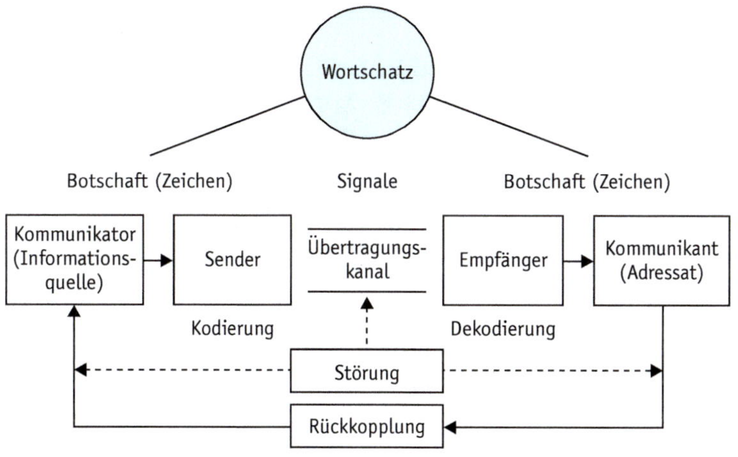

Quelle: In Anlehnung an Staehle 1999, S. 300

4.3.2 Gruppenprozesse

Nach dem Modell von Steinmann et al. (2013, S. 549 ff.; Abb. 4-11) unterscheiden wir die vier interaktiven Gruppenprozesse Gruppenkohäsion, Gruppennormen und -standards, interne Sozialstruktur der Gruppe sowie kollektive Handlungsmuster, die einen Einfluss auf die Gruppenleistung ausüben. Berthel/Becker (2013, S. 129) weisen darüber hinaus auf die Bedeutung und Wirkung von Konflikten innerhalb der Gruppe hin.

Gruppenkohäsion

Die Gruppenkohäsion, der innere Zusammenhalt einer Gruppe, wird durch die Attraktivität einer Gruppe für den Einzelnen, das erlebte Gemeinschaftsgefühl und durch persönliche Bindungen zu Gruppenmitgliedern bestimmt. Sie wird auch als »psychologische Kraft« beschrieben, die die Gruppenmitglieder in einer Gruppe zusammenhält (vgl. Berthel/Becker 2013, S. 133; Steinmann et al. 2013, S. 549 ff.). Die Wirkungen der Gruppenkohäsion auf die Gruppenleistung sind noch nicht genügend geklärt worden (Berthel/Becker 2013, S. 134). *Absentismus* (Abwesenheit von der Gruppe) und *Fluktuation* (Wechsel zwischen Gruppen) sind Indikatoren für eine nachlassende Gruppenkohäsion (vgl. Berthel/Becker 2013, S. 133 ff.; Staehle 1999, S. 280 ff.).

Normen und Standards

> *(Gruppen-)Normen* sind Erwartungen der Gruppe an einzelne Gruppenmitglieder hinsichtlich spezifischer Verhaltensweisen, deren Einhaltung kontrolliert und sanktioniert wird. Sie regeln das Verhalten innerhalb der Gruppen.

Innerhalb von betrieblichen Gruppen bilden sich spezifische Normen heraus, die der Gruppe eine eigene Identität verschaffen und das Verhalten der Gruppenmitglieder beeinflussen (z. B. pünktlicher Arbeitsbeginn). Hoch *kohäsive Gruppen* zeichnen sich durch einen starken *Konformitätsdruck* aus, d. h., Normen abweichendes Verhalten wird scharf sanktioniert (z. B. Beschimpfungen, Gruppenausschluss; vgl. Staehle 1999, S. 278 ff.; Steinmann et al. 2013, S. 551 ff.). *Standards* sind überprüfbare, operationalisierte Verhaltenserwartungen in Form von informellen Richtlinien und Richtwerten. Sie sind den Gruppenmitgliedern stärker bewusst als Normen und beziehen sich meistens auf das Leistungsniveau (z. B. Tagesleistung einer Akkordgruppe; vgl. Berthel/Becker 2013, S. 135; Steinmann et al. 2013, S. 553).

Interne Sozialstruktur

Sozialstruktur und Rolle

Die interne Sozialstruktur einer Gruppe beschreibt Differenzierungen hinsichtlich des Status, der Rolle und der Macht von Gruppenmitgliedern (vgl. Steinmann et al. 2013, S. 554 ff.). Der *Status* setzt eine hierarchische Ordnung innerhalb einer Gruppe voraus. Jedes Mitglied hat in dieser Rangordnung (Statusstruktur) eine relative Position, die als Status bezeichnet wird. Ein hoher Status ist oft mit Privilegien und Entscheidungsvollmachten verbunden. Gruppeninterne Statusstrukturen weichen oft von Verantwortlichkeiten in formellen Organisationsstrukturen ab und beeinflussen sowohl die Kommunikation zwischen den Gruppenmitgliedern als auch das Verhalten der Gruppe.

Unter einer *Rolle* versteht man gebündelte Verhaltenserwartungen der Mitglieder einer Organisation bzw. einer Gruppe an den Inhaber einer bestimmten Position in einem sozialen System (z. B. Rolle des Vorgesetzten, die Expertenrolle).

Macht

In jedem Betrieb spielt Macht eine wichtige Rolle. Es wird z. B. von der Macht der Manager, der Eigentümer, der Gewerkschaften und der Macht der Konsumenten gesprochen. *Macht* liegt vor, wenn eine Institution (z. B. ein Individuum, eine Organisation, der Staat) die Möglichkeit hat, eine andere Institution auch gegen den Willen zu einem bestimmten Verhalten zu bewegen, das im Interesse der machtausübenden Institution liegt (vgl. Balderjahn/Scholderer 2007, S. 98; Specht 1971, S. 71 ff.). Macht ist insofern eine Form des sozialen Einflusses bzw. der sozialen Kontrolle (vgl. Staehle 1999, S. 398) und spielt in der Mitarbeiterführung eine zentrale Rolle. Unter Zugriff auf die jeweiligen Machtquellen und -mittel dient die *Führung* dazu, Einstellungen und Verhaltensweisen von Individuen und Interaktionen in Gruppen zielorientiert zu beeinflussen (vgl. Staehle 1999, S. 328; Kap. 6). Es ist zwischen formellen und informellen Führungspersonen zu unterscheiden. Während sich die Machtgrundlagen *formeller Führungspersonen* auf die jeweilige Position bzw. Stelle in der Unternehmenshierarchie begründen, wird *informelle Macht* bestimmten Personen von Gruppenmitgliedern zuerkannt (vgl. Steinmann et al. 2013, S. 555). *Machtquellen* sind (vgl. Staehle 1999, S. 406):

- Verfügung über *Ressourcen* (Informationen, Sachen, Geld, Zeit und Personen),
- Verfügung über *Wissen, Fertigkeiten und Fähigkeiten*,
- Verfügung über *Rechte und Privilegien*,
- *Zugang zu Personen*, die über Machtquellen verfügen.

Aspekte der Machtausübung spielen bei der Durchsetzung von neuen Produkten innerhalb von *Innovationsprozessen* (vgl. Kap. 8.3.8.2) eine große Rolle. Die am Innovationsmanagement beteiligten Personen verfügen nach dem sogenannten *Promotorenmodell* über unterschiedliche Machtquellen und üben verschiedene Rollen aus. Die Fachpromotoren verfügen über ein objektspezifisches Fachwissen und die Machtpromotoren können ihren Einfluss aufgrund ihrer hierarchischen Position im Unternehmen und den mit dieser Position verbundenen Ressourcen ausüben (vgl. Hauschildt/Salmo 2007, S. 216 ff.; Specht et al. 2002, S. 378). Die Anwendung von Macht in Organisationen wird auch als *Politik* bezeichnet (vgl. Staehle 1999, S. 406). Den Machtausübenden steht eine Reihe von *Machtmitteln* bzw. Instrumenten zur Verfügung (vgl. Staehle 1999, S. 407):

Politik in Organisationen

- physischer Zwang,
- Überzeugung (Absichten des Einflussnehmenden sind bekannt),
- Manipulation (Absichten des Einflussnehmenden bleiben verborgen),
- selektive Weitergabe von Informationen,
- Kontrolle über Ressourcen (Gratifikationen).

Kollektive Handlungsmuster

Gruppendenken

Kollektive Handlungsmuster treten in Form von Entscheidungsprozessen und konzertierten Gruppenaktionen auf (vgl. Steinmann et al. 2013, S. 566 ff.). Bei Konflikten einer Gruppe mit anderen Gruppen bzw. Organisationen oder Führungspersönlichkeiten können sogenannte *konzertierte Gruppenaktionen* auftreten, die sich darauf richten, Zielen der Gruppe Geltung zu verschaffen (z. B. Dienst nach Vorschrift, Streiks; vgl. Steinmann et al. 2013, S. 571). Kollektive Handlungsmuster sind stark vom Gruppendenken gesteuert. Neben den Vorzügen der Gruppenarbeit in Betrieben können auch negative Wirkungen festgestellt werden (Berthel/Becker 2013, S. 146). Insbesondere wird das sogenannte Gruppendenken (*Groupthink-Phänomen*) als Ursache für Entscheidungsfehler in Gruppen verantwortlich gemacht. Gruppendenken ist geprägt durch das Streben nach schnellen einvernehmlichen Lösungen in der Gruppe (Korps- und Teamgeist). Das kann eine vorschnelle Einigung ohne ausreichende Prüfung von Handlungsalternativen zur Folge haben. Meinungen verfestigen sich und abweichende Meinungen, Widerspruch und Kritik werden abgewehrt. Die Folge sind Fehlentscheidungen, unflexibles Verhalten und Konflikte (vgl. Berthel/Becker 2013, S. 146 ff.; Staehle 1999, S. 291; Steinmann et al. 2013, S. 568 ff.). In Gruppen wird oft eine erhöhte Risikobereitschaft (*Risky Shift*) infolge von Möglichkeiten der Verantwortungsübertragung auf die Gruppe und die damit verbundene Entlastung des Einzelnen sowie eines höheren Informationsniveaus innerhalb der Gruppe empirisch beobachtet (vgl. Steinmann et al. 2013, S. 566 f.). Zentraler Grund für diesen Risikoschub sind *Polarisierungsprozesse* (Herausbildung extremer Gruppenmeinungen) innerhalb der Gruppe (Berthel/Becker 2013, S. 153 f.).

4.3.3 Gruppenleistungen

In Gruppen stellen sich in Abhängigkeit von der Gruppengröße, der Gruppenhomogenität, der Persönlichkeitsmerkmale der Gruppenmitglieder, der Statushierarchie sowie der Kommunikationsbeziehungen typische gruppendynamische Effekte ein, die sich direkt auf die Arbeitsleistung auswirken und deren Kenntnis für die Führung bzw. das Management eines Unternehmens von großer Bedeutung ist. Die Leistung von Gruppen wird in der Regel durch die *Gruppeneffektivität* beurteilt (vgl. Steinmann et al. 2013, S. 571). Dahinter verbergen sich sowohl direkte Leistungskriterien wie die Produktivität (z. B. Schnelligkeit, geringe Fehlerquote) und die Stabilität der Gruppe (z. B. Leistungskontinuität) als auch indirekte Leistungsaspekte wie die Zufriedenheit der Gruppenmitglieder sowie Kreativität und Flexibilität bei der Behandlung neuer Probleme (vgl. Staehle 1999, S. 304).

Arbeitsmotivation

Die Arbeit in Gruppen kann die *Arbeitsmotivation* einzelner Gruppenmitglieder sowohl fördern als auch verringern (Berthel/Becker 2013, S. 157 ff.). Bestimmte Formen der *Arbeitsorganisation* und Arbeitsgestaltung wie flexible Fertigungsinseln, Qualitätszirkel, *Job-Rotation*, *Job-Enlargement*, *Job-Enrichment* oder teilautonome Arbeitsgruppen können Gruppenmitglieder zur Leistungsabgabe motivieren (vgl. Steinmann et al. 2013, S. 522 ff.). Der Freiraum zur Selbstorganisation von Arbeitsgruppen und die damit verbundenen Möglichkeiten zum »Selbstlernen« werden durch solche motivierenden Arbeitsplatzgestaltungen ebenso erhöht wie die Aufgabenvielfalt und die Wichtigkeit der zu erledigenden Aufgaben. Verhaltensqualifikationen wie Selbstständigkeit, Kooperationsbereitschaft, Fairness, Verbindlichkeit, Gerechtigkeit, Teamgeist und Solidarität gewinnen deshalb an Bedeutung. Andererseits kann es durch Phänomene wie

»*Social Loafing*« (Motivationsabnahme durch mangelnde Gruppenidentifikation), »*Free Rider*« (andere Gruppenmitglieder für sich mitarbeiten lassen) und »*Sucker-Effekt*« (Misstrauen hinsichtlich der Leistungsbereitschaft anderer) zu Motivationsverlusten bei einzelnen Gruppenmitgliedern kommen (Berthel/Becker 2013, S. 157 f.).

4.4 Der Betrieb als vernetztes System

4.4.1 Anspruchsgruppen

Ein Betrieb kann nicht losgelöst von seinen Umfeldern betrachtet werden, da Erfolg und Misserfolg eines Betriebes von diesen Umfeldern mit beeinflusst werden. Grundsätzlich haben wir zwischen dem In-System und dem Um-System eines Unternehmens zu unterscheiden (vgl. Abb. 3-15). Neben den einzelnen internen (z. B. Abteilungen) und externen Teilsystemen (z. B. Wirtschaft) sind es insbesondere die Anspruchsgruppen eines Unternehmens, die für das Betriebsgeschehen und die Existenz eines Betriebes von Bedeutung sind.

> *Anspruchsgruppen* (*Stakeholder*) eines Unternehmens sind Personen, Gruppen, Institutionen oder Organisationen, die Interesse an dem Unternehmen haben, direkt oder indirekt von den Entscheidungen bzw. Aktivitäten des Unternehmens betroffen sind und von deren Unterstützung der Geschäftserfolg des Unternehmens abhängig sein kann.

Es wird zwischen internen und externen Anspruchsgruppen unterschieden (vgl. Abb. 3-15). Zu den *unternehmensinternen Anspruchsgruppen* gehören z. B. die Eigentümer (z. B. Aktionäre, Gesellschafter) und die Mitarbeiter (z. B. Betriebsrat) der Unternehmung. *Unternehmensexterne Anspruchsgruppen* können in marktbezogene (z. B. Nachfrager, Lieferanten) und gesellschaftspolitische Anspruchsgruppen (z. B. Staat, Medien, Banken, Umweltorganisationen) unterschieden werden. Tiefgreifende Veränderungen im sozialen und politischen Bereich haben in den vergangenen Jahren teilweise zu einer Legitimations- und Vertrauenskrise der Wirtschaft geführt. Das Interesse der breiten Öffentlichkeit und der Medien am Verhalten von Unternehmen haben sich zunehmend verstärkt. Insbesondere (Fehl-)Entwicklungen im Umwelt- und Klimaschutz, in den Arbeitsbedingungen und der Globalisierung werden von der Öffentlichkeit kritisch beobachtet. Die Schaffung einer gesellschaftlichen Akzeptanz des Unternehmensverhaltens durch eine bewusste Übernahme von Verantwortung durch die Unternehmen (*Corporate Social Responsibility*) gewinnt deshalb zunehmend auch als Wettbewerbsfaktor an Bedeutung (vgl. Kap. 2.4).

Mitarbeiter als Anspruchsgruppe

Eine sehr wichtige interne Anspruchsgruppe sind die *Arbeitnehmer*. Sie haben insbesondere Interesse an einer angemessenen Bezahlung und an einem sicheren Arbeitsplatz (*Stakeholder-Ansatz*). Arbeitnehmer stellen die zentrale Ressource, das *Human*

Capital, für die Erstellung von Betriebsleistungen dar. Das Know-how der Arbeitnehmer, deren Wissen, Fertigkeiten und Fähigkeiten sowie deren Arbeitsmotivation beeinflussen die Effizienz des Betriebes in hohem Maße. *Personalauswahl* und *Personalentwicklung* sind infolgedessen zentrale Aufgaben der Unternehmensführung (vgl. Kap. 8.7). Allgemeine Rechte und Pflichten der Arbeitnehmer sind heute weitgehend vom Gesetzgeber und tarifvertraglich geregelt (z. B. Kündigungsschutzgesetz, Arbeitszeitverordnung, Tarifvertrags- und Arbeitskampfrecht; vgl. Gerum/Mölls 2009, S. 253 ff.).

Mitbestimmung

Von besonderer Bedeutung sind die *Mitbestimmungsgesetze*, die eine institutionalisierte, juristisch abgesicherte Mitwirkung von Arbeitnehmern am Willensbildungs- und Entscheidungsprozess im Unternehmen gewährleisten sollen. Zur Mitbestimmung gibt es folgende Gesetze (vgl. Gerum/Mölls 2009, S. 262; vgl. auch Abb. 4-13):

- das *Montan-Mitbestimmungsgesetz* von 1951 (Montan-MitbestG; zuletzt geändert am 24. April 2015) betrifft Kapitalgesellschaften (vgl. Kap. 7.3.2) der Montanindustrie (Unternehmen des Bergbaus und der Eisen und Stahl erzeugenden Industrie) mit mehr als 1.000 Beschäftigten.
- das *Mitbestimmungsgesetz* von 1976 (MitbestG; zuletzt geändert am 24. April 2015) betrifft große Kapitalgesellschaften mit mehr als 2.000 Beschäftigten.
- das *Drittelbeteiligungsgesetz* von 2004 (DrittelbG, entspricht dem *Betriebsverfassungsgesetz* von 1952; zuletzt geändert am 24. April 2015) betrifft »kleine« Kapitalgesellschaften mit mehr als 500 Beschäftigten.
- das *Betriebsverfassungsgesetz* von 1972 (BetrVG; zuletzt geändert am 18. Dezember 2018), gilt für alle Betriebe mit mindestens fünf ständig beschäftigten Arbeitnehmern.
- das *Sprecherausschussgesetz* von 1989 (SprAuG; zuletzt geändert am 31.10.2006) gilt für alle Betriebe mit mindestens zehn leitenden Angestellten.

Grundsätzlich wird zwischen der Mitbestimmung auf Unternehmensebene (Aufsichtsratsmitbestimmung) und der Mitbestimmung auf betrieblicher Ebene (Betriebsrat) unterschieden (vgl. Gerum/Mölls 2009, S. 264). Die *Aufsichtsratsmitbestimmung* bezieht sich auf das »politische System« (Führungsentscheidungen) der Unternehmung und ist im *Aufsichtsrat* von Kapitalgesellschaften verankert (vgl. Abb. 4-13). Die Mitbestimmung vollzieht sich hier innerhalb unternehmerischer Entscheidungsprozesse. Diese »Unternehmensmitbestimmung« schränkt somit die Entscheidungsautonomie der Eigentümer einer Kapitalgesellschaft (*Kapitaleigner*) ein. Hinsichtlich der Verteilung des Kräfteverhältnisses zwischen den Kapitalvertretern einerseits und den Arbeitnehmervertretern andererseits liegt nur im Montan-Mitbestimmungsgesetz eine *Parität* (Gleichgewichtung der Interessen) vor. Im Mitbestimmungsgesetz ist der Arbeitnehmereinfluss unterparitätisch und im Drittelbeteiligungsgesetz deutlich unterparitätisch geregelt (vgl. Gerum/Mölls 2009, S. 264).

Der Betriebsrat

Die betriebliche Mitbestimmung zielt auf das »administrative und operative System« einer Unternehmung (vgl. Abb. 4-13). Der *Betriebsrat*, das Vertretungsorgan der Arbeitnehmer, ist nicht Bestandteil des Führungssystems einer Unternehmung. Seine Position ist durch Vertrag geregelt. Im Wesentlichen stehen dem Betriebsrat *Mitwirkungsrechte* (z. B. Recht auf Information und Anhörung), kaum dagegen wirkliche

Abb. 4-13

Organisatorische Ansatzpunkte der Mitbestimmungsregeln

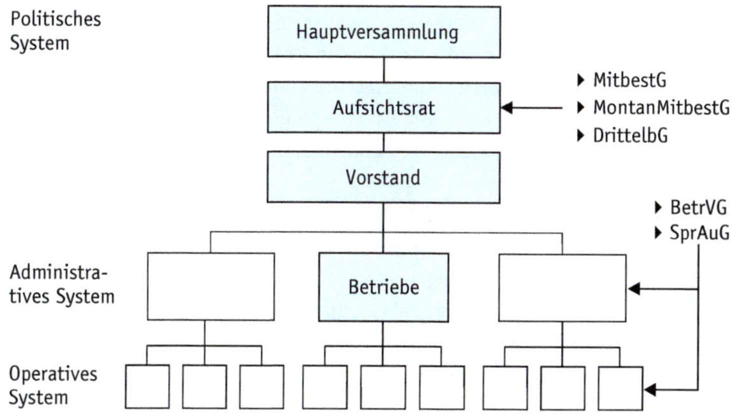

Quelle: Gerum/Mölls 2009, S. 264

Mitbestimmungsrechte (Arbeitnehmer müssen Beschlüssen der Unternehmensleitung zustimmen, damit sie wirksam werden) zu (vgl. Gerum/Mölls 2009, S. 282). Unternehmensmitbestimmung ist (primär) *rechtsformabhängig*. In Personengesellschaften und Einzelunternehmen haben die Arbeitnehmer keine Möglichkeit, auf unternehmenspolitische Entscheidungen Einfluss auszuüben. Die betriebliche Mitbestimmung ist dagegen nicht auf eine bestimmte Rechtsform beschränkt. Sie tritt dann in Kraft, wenn im Betrieb mindestens fünf Arbeitnehmer ständig beschäftigt sind (*beschäftigtenabhängig*). Die Gesamtheit der Mitbestimmungsrechte und -regeln sind in der Unternehmensverfassung verankert (vgl. Kap. 7.3.1). Die Mitbestimmung auf Betriebsebene in gemeinschaftsweit tätigen Unternehmen regelt das *Gesetz über Europäische Betriebsräte* (EBRG) vom 28. Oktober 1996.

Kapitalgeber als Anspruchsgruppe

Eine weitere sehr wichtige Anspruchsgruppe für ein Unternehmen sind deren *Kapitalgeber*, die sowohl als interne (z. B. Gesellschafter, Aktionäre) als auch als externe Anspruchsgruppe (z. B. Kreditinstitute) auftreten können. Sie stellen der Unternehmung Eigenkapital (*Eigentümer*) oder Fremdkapital (*Gläubiger*) zur Verfügung (vgl. Kap. 8.8). Die Eigentümer erhalten dafür *Gewinnanteile* (z. B. Dividende) und die Gläubiger *Fremdkapitalzinsen* oder sonstige *geldwerte Rechte* (z. B. Bezugsrechte zum Erwerb junger Aktien). Kapital suchende Unternehmen müssen möglichst positive Gewinnerwartungen vorweisen können, damit für die Kapitalgeber ein Anreiz besteht, ihr Kapital dort anzulegen. Die Unternehmenseigentümer sind in der Regel an einer Maximierung des Wertes ihres Eigenkapitals interessiert (*Shareholder Value*).

Marktbezogene Anspruchsgruppen

Zu den Anspruchsgruppen des Marktes zählen die Lieferanten, Nachfrager, der Handel, Konkurrenten und Partnerunternehmen.

Lieferanten

Der Erfolg eines Unternehmens ist in hohem Maße von den (Vor-)Leistungen seiner Lieferanten abhängig. Ein Unternehmen muss eine lieferanten- bzw. beschaffungsbezogene Politik betreiben, denn Lieferanten sind

- Anbieter wichtiger Werkstoffe, Komponenten, Betriebsmittel und produkt- oder produktionsprozessrelevanter Dienstleistungen,
- eine Quelle von Ideen für neue Produkte und Produktionsverfahren (z. B. F&E-Kooperationen),
- Träger der Wertschöpfung (z. B. *Outsourcing*) und
- eine wichtige strategische Ressource (z. B. *Supply Chain Management*).

Nachfrager

Das Interesse der Nachfrager richtet sich hauptsächlich auf das Preis-Leistungs-Verhältnis der zu beschaffenden Produkte. In einer wettbewerbsintensiven Marktwirtschaft sind die Nachfrager (Unternehmen auf B-to-B-Märkten und Konsumenten auf B-to-C-Märkten) die zentralen Marktakteure einer Unternehmung. Unternehmen sind langfristig nur dann erfolgreich, wenn es ihnen gelingt, Leistungen mit hohem Nutzen für die Konsumenten anzubieten (*Customer Value*). Eine der wichtigsten Entscheidungen des Unternehmens betrifft deshalb die *Zielgruppenauswahl*, d. h. die Auswahl von Marktsegmenten bzw. Kundengruppen. Grundlage der *Marktsegmentierung* (Kap. 8.2.4) ist eine systematische *Markt- bzw. Kundenanalyse* zu folgenden Fragen bzw. Problemkomplexen (vgl. Kap. 7.1):

- *Welche Bedürfnisse* der Nachfrager sind von den jeweiligen Produkten zu befriedigen? Bedürfnisse, Wünsche, Erwartungen und Forderungen von Konsumenten lassen sich durch Marktforschungsstudien ermitteln (vgl. Kap 8.2.3). Grundlage für die Entwicklung attraktiver Produkte mit hohem Kundennutzen ist die *Innovations- und Produktplanung* (vgl. Kap. 8.3.8.2).
- *Wie und zu welchen Kosten* können die Bedürfnisse durch Produkte befriedigt (*Produkttechnologie*) und zu welchen Preisen können die Produkte dann angeboten werden?
- *Wessen Bedürfnisse* sind zu befriedigen? Welches sind lukrative Zielgruppen? Die Attraktivität von Kunden misst sich hauptsächlich daran, wie viel Geld ein Unternehmen durch diese Kunden im Laufe einer Geschäftsbeziehung verdienen kann (sogenannter *Kundenwert*). Zur Bewertung der Kundenattraktivität bzw. des Kundenwertes liegen mehrere Methoden vor. Häufig kommen hierfür die *ABC-Analyse* (vgl. Kap. 8.6.3) oder das Kundenportfolio (vgl. Abb. 4-14) zum Einsatz. Durch Kundenportfolios können interessante Leistungsangebote für attraktive Kunden identifiziert werden.
- Wie attraktiv sind die Leistungen des Unternehmens für die Nachfrager? Lassen sich damit Wettbewerbsvorteile erzielen? Wie hoch ist der Kundennutzen (*Customer Value*) des eigenen Angebots? Der Kundennutzen ist der *Wert*, den ein Kunde einem Produkt beimisst – ausgedrückt durch seine Zahlungsbereitschaft (vgl. Abb. 4-14).
- *Wie zufrieden* sind die Kunden mit den Leistungen des Unternehmens? Die Schaffung von *Kundenzufriedenheit* gehört inzwischen zu einem der zentralen Ziele vie-

Abb. 4-14

Kundenportfolio am Beispiel einer Bank

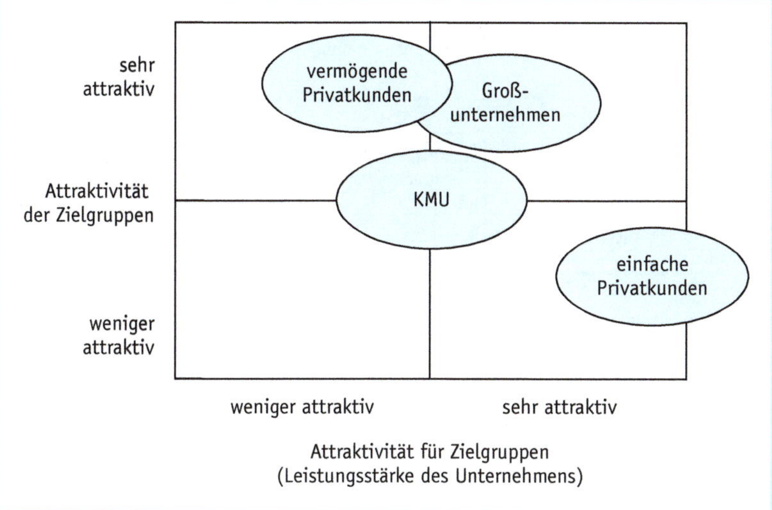

ler Unternehmen, da mit steigender Kundenzufriedenheit auch die Loyalität und die Bindung des Kunden zum Unternehmen und seinen Produkten ansteigen.

Die Konkurrenten

Die Konkurrenten eines Unternehmens streben zu Lasten des Unternehmens nach Wettbewerbsvorteilen. Konkurrenten sind vor allem jene Unternehmen einer Branche, die der gleichen strategischen Gruppe angehören bzw. auf dem gleichen *relevanten Markt* im Wettbewerb mit anderen ihre (substituierbaren) Leistungen anbieten (vgl. Kap. 8.2.1). *Strategische Gruppen* sind Unternehmen, die sich in einer gleichen oder ähnlichen Markt- und Geschäftssituation befinden (z. B. Qualitäts- und Preislagen, Vertriebskanäle) und sich hinsichtlich ihrer strategischen Ausrichtung ähnlich sind (vgl. Benkenstein/Uhrich 2009, S. 31 f.).

Triebkräfte des Wettbewerbs

Die Intensität des Wettbewerbs und die damit verbundenen Gewinnchancen hängen nach dem von *Porter* (1980, S. 4) entwickelten Konzept der »Triebkräfte des Wettbewerbs« vor allem von fünf Determinanten ab (vgl. Macharzina/Wolf 2018, S. 319 ff.; Abb. 4-15):

- *Verhandlungsmacht der Abnehmer*: Die Abnehmer bzw. Nachfrager einer Unternehmung besitzen insbesondere durch ihre Verhandlungsmacht die Möglichkeit, die Rentabilität von anbietenden Unternehmen zu beeinflussen (z. B. durch Forderung nach einer höheren Produktqualität, geringeren Preisen, nach einem verbesserten Service oder günstigeren Lieferbedingungen). In diesem Zusammenhang spricht man auch von der *Nachfragemacht der Abnehmer*. Auf B-to-C-Märkten sind insbesondere starke Konzentrationstendenzen im *Handel* feststellbar (*Nachfragemacht des Handels*), die dem Handel einen starken Einfluss auf die Konditionenpolitik der Anbieter (*Handelsspanne*) ermöglicht.

Abb. 4-15

Modell der fünf Triebkräfte des Wettbewerbs nach *Porter*

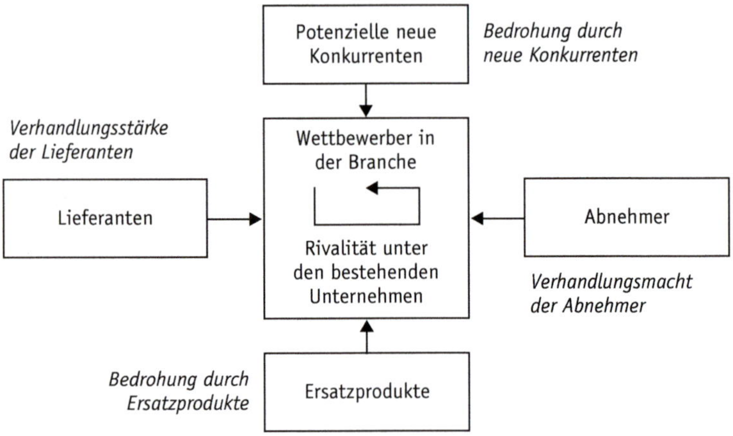

Quelle: Porter 1980, S. 4

- *Verhandlungsmacht der Lieferanten* zeichnet sich dadurch aus, dass z. B. höhere Preise für die gelieferten Produkte gefordert werden, Produkte mit einer geringeren Qualität geliefert werden bzw. die Liefermenge begrenzt wird. Einerseits ist die Verhandlungsmacht durch die üblicherweise hohe Anzahl an Lieferbetrieben in diesem Bereich relativ beschränkt. Andererseits gibt es aber eine zu beobachtende Tendenz zum »*Single Sourcing*« (Konzentration auf einen oder nur wenige Zulieferbetriebe) oder zu Entwicklungskooperationen zwischen Lieferanten und Herstellern (z. B. in der Automobilbranche), die die Verhandlungsmacht der Zulieferer stärkt.
- *Bedrohung durch Ersatzprodukte* und -dienstleistungen. Unter *Substitutionsgütern* sind solche Produkte zu verstehen, die für bestimmte Abnehmergruppen dieselbe Funktion besitzen, d. h. dieselben Bedürfnisse befriedigen, jedoch auf anderen, unterschiedlichen (Produkt-)Technologien basieren. Die Stärke der Substitutionsbedrohung ist insbesondere vom technologischen Wandel abhängig (z. B. Filmkamera versus Digitalkamera).
- *Bedrohung durch neue Konkurrenten*. Potenzielle Konkurrenten sind insbesondere solche, die *Markteintrittsbarrieren* überwinden können (z. B. durch eine entsprechende Kapitalausstattung, Know-how-Besitz), die durch den Markteintritt deutlich Synergien beziehen, und solche Unternehmen, für die ein Markteintritt Bestandteil ihrer Strategie ist. Außerdem gibt es Möglichkeiten des Markteintritts durch vertikale Vorwärts- bzw. Rückwärtsintegration. *Markteintrittsbarrieren* sind solche nicht-institutionellen Faktoren, die den Eintritt in eine Branche oder in einen Markt erschweren (z. B. geringes Preisniveau oder das Vorhandensein eines sehr starken Unternehmens).

- *Rivalität* unter den bestehenden Unternehmen eines Marktes bzw. einer Branche. Diese Wettbewerbskraft entsteht durch das Bestreben von Unternehmen einer Branche, die eigene Position (z. B. den eigenen Marktanteil) zu Lasten der Konkurrenten zu verbessern.

4.4.2 Die Umfelder eines Betriebes

Rahmenfaktoren

Zu den Umfeldern eines Betriebes zählen sogenannte Rahmenfaktoren und Anspruchsgruppen. Unternehmen können aktiv die Beziehungen zu ihren Anspruchsgruppen mit dem Ziel gestalten, zu vermeiden, dass eigene Handlungsspielräume unangemessen eingeschränkt werden (vgl. Macharzina/Wolf 2018, S. 26 ff.). Dagegen fließen Rahmenfaktoren (z. B. Rechtsprechung) als fester Datenkranz in betriebliche Entscheidungen ein. Zu den Rahmenfaktoren zählen solche externen Einflüsse auf Unternehmensentscheidungen, die das Unternehmen hinnehmen muss, ohne selbst darauf unmittelbar Einfluss nehmen zu können (z. B. Gesetze, Inflationsraten, Technologieverfügbarkeit). Veränderungen in den Rahmenfaktoren des Um-Systems stellen die Anpassungsfähigkeit der Unternehmung auf die Probe. Anzuraten sind *Frühaufklärungssysteme* zur Identifizierung von Strukturbrüchen (*Diskontinuitäten*) relevanter Entwicklungslinien (z. B. Veränderungen des Ölpreises) und von sogenannten *Issues*, also Herausforderungen von morgen, um rechtzeitig Risiken entgegenzuwirken und Chancen nutzen zu können (vgl. Macharzina/Wolf 2018, S. 28 f.). Zu den Rahmenfaktoren gehören die Bereiche *Technologie* (z. B. Produktionstechnologien, Innovationen, Patente), *Politik und Recht* (z. B. Wirtschaftspolitik, Gesetze), *Gesellschaft und Demografie* (z. B. Bevölkerungsentwicklung, Wertewandel), *Wirtschaft* (z. B. Konjunktur), *Kultur* (z. B. Werte und Normen, Konsumgewohnheiten) und *Umwelt* (z. B. Verfügbarkeit an Rohstoffen, Klimawandel).

Das soziale Umfeld

Unternehmen sind Teil der Gesellschaft. Sie wirken in die Gesellschaft hinein und sie sind für ihr Handeln der Gesellschaft gegenüber verantwortlich (Leitbild des *Corporate Citizenship,* das Unternehmen als »guter Bürger«). Das umfasst auch die Einhaltung der Menschenrechte und der Arbeitsstandards der Internationalen Arbeitsorganisation (ILO) im Unternehmen (vgl. Kap. 2.4). Insbesondere dürfen Unternehmen nicht in Widerspruch zu gesellschaftlichen Wertvorstellungen kommen (z. B. Ablehnung von Korruption). Werte und der *Wertewandel* beeinflussen das Betriebsgeschehen in zahlreichen Aspekten. Verändern sich z. B. die Einstellungen der Menschen zur Arbeit (z. B. *Work-Life-Balance*), zur Familie (z. B. Erwerbstätigkeit der Frau) oder zum Konsum (z. B. zunehmende Wertschätzung nachhaltiger Produkte), so muss ein Unternehmen dem Rechnung tragen. Zunehmender Wertepluralismus bzw. zunehmende Wertedifferenzierung haben auch Auswirkungen auf das Konsum- und Kaufverhalten, auf das Qualitätsbewusstsein und auf viele andere unternehmensrelevante Sachverhalte. Wichtig sind auch demografische Entwicklungen, die ein Land oder sogar die ganze Welt betreffen (z. B. demografischer Wandel, Bildung und Ausbildung).

Das politisch-rechtliche Umfeld

Veränderungen im politisch-rechtlichen Umfeld laufen zwar relativ langsam und vorhersehbar ab, sie können aber, wenn sie wirksam werden (z. B. durch neue Gesetze), zu relativ gravierenden Veränderungen im Datenkranz der Unternehmen führen. Rechtliche Regelungen sind oft Folge langwieriger und öffentlich ausgetragener Diskussionen und Auseinandersetzungen (z. B. Mindestlohngesetz – MiLoG – von 2014). Unternehmen können sich auf Gesetzesänderungen frühzeitig einstellen. Darüber hinaus haben sie die Möglichkeit, durch *Lobbyarbeit* ihrer jeweiligen Verbände Druck auf den Gesetzgeber auszuüben (z. B. Zurücknahme eines Gesetzentwurfes aufgrund einer Selbstverpflichtungserklärung betroffener Unternehmen bzw. Branchen). Wichtige Rechtsbereiche für Betriebe sind das Gesellschafts-, Mitbestimmungs-, Steuer-, Umwelt-, Verbraucher- und Patentrecht.

Steuern

Insbesondere vom *Steuerrecht* sind die Unternehmen stark betroffen und die Steuerhöhe eines Landes gilt als wesentlicher *Standortfaktor* (Wöhe et al. 2016, S. 260 f.; vgl. Kap. 7.2.2) sowie ein zentrales Kriterium der *Rechtsformwahl* (vgl. Kap. 7.3). Gemäß § 3 Abs. 1 der Abgabenordnung (AO) sind *Steuern* Geldleistungen, die kein Entgelt für eine besondere Leistung darstellen und von einem öffentlich-rechtlichen Gemeinwesen zur Erzielung von Einnahmen erhoben werden (vgl. auch Theisen 2011a, S. 435 f.). Der *Fiskus* ist der Steuer einnehmende Staat. Er erhebt zahlreiche Steuerarten, die die Unternehmen direkt oder indirekt betreffen. Die verschiedenen *Steuerarten* lassen sich nach unterschiedlichen Kriterien ordnen. Aus betriebswirtschaftlicher Sicht wird zwischen direkten und indirekten Steuern unterschieden (Theisen 2011a, S. 438 f.):

- *Direkte Steuern*: Diese Steuern sind dadurch gekennzeichnet, dass Steuerschuldner (schuldet eine konkrete Steuer) und Steuerträger (wird durch die Steuerzahlung wirtschaftlich belastet) identisch sind. Die Steuerbelastung kann abhängig von Merkmalen des Steuerpflichtigen sein. Hierzu gehören (Schierenbeck/Wöhle 2016, S. 382):
  - *Personensteuern*, die individuelle Merkmale der natürlichen bzw. juristischen Personen berücksichtigen (Einkommensteuer, Körperschaftsteuer, Erbschaftsteuer) und
  - *Real- bzw. Sachsteuern*, die Merkmale des Steuerobjekts bzw. Steuergegenstandes (der zu besteuernde Sachverhalt) berücksichtigen (Gewerbesteuer und Grundsteuer).
- *Indirekte Steuern:* Bei diesen Steuern sind Steuerschuldner und Steuerträger nicht identisch. Nicht der Steuerträger führt die Steuern an das Finanzamt ab, sondern andere Personen oder Organisationen. Diese Steuern sind unmittelbar mit bestimmten Handlungen (z. B. Güterkäufe) verbunden. Hierzu gehören:
  - *Verkehrssteuern*, die reine Rechtsakte (z. B. Umsatzsteuer, Grunderwerbsteuer) belasten, und
  - *Verbrauchsteuern*, die im Zusammenhang mit echter Wertschöpfung erhoben werden und den Letztverbraucher belasten (z. B. Energiesteuer).

Den Unterschied zwischen direkten und indirekten Steuern drückt Theisen (2011a, S. 439) einfach und unmissverständlich aus, wenn er sagt: »Direkte Steuern zahlt

Abb. 4-16

Kassenmäßige Steuereinnahmen nach wichtigen Steuerarten im Jahr 2017

Steuerart	Mrd. Euro	Prozent
1. Lohnsteuer, veranlagte Einkommensteuer	254,952	34,71
2. Körperschaftsteuer	29,259	3,98
3. Gewerbesteuer	52,872	7,20
4. Umsatzsteuer	170,498	23,21
5. Energie- und Stromsteuer	47,966	6,53
6. Tabaksteuer	14,399	2,00
7. Versicherungssteuer	13,269	1,80
8. Kraftfahrzeugsteuer	8,948	1,22
9. Grunderwerbsteuer	13,139	1,80
11. Erbschaftsteuer	6,114	0,83
12. Übrige Steuern	123,100	16,76
Gesamtsteueraufkommen	734,513	100,0

Quelle: Bundesministerium der Finanzen 2019

der Steuerpflichtige aus seiner Tasche, indirekte Steuern holt sich der Fiskus aus derselben.«

Steuerquote

Die *Steuereinnahmen* der öffentlichen Haushalte (Bund, Länder und Gemeinden) in Deutschland für das Jahr 2017 nach (wichtigen) *Steuerarten* gegliedert, können der Abb. 4-16 entnommen werden. Die Steueraufkommen aus Lohn- und Einkommensteuer sowie aus der Umsatzsteuer sind am höchsten. Die *Steuerquote*, also das Steueraufkommen in Relation zum nominalen Bruttoinlandsprodukt, betrug 2016 23,4 % und ist in den letzten 20 Jahren leicht angestiegen. Am höchsten lag 2016 die Steuerquote mit 45,9 % in Dänemark und am niedrigsten in Irland mit 19,1 %.

Das gesamtwirtschaftliche Umfeld

Der gesamtwirtschaftliche Rahmen beeinflusst das Geschehen im Betrieb in starkem Maße. Gesamtwirtschaftliche Entwicklungen wie Konjunkturschwankungen, Währungsparitäten, Inflationstendenzen und Zinsentwicklungen sowie die globalen ökonomischen Unterschiede zwischen den Nationen und Märkten beeinflussen die Geschäftstätigkeit einzelner Unternehmen. Die bedeutsamste aktuelle ökonomische Entwicklung ist die *Globalisierung* der Weltwirtschaft. Damit verbunden sind:

- eine zunehmende Konzentration durch *Mergers & Acquisitions* (M&A, Fusionen und Übernahmen) und das Entstehen großer, globaler Konzerne (vgl. Kap. 7.4.2),
- das Entstehen großer regionaler Wirtschaftsräume (z. B. Europäische Union) und der Abbau von Handelsbeschränkungen (Senkung der *Markteintrittsbarrieren*),
- das Entstehen neuer Wachstumsregionen in der Welt (z. B. China),
- Produktionsverlagerungen aufgrund von Unterschieden bei den Faktorkosten und -qualitäten und steigende Mobilität der Produktionsfaktoren (z. B. *Offshoring*),

- globale Konfiguration der Wertaktivitäten sowie die Gestaltung internationaler Wertschöpfungsketten und Arbeitsteilungsprozesse (*Auflösungs- und Spezialisierungsprozesse*) sowie
- eine weitreichende Liberalisierung der Kapitalmärkte.

Das technologische Umfeld

Die Verfügbarkeit bzw. Beherrschung von *Schlüsseltechnologien* (z. B. im IT-Bereich) stellt für viele Unternehmen einen zentralen Erfolgs- und Wettbewerbsfaktor dar. Schlüsseltechnologien haben ein hohes Innovationspotenzial und ihre Beherrschung liefert Unternehmen einen Wettbewerbsvorsprung. Da das technologische Umfeld oft durch eine hohe Innovationsdynamik geprägt ist, stehen die betriebliche Forschung und Entwicklung (F&E) sowie das Innovationsmanagement (vgl. Kap. 8.3) großen Herausforderungen gegenüber. Die *Technologiedynamik* findet nicht zuletzt in kürzer werdenden Lebenszyklen von Produkten und Produktionstechniken ihren Niederschlag. In der *Mechatronik*, das sind Systeme, die mechanische und elektronische Komponenten miteinander verknüpfen, hat die Technologiedynamik insbesondere Auswirkungen auf computergesteuerte Fertigungsprozesse. Zentrale Technologiefelder sind die Informations- und Kommunikationstechnologie (IKT), die Bio- und Nanotechnologie, Elektromobilität, Energietechnologien, Mikrosystemtechnologien sowie Bereiche der Verkehrs-, Medizin- und Umwelttechnologie. Die Anpassung der Betriebe an technische Entwicklungen ist zur Erhaltung der Wettbewerbsfähigkeit unabweisbar. Notwendig ist das rechtzeitige Erkennen technischer Entwicklungen, wobei *schwache Signale*, Vorboten also für zukünftige Ereignisse, zu beachten sind und eine Technologiebewertung erfolgen muss (vgl. Specht et al. 2002).

Die natürliche Umwelt als Umfeld

Betriebliches Umweltmanagement

Die in den letzten Jahren immer offener zutage getretenen ökologischen Probleme (z. B. Plastikmüll in den Meeren und der sich verstärkende Klimawandel) machen *Umweltmanagementsysteme* in Unternehmen unerlässlich (z. B. EMAS, ISO 14001). Eine hohe Lebensqualität für Menschen ist nur mit einer intakten natürlichen Umwelt zu erreichen. Produktion und Konsum belasten die Umwelt durch Ressourcenverbräuche, Abfall und Schadstoffemissionen (Balderjahn 2013, S. 26). Ein betriebliches Führungskonzept wird als *Umweltmanagement* bezeichnet, wenn es darauf ausgerichtet ist, Belastungen für die natürliche Umwelt in allen Verantwortungsbereichen und bei allen Aktivitäten der Unternehmung konsequent zu verringern bzw. zu vermeiden (vgl. Balderjahn 2013, S. 78). Einerseits sind Unternehmen in starkem Maße von bestehenden *Umweltgesetzen* und Verordnungen betroffen (z. B. Kreislaufwirtschaftsgesetz – KrWG, EG-Öko-Audit-Verordnung), andererseits belegen viele Studien, dass sich Umweltschutz im Unternehmen auch finanziell lohnt (vgl. Gege 1997).

Die wichtigsten *ökologischen Ziele* sind in diesem Zusammenhang:

- Erhaltung und Schonung natürlicher Ressourcen,
- Verbesserung der Ressourcen- und Energieeffizienz,
- Vermeidung und Verminderung umweltschädlicher Schadstoffemissionen (z. B. CO_2-Emission),

- Vermeidung sowie umweltgerechte Verwertung und Entsorgung von Abfällen,
- Verhinderung und Begrenzung umweltbelastender Störfälle und Reduzierung der Gefahrenpotenziale.

Der *Staat* schafft durch Gesetze und Verordnungen Rahmenbedingungen, die von allen Unternehmen zu beachten sind. Auch der Einzelne als *Konsument* kann auf die Umweltverträglichkeit beim Kauf und bei der Nutzung von Produkten achten. Derzeit besteht allerdings eine erhebliche Lücke zwischen dem geäußerten Umweltbewusstsein von Konsumenten und ihrem tatsächlichen Konsumverhalten (vgl. Balderjahn 2013, S. 220 ff.), so dass es umweltfreundliche Produkte auf dem Markt oft sehr schwer haben und oft nur einen geringen Marktanteil einnehmen.

Kontrollfragen Kapitel 4

1. *Was ist eine Produktionsfunktion?*
2. *Was versteht man unter einer substitutionalen (Typ A) und was unter einer limitationalen (Typ B) Produktionsfunktion?*
3. *Was versteht man unter peripherer, partieller und totaler Substitution?*
4. *Was sind partielle und totale Faktorvariationen?*
5. *Wie lautet die Cobb-Douglas-Produktionsfunktion?*
6. *Was ist eine homogene Produktionsfunktion?*
7. *Was ist eine Verbrauchsfunktion und was versteht man unter dem Betriebsoptimum?*
8. *Was ist ein Gozinto-Graph?*
9. *Wie entstehen Kosten und was beschreibt eine Kostenfunktion?*
10. *Was wird unter einer Minimalkostenkombination verstanden?*
11. *Welche Größen beeinflussen Kosten?*
12. *Definieren Sie Stückkosten, variable Stückkosten und Grenzkosten.*
13. *Wie ist der Beschäftigungsgrad definiert?*
14. *Welche Anpassungsarten bei Änderung der Beschäftigung gibt es?*
15. *Was zeichnet Primärgruppen aus?*
16. *Welche Aspekte erfasst das Modell von Steinmann et al. (2013)?*
17. *Was versteht man unter Gruppenkohäsion?*
18. *Welche Rolle spielt die Macht innerhalb von Gruppen?*
19. *Was sind Anspruchsgruppen und welche Arten gibt es?*
20. *Welches sind die Gesetze zur Mitbestimmung?*
21. *Von welchen »Kräften« hängt die Intensität des Wettbewerbs nach Porter ab?*
22. *Welche relevanten Umfelder einer Unternehmung gibt es und welche Prozesse innerhalb dieser Umfelder müssen von der Unternehmensführung beachtet werden?*

Übungsaufgabe Kapitel 4

Aufgabe

Bestimmen Sie den Homogenitätsgrad der folgenden Produktionsfunktionen (inspiriert durch Domschke/Scholl 2008):

a) $M = r_1^{3/5}\, r_2^{2/5}$

b) $M = b\, r_1\, r_2$

c) $M = r_1^{3/8}\, r_2^{1/8}$

Lösung

Allgemein gilt:

Eine Produktionsfunktion ist homogen vom Grade a, wenn durch eine Erhöhung des totalen Faktoreinsatzniveaus um das λ*-Fache die Produktionsmenge M um das* λ^α *-Fache ansteigt. Es gilt also für eine homogene Produktionsfunktion vom Grade* α*:* $M\,\lambda^\alpha = f(\lambda r_1, \lambda r_2, \ldots, \lambda r_n)$

a) $M\lambda^\alpha = (\lambda r_1)^{3/5}\, (\lambda r_2)^{2/5} = M\lambda^1$

Die Produktionsfunktion ist linear-homogen, $\alpha = 1$.

b) $M\lambda^\alpha = b\,(\lambda r_1)(\lambda r_2) = M\lambda^2$

Die Produktionsfunktion ist homogen vom Grade 2. Eine Verdoppelung des Inputs ($\lambda = 2$*) vervierfacht den Output.*

Die Produktionsfunktion ist progressiv-homogen, $\alpha > 1$.

c) $M\lambda^\alpha = (\lambda r_1)^{3/8}(\lambda r_2)^{1/8} = M\lambda^{1/2}$

Die Produktionsfunktion ist homogen vom Grade 1/2. Eine Verdoppelung des Inputs ($\lambda = 2$*) vermehrt den Output nur um das* $\sqrt{2}$*-Fache.*

Die Produktionsfunktion ist degressiv-homogen, $\alpha < 1$.

Weiterführende Literatur

Balderjahn, I. (2013): Nachhaltiges Management und Konsumentenverhalten, Konstanz und München.

Berthel, J./Becker, F. G. (2013): Personalmanagement, 10. Aufl., Stuttgart.

Bloech, J./Lücke, W. (2006): Produktionswirtschaft, in: Bea, F. X./Friedl, B./Schweitzer, M. (Hrsg.), Allgemeine Betriebswirtschaftslehre, Bd. 3: Leistungsprozess, 9. Aufl., Stuttgart, S. 183–252.

Domschke, W./Scholl, A. (2008): Grundlagen der Betriebswirtschaftslehre, 4. Aufl., Berlin u. a.

Macharzina, K./Wolf, J. (2018): Unternehmensführung, 10. Aufl., Wiesbaden.

Schierenbeck, H./Wöhle, C. B. (2016): Grundzüge der Betriebswirtschaftslehre, 19. Aufl., München.

Schmalen, H./Pechtl, H. (2013): Grundlagen und Probleme der Betriebswirtschaft, 15. Aufl., Stuttgart.

Staehle, W. H. (1999): Management, 8. Aufl., München.

Steinmann, H./Schreyögg, G.; Koch, J. (2013): Management, 7. Aufl., Wiesbaden.

Theisen, M. R. (2011a): Steuerpolitik der Unternehmen, in: Busse von Colbe, W./ Coenenberg, A. G./Kajüter, P./Linnhoff, U./Pellens, B. (Hrsg.), Betriebswirtschaft für Führungskräfte, 4. Aufl., Stuttgart, S. 435–451.

Wöhe, G./Döring, U./Brösel, G. (2016): Einführung in die Allgemeine Betriebswirtschaftslehre, 26. Aufl., München.

5 Leitbilder, Grundsätze und Handlungsziele in Betrieben

Lernziele

- Sie können das Hierarchiesystem der Unternehmensziele erläutern.
- Sie wissen, was Stakeholder und was Shareholder sind.
- Sie wissen, was Unternehmensleitbilder und -grundsätze sind.
- Sie kennen Anforderungen und Funktionen von Zielen.
- Sie sind in der Lage, Ziele operational zu formulieren.
- Sie kennen unterschiedliche Operationalisierungen des Gewinnziels.
- Sie kennen unterschiedliche Zielbeziehungen und können diese anhand von Beispielen erläutern.

5.1 Leitbilder und Grundsätze

Business Mission

Die Festlegung des *Unternehmenszwecks*, also die Präzisierung, welche Leistungen das Unternehmen erbringen will (*Defining the Business Mission*), sowie die Formulierung genereller Unternehmensgrundsätze und Handlungsziele ist die Basis der betriebswirtschaftlichen Planung (vgl. Benkenstein/Uhrich 2009, S. 88). Aus dem Unternehmenszweck leiten sich insbesondere die Geschäftsfelder bzw. die Märkte des Unternehmens ab.

Beispiel **BASF – Unternehmenszweck**

▸▸▸ Der Chemiekonzern *BASF* formuliert seinen Unternehmenszweck so: »Wir sind das führende Chemieunternehmen der Welt.« ◂◂◂

Unternehmenskultur

Unternehmensziele sind wesentlich von der Unternehmenskultur und der Unternehmensphilosophie geprägt. Kulturen sind ganz allgemein soziale Ordnungs- und Deutungssysteme, die das Denken und Handeln grundlegend ausrichten. Sie umfassen einen Komplex allgemein akzeptierter, von allen geteilter Werte und Normen.

> Unter der *Unternehmenskultur* versteht man die von Management und Mitarbeitern einer Unternehmung gemeinsam akzeptierten und gelebten Denk- und Werthaltungen (*Shared Values*), die den Führungsstilen und den Management- und Geschäftspraktiken eine spezifische Ausrichtung geben.

Die *Unternehmensphilosophie* fasst solche generellen Wertvorstellungen, Normen und Überzeugungen von Führungskräften zusammen, die Entscheidungen und das Handeln im Betrieb maßgeblich beeinflussen (Thommen et al. 2017, S. 531).

Beispiel **Unternehmensphilosophie von Lindt & Sprüngli**

▸▸▸ Im Geschäftsbericht 2013 (Seite 36) des Schweizer Schokoladenherstellers *Lindt & Sprüngli* steht dazu: »Nachhaltigkeit und sozial verantwortliches Handeln sind zentrale Themen in der Unternehmensphilosophie von Lindt & Sprüngli. Alle damit verbundenen Aspekte werden auf oberster Führungsebene behandelt und zusätzlich von einem Ausschuss auf Verwaltungsratsebene überwacht.« ◂◂◂

Die Unternehmensphilosophie findet in den Unternehmensgrundsätzen bzw. Unternehmensleitbildern ihren konkreten Ausdruck. *Unternehmensgrundsätze* legen das Verhalten des Unternehmens gegenüber seinen Anspruchsgruppen (z. B. Kunden, Mitarbeiter, Partner) fest. Von *Führungsgrundsätzen* wird gesprochen, wenn das Verhältnis zwischen Vorgesetzten und Untergebenen geregelt wird (Thommen et al. 2017, S. 490; vgl. Kap. 6). Darüber hinaus sind Unternehmensgrundsätze auch in der Unternehmensverfassung (*Corporate Governance*) zu finden (Thommen et al. 2017, S. 540; vgl. Kap. 7.3.1).

Unternehmensleitbilder

Die schriftliche (»bildhafte«) Fixierung von Unternehmensgrundsätzen wird oft als Leitbild der Unternehmung bezeichnet.

> *Unternehmensleitbilder* machen Aussagen über alle grundsätzlichen, allgemein gültigen und dennoch realistischen Vorstellungen zur Unternehmensentwicklung sowie über angestrebte Ziele und Handlungspläne.

Leitbilder nehmen Bezug auf den Zweck der Unternehmung und geben dem Management eine Handlungsorientierung.

Beispiel **Deutsche Bahn – Leitbilder**

▸▸▸ Die Deutsche Bahn (DB) orientiert sich an den folgenden fünf Leitbildern: »Kundenorientiert, wirtschaftlich, fortschrittlich, partnerschaftlich, verantwortungsvoll«. ◂◂◂

Unternehmensphilosophie, -verfassung und -grundsätze stellen die *Legitimationsbasis* der Unternehmung dar und geben dem Unternehmen eine grundsätzliche Wert- und Zukunftsorientierung. Im Gegensatz zu den Unternehmensgrundsätzen sind die Handlungsziele einer Unternehmung operational definiert. An ihnen kann unternehmerischer Erfolg gemessen werden (Wöhe et al. 2016, S. 65). Handlungsziele, d. h. Oberziele (z. B. Gewinnmaximierung), Geschäftsfeldziele (z. B. Marktanteilsziele), Funktionsziele (z. B. Produktionsziele) und Unterziele (z. B. Kapazitätsauslastung), sind hierarchisch strukturiert und leiten sich aus der *Business Mission* und den Unternehmensgrundsätzen ab (vgl. Abb. 5-1 und Kap. 5.2).

Abb. 5-1

Unternehmerische Zielpyramide

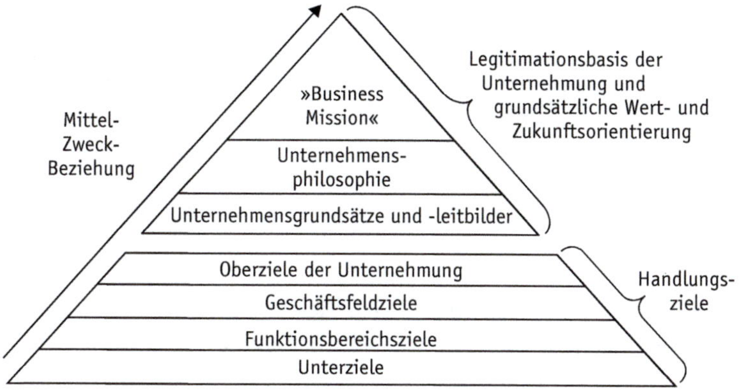

Quelle: In Anlehnung an Benkenstein/Uhrich 2009, S. 89

5.2 Ziele

Ziele sind normative Aussagen über angestrebte zukünftige Zustände, die als Ergebnisse von betrieblichen Entscheidungen eintreten sollen.

Sach- und Formalziele

Es wird zwischen *Sachzielen*, die sich unmittelbar auf den Betriebszweck beziehen und konkretes Handeln zur Steuerung güter- und finanzwirtschaftlicher Prozesse im Unternehmen umfassen (z. B. Höhe des Produktionsvolumens, Auslastungsgrad bestimmter Produktionsprozesse), und *Formalzielen*, die auf betriebliche Erfolgsgrößen gerichtet sind und in denen der Erfolg unternehmerischen Handelns abgelesen werden kann (z. B. Rentabilität, Produktivität), unterschieden (vgl. Thommen et al. 2017, S. 44). Sachziele sind instrumentell für die Erreichung der Formalziele (vgl. Wöhe 2016, S. 68 f.).

Zieldimensionen

Ziele sind präzise (operational) zu formulieren, damit der jeweilige Zielerreichungsgrad möglichst genau gemessen werden kann. Eine operationale Zielbestimmung erfolgt anhand der folgenden *Zieldimensionen* (vgl. auch Schierenbeck/Wöhle 2016, S. 107):

- Zielinhalt, d. h. der Sachverhalt, der angestrebt wird. *Frage: Was soll erreicht werden?* Es kann zwischen *ökonomischen* (z. B. Rentabilität), *sozialen* (z. B. gerechte Entlohnung) und *ökologischen* Zielinhalten (z. B. Begrenzung der Emission von Klimagasen) unterschieden werden (vgl. Wöhe et al. 2016, S. 66).
- Zielausmaß, d. h. das angestrebte (begrenzte bzw. unbegrenzte) Ausmaß der Zielerreichung. *Frage*: *Wie viel soll erreicht werden?* Es wird zwischen *Extremierung*

(z. B. Gewinnmaximierung), *Fixierung* (z. B. 10 % mehr Gewinn) und *Satisfizierung* (z. B. mindestens 6 % mehr Gewinn) unterschieden.
- Zeitlicher Bezug, d. h. Zeitpunkt oder Zeitraum der geplanten Zielerreichung. *Frage*: *Wann soll etwas erreicht werden?* Es wird oft zwischen kurz- (z. B. 1 Jahr), mittel- (z. B. 3 Jahre) und langfristigen Zielen (z. B. 5 Jahre) unterschieden.
- Zielverantwortung. *Frage*: *Wer ist für die Zielerreichung verantwortlich?* Im Unternehmen können unterschiedliche Organisationseinheiten und Entscheidungsträger für die Zielerreichung verantwortlich sein (vgl. Kreikebaum et al. 2011, S. 70; Thommen et al. 2017, S. 48).
- Ressourcen. Frage: *Was wird zur Zielerreichung benötigt?* Es können Finanzmittel, Sachgüter und Personal in unterschiedlichen Quantitäten und Qualitäten nötig sein.

Ein betriebliches Ziel sollte möglichst durch alle fünf Dimensionen operationalisiert werden. Je operationaler Ziele festgelegt werden, desto einfacher ist ihre Kontrollierbarkeit.

Beispiel Zieloperationalisierung

▸▸▸ Erhöhung des Umsatzes (Zielinhalt) im nächsten Jahr (zeitlicher Bezug) um mindestens 10 % des Vorjahreswertes (Zielausmaß) durch Einsatz zusätzlicher Verkäuferinnen und Verkäufer (Ressourcen) im Vertrieb für Produkt A (Organisationseinheit). ◂◂◂

Anforderungen und Funktionen

Ziele sollten folgenden formalen *Anforderungen* genügen (vgl. Schierenbeck/Wöhle 2016, S. 105):
- Operationalität (exakte Beschreibung der Zieldimensionen),
- Messbarkeit und Kontrollierbarkeit,
- Realisierbarkeit mit den vorhandenen Ressourcen,
- Widerspruchsfreiheit und Konsistenz,
- Integrierbarkeit in ein Zielsystem sowie
- Transparenz und Verständlichkeit.

Ziele können folgende *Funktionen* erfüllen:
- Orientierungs-, Steuerungs- und Koordinationsfunktion für arbeitsteilige Prozesse (z. B. Ziele liefern Maßstäbe zur Leistungsbeurteilung),
- Bewertungs-, Entscheidungs- und Rechtfertigungsfunktion (z. B. können Handlungsalternativen nach ihren jeweiligen Zielbeiträgen bewertet werden; vgl. Kap. 3.2.1),
- Kontrollfunktion durch Analyse der Zielabweichung (z. B. *Gap-Analyse*),
- Motivationsfunktion (Identifikation von Mitarbeitern auf Basis gelebter Wertvorstellungen),
- Legitimationsfunktion (Schaffung von Vertrauen und Glaubwürdigkeit bei den Anspruchsgruppen),
- Kommunikationsfunktion (Vermittlung der »*Corporate Identity*« nach innen und außen).

5.2.1 Zielinhalte

Der Inhalt eines Zieles gibt an, worauf sich das Ziel bezieht. Sachziele werden häufig in *Leistungsziele* (z. B. Festlegung des Qualitätsniveaus), *Finanzziele* (z. B. gewünschte Kapital- und Vermögensstruktur), *Führungs- und Organisationsziele* (z. B. Führungsstile) und *sozial-ökologische Ziele* (z. B. Umwelt- und Arbeitsschutzziele) unterschieden (vgl. Thommen et al. 2017, S. 45 f.). Formalziele reflektieren den Unternehmenserfolg und umfassen Umsatz-, Kosten-, Gewinn-, Rentabilitäts- und Liquiditätsziele. In einfachen, formal-mathematischen Abhandlungen und Modellen wird oft eine Dominanz des Gewinnzieles unterstellt. Empirische Untersuchungen zeigen allerdings, dass diese Annahme nicht durchgängig gültig ist, auch wenn eine *Shareholder-Value-Orientierung* in der Praxis vorzuherrschen scheint (vgl. Macharzina/Wolf 2018, S. 225 f.). Erhaltung der Wettbewerbsfähigkeit, hohe Kundenzufriedenheit, ein hoher Marktanteil, Qualität des Angebots und die Liquiditätssicherung sind weitere zentrale Unternehmensziele, die in der Unternehmenspraxis ein hohes Gewicht einnehmen können.

Das Gewinnziel

Dem Gewinnziel bleibt dennoch als Erfolgsgröße eine besondere Bedeutung erhalten. Allerdings gibt es keine einheitliche Definition des Gewinns und je nach Zielsetzung können unterschiedliche *Gewinnbegriffe* Verwendung finden. Wird unter dem *Gewinn* derjenige Betrag verstanden, der innerhalb eines Jahres ausgegeben werden kann, ohne dass es dem Unternehmen dadurch schlechter geht, kommt es bei der Gewinnermittlung auf das Konzept der *Substanzerhaltung* an (vgl. Coenenberg et al. 2014a, S. 67 f.). Die Betriebswirtschaftslehre kennt verschiedene Gewinnkonzeptionen bzw. Gewinnbegriffe. Der *ökonomische Gewinn* unterstellt das Ziel der Kapitalerhaltung. Er ergibt sich aus dem Erfolgskapital zuzüglich des Einnahmeüberschusses der Periode (vgl. Coenenberg et al. 2014a, S. 68 f.). Der *Periodenerfolg* (Gewinn oder Verlust) ergibt sich in der Gewinn- und Verlustrechnung (GuV) als Differenz aller *Erträge* (Erhöhung des Eigenkapitals) und *Aufwendungen* (Verringerung des Eigenkapitals; vgl. Coenenberg et al. 2014a, S. 105) und wird als Jahresüberschuss/Jahresfehlbetrag bezeichnet (vgl. Kap. 8.9.2.2). Der *Jahresüberschuss* stellt ein umfassendes Erfolgsmaß des Unternehmens im jeweiligen Geschäftsjahr dar. Davon ist der *Bilanzgewinn* zu unterscheiden. Er gibt den Betrag an, den das Management den Eigentümern der Unternehmung zur Gewinnausschüttung (*Dividenden*) vorschlägt (vgl. Bonse et al. 2011, S. 522).

EBIT und EBITDA

Während beim Jahresüberschuss sämtliche Aufwendungen zur Anrechnung kommen, ist es aus Analysezwecken sinnvoll, *Erfolgsgrößen* zu definieren, die den Jahresüberschuss um bestimmte Aufwendungen (einmalige, außerbetriebliche oder zahlungsunwirksame Aufwendungen) korrigieren. Gebräuchlich sind die folgenden Korrekturen (vgl. Coenenberg et al. 2014b, S. 1048 f.):

	Jahresüberschuss
±	Außerordentliches Ergebnis
±	Ertragsteuern
=	EBT (*Earnings before Taxes*)
+	Zinsaufwand
=	EBIT (*Earnings before Interest and Taxes*)
+	Abschreibungen (auf Sachanlagen und immateriellen Anlagen)
=	EBITDA (*Earnings before Interest, Taxes, Depreciation and Amortization*)

Das EBT korrigiert den Jahresabschluss um die gewinnabhängigen Steuern. Der EBIT korrigiert zusätzlich Zinseffekte und ist eine Kenngröße für die operative Ertragskraft einer Unternehmung. Wird zusätzlich noch um Abschreibungen korrigiert, so bildet sich die Größe EBITDA (vgl. Coenenberg et al. 2014b, S. 1048 f.). Darüber hinaus kann es auch sinnvoll sein, den Jahresüberschuss in aussagefähige Teilerfolge zu zerlegen (vgl. Wöhe et al. 2016, S. 736 ff.). Insbesondere wird zwischen dem betrieblichen (Betriebsergebnis) und dem finanziellen Ergebnis (Finanzergebnis) unterschieden. Das *Betriebsergebnis* umfasst Aufwendungen und Erträge, die sich aus dem betrieblichen Leistungserstellungsprozess ergeben, und die Erfolgsbeiträge aus Kapitalanlagen und Fremdkapitalaufnahmen sind im *Finanzergebnis* erkennbar (vgl. Bonse et al. 2011, S. 529). Wird die betriebliche Leistungserstellung im Unternehmen betrachtet, so ergibt sich der Gewinn *G* als Betriebsergebnis (operatives Ergebnis, kalkulatorischer Erfolg) aus der Differenz zwischen den Umsatzerlösen *U* und den Gesamtkosten *K*, d. h. $G = U - K$ (vgl. Schweitzer 2009a, S. 56).

Beispiel **Lufthansa – Geschäftsbericht**

▸▸▸ Der Lufthansakonzern gibt in seinem Geschäftsbericht 2017 folgende Erfolgsgrößen an: Konzernergebnis = 2.364 Mio. Euro, EBIT = 3.310 Mio. Euro und EBITDA = 5.362 Mio. Euro. ◂◂◂

Rentabilitäts- und Liquiditätsziele

Die Rentabilität ist eine weitere wichtige Zielgröße des Erfolgs. Rentabilitätskennziffern werden gebildet, indem der Gewinn ins Verhältnis zu bestimmten Kapitalgrößen gesetzt wird (vgl. Kap. 1.5). In Wissenschaft und Praxis sind inzwischen zahlreiche Rentabilitätskennziffern definiert worden (vgl. Schierenbeck/Wöhle 2016, S. 81).

> Unter *Liquidität* wird die Fähigkeit eines Unternehmens verstanden, zu jedem Zeitpunkt den fälligen Zahlungsverpflichtungen uneingeschränkt nachkommen zu können.

Der Begriff Liquidität wird auch als finanzielles Gleichgewicht zwischen den Zahlungsverpflichtungen einerseits und der vorhandenen Menge an Zahlungsmitteln andererseits definiert, so dass die Zahlungsfähigkeit zu jedem Zeitpunkt gewährleistet ist. Zur Erhaltung der Liquidität sind Liquiditätsreserven erforderlich (z. B. Zahlungsmittelbestände). Darüber hinaus wurden Finanzierungsregeln entwickelt, deren Beachtung Liquiditätsengpässe vermeiden soll (vgl. Kap. 8.8).

5.2.2 Zielbeziehungen und Zielsysteme

Unternehmen verfolgen üblicherweise mehrere Ziele gleichzeitig aber unterschiedlich gewichtet. Die Gesamtheit aller von einem Unternehmen verfolgten Ziele bildet ein *Zielsystem*, das die Beziehungen der Ziele zueinander in eine Ordnung bringt (vgl. Weber et al. 2014, S. 87). Als Ordnungskriterien von Zielen gelten der *Rang* (Position in der Zielhierarchie des Unternehmens), die *Präferenz* (subjektive Bewertung von Zielinhalten) und *Zielbeziehungen*. Zielbeziehungen erfassen den Zusammenhang zwi-

Abb. 5-2

Zielbeziehungen

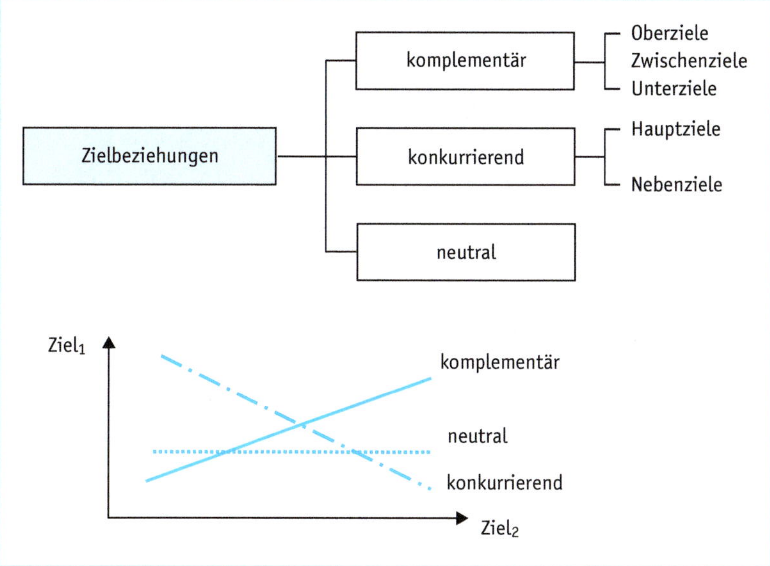

schen den einzelnen Zielen und bilden die Grundlage für betriebliche Zielsysteme. In der betriebswirtschaftlichen Literatur werden kompatible und konkurrierende Zielbeziehungen unterschieden (vgl. Macharzina/Wolf 2018, S. 211 f.; Abb. 5-2). *Kompatibel* sind Ziele dann, wenn zwischen ihnen komplementäre, identische oder neutrale Zielbeziehungen vorliegen. Zwei Ziele Z_1 und Z_2 sind *komplementär*, wenn die Erreichung von Z_1 gleichzeitig zur Erfüllung von Z_2 beiträgt (z. B. die Ziele Umsatz und Marktanteil). Komplementäre Ziele lassen sich nach ihrem Rang in *Ober-, Zwischen- und Unterziele* einteilen. Dadurch entstehen Zielhierarchien (Mittel-Zweck-Zusammenhänge).

Zielhierarchien lassen sich einerseits deduktiv aus definitionslogischen Beziehungen zwischen den Teilzielen herleiten (z. B. *Kennzahlensysteme*, vgl. Kap. 8.10.5 und Abb. 5-3) und andererseits können sie auf empirischem Wege gewonnen werden (vgl. Macharzina/Wolf 2018, S. 214 ff.). Innerhalb von Zielhierarchien können Teilentscheidungen koordiniert werden.

Zielidentität liegt vor, wenn die Ziele als austauschbar betrachtet werden (z. B. Gewinn und Rentabilität), und von *Zielneutralität* wird gesprochen, wenn sich Ziele gegenseitig nicht beeinflussen (z. B. Liquidität und Mitarbeiterzufriedenheit). Zwei Ziele Z_1 und Z_2 stehen dann in *Konkurrenz* zueinander, wenn die Erreichung von Z_1 die Erreichung von Z_2 vermindert (z. B. Rentabilität und Liquidität) bzw. verhindert (*Zielantinomie*). Konkurrierende Ziele stehen in einer Präferenzrelation, die eine Zielgewichtung in *Hauptziele* (wichtige Ziele) und *Nebenziele* (Nebenbedingungen, Restriktionen) erfordert, um Zielkonflikte lösen zu können (z. B. Hauptziel Rentabilität und Nebenziel Liquidität; vgl. Abb. 5-2).

Abb. 5-3

Deduktiv orientiertes Mittel-Zweck-Zielsystem (DuPont-Kennzahlensystem)

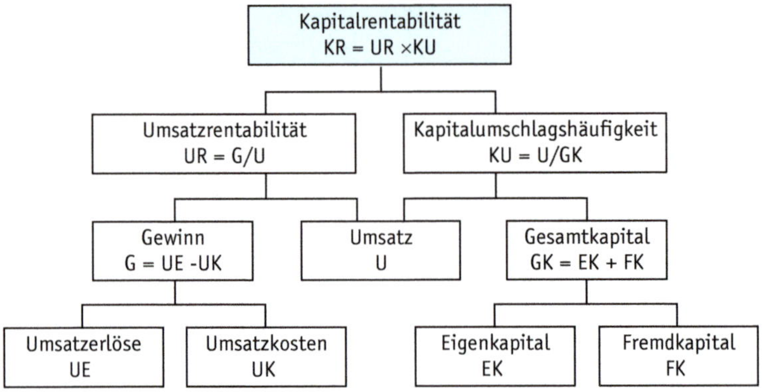

Quelle: In Anlehnung an Macharzina/Wolf 2018, S. 214

5.2.3 Zielbildungsprozesse

Während das Festlegen von Zielen ein normativer Akt ist, stellen Zielbildungsprozesse auf Verhandlungen ab. Unternehmensziele sind keine festen, unumstößlichen Größen, sondern vielmehr das Ergebnis *multipersonaler* Zielbildungsprozesse, an denen betriebliche (interne), marktbezogene und gesellschaftliche (externe) *Anspruchsgruppen* beteiligt sein können (vgl. Kap. 4.4.1). Moderne Auffassungen der Organisationstheorie unterstellen *Interessenpluralität* für Unternehmen. Danach entscheiden nicht nur die Eigentümer einer Unternehmung (*Shareholder*), welche Ziele verfolgt werden sollen, sondern auch Anspruchsgruppen (*Stakeholder*; vgl. Macharzina/Wolf 2018, S. 207; vgl. auch Kap. 4.4.1). Aus den Forderungen der Anspruchsgruppen leiten sich *Ziele für die Unternehmung* ab. Das Modell eines politischen Systems der Abb. 5-4 geht davon aus, dass es in Unternehmen autorisierte *Kernorgane* gibt, die Ziele der Unternehmung verbindlich festlegen können. Welche »Organe« es sind, ist von der Rechtsform und der *Unternehmensverfassung* abhängig (z. B. der Vorstand bei einer Aktiengesellschaft; vgl. Kap. 7.3). Interne Unternehmensmitglieder wie Eigentümer, Manager und Mitarbeiter versuchen, ihre Interessen beim Zielbildungsprozess ebenso durchzusetzen wie externe Anspruchsgruppen (z. B. staatliche Organe, politische Parteien, Gewerkschaften). Welche Gruppen und Personen sich durchsetzen, ist insbesondere von deren *Machtposition* abhängig (vgl. Schierenbeck/Wöhle 2016, S. 71; zum Begriff der Macht vgl. Kap. 4.3.2). Je nach Machtposition setzen sich entweder die Eigentümer (*Shareholder*) oder die *Stakeholder* durch. Bei Konflikten werden zur Erreichung von Zielen häufig Koalitionen gebildet, die ihre Ziele in Verhandlungsprozessen aufeinander abstimmen (vgl. Weber et al. 2014, S. 104).

Abb. 5-4

Zielbildungsprozess

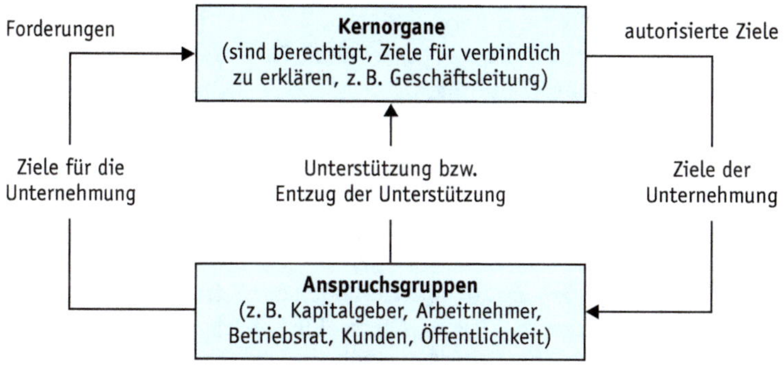

Quelle: In Anlehnung an Weber/Kabst 2009, S. 206

Die Bildung individueller Ziele kann insbesondere durch Motiv- und Bedürfnistheorien sowie durch Lerntheorien erklärt werden (z. B. *Bedürfnistheorie von Maslow*; vgl. Schierenbeck/Wöhle 2016, S. 72). Mitarbeiter erwarten z. B. einen angemessenen Arbeitslohn, Sozialleistungen, eine interessante Arbeit und Entwicklungsmöglichkeiten.

Kontrollfragen Kapitel 5

1. *Was versteht man unter einer Unternehmenskultur und was unter einer Unternehmensphilosophie?*
2. *Was sind Unternehmensgrundsätze und was sind Unternehmensleitbilder?*
3. *Wie unterscheiden sich Sach- und Formalziele? Nennen Sie Beispiele.*
4. *Was sind Ziele und welche Zieldimensionen sind zu unterscheiden?*
5. *Welche Ziele werden in der Praxis verfolgt?*
6. *Welche Unterscheidungen gibt es im Zielausmaß?*
7. *Nennen und erläutern Sie Anforderungen an Ziele.*
8. *Welche Funktionen üben Ziele aus?*
9. *Wie kann der Betriebserfolg (Gewinn) als Ziel definiert werden?*
10. *EBIT = 120 Mio. Euro, Abschreibungen auf Sach- und Finanzanlagen = 150 Mio. Euro. Berechnen Sie das EBITDA.*
11. *Was versteht man unter Liquidität?*
12. *Nennen und erläutern Sie unterschiedliche Zielbeziehungen.*
13. *Was ist ein Zielsystem?*
14. *Welches sind Anspruchsgruppen einer Unternehmung? Nennen Sie Beispiele.*
15. *Erläutern Sie den Zielbildungsprozess.*

Weiterführende Literatur

Bonse, A./Linnhoff, U./Pellens, B. (2011): Jahresabschlüsse, in: Busse von Colbe, W./Coenenberg, A. G./Kajüter, P./Linnhoff, U./Pellens, B. (Hrsg.), Betriebswirtschaft für Führungskräfte, 4. Aufl., Stuttgart, S. 497–533.

Coenenberg, A. G./Haller, A./Mattner, G./Schultze, W. (2014a): Einführung in das Rechnungswesen, 5. Aufl., Stuttgart.

Coenenberg, A. G./Haller, A./Schultze, W. (2014b): Jahresabschluss und Jahresabschlussanalyse, 23. Aufl., Stuttgart.

Macharzina, K./Wolf, J. (2018): Unternehmensführung, 10. Aufl., Wiesbaden.

Schierenbeck, H./Wöhle, C. B. (2016): Grundzüge der Betriebswirtschaftslehre, 19. Aufl., München.

Schweitzer, M. (2009a): Gegenstand und Methoden der Betriebswirtschaftslehre, in: Bea, F. X./Schweitzer, M. (Hrsg.), Allgemeine Betriebswirtschaftslehre, Bd. 1: Grundfragen, 10. Aufl., Stuttgart, S. 23–80.

Weber, W./Kabst, R./Baum, M. (2014): Einführung in die Betriebswirtschaftslehre, 9. Aufl., Wiesbaden.

Wöhe, G./Döring, U./Brösel, G. (2016): Einführung in die Allgemeine Betriebswirtschaftslehre, 26. Aufl., München.

6 Unternehmensführung und Management

Lernziele

- Sie kennen die historische Entwicklung von Managementansätzen.
- Sie können den Begriff Unternehmensführung präzisieren und einzelne Funktionen der Unternehmensführung benennen.
- Sie können den betriebswirtschaftlichen Planungsbegriff erläutern.
- Sie kennen zwei Varianten des Organisationsbegriffes.
- Sie können den Unterschied zwischen einer Aufbau- und einer Ablauforganisation erklären.
- Sie kennen verschiedene Grundmodelle der Aufbauorganisation sowie deren Vor- und Nachteile.
- Sie kennen die Funktion der Aufgabenanalyse und der Aufgabensynthese.
- Sie wissen, was Stellen und Instanzen sind.
- Sie können eine Nutzwertanalyse mit dem Scoring-Modell durchführen.
- Sie kennen die vier Perspektiven der Balanced Scorecard.
- Sie können einen MPM-Netzplan für ein Projekt aufstellen.
- Sie können ein einfaches LP-Problem grafisch lösen.

6.1 Entwicklung der Managementforschung

Die »industrielle Revolution« in England Mitte des 18. Jh. gilt als Ausgangspunkt der *Managementlehre*. Als Beginn des Managements als Wissenschaft wird das Jahr 1886 angesehen. In diesem Jahr hielt der Präsident der *American Society of Mechanical Engineers* in den USA eine grundlegende und viel beachtete Rede zur Managementdisziplin (vgl. Staehle 1999, S. 22 f.). Die weitere Entwicklung des Managements kann der Abb. 6-1 entnommen werden.

Managementansätze

Einzelne Management- bzw. Organisationslehren sind:

- *Ingenieurmäßig-ökonomische Ansätze* (Scientific-Management und Industrial-Engineering): Diese Ansätze gehen auf die Arbeiten von *Frederick Winslow Taylor* (1856-1915) und *Henry Ford* (1863-1947) zurück (vgl. Kap. 1.3; Staehle 1999, S. 24 ff.). In der Entwicklung von *Arbeitsmethoden* ging es *Taylor* insbesondere darum, Arbeitsprozesse genau zu analysieren und in möglichst kleine Aufgabenelemente zu zerlegen (extreme Arbeitsteilung, *Taylorismus*), die nachfolgend konsequent in ausführende oder planende Aufgaben eingeteilt wurden (*Funktionsmeistersystem*). Grundlage des *Fordismus* ist das *Prinzip der Fließfertigung*, das bei *Ford* ab 1913 zur Automobilproduktion eingesetzt wurde.

Abb. 6-1

Historische Entwicklung der Managementwissenschaft

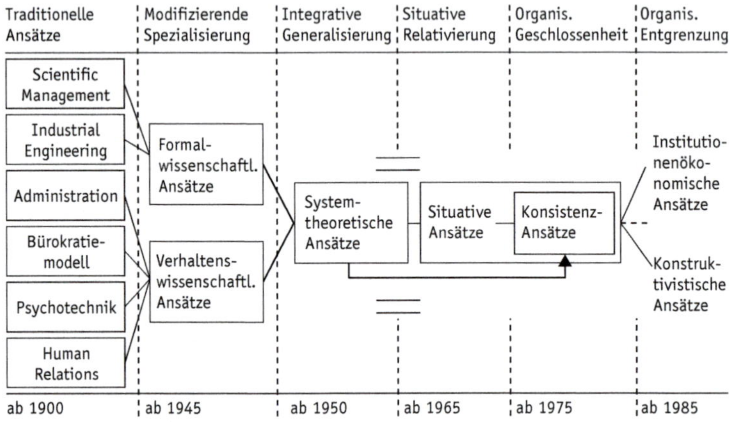

Quelle: In Anlehnung an Staehle 1999, S. 22

- *Administrative Ansätze* (Verwaltungslehre): Dieser in Frankreich Anfang des 20. Jh. von *Henri Fayol* (1841-1925) entwickelte Ansatz zielt auf eine umfassende Analyse der Organisation. Management wird hier als ein Bündel universell nachweisbarer Funktionen in allen Organisationen aufgefasst (*Ausdifferenzierung der Managementfunktionen*). Danach umfassen Managementfunktionen die Teilbereiche Planung, Organisation, Leitung, Koordination und Kontrolle (vgl. Staehle 1999, S. 27 f.). Der Grundsatz der *Einheit der Auftragserteilung* (sogenannte *Fayolsche Brücke*) und die damit verbundene strenge Gliederung der Organisation durch ein Liniensystem gelten als zweites wichtiges Merkmal der Managementlehre von *Fayol*: Eine in einer Hierarchie nachgeordnete Instanz kann nur von einer vorgeordneten Instanz Weisungen erhalten (*Dienstwegprinzip*; vgl. Kap. 6.3). *Fayol* formulierte insgesamt 14 *Managementprinzipien* (z. B. gerechte Entlohnung) und Managementregeln (z. B. das Prinzip der optimalen Kontrollspanne).
- *Bürokratische Ansätze* (Bürokratiemodell): Das Bürokratiemodell geht auf das 1922 erschienene Buch *»Wirtschaft und Gesellschaft«* von *Max Weber* (1864-1925) zurück und stellt die bürokratische Organisation durch einen kontinuierlichen, regelgebundenen Betrieb von Amtsgeschäften durch Beamte dar, welche über genau abgegrenzte Aufgabenbereiche, Befehlsgewalten und Sanktionsmittel verfügen (vgl. Staehle 1999, S. 29 f.). Merkmale der bürokratischen Verwaltung sind:
  - spezialisierte Aufgabenerfüllung (Arbeitsteilung),
  - streng hierarchischer Aufbau (Amtshierarchie),
  - Amtsführung durch Beamte nach technischen Regeln und Normen,
  - Aktenmäßigkeit der Verwaltung.

Modifikationen und Weiterentwicklungen des Bürokratiemodells von *Weber* versuchen, die Dysfunktion dieses Ansatzes zu reduzieren. Insbesondere wird diesem Modell fehlende Flexibilität und Anpassungsfähigkeit vorgeworfen. Häufig kommt es zu einer Verschiebung der Aufmerksamkeit von den Zielen der Organisation auf die Mittel, die dann zum Selbstzweck werden (vgl. Staehle 1999, S. 29). Das blinde Befolgen formeller Regeln und Vorschriften sowie die Überbetonung von Disziplin führen zu Starrheit und mangelnder Anpassungsfähigkeit bürokratischer Organisationen.

- *Physiologisch-psychologische Ansätze* (Psychotechnik): Die Psychotechnik setzt voraus, dass durch eine Berücksichtigung psychologischer Faktoren die Leistung arbeitender Menschen gesteigert werden kann. Entwickelt wurden Eignungs- und Auslesetests, Techniken des Einübens und Anpassens neuer Mitarbeiter sowie Verfahren der psychologischen Arbeitsgestaltung (vgl. Staehle 1999, S. 31 f.). Mit den körperlichen Arbeitsbedingungen beschäftigen sich die *Ergonomie* und verschiedene Richtungen der *Arbeitswissenschaft*. Der Begriff der *Psychotechnik* als Lehre von der Menschenbehandlung wurde von *William Stern* um 1900 eingeführt (vgl. Staehle 1999, S. 31). Dieser Forschungsrichtung ging es in erster Linie darum, die positiven und negativen Einflussfaktoren auf die Arbeitsleistung zu analysieren. Die Arbeitsleistung ist sowohl von der individuellen Eignung der Arbeitnehmer (z. B. Belastbarkeit, Lernfähigkeit und Geschicklichkeit) sowie von den Arbeitsbedingungen (Monotonie, Ermüdung) abhängig.
- *Sozialpsychologische und soziologische Ansätze* (Human Relations): Während die psychotechnische Forschung in erster Linie die Abhängigkeit der Arbeitsleistung von den physikalischen Arbeitsbedingungen untersucht hat, stellt der *Human-Relations-Ansatz* die Wirkung sozialer Phänomene wie z. B. Gruppenidentität und Gruppennormen auf die Arbeitsleistung in den Vordergrund der Betrachtung (vgl. Staehle 1999, S. 33 ff.). Analysiert wird, wie sich in Organisationen soziale Gruppen bilden und wovon die Gruppenleistung abhängt (vgl. Kap. 4.3.1).

6.2 Unternehmensführung

Die *Unternehmensführung* (*General-Management*) dient der zielorientierten Steuerung arbeitsteiliger Prozesse des gesamten Unternehmens in allen Wertschöpfungs- und Handlungsbereichen.

Die Begriffe *Unternehmensführung* und *Management* werden im deutschsprachigen Raum synonym verwendet. Die *Personalführung* (oft nur als Führung bezeichnet), die die zielorientierte Steuerung interpersonaler Beziehungen zwischen Vorgesetzten und Mitarbeitern zur Aufgabe hat, ist Teil der Unternehmensführung (vgl. Macharzina/Wolf 2018, S. 37; Kap. 8.7). Management kann aus einer institutionellen und einer funktionalen Perspektive betrachtet werden (vgl. Steinmann et al. 2013, S. 6 f.). *Management als Institution* erfasst die Organe, Träger, Gruppen bzw. Personen mit Anweisungsbefugnissen (z. B. Vorstände, Vorgesetzte). Personen, die sich mit diesen

Unternehmensführungsaufgaben befassen, sind Funktionsträger mit Entscheidungs- und Anordnungskompetenzen. Nach der Stellung in der Unternehmenshierarchie kann noch zwischen dem *Top-, Middle- und Lower-Management* unterschieden werden (vgl. Schierenbeck/Wöhle 2016, S. 113). *Management als Funktion* umfasst alle Aufgaben, die zur Leitung und Steuerung des gesamten Unternehmens erforderlich sind. Hierbei handelt es sich um Querschnittsfunktionen, die im Managementprozess den Meta-Bereichen *Willensbildung* (Planung und Entscheidung) und *Willensdurchsetzung* (Führung und Kontrolle) zugeordnet werden können (vgl. Abb. 6-2; Macharzina/Wolf 2018, S. 38 f.; Schierenbeck/Wöhle 2016, S. 113 f.).

Aufgaben des Managements

Einzelne Aufgaben des Managements sind (vgl. Staehle 1999, S. 81; Steinmann et al. 2013, S. 9 ff.):

- *Planung:* Systematisches und methodengestütztes »Durchdenken« zukünftiger Umfeldentwicklungen und Festlegung von adäquaten Handlungsplänen.
- *Entscheidung*: Alle grundsätzlichen Entscheidungen von Führungspersonen mit hoher Bindungswirkung und hohem monetären Wert, die die Gestaltung und Koordination aller Wertschöpfungsprozesse des gesamten Unternehmens zum Gegenstand haben.
- *Organisation* (vgl. Kap. 6.3): Regelt die Gestaltung der Unternehmensstruktur (Aufbauorganisation) und die im Unternehmen ablaufenden Prozesse (Ablauforganisation).
- *Personalführung*: Zielorientierte Einflussnahme von Vorgesetzten auf das Verhalten von Mitarbeitern durch Anweisung, Motivation, Schulung und Kontrolle (vgl. Kap. 8.7).
- *Implementierung*: Treffen von Anweisungen zur Umsetzung von Führungsentscheidungen im Unternehmen.
- *Koordination*: Zielorientierte Abstimmung und Verknüpfung arbeitsteiliger Prozesse.
- *Kontrolle*: Laufende Überprüfung des Aufgabenvollzuges und der Ergebnisentwicklung.

Abb. 6-2

Bereiche der Unternehmensführung

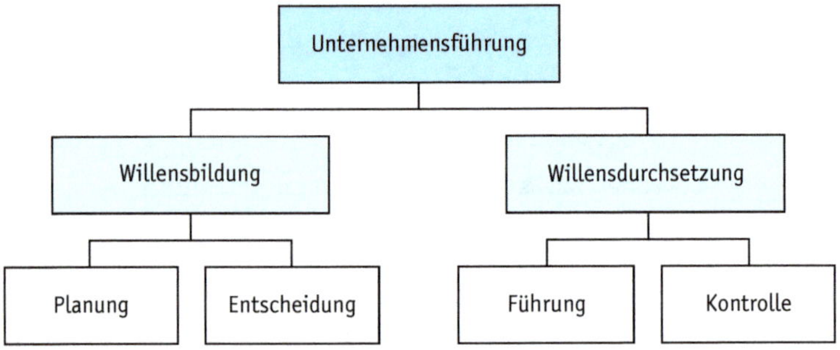

Quelle: In Anlehnung an Rühli 1975, S. 10

Planung

Planung zielt auf eine systematisch angelegte und methodengestützte Antizipation zukünftiger Markt- und Umfeldentwicklungen zur Festlegung darauf zugeschnittener Handlungspläne (strategische Perspektive) sowie auf die formale Erfassung betrieblicher Leistungsprozesse zur Steuerung und Koordination im arbeitsteiligen Verbund stehender Organisationseinheiten mit Hilfe von Planvorgaben (operative Perspektive). Die Planung dient der Problemerkennung und Entscheidungsvorbereitung. Die *Komponenten der Planung* sind (vgl. Macharzina/Wolf 2018, S. 406 ff.):

- Zukunftsbezogenheit, d. h. Antizipation zukünftiger Entwicklungen unter Bedingungen von Wissenslücken und Unsicherheit,
- Rationalität, d. h. zielgerichtetes, methodisch-systematisches Vorgehen unter Einsatz einschlägiger Planungsmethoden und -techniken,
- Prozessstruktur, d. h., Pläne werden in regelmäßigen Abständen (Anpassungsrhythmus) überprüft, revidiert und fortgeschrieben (Planfortschreibung),
- Informationsabhängigkeit, d. h., die Planung benötigt in vielfältiger Form Informationen, die gesammelt, analysiert, strukturiert, interpretiert, verdichtet und bewertet werden.

Planung

- berücksichtigt Unsicherheiten und Informationsdefizite,
- reduziert das Risiko von Fehlentscheidungen,
- ist ein rationaler Prozess,
- erkennt Handlungsoptionen und bereitet Entscheidungen vor,
- sorgt für die Integration einzelner Entscheidungen in den Gesamtplan.

Planungsarten

Das Ergebnis der Planung ist ein *Plan*, der die zum Erreichen der Ziele (Planvorgaben) erforderlichen Arbeitsaufgaben vorausschauend festlegt. Neben den Planungszielen und Aufgaben legt der Plan auch benötigte Ressourcen, erwartete Ergebnisse, Zeitvorgaben und Planerfüllungsträger bzw. Planverantwortliche fest. Die in den einzelnen Unternehmensbereichen aufgestellten *Teilpläne* müssen sowohl horizontal als auch hierarchisch im Rahmen eines betrieblichen Planungssystems aufeinander abgestimmt werden. Eine Abstimmung der Teilpläne kann schrittweise (*sukzessive Planung*) oder gleichzeitig (*simultane Planung*) durchgeführt werden (Schweitzer 2011, S. 61). Die vertikale Planungsabstimmung kann über retrograde (*Top-down-Planung*) und progressive (*Bottom-up-Planung*) Planungsverfahren sowie durch das Gegenstromverfahren (*zirkuläre Planung*) erfolgen (vgl. Schierenbeck/Wöhle 2016, S. 148 f.; Schweitzer 2011, S. 63 ff.). Die in den jeweiligen Organisationsbereichen aufgestellten Teilpläne werden mit den übergeordneten Bereichen abgestimmt (*Bottom-up*) oder ein (globaler) Unternehmensgesamtplan wird zunehmend in den nachfolgenden Organisationsbereichen ausdifferenziert und konkretisiert (*Top-down*). Hinsichtlich des *Zeithorizontes* kann zwischen strategischer, taktischer und operativer Planung unterschieden werden (vgl. Horváth 2011, S. 304; Schierenbeck/Wöhle 2016, S. 150 f.; Abb. 6-3).

Abb. 6-3

Hierarchie der Planung

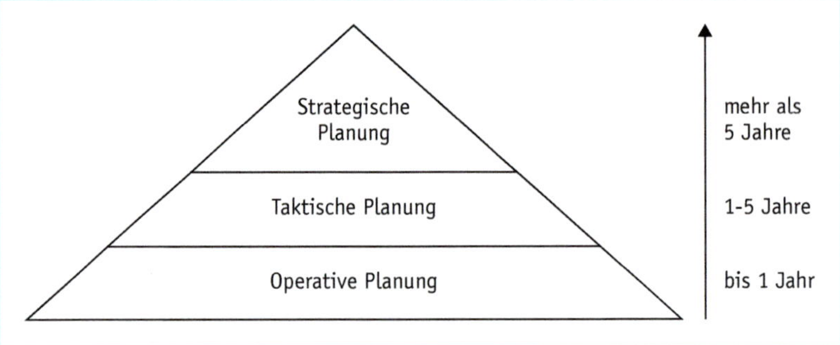

Strategische Planung

Die *strategische Planung* unterstützt durch frühzeitiges Erkennen und Einschätzen zukünftiger Herausforderungen (Chancen und Risiken), denen sich Unternehmen stellen müssen, die Formulierung zukunftsfähiger Handlungsoptionen und Handlungsprogramme (Strategien) sowie dazu passender Maßnahmen mit dem Ziel, die Wettbewerbsfähigkeit der Unternehmen auch in Zukunft zu sichern.

Das Ziel der strategischen Planung ist, frühzeitig zukunftsweisende Strategien zu identifizieren und zu formulieren, um eine dauerhafte Wettbewerbsfähigkeit des Unternehmens sicherzustellen. Weiterhin geht es um die Suche, den Aufbau, den Erhalt und den Ausbau von Erfolgspotenzialen. Schwerpunktmäßig ist sie auf den obersten Ebenen der Unternehmenshierarchie anzutreffen und oft wegen des relativ langen Planungshorizontes mit hohen Entscheidungsunsicherheiten verbunden. Aufgaben in der strategischen Planung beziehen sich hauptsächlich auf die Entwicklung einer *Unternehmenskonzeption* bzw. eines *Geschäftsmodells* mit folgenden Aspekten:

- Festlegung von Unternehmenszielen (vgl. Kap. 5).
- Festlegung Strategischer Geschäftseinheiten. Eine *Strategische Geschäftseinheit* ist ein auf Dauer angelegter, möglichst genau definierter Tätigkeitsbereich eines Unternehmens bzw. eines Konzerns mit einem weitgehend selbstständigen Management und einer eigenen Marktaufgabe (vgl. Kap. 8.1).
- Festlegung von Handlungsoptionen und Handlungsplänen in Form von Unternehmens-, Geschäftsfeld- und Funktionalstrategien.
- Festlegung des Einsatzes von Maßnahmen, Programmen und Verfahren zur Umsetzung der Strategien.

Operative Planung

Die *operative Planung* umfasst innerbetriebliche, für kurz- bzw. mittelfristige Zeiträume aufgestellte Vorgaben (Planziele) und Maßnahmen für alle Unternehmensbereiche (z. B. Finanzplanung), die in Teilplänen erfasst und in einer Gesamtplanung für das Unternehmen integriert werden.

Operative Planung muss in allen betrieblichen Funktionsbereichen und auf jeder Ebene der Unternehmenshierarchie betrieben werden. Dazu sind möglichst genaue Kenntnisse der zu planenden Sachverhalte bzw. Bereiche erforderlich. Mit Plandaten (Soll-Daten), in denen die Erwartungen über die Zukunft zum Ausdruck kommen, können arbeitsteilige Leistungsprozesse im Betrieb gesteuert und über einen Vergleich mit den aktuellen Daten (Ist-Daten) beurteilt werden (*Soll-Ist-Vergleich*). Die *taktische Planung*, als Bindeglied zwischen strategischer und operativer Planung, erfasst mittelfristige Entwicklungen und die damit erforderlichen Anpassungsmaßnahmen.

Führungsentscheidung

Merkmale

Führungsentscheidungen im Unternehmen sind gekennzeichnet durch die Merkmale:

- Grundsatzcharakter (z. B. Rechtsformwahl),
- hohe Bindungswirkung (z. B. grundlegende Reorganisation des Unternehmens),
- hoher monetärer Wert (z. B. Investitionsentscheidungen),
- die Unternehmung als Ganzes betreffend (z. B. Unternehmensverfassung),
- politischer Charakter (z. B. Standortverlagerungen) und
- Komplexität (z. B. Entscheidung über ein Joint Venture als Markteintrittsstrategie)

(vgl. Macharzina/Wolf 2015, S. 40 ff.).

Entscheidungsprozesse beinhalten grundsätzlich die Aufgabe der Identifikation, Bewertung und Auswahl (Beschlussfassung) von Handlungsmöglichkeiten (vgl. Kap. 3.2.1). Objekte von Entscheidungen sind sowohl Ziele (Zielentscheidungen) als auch Mittel (Sachentscheidungen). Die für die Entscheidungsfindung erforderlichen Informationen liefern betriebliche Informationssysteme, die oft in einem umfassenden *Controllingsystem* integriert sind (vgl. Kap. 8.10). Dazu gehören u. a. die *Kostenrechnung* (vgl. Kap. 8.9.3), die *Marktforschung* (vgl. Kap. 8.2.3) und der Bereich der *strategischen Früherkennung*. Handlungsalternativen werden hinsichtlich ihrer Zielwirksamkeit und Effizienz bewertet. Oft erfolgt die *Bewertung* durch Zuordnung von Wertgrößen zu den einzelnen Handlungsalternativen bzw. Entscheidungsobjekten. Hierzu können spezielle Bewertungsmethoden und -techniken eingesetzt werden (vgl. Kap. 3.2.1.2). Darüber hinaus umfasst die Bewertung bei mehreren zu prüfenden Handlungsobjekten auch die Herstellung einer Rangordnung (*Präferenzordnung*) der Objekte in Bezug auf ein Ziel oder mehrere Ziele. Die wichtigste Phase im Problemlösungsprozess ist der *Entschluss*, die beste Handlungsmöglichkeit zu realisieren oder die Problemlösung abzubrechen. Häufige Probleme, die der Entschlussfassung in der Praxis entgegenstehen, sind u. a. Entschlussschwäche der Entscheider, Angst vor dem Risiko und der Verantwortung, Möglichkeit der Delegation von Entscheidungen oder Verschiebung von Entscheidungen auf einen späteren Termin (sogenanntes »Aussitzen«).

Anordnung und Durchsetzung (Implementierung)

Jeder Realisierungsentschluss muss den Aufgabenträgern durch Anordnungen bzw. Anweisungen übermittelt werden (*Personalführung*). Hierbei geht es um die Sicherstellung der Arbeitsausführung. Dies erfordert zunächst eine Bestimmung der zuständigen Aufgabenträger. Implementierungen treffen nahezu immer auf betriebliche

Widerstände, die es zu überwinden gilt (Implementierungsbarrieren). Insbesondere handelt es sich um Verhaltenswiderstände auf Grund mangelnden Umsetzungswillens von Führungskräften und um Systemwiderstände, die durch betriebliche oder strategische Dysfunktionalitäten (z. B. mangelnder Fit zwischen Organisation und Strategie) ausgelöst werden können. Zur Lösung solcher Probleme stehen verschiedene Ansätze zur Verfügung (Marachzina/Wolf 2018, S. 394 ff.). Bei der Durchsetzung von Maßnahmen kann sich das Management auf Autorität, Macht, Aufklärung und Überzeugung stützen.

Kontrolle

Die *Kontrolle* überprüft im Rahmen eines *Soll-Ist-Vergleichs*, ob die Plandaten (Soll-Daten) durch die eingeleiteten Maßnahmen (Ist-Daten) erreicht wurden.

Treten Abweichungen auf, müssen diese hinsichtlich ihrer Ursachen analysiert werden (sogenannte *Gap-Analyse* oder *Lückenanalyse*). Gegebenenfalls können Korrekturmaßnahmen eingeleitet oder Pläne revidiert werden. Insofern ist eine Kontrolle nur möglich, wenn es vorher eine Planung gab (vgl. Steinmann et al. 2013, S. 13). Je nachdem, in welcher Phase eines Problemlösungsprozesses Kontrollen stattfinden, können verschiedene *Typen von Kontrolle* unterschieden werden:

Typen von Kontrolle

- *Entscheidungsprozesskontrolle:* Mit dieser Art der Kontrolle wird geprüft, ob der Entscheidungsprozess rational und zielführend abgelaufen ist.
- *Prämissenkontrolle:* Nach dem Realisierungsentschluss wird von Zeit zu Zeit geprüft, ob die der Entscheidung zugrunde gelegten Prämissen (grundlegende Annahmen) noch gültig sind.
- *Realisierungsfortschrittskontrolle:* Planfortschrittskontrollen können während der Realisierung stattfinden (Festlegung von Meilensteinen).
- *Ergebniskontrolle:* Die Ergebniskontrolle erfolgt nach der Realisierung der Maßnahmen als Soll-Ist-Vergleich.

Revision

Eine besondere Form der Kontrolle ist die *Revision*, die durch Personen vorgenommen wird, die nicht in die betrieblichen Abläufe eingebunden sind. Objekt der Revision sind die im Unternehmen eingesetzten Systeme sowie wichtige Geschäftsvorfälle. Zu unterscheiden sind dabei die Innenrevision und die Außenrevision. Anzumerken ist, dass der Begriff Kontrolle nicht mit dem *Controlling* verwechselt werden darf, dort aber eine wichtige Rolle spielt (vgl. Kap. 8.10.3). Unter dem Begriff Controlling werden solche, die Leitung und Steuerung des Unternehmens unterstützenden Aufgaben der Informationsversorgung, Planung- und Kontrolle sowie der Koordination zusammengefasst (vgl. Macharzina/Wolf 2018, S. 444 ff.; Kap. 8.10).

6.3 Organisation

6.3.1 Organisation als Führungsinstrument

Damit der *Unternehmenszweck* effektiv und effizient erreicht werden kann, müssen die dazu arbeitsteilig zu erledigenden Teilaufgaben erfüllt und im Hinblick auf die Gesamtaufgabe koordiniert werden. Die *Organisationslehre* beschäftigt sich deshalb damit, wie die Gesamtaufgabe eines Unternehmens in Teilaufgaben zu zerlegen und das Zusammenwirken der Teilaufgaben zu regeln ist, damit die Ziele des Unternehmens bestmöglich erreicht werden können. Es werden zwei *Organisationsbegriffe* unterschieden (vgl. Krüger 2011, S. 178; Thommen et al. 2017, S. 434; Weber et al. 2014, S. 265 ff.):

Organisationsbegriffe

- Nach dem *institutionellen Organisationsbegriff* werden zielgerichtete soziale Systeme mit interpersonaler Arbeitsteilung als Organisationen bezeichnet. Hiernach *ist* die Unternehmung eine Organisation. Diese Perspektive ermöglicht es, insbesondere soziale und informelle Aspekte einer Organisation zu verstehen (vgl. Macharzina/Wolf 2018, S. 475 ff.; Picot et al. 2012, S. 27).
- Nach dem *instrumentellen Organisationsbegriff* (auch als *funktionaler* Organisationsbegriff bezeichnet) ist die Organisation ein Führungsinstrument, das dazu dient, durch eine bewusst geschaffene Ordnung arbeitsteiliger Aufgaben im Unternehmen betriebliche Ziele effizient zu erreichen (vgl. Domschke/Scholl 2008, S. 352 f.). Das Organisieren bezieht sich auf die *Differenzierung* eines Betriebes in arbeitsteilige Subsysteme und deren *Integration* zu einem zielgerichteten Ganzen. Hiernach *hat* die Unternehmung eine Organisation. Die Organisation stellt im Ergebnis ein *Regelsystem* dar, das durch die Tätigkeit des Organisierens geschaffen wird (Picot et al. 2012, S. 27). Dabei handelt es sich um dauerhafte (formale und informale) Regelungen (z. B. zur Aufgabenverteilung, Koordination, zu Kompetenzen und Weisungsbefugnissen; Steinmann et al. 2013, S. 383). Die Beziehungen zwischen den einzelnen organisatorischen Subsystemen wird als *Struktur* bezeichnet (vgl. Krüger 2011, S. 179).

Die weiteren Ausführungen legen den instrumentellen Organisationsbegriff zugrunde.

6.3.2 Aufgabenanalyse, Aufgabensynthese und Leitungshierarchie

Die Organisation umfasst zum einen Strukturen zwischen den mit Teilaufgaben versehenen organisatorischen Einheiten (Aufbauorganisation) und zum anderen Festlegungen zu den Arbeitsprozessen (Ablauforganisation).

Aufbau- und Ablauforganisation

- Die *Aufbauorganisation* gliedert das Unternehmen in einzelne organisatorische Subsysteme und regelt unter ihnen die Verteilung von Aufgaben und Kompetenzen. Dadurch entstehen geordnete, hierarchische Strukturen (vgl. Domschke/Scholl 2008, S. 352). Geregelt wird, welcher *Aufgabenträger* für die Durchführung welcher *Aufgabe* unter dem Einsatz von zugewiesenen *Ressourcen* verantwortlich ist (Macharzina/Wolf 2018, S. 479). Dazu wird die Gesamtaufgabe des Unternehmens anhand von Kriterien in Teilaufgaben gegliedert (*Aufgabenanalyse*), die dann, zu sinnvollen Aufgabenkomplexen zusammengefasst und Aufgabenträgern (Stellen) zugewiesen werden (*Aufgabensynthese*).

- Die *Ablauforganisation* regelt Arbeitsabläufe (Prozesse) innerhalb des Unternehmens. Insbesondere geht es um die Bearbeitungsreihenfolge der zu einem Prozess zusammengefassten Teilaufgaben (z. B. Beschaffungsprozesse).

Eine bewusst geschaffene Organisation legt die *formalen Strukturen* und Abläufe im Unternehmen fest. Daneben bilden sich im betrieblichen Alltag *informelle Strukturen* heraus, die die formale Organisation unterstützen, ergänzen oder auch hemmen können (vgl. Thommen et al. 2017, S. 434 f.).

Aufgabenanalyse

Eine *Differenzierung* der Gesamtaufgabe der Unternehmung (Arbeitsteilung) erfolgt durch Aufgabenanalyse und die *Integration* von Teilaufgaben (Arbeitsvereinigung) vollzieht sich in der Aufgabensynthese. In der *Aufgabenanalyse* (Subsystembildung) wird die Gesamtaufgabe der Unternehmung so lange anhand bestimmter Kriterien in Teilaufgaben (sogenannte *Elementaraufgaben*) untergliedert, bis sich Teilaufgaben ergeben, die nicht weiter aufgeteilt werden können. Kriterien der Aufgabenanalyse sind die Art der *Verrichtungen* (z. B. Produktion, Finanzierung), *Objekte*, auf die sich Tätigkeiten richten (z. B. Produkte, Kunden, Regionen), *Orte*, an denen Aufgaben zu erfüllen sind (z. B. Fertigungsstätten, innerbetriebliche Standorte), die *Häufigkeit*, mit der Tätigkeiten auszuführen sind (repetitive oder innovative Aufgaben), der *Zweck*, den die Tätigkeit erfüllt (primärer, wie z. B. Produktion, oder sekundärer Betriebszweck, wie z. B. Verwaltung), *Phasen*, in denen Tätigkeiten ausgeübt werden (Planung, Anordnung, Realisation, Kontrolle), und der *Rang* (leitend, ausführend), dem die jeweilige Tätigkeit zugeordnet werden kann (vgl. Thommen et al. 2017, S. 436; Wöhe et al. 2016, S. 103).

Humanisierung der Arbeitswelt

Eine zu starke Zersplitterung von Arbeitsaufgaben, wie es z. B. der *Taylorismus* vorsieht, kann sich negativ auf die Arbeitsleistung der Stelleninhaber auswirken (vgl. Krüger 2011, S. 189). Insbesondere aus Sicht der Humanisierung der Arbeitswelt, der Steigerung der Arbeitsmotivation und der Erhöhung der Arbeitsproduktivität wird eine Rücknahme der Arbeitszerlegung empfohlen. Dies ist möglich, wenn Teilaufgaben zusammengefasst und Aufgabenüberlappungen (Schnittstellen) aufgelöst werden. Möglichkeiten hierfür bieten das *Job Enlargement* (Erweiterung des Aufgabenspektrums), das *Job Enrichment* (Vergrößerung der Entscheidungs- und Kontrollspielräume) sowie die Übertragung von umfassenderen Aufgaben oder Teilprozessen auf teilautonome Arbeitsgruppen (*Projektteams*). Durch *Job Rotation* können Mitarbeiter die Gruppen in bestimmten Zeitabständen wechseln und dabei andere Aufgaben übernehmen (vgl. Krüger 2011, S. 189).

Aufgabensynthese

Die *Aufgabensynthese* (Stellenbildung, Subsystemintegration) fasst Elementaraufgaben zu sinnvollen Aufgabenkomplexen zusammen und ordnet diese Stellen zu.

Stellen sind die kleinsten aufbauorganisatorischen Einheiten im Unternehmen und repräsentieren einen definierten Aufgabenkomplex, der von einem oder mehreren Mitarbeitern bzw. Mitarbeiterinnen ausgeführt werden kann.

Der Ort und Raum zur Erfüllung einer Aufgabe wird als *Arbeitsplatz* bezeichnet (vgl. Thommen et al. 2017, S. 437). Der Inhaber einer Stelle verfügt über festgelegte Entscheidungskompetenzen und Verantwortlichkeiten.

> *Kompetenzen* umfassen alle Handlungsrechte und Befugnisse, die einem Stelleninhaber zur Erfüllung seiner Aufgaben zur Verfügung stehen (Entscheidungs- und Anordnungsbefugnisse).

Die Pflicht eines Stelleninhabers, für die Aufgabenerfüllung persönlich Rechenschaft abzulegen, bezeichnet man als *Verantwortung* (vgl. Krüger 2011, S. 193; Thommen et al. 2017, S. 437 f.).

Stellenarten

Stellen können hinsichtlich der auf sie übertragenen Kompetenzen und Verantwortungsbereiche unterschieden werden (vgl. Wöhe et al. 2016, S. 105 ff.):

- Ausführende Stellen befinden sich auf der untersten Stelle der Unternehmenshierarchie und haben keine Weisungsrechte.
- Instanzen sind Stellen mit Weisungsbefugnissen, die überwiegend oder ausschließlich Führungsaufgaben übernehmen (*Leitungsstellen*). Die *Leitungsspanne* gibt an, wie viele Mitarbeiter einer Instanz unterstellt sind.
- Stabsstellen beraten und entlasten Instanzen, ohne selbst entscheidungs- und weisungsbefugt zu sein. Ihre Arbeit dient in der Regel der Vorbereitung von Führungsentscheidungen.
- Zentralstellen übernehmen Arbeiten, die in vielen Unternehmensbereichen anfallen. Beispiele sind die Rechtsabteilung, Personalabteilung und der IT-Bereich. Gegenüber Linieninstanzen haben sie oft eine fachliche Weisungskompetenz.

Leitungshierarchie

Die durch Arbeitsteilung (Aufgabenanalyse) und Stellenbildung (Aufgabensynthese) entstandenen Teilsysteme müssen hinsichtlich der gemeinsamen Erfüllung des Unternehmenszwecks koordiniert bzw. in ein Gesamtsystem integriert werden. Dazu eignet sich die Leitungshierarchie, die die organisatorischen Einheiten (z. B. Stellen, Abteilungen) durch Leitungsbeziehungen miteinander verbindet (vgl. Krüger 2011, S. 195). Die Bildung der Organisations- bzw. Leitungshierarchie kann unter den Gesichtspunkten der Zentralisierung, Delegation und Partizipation erfolgen.

Entscheidungs(de)zentralisierung

Bei der *Entscheidungszentralisierung* werden gleiche oder ähnliche Entscheidungsaufgaben mit entsprechender Kompetenz und Verantwortung gebündelt den oberen Hierarchieebenen zugewiesen. Demgegenüber befinden sich bei der *Entscheidungsdezentralisation* Entscheidungsaufgaben überwiegend auf unteren Hierarchieebenen (vgl. Krüger 2011, S. 198). Dezentralisierung bezeichnet deshalb die niedrigeren Hierarchiestufen gewährte Autonomie und Entscheidungsmacht. Auf Aufgaben bezogen führt eine zentralisierte Anwendung des Verrichtungsprinzips zu einer funktionalen Organisationsstruktur. Dagegen entstehen divisional gegliederte Organisationen, wenn Aufgaben mit gleichem Objektbezug (Produkte, Kunden, Regionen) dezentralisiert zu Abteilungen zusammengelegt werden (z. B. *Sparten- bzw. Geschäftsfeldorganisation)*. Werden Unternehmensteile nach Regionen dezentralisiert, so entstehen mehr oder weniger eigenverantwortliche Tochtergesellschaften (*Profit-Center*) in verschiedenen Teilen der Welt.

Delegation

Bei der *Delegation* werden ausgewählte Aufgaben, Kompetenzen und Verantwortung von dem Vorgesetzten an seine Mitarbeiter übertragen (Wöhe et al. 2016, S. 108). Delegation bedeutet inhaltlich eine Aufgaben- bzw. Kompetenzabtretung und betrifft die vertikale Autonomie von Mitarbeitern im Verhältnis zu ihren Vorgesetzten (vgl. Krüger 2011, S. 199). Die Delegation dient

- der Entlastung übergeordneter Instanzen und von Kommunikationskanälen,
- der Handlungsfähigkeit untergeordneter Stellen,
- der Motivation von Mitarbeitern.

Kriterien für das optimale Ausmaß der Delegation sind das Kompetenzspektrum einer Stelle und die Delegierbarkeit von Aufgaben. Dabei gilt als Grundregel, dass keine Entscheidung von einer Instanz gefällt werden sollte, wenn sie von einer ihr untergebenen Stelle ebenso gut oder gar besser getroffen werden kann.

Partizipation

Unter *Partizipation* wird eine organisatorisch geregelte Teilnahme von Mitarbeitern am Willensbildungsprozess der Unternehmung verstanden. Dabei geht es nicht nur um eine formal-rechtlich gesicherte Beteiligung (z. B. in Form der Mitbestimmungsgesetze, vgl. Kap. 4.4.1), sondern auch um eine gesetzlich nicht vorgeschriebene Teilhabe, die in der Unternehmensverfassung festgelegt wird (vgl. Krüger 2011, S. 199).

6.3.3 Leitungsstrukturen

Organisationsstrukturen entstehen durch Integration und Koordination organisatorischer Subsysteme, durch Aufgabenanalyse und Aufgabensynthese. Durch *Integration* werden Teilaufgaben zweck- und zielorientiert zusammengefasst (z. B. in Abteilungen) und einer Position in der Organisationshierarchie zugewiesen (Macharzina/Wolf 2018, S. 488). *Organisationshierarchien* bilden die zwischen den Organisationseinheiten bzw. Subsystemen vorhandenen Über- und Unterordnungsbeziehungen (*Leitungsbeziehungen*) ab (vgl. Krüger 2011, S. 195; vgl. Kap. 6.3.2). Darüber hinaus müssen die wechselseitigen nicht-hierarchischen Beziehungen zwischen diesen Subsystemen koordiniert werden.

> Die *Koordination* beinhaltet die Abstimmung der einzelnen interdependenten Teilaufgaben, die innerhalb der Organisation zur Erfüllung der Gesamtaufgabe des Unternehmens zu erledigen sind.

Nach der Struktur der Leitungsbeziehungen, d. h. der Art, wie Subsysteme hinsichtlich ihrer Weisungsbefugnis oder Weisungsgebundenheit miteinander verknüpft sind, können verschiedene *Grundmodelle der Aufbauorganisation* unterschieden werden (vgl. Schmalen/Pechtl 2013, S. 136 f.). Die grafische, stark vereinfachte Darstellung einer Organisationsstruktur wird als *Organigramm* bezeichnet. Organisatorische Einheiten (z. B. Stellen, Abteilungen) werden im Organigramm durch Rechtecke und Leitungsbeziehungen zwischen ihnen durch gerichtete Linien (*Linienorganisation*) dargestellt.

Abb. 6-4

Einlinien- und Mehrlinienorganisation

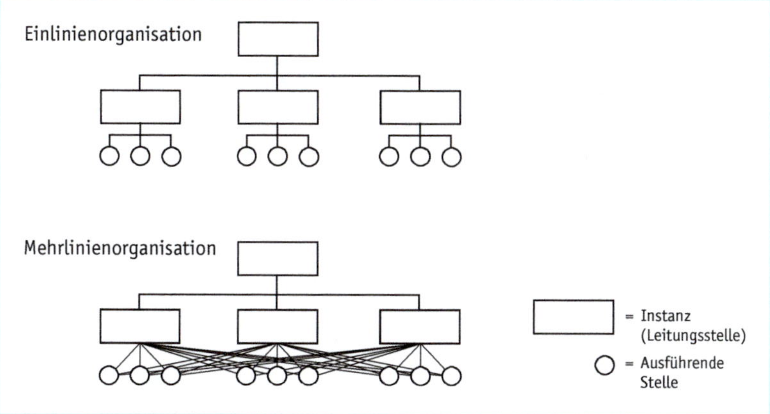

Die Einlinienorganisation

Grundmodelle der Aufbauorganisation

Nach diesem Organisationsmodell ist jede Stelle nur einer anderen Stelle im Unternehmen untergeordnet, d. h., jeder Mitarbeiter bzw. jede Mitarbeiterin untersteht jeweils nur einem bzw. einer Vorgesetzten. Es existiert in dieser klassischen hierarchischen Struktur nur eine Befehlslinie (*Dienstweg*) und es gilt das *Prinzip der Einheit der Auftragserteilung* (vgl. Abb. 6-4, oberer Teil). Von Vorteil ist die Einfachheit, Klarheit und Übersichtlichkeit der Struktur der Linieninstanzen. Nachteilig können sich lange Instanzenwege (große Leitungstiefe) und eine durch Entscheidungsbündelung verursachte starke Belastung der oberen Instanzen auswirken (vgl. Schmalen/Pechtl 2013, S. 136 f.). Die *Leitungstiefe* misst die Anzahl der Hierarchiestufen einer Organisation.

Die Mehrlinienorganisation

Nach diesem Organisationsmodell sind hierarchisch nachgeordnete Stellen mehreren (mindestens zwei) höheren Stellen weisungsgebunden unterstellt (vgl. Abb. 6-4, unterer Teil). Eine Koordination der Stelleninhaber erfolgt nach dem *Funktionsprinzip*, d. h., auf bestimmte Aufgaben spezialisierte Vorgesetzte (Fachvorgesetzte) erteilen nur für diesen Bereich Anweisungen. Von Vorteil sind der direkte, kurze Weisungsweg, die Betonung der Fachautorität und die Spezialisierung der Funktionsstellen. Von Nachteil ist die mangelnde Abgrenzung von Zuständigkeiten, Weisungsbefugnissen und Verantwortlichkeiten (vgl. Schmalen/Pechtl 2013, S. 137).

Die Stablinien-Organisation

Die Stab-Linien-Organisation ist eine Struktur mit *Stabstellen*, die nicht weisungsbefugt sind (vgl. Abb. 6-5, oberer Teil). Stabstellen unterstützen die jeweilige weisungsberechtigte Linieninstanz durch Beratung und Vorbereitung von Entscheidungen. Stabmitarbeiter sind i. d. R. Experten mit erheblicher funktionaler Autorität, die den Stäben zu informeller Macht verhelfen können. Stäbe entlasten Instanzen. Die Stab-

Abb. 6-5

Stablinien-Organisation und Matrixorganisation

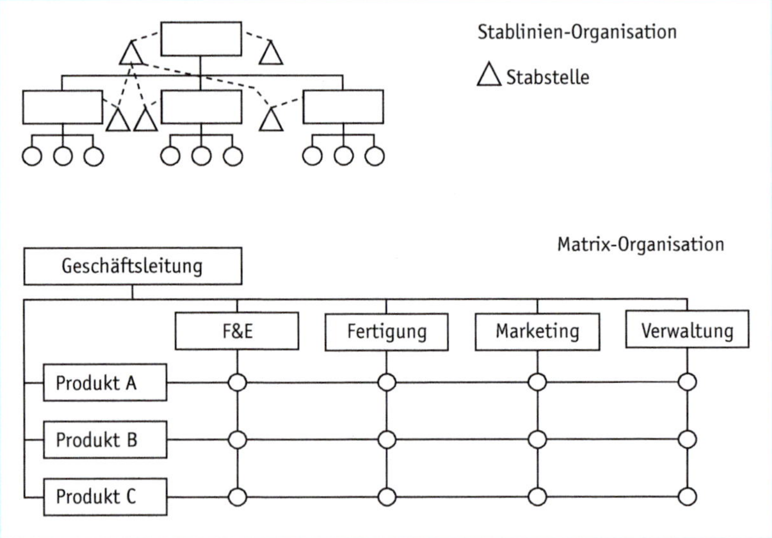

linien-Organisation ist ein Versuch, die Vorteile der Einlinienorganisation mit den Vorteilen der funktionalen Spezialisierung der Mehrlinienorganisation zu verbinden.

Die Matrixorganisation

Die Matrixorganisation entsteht durch die Kombination zweier Hierarchiesysteme bzw. Organisationskriterien (z. B. Verrichtungs- und Objektorientierung; vgl. Abb. 6-5, unterer Teil). Im *Produktmanagement* ist diese Organisationsform stark verbreitet. In diesem Falle koordiniert der *Produktmanager* sämtliche produktbezogenen Aktivitäten. Er wird bei der Durchführung seiner Aufgaben von *Funktionsmanagern* unterstützt, die ihm z. B. finanzielle Mittel oder Informationen zur Verfügung stellen (z. B. Finanzmanager, Leiter des Rechnungswesens). Entscheidungs- und Weisungsbefugnisse teilen sich die Produkt- und Funktionsmanager. Dem Vorteil der Anpassungsfähigkeit (erforderliche organisatorische Reaktionen können produkt- und funktionsbezogen erfolgen) dieser Organisationsform steht allerdings der Nachteil eines hohen Konfliktpotenzials in den Schnittstellen zwischen Produkten (Sparten) und Funktionen gegenüber (vgl. Schmalen/Pechtl 2013, S. 139 f.).

6.4 Managementtechniken

6.4.1 Übersicht

Managementtechniken sind Methoden, Verfahren und Instrumente zur Lösung von typischen Managementproblemen, die insbesondere bei Planungs- und Entscheidungsproblemen, eingesetzt werden (vgl. Schierenbeck/Wöhle 2016, S. 188).

Hierbei handelt es sich um Analyse-, Prognose-, Kreativitäts-, Bewertungs-, Optimierungs-, Darstellungs- und Verhandlungstechniken (vgl. Domschke/Scholl 2008, S. 46 f., Macharzina/Wolf 2018, S. 848 ff.; Schierenbeck/Wöhle 2016, S. 189). Aus der Vielzahl der verfügbaren Techniken werden im Folgenden exemplarisch Kreativitäts- und Bewertungstechniken (Kap. 6.4.2 und 6.4.3), die Netzplantechnik (Kap. 6.4.4) sowie die Lineare Programmierung (Kap. 6.4.5) vorgestellt.

6.4.2 Kreativitätstechniken

Brainstorming

Eine wichtige Aufgabe des Managers ist kreatives Problemlösen bei neuartigen oder komplexen Situationen (z. B. bei der Neuproduktentwicklung). Bei der Kreativität handelt es sich um eine universelle kognitive Fähigkeit schöpferischen Denkens und Handelns des Menschen. Zur Nutzung des menschlichen Kreativitätspotenzials können sogenannte Kreativitätstechniken wie Brainstorming und Brainwriting, Methode 635, morphologische Methoden und die Synektik eingesetzt werden (vgl. Macharzina/Wolf 2018, S. 862 ff.). Brainstorming ist ein Gruppenkreativitätsverfahren, bei dem völlig frei und ohne Restriktionen und Zwänge Gedanken geäußert werden sollen. Es verfolgt das Ziel, in kurzer Zeit viele Ideen und Lösungsvorschläge zu generieren (vgl. Schierenbeck/Wöhle 2016, S. 191). Die Teilnehmerzahl liegt bei fünf bis zwölf Personen. Sitzungen müssen von einem geschulten Moderator geleitet werden, der die Teilnehmer über Aufgabenstellung und Ziel der Sitzung informiert. Ideen werden vom Moderator dokumentiert. Beim Brainstorming gelten folgende Grundregeln (vgl. Schierenbeck/Wöhle 2016, S. 191):

- Kritik ist strikt verboten,
- die Teilnehmer sollen zuhören, Ideen aufgreifen und weiterentwickeln (Bilden von Assoziationsketten),
- Gedanken sollen frei und spontan geäußert werden,
- Quantität geht vor Qualität (möglichst viele Ideen produzieren).

Morphologische Analyse

Bei der morphologischen Analyse (auch morphologischer Kasten genannt) handelt es sich um eine systematisch-strukturierende Kreativitätstechnik. Dazu wird ein eindeutig definiertes Suchfeld bzw. komplexes Problem (z. B. innovative Autodachöffnungen; vgl. Abb. 6-6) vollständig und überschneidungsfrei durch Kriterien (z. B. Öffnungsprinzip) gegliedert. Den Kriterien werden Merkmalsausprägungen (z. B.

Abb. 6-6

Morphologischer Kasten zum Suchfeld Autodachöffnung

P1: Material	V1.1: Glas	V1.2: Stahl	V1.3: Kunststoff	V1.4: Textil	V1.5: Holz	
P2: Betätigung	V2.1: elektrisch	V2.2: mechanisch	V2.3: pneumatisch	V2.4: hydraulisch		
P3: Aufbauprinzip	V3.1: Cabriolet	V3.2: Hardtop	V3.3: Verdeck	V3.4: Schiebedach		
P4: Öffnungsprinzip	V4.1: Faltdach	V4.2: Rollo	V4.3: Lamellen	V4.4: Klappdach		
P5: Schutzfunktion	V5.1: Sonne	V5.2: Regen	V5.3: Kälte	V5.4: Steinschlag	V5.5: Lärm	V5.6: Schmutz
	V5.7: Abgase	V5.8: Diebstahl	V5.9: Kombination			
P6: …	V6.1: …	V6.2: …	V6.3: …	V6.4: …		

Quelle: Vahs/Brem, 2015, S. 297

Faltdach) zugeordnet. Durch die Kombination einzelner Ausprägungen der Kriterien zu einem Gesamtprofil können sich neuartige Lösungen ergeben.

Die morphologische Analyse ist in fünf Schritte unterteilt:

- Definition des Problems bzw. Bestimmung des Suchfelds,
- Festlegung der Kriterien, nach denen das Gesamtproblem in einzelne Problembereiche zerlegt werden soll,
- Darstellung von Kriterien und deren Ausprägungen als Matrix (morphologischer Kasten, vgl. Abb. 6-6),
- Analyse der Lösungsmöglichkeiten durch innovative Kombinationen von Ausprägungen und
- Lösungswahl.

6.4.3 Bewertungstechniken

Bewertungstechniken werden in Planungs- und Entscheidungsprozessen eingesetzt und sollen dazu dienen, den Nutzen von Handlungsalternativen festzustellen und zu vergleichen (vgl. auch Kap. 3.2.1.3). Bewertungstechniken sind z.B. Scoring-Modelle, Break-even-Analysen, Relevanzbäume, Wirtschaftlichkeitsrechnungen und Entscheidungsbaumtechniken (vgl. Macharzina/Wolf 2018, S. 870 ff.; Schierenbeck/Wöhle 2016, S. 190). Exemplarisch soll hier wegen der universellen Einsetzbarkeit innerhalb der BWL das *Scoring-Modell* (Punktbewertungsverfahren, Nutzwertanalyse) am Beispiel der Auswahl von Neuproduktideen vorgestellt werden (vgl. Abb. 6-7).

Abb. 6-7

Beispiel eines Scoring-Modells für die Bewertung einer fiktiven Neuproduktidee

Ziele/ Beurteilungskriterien	**Gewichtung w_j (1)**	**Punkte P_{ij} (2)**	**gewichtete Punktwerte (1) × (2)**
Investitionsvolumen	0.20	5	1.0
Know-how	0.10	9	0.9
Kundennutzen	0.30	8	2.4
Erlangung von Wettbewerbsvorteilen	0.20	8	1.6
Handelskooperation	0.10	3	0.3
Umweltverträglichkeit	0.05	6	0.3
Rechtliche Beschränkungen	0.05	10	0.5
Summe	**1.00**		**7.0**

Punkteskala

kein Zielertrag ① ② ③ ④ ⑤ ⑥ ⑦ ⑧ ⑨ ⑩ maximaler Zielertrag

Scoring-Modell

Das Scoring-Modell ist ein sehr robustes und vielseitig einsetzbares Verfahren innerhalb der Betriebswirtschaftslehre. Die Durchführung des Scoring-Modells erfolgt in mehreren Schritten (vgl. Schierenbeck/Wöhle 2016, S. 192 f.):

- Festlegung der Ziele bzw. Bewertungskriterien $k = 1 \ldots p$,
- Gewichtung g_k der Ziele bzw. Bewertungskriterien,
- Bewertung der jeweiligen Zielerträge der Entscheidungsalternativen $i = 1 \ldots n$ durch Vergabe von Punkten p_{ik} mittels einer Punkteskala,
- Berechnung der Gesamtpunkte P_i (Nutzenwerte) der einzelnen Entscheidungsalternativen i als Summe der Produkte aus Zielgewichtung g_k und Zielerträge p_{ik} über alle Bewertungskriterien k gemäß der Formel:

$$P_i = \sum_{k=1}^{p} g_k p_{ik} \qquad (20)$$

- *Sensitivitätsanalyse* und Entscheidung.

Merkmale des Scoring-Modells sind:

- Modell setzt sichere Erwartungen voraus (vgl. Kap. 3.2.1.1),
- Berücksichtigung mehrerer Ziele bzw. Bewertungskriterien,
- Berücksichtigung quantitativer *und* qualitativer Ziele j (Bewertungskriterien),
- systematische, nachvollziehbare und transparente Entscheidungsfindung,
- einfache Handhabung,
- Vorhandensein von subjektiven Beurteilungsspielräumen für den Entscheider (z. B. Festlegung der Zielgewichte) und
- mit einer *Sensitivitätsanalyse* wird geprüft, wie robust der Summenscore S_i auf leichte Veränderungen einzelner, kritischer Bewertungskriterien j reagiert.

Das Scoring-Modell ist trotz seiner Vorteile durch sehr viele subjektive Faktoren wie die Auswahl erfolgskritischer Ziele, die Zielgewichtung und die Vergabe von Punktwerten geprägt. Es handelt sich daher nicht um ein objektives, sondern nur um ein transparentes Verfahren der Entscheidungsfindung. Zudem treten Ausgleichseffekte (Kompensationseffekte) auf, die bewirken, dass hohe Zielerträge einiger Kriterien mit geringen Zielerträgen anderer Kriterien »verrechnet« werden. Aus diesem Grund sollte das Scoring-Modell durch eine *Profildarstellung* ergänzt werden, um besonders kritische Zielerträge (z. B. bei K. o.-Kriterien) schnell erkennen zu können.

6.4.4 Die Netzplantechnik

6.4.4.1 Grundlagen der Netzplantechnik

Die *Netzplantechnik* umfasst Verfahren zur Lösung von Projektablaufproblemen und wird zur Planung, Steuerung und Ablaufkontrolle komplexer Projekte mit vielen einzelnen Arbeitsgängen eingesetzt.

Anwendung finden diese Verfahren z. B. bei (vgl. Schierenbeck/Wöhle 2016, S. 202):

- Großanlagenprojekten (z. B. Errichtung einer schlüsselfertigen Fabrikanlage),
- größeren Bauvorhaben,
- der Planung und Durchführung von Großveranstaltungen (z. B. Messen) und bei
- größeren Organisationsprojekten (z. B. Reorganisationen).

Der Anwendungsschwerpunkt der Netzplantechnik liegt bei hochwertigen Projekten mit komplexen Ablaufstrukturen, Terminvorgaben und vorgegebenen Tätigkeitsfolgen (vgl. Schierenbeck/Wöhle 2016, S. 202). Mit der Netzplantechnik werden folgende *Zwecke* verfolgt:

- Darstellung der logischen Zusammenhänge eines Projektes vom Anfang bis zum Termin der Fertigstellung,
- Entwicklung eines Zeitplans für alle Arbeitsgänge eines Projektes,
- Auffinden der kritischen Stellen und Engpässe, die den Endtermin gefährden können,
- laufende Kontrolle und Terminüberwachung zur Korrektur und eventuellen Umstellung bei auftretenden Fehlern.

Verfahren der Netzplantechnik

Die Verfahren der Netzplantechnik sind in zwei Gruppen zu gliedern:

- *Deterministische Verfahren*, bei denen die Zeitdauer der Arbeitsgänge als bekannte, feste Größe vorausgesetzt wird. Beispiele für diese Verfahren sind: CPM (*Critical Path Method*), MPM (*Metra Potential Method*) und RAMPS (*Resource Allocation and Multiproject Scheduling*).
- *Stochastische Verfahren*, die die Zeitdauer der Arbeitsgänge als Zufallsvariable behandeln. Beispiele dafür sind: PERT (*Program Evaluation and Review Technique*) und PERT COST (berücksichtigt darüber hinaus Kosten).

Bei der Netzplantechnik empfiehlt sich ein vierstufiges Vorgehen (vgl. Schierenbeck/Wöhle 2016, S. 202 ff.):

- *Strukturplanung*: Übersichtliche Darstellung der Ablaufstruktur der Vorgänge eines Projektes mit Hilfe eines Netzplanes (vgl. Abb. 6-8).
- *Zeitplanung*: Zeitliche Beschreibung des Projektes mit Ermittlung des Fertigstellungstermins, der Termine für Beginn und Abschluss einzelner Vorgänge sowie die Bestimmung von Pufferzeiten. Dieser Planungsschritt soll die Projektdauer minimieren und sicherstellen, dass die Termine eingehalten werden.
- *Kapazitätsplanung*: Sicherstellung einer möglichst hohen Kapazitätsauslastung und Einhaltung von Belegungsvorgaben.
- *Kosten- und Gewinnplanung*: Kosten des Projektes sollen minimiert bzw. der Gewinn aus dem Projekt maximiert werden.

Netzplan

Der Netzplan stellt die zur Realisierung eines Projektes erforderlichen Tätigkeiten (Vorgänge) sowie die logische und zeitliche Ablaufstruktur grafisch dar (Thommen et al. 2017, S. 192). In Abhängigkeit der verwendeten Methode der Netzplantechnik unterscheiden sich die Netzpläne. Beim Netzplan nach CPM handelt es sich um einen *Vorgangspfeil-Netzplan*. Alle Vorgänge werden durch Pfeile dargestellt, deren Anfangs- bzw. Endereignisse durch Kreise markiert werden (vgl. Abb. 6-8, oben). Der Netzplan nach MPM wird dagegen als *Vorgangsknoten-Netzplan* dargestellt (Thommen et al. 2017, S. 193 f.). Hier bilden die Vorgänge die Knotenpunkte des Plans und werden als Rechtecke dargestellt (vgl. Abb. 6-8, unten). Die Pfeile zwischen den Knoten weisen hier nur auf Zusammenhänge hin (vgl. Schierenbeck/Wöhle 2016, S. 204).

Abb. 6-8

Netzpläne bei CPM und MPM

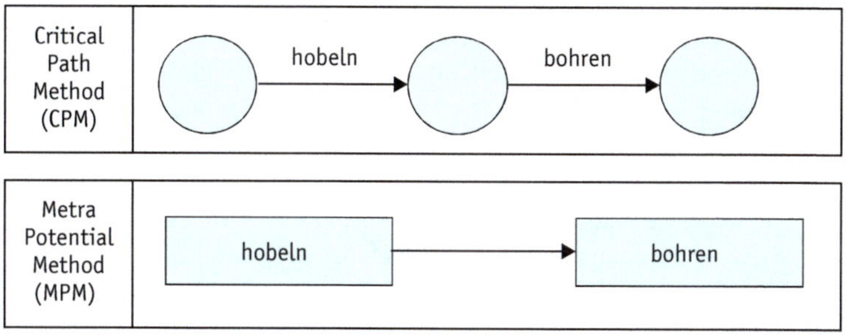

Quelle: Schierenbeck/Wöhle 2016, S. 204

6.4.4.2 MPM: Die Metra Potential Method

Die Metra Potential Method (MPM) soll exemplarisch im Folgenden etwas ausführlicher dargestellt werden.

Strukturplanung

Die *Strukturplanung* lässt sich bei MPM in vier Phasen zerlegen (vgl. Schierenbeck/Wöhle 2016, S. 203):

- Feststellung und Auflistung der einzelnen Tätigkeiten des Projektes in einer Vorgangsliste (vgl. Abb. 6-10) unter Verwendung von Kurzzeichen für die Vorgänge (Daten des Projektes).
- Ermittlung der strukturellen Anordnungs- bzw. Folgebeziehungen dieser Vorgänge zueinander (z. B. Vorgang B hat A als Vorgänger sowie C und D als direkte Nachfolger).
- Zeichnen des Netzplans anhand der Vorgangsliste (vgl. Abb. 6-11).
- Prüfen des Netzplans auf logische Fehler.

Zeitplanung

Die *Zeitplanung* bei MPM besteht aus drei Phasen (vgl. Schierenbeck/Wöhle 2016, S. 204):

- Ermittlung des Zeitbedarfs für jeden Vorgang und Eintragung der Zeitangaben in den Netzplan.
- Ermittlung der Anfangs- und Endtermine für die einzelnen Vorgänge:
  - frühestmöglicher Starttermin (FA),
  - spätester erlaubter Starttermin (SA),
  - frühestmöglicher Endtermin (FE) sowie
  - spätester zulässiger Endtermin (SE) für die einzelnen Vorgänge.
- Bestimmung der Pufferzeiten und des kritischen Pfades: *Pufferzeiten* ergeben sich, wenn bei einem Vorgang die FA- und SA-Termine bzw. FE- und SE-Termine voneinander abweichen. Sie geben an, um wie viel sich der Vorgang verzögern darf, ohne den Projektendtermin zu gefährden (Zeitreserven). Vorgänge, deren Pufferzeit Null beträgt, liegen auf dem *kritischen Pfad*. Dieser stellt die Folge von Vorgängen dar, die keine Zeitreserve haben und damit die minimal mögliche Gesamtdauer des Projektes bestimmen (vgl. Schierenbeck/Wöhle 2016, S. 206).

MPM-Vorgangsknoten

Ein *MPM-Vorgangsknoten* kann mit Angaben aus der Zeitplanung beispielsweise wie in Abb. 6-9 dargestellt werden. Ein kompletter Netzplan nach MPM lässt sich für ein Projekt aus den Angaben der Struktur- und Zeitplanung erstellen. Abb. 6-10 stellt ein Beispiel dar. Angegeben sind die Tätigkeiten, deren jeweilige Vorgänger und die Dauer der Tätigkeiten. Die Struktur des entstehenden Netzplans zeigt die Abb. 6-11. Auf dem kritischen Pfad (keine Pufferzeiten, d. h. FA = SA und FE = SE) liegen die Vorgänge A, C, E, G, I, K. Die Gesamtdauer des Projektes beträgt 50 Zeiteinheiten.

Abb. 6-9

Beispiel für einen MPM-Vorgangsknoten

Vorgang	**Dauer**	**Anfang**		**Ende**	
C keine Pufferzeit	1 Tag	FA	8	FE	9
		SA	8	SE	9

Abb. 6-10

Daten des Projektes zur Erstellung eines kompletten Netzplans nach MPM

Vorgang/Tätigkeit	Dauer in Zeiteinheiten	Vorgänger
A	8	–
B	5	A
C	1	A
D	2	B, C
E	7	C
F	4	D
G	10	E
H	1	F
I	20	D, G
K	4	H, I

Abb. 6-11

MPM-Netzplan für ein Projekt

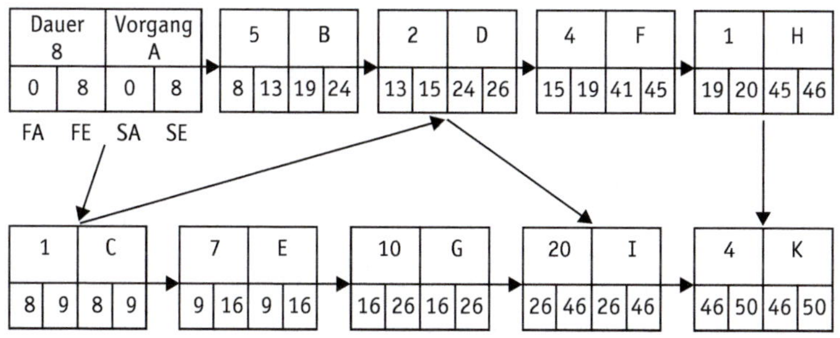

6.4.5 Die Lineare Programmierung

Gut strukturierte, aber hoch komplexe Entscheidungsprobleme innerhalb von Planungsprozessen erfordern häufig den Einsatz modellgestützter, mathematischer Optimierungsmethoden, die das *Operations Research* (OR) bereitstellt (vgl. Domschke/Scholl 2008, S. 72). Im Gegensatz zu den heuristischen Verfahren garantieren Optimierungsverfahren, dass die bestmögliche Lösung des Entscheidungsproblems, soweit vorhanden, gefunden wird. Zur Anwendung dieser Verfahren ist es erforderlich, dass das Entscheidungsproblem vollständig in mathematische Gleichungen »übersetzt« werden kann. Der bekannteste Teilbereich des OR ist die Lineare Programmierung (LP). Das Grundmodell der Linearen Programmierung besteht aus (vgl. auch Schierenbeck/Wöhle 2016, S. 221):

- einer linearen *Zielfunktion*, die hinsichtlich ihrer Argumente optimiert werden soll,
- einer Anzahl von *Nebenbedingungen*, die den Lösungsraum des Entscheidungsproblems begrenzen und durch ein lineares Ungleichungssystem dargestellt werden,
- den *Nichtnegativitätsbedingungen*, die verlangen, dass die Argumente der Zielfunktion keine negativen Werte einnehmen dürfen.

Beispiel **Lineare Programmierung**

▸▸▸ Wir stellen das Grundmodell der Linearen Programmierung hier am Beispiel eines Betriebes vor, der zwei Produkte P_1 und P_2 in den Mengen x_1 und x_2 herstellt und verkauft (Das Beispiel ist entnommen aus Schmalen/Pechtl 2013, S. 109). Der Stückgewinn für P_1 beträgt 300 Euro und der für P_2 200 Euro. Die Produktions- und Verkaufsmengen x_1 und x_2 sollen so festgelegt werden, dass der Gewinn G maximal wird. Daraus ergibt sich die *Zielfunktion*:

$$G = 300x_1 + 200\,x_2 \rightarrow \text{max.}$$

Zur *Fertigung* der beiden Produkte ist die folgende Restriktion R_1 zu beachten:

$$x_1 + 2x_2 \leq 1.000$$

Für den *Absatz* der hergestellten Produkte gilt folgende Restriktion R_2:

$$25x_1 + 10x_2 \leq 10.000$$

Weiterhin gilt die *Nichtnegativitätsbedingung* als erfüllt:

$$x_1 \geq 0 \text{ und } x_2 \geq 0$$

Die Lösung dieses Problems kann grafisch oder mit dem sogenannten *Simplex-Algorithmus* erfolgen (vgl. Schierenbeck/Wöhle 2016, S. 221 ff.). Wir stellen hier die grafische Lösung dar. Zuerst müssen die Nebenbedingungen in ein Koordinatensystem mit den beiden Mengenachsen x_1 und x_2 eingetragen werden (vgl. Abb. 6-12). Dazu werden die Ungleichungen in Gleichungen überführt und in die Form $x_1 = f(x_2)$ gebracht:

$$R_1\colon x_1 = 1.000 - 2x_2$$

$$R_2\colon x_1 = 400 - 0{,}4x_2$$

Das entstehende Viereck (schraffierte Fläche) aus den Achsen des Koordinatensystems und den beiden Nebenbedingungen beinhaltet alle zulässigen Mengenkombinationen (x_1, x_2). Gesucht wird jetzt die gewinnmaximale Mengenkombination $(x_1, x_2)_{opt}$. Dazu wird die Zielfunktion (Gewinngerade) in der Form

$$x_1 = \frac{G}{300} - \frac{2}{3}x_2$$

für einen frei gewählten, festen Gewinn $\overline{G}$ in das Koordinatensystem eingetragen. Die Steigung der Gewinngeraden gibt das Verhältnis der Stückgewinne wieder. Die

Abb. 6-12

Grafische Lösung des LP-Problems

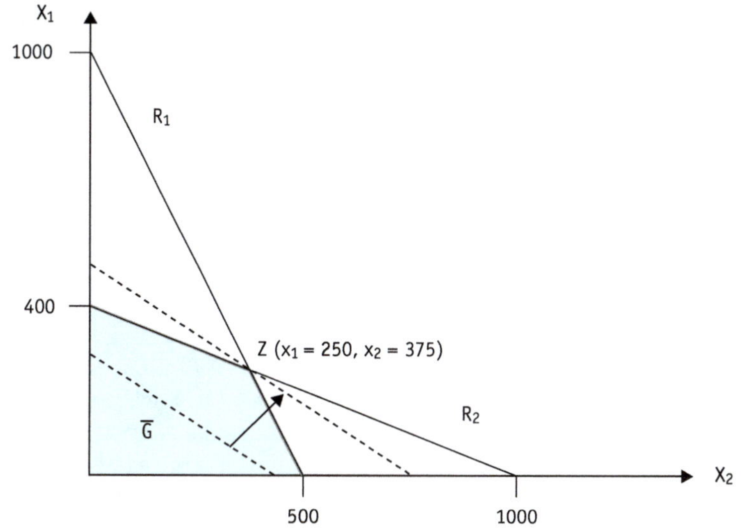

Quelle: Schmalen/Pechtl 2013, S. 109

Gewinngerade wird jetzt so lange parallel verschoben, bis sie den vom Ursprung am weitesten entfernten Punkt des Vierecks (die Ecke) gerade noch berührt (vgl. Abb. 6-12). Das ist hier der Punkt *Z* mit den gewinnmaximalen Stückzahlen $x_1 = 250$ Stück und $x_2 = 375$ Stück. Der maximale Gewinn beträgt 150.000 GE. ◂◂◂

Kontrollfragen Kapitel 6

1. *Nennen Sie historische Entwicklungsansätze der Managementforschung.*
2. *Was versteht man unter Unternehmensführung und Management? Worin unterscheiden sich diese Begriffe?*
3. *Welche Aufgaben hat das Management?*
4. *Was versteht man unter Planung?*
5. *Welche Typen von Kontrolle lassen sich unterscheiden?*
6. *Durch welche Merkmale sind Führungsentscheidungen gekennzeichnet?*
7. *Welche beiden Organisationsbegriffe lassen sich unterscheiden?*
8. *Was wird unter Aufgabenanalyse, -synthese und -gliederung verstanden?*
9. *Welche beiden Arten der Organisation werden unterschieden?*
10. *Welche Organisationskonzepte wirken einer Zersplitterung der Arbeitsaufgaben entgegen?*
11. *Was sind Stellen, Instanzen und Stäbe?*

12. *Was versteht man unter Kompetenzen und was unter Verantwortung?*
13. *Erläutern Sie die Einlinien- und die Mehrlinienorganisation.*
14. *Erläutern Sie die Matrixorganisation.*
15. *Was ist ein morphologischer Kasten?*
16. *Beschreiben Sie das Vorgehen beim Scoring-Modell. Welches sind die Merkmale dieser Methode?*
17. *Was ist ein Netzplan?*
18. *Welches sind die Zwecke der Netzplantechnik?*
19. *Wozu dienen die Struktur- und Zeitplanung bei der Netzplantechnik?*
20. *Stellen Sie das Grundmodell der Linearen Programmierung dar.*
21. *Erläutern Sie die grafische Lösung eines LP-Problems.*

Übungsaufgabe Kapitel 6

Aufgabenstellung Lineare Programmierung

Ein Landwirt möchte 60 Hektar seiner landwirtschaftlichen Ackerfläche (AF) mit Mais bzw. Kartoffeln anbauen. Bei Mais liegt der Arbeitsaufwand bei 7 Akh (Arbeitskraftstunden) pro Hektar, bei Kartoffeln beträgt der Arbeitsaufwand 14 Akh/ha. Der Landwirt kann neben seiner Hofarbeit höchstens 630 Akh im Jahr dafür aufwenden. Der Anbau von 1 ha Mais kostet 1.000 €, der von 1 ha Kartoffeln 750 €. Der Landwirt hat insgesamt 45.000 € Kapital zur Verfügung. Der Landwirt schätzt seinen Verkaufserlös aus den Erfahrungen der letzten Jahre pro Hektar Mais auf 2.250 € und pro Hektar Kartoffeln auf 2.750 €.

Wie viel Ackerfläche Mais (M) und wie viel Ackerfläche Kartoffeln (K) wird er anbauen, wenn er möglichst viel Gewinn erzielen will?

a) *Stellen Sie für das geschilderte LP-Problem die Zielfunktion und sämtliche Nebenbedingungen anhand der gegebenen Daten auf.*
b) *Lösen Sie das Optimierungsproblem grafisch (Wählen Sie einen geeigneten Maßstab!). Kennzeichnen Sie zusätzlich das Optimum.*
c) *Wie lauten die optimalen Produktionsmengen (aus der Grafik) und wie hoch ist dort der maximale Gewinn? Kontrollieren Sie Ihre Lösung rechnerisch!*
d) *Wie würde das Resultat für den Bauern aussehen, wenn er durch den Kauf von weiteren 10 ha seine Ackerfläche auf 70 ha vergrößert? Begründen Sie kurz!*

Lösung

a) *Zielfunktion:*

$G = \text{Verkaufserlös} - \text{Kosten} = 2.250 \times M + 2.750 \times K - 1.000 \times M - 750 \times K$

$G = 1.250 \times M[ha] + 2.000 \times K[ha] \rightarrow \max!$

Nebenbedingungen:

NB1: Ackerfläche: $M + K \leq 60$ *ha*

NB2: Arbeitskraftstunden: $7 \times M + 14 \times K \leq 630$ *Akh*

NB3: Kosten: $1.000 – M + 750 \times K \leq 45.000$ *€*

NB4: Nichtnegativitätsbedingung: $M \geq 0; K \geq 0$

b) *Grafische Lösung:*
Einsetzen von Werten
z. B. G = 20.000 → 20.000 = 1.250 × M+2.000 × K → z. B. (0; 10) und (16; 0)
NB1: M+K ≤ 60 → z. B. (0; 60) und (60; 0)
NB2: 7 × M+14 × K ≤ 630 → z. B. (90; 0) und (0; 45)
NB3: 1000 × M+750 × K ≤ 45.000 → z. B. (0; 60) und (45; 0)
NB4: M ≥ 0; K ≥ 0 → d. h. Lösung nur im 1. Quadranten!

c) *Optimale Produktionsmengen:*
M = 18 ha; K = 36 ha
G = 1250 × 18 + 2000 × 36 = 94.500 €
Kontrolle der Lösung (Einsetzen in alle Nebenbedingungen!):
NB1: 18+36 ≤ 60 → 54 ≤ 60 ☑
NB2: 7 × 18+14 × 36 ≤ 630 → 630 ≤ 630 ☑
NB3: 1000 × 18+750 × 36 ≤ 45.000 → 45.000 ≤ 45.000 ☑
NB4: 18 ≥ 0; 36 ≥ 0 → ☑

d) *Antwort: Keine Veränderung, da die Arbeitszeit pro Jahr sowie das zur Verfügung stehende Kapital die Bewirtschaftungsgrenzen vorgeben.*

Abb. 6-13

Grafische Lösung der Aufgabe

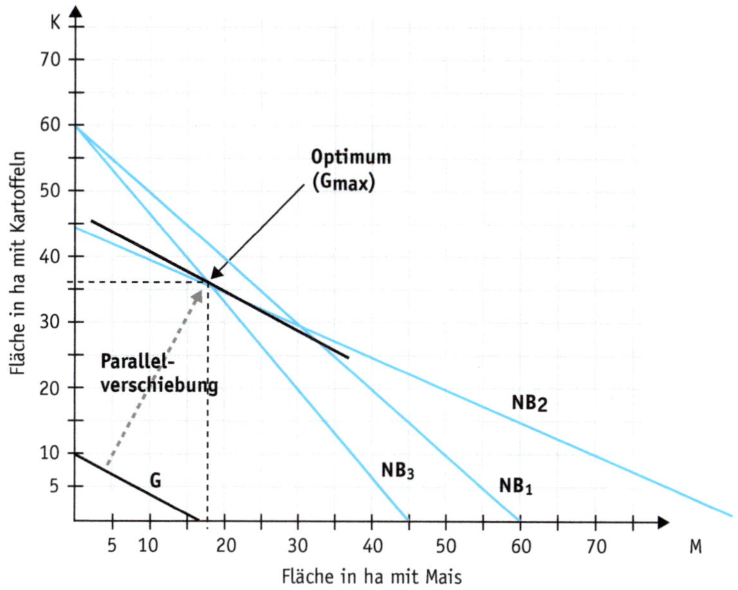

Weiterführende Literatur

Domschke, W./Scholl, A. (2008): Grundlagen der Betriebswirtschaftslehre, 4. Aufl., Berlin u. a.

Krüger, W. (2011): Organisation, in: Bea, F. X./Schweitzer, M. (Hrsg.), Allgemeine Betriebswirtschaftslehre, Bd. 2: Führung, 10. Aufl., Stuttgart, S. 178–269.

Macharzina, K./Wolf, J. (2018): Unternehmensführung, 10. Aufl., Wiesbaden.

Picot, A./Dietl, H./Franck, E./Fiedler, M./Royer, S. (2012): Organisation, 6. Aufl., Stuttgart.

Schierenbeck, H./Wöhle, C. B. (2016): Grundzüge der Betriebswirtschaftslehre, 19. Aufl., München.

Schmalen, H./Pechtl, H. (2013): Grundlagen und Probleme der Betriebswirtschaft, 15. Aufl., Stuttgart.

Staehle, W. H. (1999): Management, 8. Aufl., München.

Schweitzer, W. (2011): Planung und Steuerung, in: Bea, F. X./Schweitzer, M. (Hrsg.), Allgemeine Betriebswirtschaftslehre, Bd. 2: Führung, 10. Aufl., Stuttgart, S. 38–177.

Steinmann, H./Schreyögg, G.; Koch, J. (2013): Management, 7. Aufl., Wiesbaden.

Thommen, J.-P./Achleitner, A.-K./Gilbert, D. U./Hachmeister, D./Kaiser, G. (2017): Allgemeine Betriebswirtschaftslehre, 8. Aufl., Wiesbaden.

Wöhe, G./Döring, U./Brösel, G. (2016): Einführung in die Allgemeine Betriebswirtschaftslehre, 26. Aufl., München.

7 Konstitutive Entscheidungen

Lernziele

- Sie kennen die Merkmale konstitutiver Entscheidungen.
- Sie wissen, was ein strategisches Geschäftsfeld ist und können es dreidimensional definieren.
- Sie können die Portfolio-Analyse erklären.
- Sie können eine Standort-Analyse durchführen.
- Sie kennen die Aufgaben der Unternehmensverfassung.
- Sie können den Unterschied zwischen Personen- und Kapitalgesellschaften erklären.
- Sie kennen die Merkmale einer GmbH.
- Sie kennen die Merkmale einer AG.
- Sie kennen die Gründe für Unternehmenszusammenschlüsse.
- Sie kennen unterschiedliche Formen von Unternehmenszusammenschlüssen.
- Sie können den Unterschied zwischen Kooperation und Konzentration erklären.
- Sie wissen, was eine Fusion ist.

7.1 Geschäftsfeldbestimmung und -bewertung

7.1.1 Festlegung strategischer Geschäftsfelder

Konstitutive Entscheidungen

> *Konstitutive Entscheidungen* sind Entscheidungen, die langfristig wirken, in zahlreiche Folgeentscheidungen eingreifen, nicht oder nur schwer rückgängig gemacht werden können und das Unternehmen als Ganzes betreffen.

Dazu gehören Entscheidungen zur Gründung, Sanierung und Liquidation von Unternehmen, zur Rechtsform (vgl. Kap. 7.3), Entscheidungen über den Unternehmensstandort (vgl. Kap. 7.2) und über Unternehmenszusammenschlüsse (vgl. Kap. 7.4). Die grundlegendste konstitutive Entscheidung ist die über die Festlegung des Unternehmenszwecks bzw. der *Business Mission* (vgl. Kap. 5.1). Der *Unternehmenszweck* gibt an, welche Leistungen für welche Märkte bzw. Anspruchsgruppen vom Unternehmen erbracht werden sollen und legitimiert die Existenz des Unternehmens (vgl. Müller-Stewens/Lechner 2011, S. 228).

Beispiel Lufthansa – Geschäftsfeldbestimmung

▸▸▸ Der *Lufthansakonzern* formuliert 2019 auf seiner Website: »Die Lufthansa Group ist ein weltweit operierender Luftverkehrskonzern. Die Lufthansa Group setzt sich aus den Geschäftsfeldern Network Airlines, Eurowings sowie den Aviation Services zusammen. Zu den Aviation Services zählen die Bereiche Logistik, Technik, Catering sowie die Weiteren Gesellschaften und Konzernfunktionen. Letztere umfassen unter anderem die Lufthansa AirPlus, die Lufthansa Aviation Training sowie die IT-Gesellschaften. Alle Geschäftsfelder nehmen in ihren jeweiligen Branchen eine führende Rolle ein.« ◂◂◂

Strategisches Geschäftsfeld

Mit dem Bekenntnis, ein Luftfahrtunternehmen zu sein (Unternehmenszweck), werden von *Lufthansa* fünf Geschäftsfelder genannt, in denen *Lufthansa* tätig ist. Die Festlegung auf sogenannte strategische Geschäftsfelder (*Strategic Business Units*, SBU) konkretisiert den Unternehmenszweck.

> Ein *strategisches Geschäftsfeld* ist ein Markt bzw. ein Marktsegment, in dem ein Unternehmen investiert und tätig wird. Es stellt einen gut abgrenzbaren Ausschnitt aus dem gesamten Betätigungsfeld eines Unternehmens bzw. eines Konzerns mit eigenen Ertragsaussichten, Chancen und Risiken dar (vgl. Müller-Stewens/Lechner 2011, S. 143).

Strategische Geschäftsfelder werden oft durch die Art der angebotenen Sach- oder Dienstleistungen benannt. Die Entscheidung, in welchen strategischen Geschäftsfeldern Unternehmen tätig sein wollen, ist abhängig von der Attraktivität der Märkte sowie vom Vorhandensein der für eine erfolgreiche Marktbearbeitung notwendigen Ressourcen. Strategische Geschäftsfelder werden im Unternehmen von *strategischen Geschäftseinheiten* (organisatorische Einheiten) geführt. Eine strategische Geschäftseinheit bearbeitet von anderen Geschäftseinheiten des Unternehmens bzw. Konzerns eigenständig einen externen Markt, ist weitgehend entscheidungsautonom, kann selbstständig Marktchancen nutzen, verfolgt eigene Ziele und Strategien und ist auf Dauer angelegt (vgl. Müller-Stewens/Lechner 2011, S. 149). Durch die Festlegung strategischer Geschäftseinheiten werden komplexe Unternehmens- bzw. Konzernstrukturen überschaubarer.

Geschäftsfeldabgrenzung

Unternehmen können sich auf ein Geschäftsfeld *konzentrieren* (z. B. Nischenanbieter) oder, bei entsprechenden Erfolgsaussichten, *diversifizieren*, d. h. auf mehreren Märkten mit unterschiedlichen Leistungsprogrammen tätig sein (Konzerne). Ist ein Unternehmen nicht nur in einem Geschäftsfeld tätig, so stellt sich das Problem der Koordination, Abstimmung und Positionierung mehrerer strategischer Geschäftsfelder im Rahmen einer Unternehmensstrategie (*Corporate Strategy*). Die Aufteilung des Betätigungsfeldes eines Unternehmens in einzelne, gut voneinander abgegrenzte strategische Geschäftsfelder erfolgt anhand geeigneter *Abgrenzungskriterien*, wie z. B. die Art der im Geschäftsfeld zusammengefassten Produkte und die anzusprechenden Kundengruppen (Marktsegmente). Eine Möglichkeit zur Geschäftsfeldabgrenzung geht von bestehenden Produkt-Markt-Kombinationen aus und fasst einzelne davon zu strategischen Geschäftsfeldern zusammen (Müller-Stewens/Lechner 2011, S. 143 ff.). Eine *Produkt-Markt-Kombination* definiert für ein bestimmtes Produkt oder eine bestimmte

Abb. 7-1

Bezugsrahmen zur Geschäftsfeldabgrenzung am Beispiel eines Verlagsunternehmens

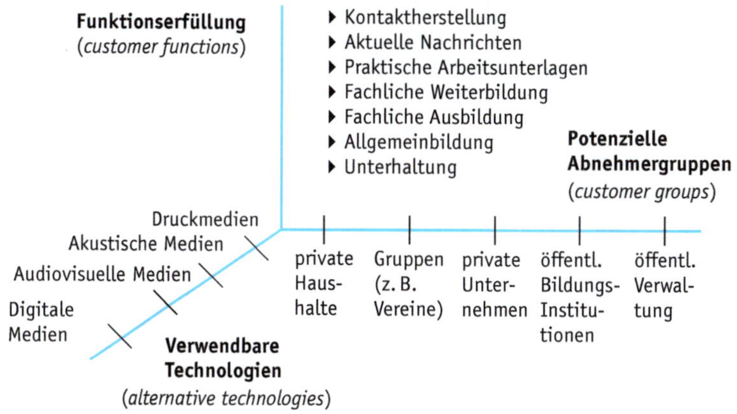

Quelle: Köhler 1993, S. 26

Produktgruppe ein Marktsegment (z. B. Kundengruppe), in dem dieses Produkt oder diese Produktgruppe angeboten wird. Ein zweiter Ansatz zur Geschäftsfeldabgrenzung setzt direkt bei den Bedürfnissen der Abnehmer bzw. Kunden an und wurde von *Abell* und *Hammond* (1979, S. 392; vgl. Abb. 7-1) vorgeschlagen.

Grundlage dieser Geschäftsfeldabgrenzung ist ein dreidimensionaler Bezugsrahmen. Dieser unterscheidet zwischen (vgl. Müller-Stewens/Lechner 2011, S. 148; Abb. 7-1):

- Kundenbedürfnissen (*Customer Functions*),
- potenziellen Abnehmergruppen (*Customer Groups*) und
- nutzenstiftenden Technologien (*Alternative Technologies*).

Nach diesem dreidimensionalen Bezugsrahmen ist ein Geschäftsfeld definiert durch die Anwendung einer Technologie zur Befriedigung bestimmter Bedürfnisse einer spezifischen Abnehmergruppe (vgl. auch Kap. 7.1.3).

7.1.2 Bewertung strategischer Geschäftsfelder

Die durch eine Unternehmensstrategie festgelegten strategischen Geschäftsfelder sollten regelmäßig entlang erfolgsrelevanter Kriterien bewertet werden, um entscheiden zu können, welche Geschäftsfelder aufrechtzuerhalten sind und von welchen sich die Unternehmung trennen sollte. Dazu können Verfahren wie z. B. Checklisten, Punktbewertungsverfahren (vgl. Kap. 6.4.3), Wirtschaftlichkeitsrechnungen und Portfolioanalysen eingesetzt werden.

Portfolioanalyse

In Analogie zu der finanzwirtschaftlichen Planungsmethode zur Zusammenstellung eines optimalen Wertpapierbündels (Portefeuille) werden nach der *Portfolioanalyse* die Geschäfte einer Unternehmung bzw. eines Konzerns als ein Portfolio, d. h. als Gesamtheit mehrerer, voneinander unabhängiger strategischer Geschäftsfelder, aufgefasst. Diese Analyse verfolgt zwei Ziele: Zum einen geht es darum, die strategischen Geschäftsfelder einerseits anhand erfolgskritischer Kriterien zu bewerten und andererseits hinsichtlich ihrer Chancen- und Risikopotenziale in eine »ausgewogene« Struktur zu überführen (vgl. Müller-Stewens/Lechner 2011, S. 284). Nach dem Ende der 1960er Jahre von der *Boston Consulting Group* entwickelten Portfolio-Konzept ist eine ausgewogene Geschäftsfeldstruktur insbesondere dann erreicht, wenn sich hinsichtlich der Kapitalfreisetzung und des Kapitalbedarfs ein Finanzmittelausgleich einstellt (*Kapitalflussausgleich*; vgl. Benkenstein/Uhrich 2009, S. 71 f.; Hungenberg 2011, S. 462). Zum anderen sollen aus den Positionen der jeweiligen Geschäftsfelder heraus sogenannte *Normstrategien*, die Aussagen zur strategischen Ausrichtung und zum Investitionsbedarf einzelner Geschäftsfelder beinhalten, abgeleitet werden. Grundgedanke der Portfolioanalyse ist, dass sich die erfolgskritische Position eines strategischen Geschäftsfeldes auf die Attraktivität des Marktes einerseits (externe Dimension wie z. B. die Marktwachstumsrate) und auf die internen Stärken der Geschäftseinheit andererseits (interne Dimension wie z. B. der relative Marktanteil) zurückführen lässt. Zur Visualisierung dieses Verfahrens werden zweidimensionale Matrizen verwendet (vgl. Abb. 7-2). Aus dem Marktanteil m_i für ein Unternehmen *i* im Vergleich zum Marktanteil m_j des stärksten Konkurrenten *j* wird als Quotient (m_i/m_j) der relative Marktanteil m_{ij}* berechnet. Eine Zusammenfassung mehrerer Erfolgsfaktoren zu einer Bewer-

Abb. 7-2

Grundaufbau der Portfolioanalyse

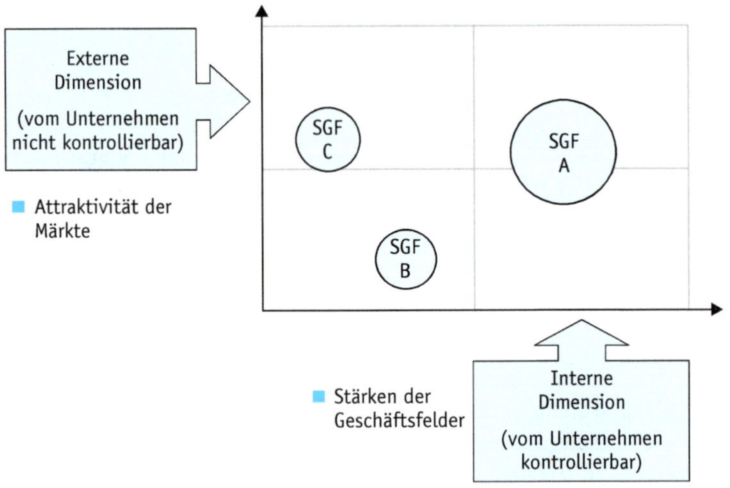

Quelle: In Anlehnung an Hungenberg 2011, S. 459

tungsdimension erfolgt in der Regel mit Hilfe eines Scoring-Modells (vgl. Kap. 6.4.3). Die Größe des Kreises in der grafischen Darstellung der Portfolioanalyse ist ein Maß für die Bedeutung des jeweiligen Geschäftsfeldes (z. B. am Umsatz gemessen).

Der Vorteil der Portfolioanalyse liegt darin, dass das komplexe Problem der Bewertung und erfolgskritischen Positionierung von strategischen Geschäftsfeldern methodisch nachvollziehbar umgesetzt wird. Die strategische Situation eines Unternehmens kann auf der Grundlage der Betrachtung der »Ausgewogenheit« der Geschäftsfelder nachvollziehbar begründet und visualisiert werden. Normstrategien liefern einen ersten Anhaltspunkt für strategische Entscheidungen. Die Möglichkeit, die Portfolioanalyse als Grundlage einer integrierten Steuerung des Unternehmens einzusetzen (vgl. Müller-Stewens/Lechner 2011, S. 284), ist allerdings kritisch zu sehen, da die Beziehungen der Geschäftsfelder untereinander nicht hinreichend genug Beachtung finden (Hungenberg 2011, S. 472).

7.1.3 Bestimmung der Technologiedimension von Geschäftsfeldern

Darmstädter Portfolio-Ansatz

Die Technologiedimension von strategischen Geschäftsfeldern wird mit dem *Darmstädter Portfolio-Ansatz* für eine integrierte Technologie- und Marktplanung bestimmt (vgl. Specht et al. 2002, S. 98 ff.). Ausgangspunkt dieses Ansatzes ist der dreidimensionale Bezugsrahmen von *Abell* und *Hammond* (vgl. Kap. 7.1.1). Grundsätzlich kann die Suche nach neuen Geschäftsfeldern an jeder der drei Dimensionen Abnehmergruppe, Kun-

Abb. 7-3

Mehrstufiges Bewertungsverfahren

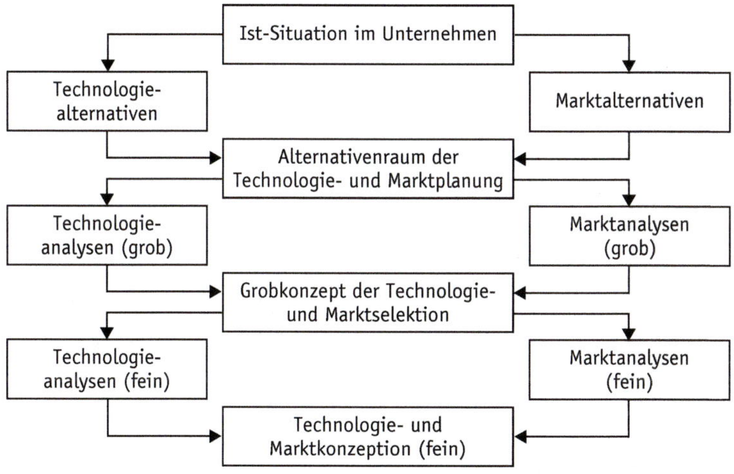

Quelle: Specht 1986, S. 142

denfunktion und Technologie ansetzen. Im *Darmstädter Portfolio-Ansatz* geht es jedoch ausschließlich um die Bewertung neuer Technologien bei definierten Abnehmergruppen und Kernleistungen. Als *Innovationsfelder* werden solche Geschäftsfelder bezeichnet, die sich auf eine neuartige Technologie richten. Bei einer integrierten Technologie- und Marktplanung werden Technologien und Märkte gemeinsam bewertet. Technologien sind nicht unabhängig von Marktfaktoren und Märkte sind oft nicht ohne die Berücksichtigung technologischer Kriterien zu beurteilen. Die Vielfalt möglicher Technologie-Markt-Kombinationen macht es notwendig, ein mehrstufiges Verfahren der Technologiebewertung einzusetzen, um nur noch eine begrenzte Anzahl von Alternativen einer Feinanalyse unterziehen zu müssen (vgl. Abb. 7-3).

Das Vorgehen der integrierten Planung und mehrstufigen Bewertung von Technologien und Märkten wird durch Abb. 7-3 verdeutlicht. Die Bewertung zukünftiger Innovationsfelder des Unternehmens kann sich zweckmäßigerweise am Konzept der Portfolioanalyse orientieren (vgl. Kap. 7.1.2) und die *Innovationsfeldattraktivität* (externe Dimension) einerseits sowie die relative *Innovationsstärke* des Unternehmens (interne Dimension) andererseits als Dimensionen verwenden. Je größer die relative Innovationsstärke eines technologieorientierten Geschäftsfeldes und je attraktiver das Innovationsfeld ist, desto höher ist das zu erwartende Erfolgspotenzial. Diese beiden Dimensionen sind jeweils zusammengefasste Größen einzelner Kriterien, die in Abb. 7-4 dargestellt sind.

Abb. 7-4

Determinanten der Innovationsfeldattraktivität und -stärke

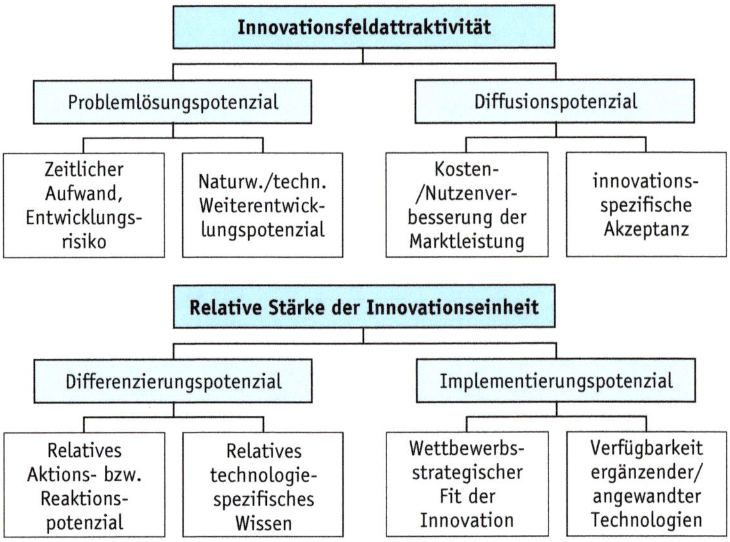

Quelle: Specht et al. 2002, S. 101

Die integrierte Technologie- und Marktplanung mit Hilfe der Portfolioanalyse ist ein zentrales Instrument zur Bestimmung technologischer Kernkompetenzen des Unternehmens. Sie führt zu einem strategischen Rahmen, der die Suche nach technischen Innovationen fördert und in eine Erfolg versprechende Richtung lenkt.

7.2 Standorte des Betriebes

7.2.1 Die Standortentscheidung

Betriebliche Standorte sind geografische Orte, an denen Wertschöpfungsaktivitäten einer Unternehmung konzentriert stattfinden.

Entscheidungen zur Festlegung betrieblicher Standorte sind *konstitutiv*, da sie für längere Zeit einen Handlungsrahmen vorgeben, in der Regel mit hohen Investitionen verbunden und nur schwer zu revidieren sind. Je nachdem, welche Wertschöpfungsaktivitäten an den jeweiligen Standorten verrichtet werden, wird z. B. oft zwischen Fertigungs-, F&E- und Vertriebsstandorten unterschieden. Standortentscheidungen sind zu treffen bei (vgl. Bea 2009a, S. 366):

- Unternehmensgründungen,
- Verlagerung eines gesamten Unternehmens,
- Verlagerung von Teilen des Unternehmens ins In- oder Ausland (*Offshoring*),
- Standortspaltung/Standortkonfiguration,
- Erweiterung eines Unternehmens sowie
- bei Schließung, Schrumpfung und Sanierung eines Unternehmens.

Bei den Unternehmensgründungen spielen Startups eine besondere Rolle. Unter Startups werden im Allgemeinen junge Unternehmen mit innovativen Geschäftsideen bzw. Geschäftsmodellen verstanden, denen ein hohes, in der Startphase aber häufig nur vage zu prognostizierendes, Chancen- bzw. Wachstumspotenzial zugeschrieben werden. Neben der Entwicklung eines Businessplans, der die Geschäftsidee und die Marktchancen beinhaltet, stellt häufig die Finanzierung des erforderlichen Startkapitals für das Business ein zentrales Problem von Startups dar. Neben eigenen Ersparnissen, Bankkrediten und öffentlichen Förderungen greifen Startups oft auch auf Venture-Capital (Risikokapital, Wagniskapital) und die Hilfe von Business-Angels (Privatpersonen, die Geld, Zeit oder Erfahrungen einbringen) zu. Die meisten Startups suchen ihr Geschäft im Bereich der Informations- und Kommunikationstechnologien (Deutscher Startup Monitor 2018, KPMG, https://deutscherstartupmonitor.de/file admin/dsm/dsm-18/files/Deutscher%20Startup%20Monitor%202018.pdf).

Standortkonfiguration

Standortentscheidungen werden oft im Kontext einer Internationalisierungsstrategie, die nach neuen Absatzmöglichkeiten sucht sowie Wachstum und Wettbewerbsvorteile erreichen möchte, begründet. Bei der Standortspaltung bzw. Standortkonfiguration werden gleiche Wertschöpfungsaktivitäten (vgl. Kap. 8.1) eines Unternehmens auf mehrere Standorte disloziert. Gründe für eine *Standortspaltung* sind u. a. die Verlagerung von Produktionsstätten ins Ausland zur Ausnutzung von Kostenvorteilen, die Errichtung von Zweigstellen oder Vertriebsorganisationen, um mehr Kundennähe zu haben, und die Erschließung neuer, internationaler Märkte (vgl. Bea 2009a, S. 366 f.). Die Verlagerung von Teilbereichen eines Unternehmens ins Ausland wird auch als *Offshoring* bezeichnet. Standorte können frei wählbar oder an bestimmte Mindestanforderungen (z. B. Größe, Erschließungskosten) bzw. Restriktionen (z. B. politische Vorgaben) gebunden sein. Die Standortwahl ist ein recht komplexes Entscheidungsproblem, das häufig sukzessiv im Rahmen eines lang andauernden Entscheidungsprozesses gelöst wird (Schmalen/Pechtl 2013, S. 27). Insbesondere die Internationalisierung und Globalisierung der Wirtschaft hat zu einer deutlichen Zunahme von weltweit vernetzten Unternehmensstandorten geführt.

Innerbetrieblicher Standort

Davon zu unterscheiden ist der *innerbetriebliche Standort* von Maschinen, Anlagen und Arbeitsplätzen, der im Rahmen der *Fabrikplanung* sowohl hinsichtlich einer prozessoptimalen räumlichen Anordnung zu Funktionsgruppen (z. B. Kapazitätsplanung, Produktionszeiten) als auch bezüglich einer Transportkostenminimierung festgelegt wird (vgl. Weber et al. 2014, S. 119).

7.2.2 Standortfaktoren

Standortfaktoren sind standortabhängige Größen, die einen Einfluss auf das Erreichen betrieblicher Ziele ausüben. Es sind die Kriterien der Standortbewertung und des -vergleichs (Balderjahn 2014, S. 61).

Sie erfassen die standortspezifischen Kosten- und Leistungsarten, die bei der Auswahl eines Standorts von maßgeblicher Bedeutung sind (vgl. Schmalen/Pechtl 2013, S. 28). Standortfaktoren sind somit die Kriterien der Standortbewertung und -auswahl und können in die folgenden Gruppen eingeteilt werden (vgl. Balderjahn 2014, S. 61 ff.; Bea 2009a, S. 371 ff.):

- *Ökonomische Faktoren* wie z. B. die Verfügbarkeit und Kosten von qualifizierten Arbeitskräften sowie von geeigneten Grundstücken, die vorhandene Verkehrs- (z. B. Flugplätze, Autobahnanschlüsse) und Versorgungsinfrastruktur (z. B. Energie, Wasser, spezielle Lieferanten), Marktgröße und Marktwachstum und das Vorhandensein regionaler Cluster. *Cluster* sind Systeme vernetzter Unternehmen und sonstiger Einrichtungen (z. B. Universitäten) in regional abgegrenzten Räumen, die für das einzelne Unternehmen mehr Vorteile liefern (z. B. Know-how- und Informationsaustausch) im Vergleich zum Zustand ohne Cluster (vgl. Balderjahn 2014, S. 49 ff.; Weber et al. 2014, S. 52 f.).
- *Politische Faktoren* wie z. B. die politische Stabilität des Landes, Höhe von Steuerzahlungen, Gebühren und Zölle, Auflagen und Beschränkungen wirtschaftlichen Handelns (z. B. Genehmigungsverfahren, *Local Content*) und staatliche Förderungen und Unterstützung (z. B. Subventionen).
- *Kulturelle und gesellschaftliche Faktoren* wie z. B. kulturelle Affinität und Sprache, persönliche Sicherheit sowie Verfügbarkeit und Qualität gesellschaftlicher Institutionen (z. B. Bildungs- und Gesundheitswesen).

- *Geografische Faktoren* wie z. B. geologische und klimatische Bedingungen, Topographie.

Oft wird eine Unterscheidung in sogenannte *harte* (monetäre Faktoren) und *weiche* (qualitative Faktoren) *Standortfaktoren* vorgenommen (vgl. Schmalen/Pechtl 2013, S. 28).

7.2.3 Standortbewertung

Die Standortbewertung und -auswahl ist ein mehrstufiger Prozess. In jeder Stufe bzw. Phase reduziert sich die Anzahl der noch in Betracht kommenden Standorte. Die im Bewertungsprozess herangezogenen Kriterien (Standortfaktoren) unterscheiden sich in Art und Anzahl von Stufe zu Stufe (sukzessiver Bewertungsprozess). In einem schrittweisen Filterungsprozess, der mit allgemeinen, aber ganz zentralen Kriterien (sogenannte K. o.-Kriterien wie z. B. die politische Stabilität) beginnt (*Grobbewertung*) und mit sehr branchen- und leistungsbezogenen Kriterien (z. B. Grundstückskosten) endet (*Feinbewertung*), wird die Anzahl der betrachteten Standorte sukzessive verringert (vgl. Balderjahn 2014, S. 58 ff.). Die Phasen der Standortbewertung und -auswahl können der Abb. 7-5 entnommen werden. Standorte, die die grundlegenden Anforderungen der Grobbewertung erfüllen, werden in einer sogenannten *Longlist* zusammengefasst, um dann im Rahmen einer Feinbewertung intensiver überprüft und gefiltert zu werden. Am Ende der Feinanalyse steht eine sogenannte *Shortlist*, die nur noch einige wenige Standorte (ca. drei bis fünf) enthält, die dann einer letzten, ganz intensiven Prüfung unterzogen werden (z. B. Standortbegehungen).

Abb. 7-5

Phasen der Standortbewertung und -auswahl

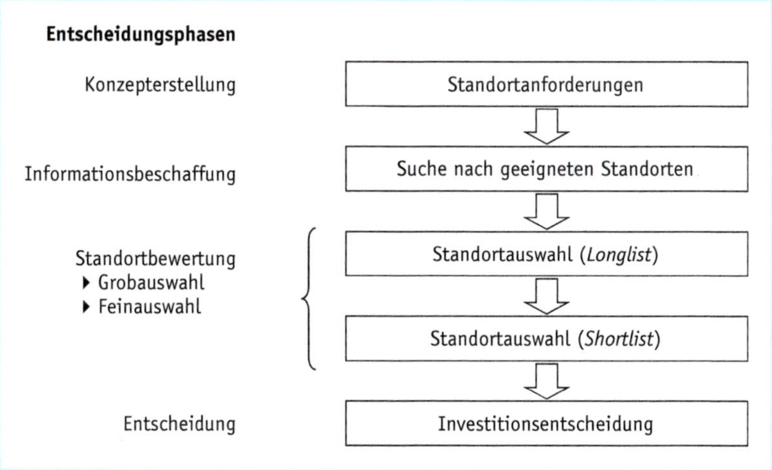

Zur Standortbewertung können mehrere Methoden eingesetzt werden, die von der Phase des Auswahlprozesses abhängig sind wie z. B. Checklisten, die Nutzwertanalyse (vgl. Kap. 6.4.3) und Investitionsrechenverfahren (vgl. Kap. 8.8.3; Bea 2009a, S. 373 ff.). *Checklisten* liefern einen für Branchen standardisierten Katalog gewichteter erfolgskritischer Kriterien (Soll-Anforderungen), die mit den Merkmalen des zu bewertenden Standorts verglichen werden. Eine gute Methode der Grobbewertung ist eine Gegenüberstellung der Eignung eines Standortes hinsichtlich bestimmter Standortfaktoren (*Standorteignung*) mit den Anforderungen an bestimmte Standortfaktoren seitens des standortsuchenden Unternehmens (*Standortanforderungen*; vgl. Abb. 7-6).

Abb. 7-6

Standorteignungs-Standortanforderungs-Matrix

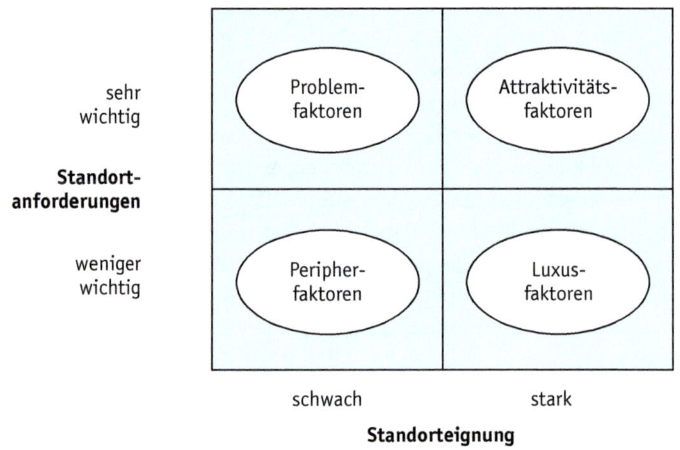

Quelle: Balderjahn 2014, S. 67

7.3 Die Rechtsform des Betriebes

7.3.1 Die Unternehmensverfassung

Die Rechtsform regelt die Rechte, Pflichten und Verantwortlichkeiten eines Unternehmens und umreißt damit den gesetzlich festgelegten unternehmerischen Handlungsrahmen. Arbeitsteiliges wirtschaftliches Handeln im Unternehmen vollzieht sich innerhalb eines Systems von Normen und Institutionen, das insbesondere die *Arbeitgeber-Arbeitnehmer-Beziehungen*, aber auch die Beziehungen des Unternehmens zu Vertragspartnern (z. B. Kunden, Lieferanten, Gläubigern) und externen Anspruchsgruppen (z. B. Öffentlichkeit) ordnet und regelt (vgl. Weber et al. 2014, S. 65). Dieser innere Handlungs- bzw. Ordnungsrahmen für die Unternehmensführung und -überwachung wird als Unternehmensverfassung, Unternehmensordnung oder als *Corporate Governance* bezeichnet (vgl. Gerum/Mölls 2009, S. 226; Theisen 2011b, S. 145; Weber et al. 2014, S. 54 f.).

Corporate Governance

Corporate Governance stellt den Ordnungsrahmen der Unternehmung, die Unternehmungsverfassung, dar und umfasst Grundsätze und Verhaltensregeln für eine verantwortungsvolle Unternehmensführung und -überwachung (Balderjahn 2013, S. 87).

Beispiel Siemens

▸▸▸ »Eine klar strukturierte und gelebte Corporate Governance hat für uns höchste Priorität. Gute Corporate Governance ist die Grundlage unserer Entscheidungs- und Kontrollprozesse.« (www.siemens.com/global/de/Unternehmen/Investor-relations/corporate-governance.html) ◂◂◂

Unternehmensverfassung

Die *Unternehmensverfassung* wird sowohl von unternehmensexternen, rechtlichen (z. B. Mitbestimmungsgesetz) als auch von betriebsinternen Regelungen (z. B. *Codes of Conduct*) bestimmt und begründet die Legitimationsbasis (*Licence to Operate*) für die Unternehmensführung (vgl. Kap. 6.2). *Codes of Conduct* legen im Unternehmen verbindliche Verhaltensstandards (z. B. Sozialstandards) fest. Durch Transparenz in der Unternehmensführung soll Vertrauen bei den Anspruchsgruppen geschaffen werden. Die Beziehungen zwischen Arbeitgebern und Arbeitnehmern sind innerhalb der geltenden Rechtsordnung zum großen Teil frei vereinbar (vgl. Weber et al. 2014, S. 55). Einschränkungen des Handlungsspielraumes liegen u. a. in Form des Gesellschafts-, Arbeits- und Mitbestimmungsrechts (vgl. Kap. 4.4.1) vor. Die Unternehmensverfassung regelt insbesondere folgende Bereiche (vgl. Gerum/Mölls 2009, S. 225 ff.; Weber et al. 2014, S. 54):

- Zweck des Unternehmens (vgl. Kap. 5.1).
- Zuständigkeiten, Verantwortlichkeiten und Organe des Unternehmens: Diese Regelungen sind stark von der jeweiligen Rechtsform abhängig (vgl. Kap. 7.3.2).
- Formen und Prozesse der Entscheidungsfindung und -durchsetzung sind durch die Wahl der Rechtsform weitgehend vorbestimmt. Bei solchen Vereinbarungen wird geregelt,
  - wer Entscheidungen treffen darf und wer sie ausführen muss,
  - wie Entscheidungskonflikte gelöst werden sollen (z. B. Schlichtungsregelungen),
  - wie Entscheidungsprozesse durchgeführt werden sollen (z. B. Entscheidungs- und Beschlussmodalitäten) und
  - wie die Entscheidungsumsetzung zu kontrollieren und wer zu informieren ist.
- Beziehungen zu den Anspruchsgruppen: In diesen Fällen wird geregelt, welche Anspruchsgruppen in welcher Form das Handeln im Unternehmen mitbestimmen (z. B. Kapitaleigner, Arbeitnehmer, Konsumenten, Öffentlichkeit).

- Grundrechte und -pflichten der Unternehmensmitglieder regeln insbesondere den Umgang und die Zusammenarbeit zwischen Unternehmensmitgliedern (*Codes of Conduct*).

Corporate Governance ist der umfassendere Begriff für den rechtlichen und faktischen Ordnungsrahmen eines Unternehmens. International kommen unterschiedliche *Corporate-Governance-Modelle* zum Einsatz, die sich einerseits hinsichtlich der Anzahl zu berücksichtigender Anspruchsgruppen und andererseits nach der Ein- oder Mehrstufigkeit von Geschäftsführung und Überwachung unterscheiden (z. B. Vorstands-/Aufsichtsrats-Modell in Deutschland; vgl. Theisen 2011b, S. 156 ff.).

7.3.2 Arten von Rechtsformen

7.3.2.1 Merkmale von Rechtsformen

Die Rechtsform stellt die rechtliche Ordnung, den rechtlichen Rahmen oder das »Rechtskleid« eines Unternehmens dar. Durch sie werden rechtliche Beziehungen sowohl innerhalb des Unternehmens, im Innenverhältnis (z. B. zwischen Gesellschaftern), als auch zwischen Unternehmen und externen Stakeholdern, im Außenverhältnis (z. B. Rechtsverhältnis zu Gläubigern), geregelt (Bea 2009a, S. 376). Die Rechtsformentscheidung hat *konstitutiven Charakter*, d. h., sie legt die Bedingungen für zahlreiche Folgeentscheidungen fest und ist oft nur mit erheblichem Aufwand revidierbar (vgl. Kap. 7.1.1). Die Rechtsformwahl ist insbesondere der *Gründungsphase*, aber auch der *Wachstumsphase* einer Unternehmung zuzuordnen (z. B. Umwandlungen bzw. Rechtsformwechsel). Regelungen zu einzelnen Rechtsformen sind nicht in einem abgeschlossenen Recht der Gesellschaft zu finden, sondern in zahlreichen Einzelgesetzen (z. B. Bürgerliches Gesetzbuch: BGB, Handelsgesetzbuch: HGB, Gesetz betreffend die Gesellschaften mit beschränkter Haftung: GmbHG, Aktiengesetz: AktG, Genossenschaftsgesetz: GenG). In diesen Gesetzen geht es in erster Linie um eine *Abwägung der Interessen* zwischen Eigentümern (Gesellschaftern), Gläubigern und der Öffentlichkeit. Gläubiger können aufgrund eines Schuldverhältnisses von einem Schuldner (z. B. einer Unternehmung) Leistungen fordern.

Die Wahl einer Rechtsform ist in Deutschland grundsätzlich frei. Es gibt nur wenige Ausnahmen, bei denen der Gesetzgeber die *Wahlfreiheit* beschränkt hat (z. B. bei Hypothekenbanken und Versicherungen). Darüber hinaus hat die Rechtsprechung des *Europäischen Gerichtshofes* (EuGH) zu einer Öffnung des Katalogs gesetzlicher Rechtsformen innerhalb der Europäischen Union geführt, so dass sich deutsche und andere EU-Unternehmen auch in Rechtsformen anderer EU-Staaten konstituieren können (Theisen 2011b, S. 145). Es wird zwischen den Rechtsformen des privaten und des öffentlichen Rechts unterschieden. Privatrechtliche Unternehmen werden in

- Personenunternehmen (Einzelunternehmen und Personengesellschaften) und
- Kapitalgesellschaften

unterschieden.

Das *Gesellschaftsrecht* befasst sich mit den rechtlichen Grundlagen von Personengesellschaften und Körperschaften (vgl. Kap. 7.3.2). Gemeinsames unternehmerisches Handeln von mehreren (natürlichen) Personen vollzieht sich innerhalb von Personengesellschaften. Körperschaften sind Organisationen, die unabhängig vom Wechsel ihrer Mitglieder sind, rechtsfähige Einheiten (sogenannte *juristische Personen*) darstellen und durch Organe vertreten werden (Bea 2009a, S. 387).

7.3.2.2 Personenunternehmen

Bei den Personenunternehmen sind Einzelpersonen (Einzelunternehmer, Kaufmann) oder mehrere (natürliche) Personen gemeinsam (Personengesellschaft) unternehmerisch tätig (Theisen 2011b, S. 146). Personenunternehmen sind stark auf die unternehmerisch handelnden Personen zugeschnitten. Sie sind als Einzelunternehmer (Kaufmann) oder als Gesellschafter zur Geschäftsführung befugt und verpflichtet. Da in der Geschäftsführung eine personale Einheit zwischen Interessenvertretung und -durchsetzung besteht, wird hier von einer *Selbstorganschaft* gesprochen (vgl. Gerum/Mölls 2009, S. 232). Personenunternehmen besitzen keine von den Eigentümern bzw. Gesellschaftern unterscheidbare, eigene *Rechtspersönlichkeit*. Unternehmen, Firma und natürliche Personen sind identisch (Theisen 2011b, S. 147). Unter der *Firma* (Name des Unternehmens) können allerdings auch bestimmte Rechtsgeschäfte durchgeführt werden. Der Einzelunternehmer haftet persönlich mit seinem gesamten Vermögen. In Personengesellschaften haften die Gesellschafter für die Verbindlichkeiten der Unternehmung gesamtschuldnerisch und persönlich mit dem eigenen Privatvermögen unbeschränkt (§ 421 BGB). Jeder Gesellschafter ist verpflichtet, die Gesamtleistung dem Gläubiger gegenüber zu erwirken und der Gläubiger kann nach seinem Belieben von jedem Gesellschafter die Leistung einfordern. Das Einzelunternehmen ist in den §§ 1-104 HGB geregelt. Das Grundmodell der Personengesellschaft ist die *BGB-Gesellschaft* (§§ 705 ff. BGB, auch Gesellschaft bürgerlichen Rechts, GbR, genannt). Weitere Personengesellschaften sind die *Offene Handelsgesellschaft* (OHG) und die *Kommanditgesellschaft* (KG) (vgl. Abb. 7-7).

Die Einzelunternehmung

Die Einzelunternehmung (§§ 1–104 HGB) wird von einem Kaufmann geleitet, der unbeschränkt mit seinem privaten Vermögen haftet. *Kaufmann* ist, wer ein Handelsgewerbe betreibt (§ 1 HGB) und dessen Gewerbe einen in kaufmännischer Weise eingerichteten Gewerbebetrieb erfordert (§ 4 HGB). Das Geschäft wird unter einer *Firma* (Name des Geschäftes) betrieben.

Die Gesellschaft bürgerlichen Rechts

Bei der Gesellschaft bürgerlichen Rechts (GbR oder BGB-Gesellschaft; §§ 705–740 BGB) verpflichten sich mehrere natürliche Personen vertraglich, die Erreichung eines gemeinsamen Zieles zu fördern (z. B. Erwerb eines Grundstücks). Jeder erlaubte Zweck kann als Ziel verfolgt werden. Die Gesellschafter haften unbeschränkt und unmittelbar gesamtschuldnerisch. Jeder Gesellschafter ist zur Mitwirkung an der Geschäftsführung berechtigt (Gesamtgeschäftsführung). Diese Rechtsform ist nicht auf Dauer angelegt und häufig bei sogenannten Gelegenheitsgeschäften wie Baupro-

Abb. 7-7

Rechtsformen im Überblick

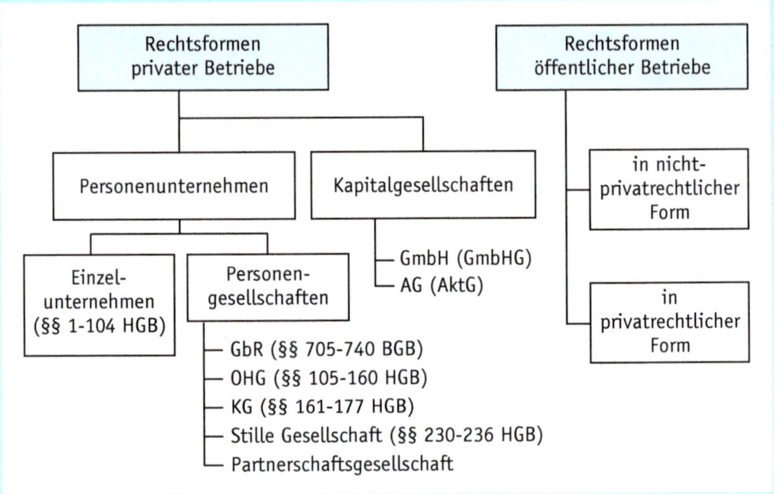

jekten, Gemeinschaftspraxen von Ärzten, Konsortien und Arbeitsgemeinschaften (ARGE) anzutreffen.

Die Offene Handelsgesellschaft

Die OHG (OHG; §§ 105–160 HGB) ist eine auf den Betrieb eines Handelsgewerbes unter gemeinschaftlicher Firma gerichtete Personengesellschaft, bei der alle Gesellschafter unmittelbar und unbeschränkt haften. Zur Gründung sind mindestens zwei Personen erforderlich. Zudem muss die Gesellschaft ins *Handelsregister* eingetragen werden (Formalvorschriften). Das Handelsregister ist ein öffentliches Verzeichnis über die Unternehmen eines Bezirks, das bei den Amtsgerichten geführt wird. Jeder Gesellschafter ist zur Leitung befugt (dispositiv). Da insbesondere die Finanzierungsmöglichkeiten schwierig sind, ist diese Rechtsform nur für kleinere bis mittelgroße Unternehmen geeignet.

Die Kommanditgesellschaft

Die Kommanditgesellschaft (KG; §§ 161–177a HGB) kennt unbeschränkt haftende Gesellschafter, die *Komplementäre*, und in Höhe ihrer Kapitaleinlage beschränkt haftende Gesellschafter, die *Kommanditisten*. Komplementäre und Kommanditisten können natürliche und juristische Personen sein. Zur Gründung einer KG sind mindestens zwei Gesellschafter (ein Komplementär und ein Kommanditist) erforderlich. Eine Handelsregistereintragung muss vorgenommen werden. Die Leitungsbefugnis steht den Komplementären zu (dispositiv). Da die Finanzierungsmöglichkeiten bei der KG besser sind als bei der OHG, wird diese Rechtsform auch von größeren Unternehmen gewählt.

Die stille Gesellschaft
Bei der stillen Gesellschaft (§§ 230–237 HGB) beteiligt sich ein Gesellschafter (der »Stille«) am Handelsgewerbe eines anderen mit einer in dessen Vermögen übergehenden Einlage gegen das Anrecht, am Gewinn beteiligt zu sein. Es ist eine reine *Innengesellschaft*, da die stille Gesellschaft nach außen verborgen bleibt (*Firmierungsverbot*). Der stille Gesellschafter haftet mit seiner Einlage. Er ist von der Leitung der Gesellschaft ausgeschlossen, besitzt aber gewisse Kontrollrechte wie z. B. Einsichtnahme in die Bücher und Anspruch auf Erhalt der Jahresbilanz.

Die Partnerschaftsgesellschaft
Die Partnerschaftsgesellschaft (Partnerschaftsgesellschaftsgesetz, PartGG) ist die »freiberufliche Schwester der OHG«. Sie ist als Personengesellschaft rechtlich verselbstständigt. Es besteht eine gesamtschuldnerische Haftung aller Partner für die Verbindlichkeiten der Gesellschaft. Die Partnerschaftsgesellschaft ist ausschließlich für die *freien Berufe* (z. B. Architekten) bestimmt.

7.3.2.3 Kapitalgesellschaften
Während bei Personenunternehmen die unternehmerisch tätigen natürlichen Personen im Mittelpunkt stehen, ist bei Kapitalgesellschaften die Kapitaleinlage ihrer Gesellschafter das charakteristische Merkmal. Kapitalgesellschaften gehören zu den Körperschaften und sind *juristische Personen*, d. h., sie besitzen eine eigene *Rechtspersönlichkeit*, die sich von der Rechtspersönlichkeit der Gesellschafter unterscheidet (Theisen 2011b, S. 148). Kapitalgesellschaften sind selbstständige Träger von Pflichten und Rechten, sie können Vermögen besitzen, erben und in eigenem Namen klagen und verklagt werden. Sie sind nicht deliktfähig, d. h., sie sind strafrechtlich nicht verantwortlich (gegebenenfalls allerdings die Geschäftsführung). Als juristische Person wird die Kapitalgesellschaft durch ihre *Organe* vertreten (*Fremd-* oder *Drittorganschaft*; vgl. Gerum/Mölls 2009, S. 234). Hier findet eine Trennung zwischen der Interessenvertretung und der Geschäftsführung statt. Da die Gesellschafter auf ihre Rolle als Eigenkapitalgeber reduziert werden und nicht zwingend an der Geschäftsführung beteiligt sein müssen, haften sie auch nur beschränkt mit ihrer Kapitaleinlage. Die Geschäftsführung wird oft von angestellten Managern wahrgenommen. Das Grundmodell der Kapitalgesellschaft ist der *eingetragene Verein* (e. V.; §§ 21 ff. BGB). Die wichtigsten Kapitalgesellschaften sind die *Gesellschaft mit beschränkter Haftung* (GmbH) und die *Aktiengesellschaft* (AG).

Gesellschaft mit beschränkter Haftung (GmbH)
Die GmbH ist eine Gesellschaft mit eigener Rechtspersönlichkeit, die zu jedem gesetzlich zulässigen Zweck errichtet werden kann. Die Haftung der GmbH beschränkt sich *grundsätzlich* auf das Gesellschaftsvermögen. Die Gesellschafter müssen aus Gründen des Gläubigerschutzes ein *Stammkapital* von mindestens 25.000 Euro nachweisen (§ 5 GmbHG). Die Gründung dieser Rechtsform unterliegt strengen Kontrollen und Formvorschriften. Geschäftsführung und Gesellschafterversammlung sind die Organe einer GmbH. Fällt eine GmbH unter das *Mitbestimmungsgesetz*, so hat diese »mitbestimmte« GmbH zudem einen Aufsichtsrat (zur Mitbestimmung vgl. Kap. 4.4.1). Die *Geschäfts-*

führer (Organ der Interessendurchsetzung) sind die gesetzlichen Vertreter der Gesellschaft und brauchen nicht selbst Gesellschafter zu sein (sonst geschäftsführender Gesellschafter). Ihnen obliegt die Leitungsbefugnis. Die *Gesellschafterversammlung* (Organ der Interessenvertretung) ist das oberste Willensbildungsorgan und Kontrollinstanz der GmbH (Wöhe et al. 2016, S. 224).

Wegen der Haftungsbeschränkung, oft niedrigeren Anforderungen hinsichtlich der Prüfung, Publizität und Mitbestimmung, relativ niedrigen Gründungskosten und wegen einer flexiblen Gestaltung des Innenverhältnisses ist diese Rechtsform insbesondere bei kleinen und mittelgroßen Betrieben beliebt. Es gibt allerdings auch Beispiele dafür, dass sehr große Unternehmen diese Rechtsform wählen (z. B. *Robert Bosch* GmbH). Eine insbesondere für Existenzgründer und kleine Unternehmen interessante Variante der GmbH wurde mit einer Novellierung des GmbH-Gesetztes 2008 geschaffen: Die *haftungsbeschränkte Unternehmergesellschaft* (sogenannte 1-Euro-GmbH). Für diese Gesellschaft ist bei Gründung ein Stammkapital von nur einem Euro erforderlich (§ 5a GmbHG). Allerdings ist das nur eine formale Anforderung, die in der Realität oft nicht trägt. Ohne Eigenkapital ist eine Firma weder arbeitsfähig noch kreditwürdig (vgl. Schmalen/Pechtl 2013, S. 56). Die haftungsbeschränkte Unternehmergesellschaft ist eine Alternative zur britischen *Limited* (Ltd.), für die ein Stammkapital von lediglich einem Pfund Sterling bereitgestellt werden muss.

Die Aktiengesellschaft (AG)

Gemäß § 1 AktG ist die Aktiengesellschaft eine Gesellschaft mit eigener Rechtspersönlichkeit, die nur mit dem Gesellschaftsvermögen für die Verbindlichkeiten den Gläubigern gegenüber haftet. Die Gesellschafter der AG, die Aktionäre, sind mit einer Einlage am Vermögen der Aktiengesellschaft beteiligt. Den Aktionären (Eigenkapitalgeber) werden durch den Erwerb von *Aktien* Gesellschaftsrechte am Unternehmen verbrieft (z. B. Stimmrecht, Dividendenansprüche; vgl. Wöhe et al. 2016, S. 218). Nach § 8, Abs. 1 AktG können Aktien entweder als Nennbetragsaktien oder als Stückaktien begründet werden. *Nennbetragsaktien* lauten auf einen bestimmten Geldbetrag, der mindestens einen Euro betragen muss (§ 8 AktG, Abs. 2). *Stückaktien* werden dagegen nicht auf einen Nennbetrag ausgestellt, sondern verbriefen einen Bruchteil am Grundkapital der Aktiengesellschaft (§ 8, Abs. 3 AktG). Darüber hinaus wird zwischen *Inhaberaktien* (Rechte sind mit dem Aktienbesitz verbunden) und *Namensaktien* (nur dem namentlich genannten Aktionär werden Rechte gewährt) und zwischen *Stammaktien* (haben Stimmrecht) und *Vorzugsaktien* (haben kein Stimmrecht aber Vorzüge bei der Gewinnausschüttung) unterschieden (vgl. Theisen 2011b, S. 150). Aktien von börsennotierten Kapitalgesellschaften werden an der Börse gehandelt. Im Deutschen Aktienindex DAX sind die 30 größten Aktiengesellschaften gelistet. Aktiengesellschaften können sich vergleichsweise leicht durch Emission von Aktien zusätzliches Eigenkapital beschaffen. Deshalb ist es die Gesellschaftsform für Großunternehmen und Konzerne. Die Gründung einer AG ist durch zahlreiche zwingende Vorschriften bestimmt und erfordert einen Mindestnennbetrag des Grundkapitals von 50.000 Euro (§ 7 AktG). Organe der AG sind der Vorstand, der Aufsichtsrat und die Hauptversammlung (vgl. Abb. 7-8).

Abb. 7-8

Organe einer Aktiengesellschaft

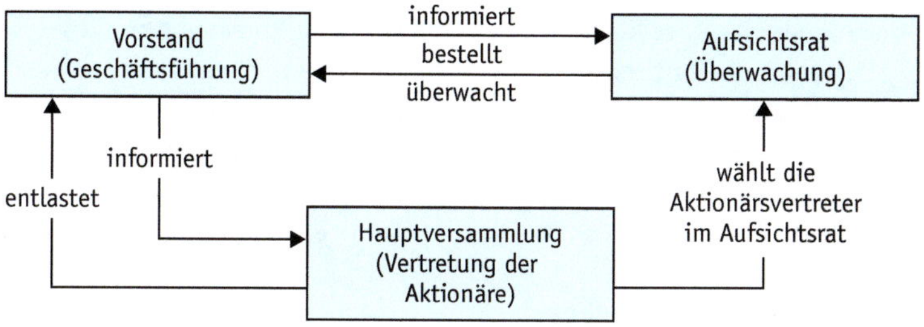

Quelle: In Anlehnung an Bea 2009a, S. 399

Der *Vorstand* ist das ausführende Organ. Ihm obliegen sowohl die Geschäftsführung (Innenverhältnis) als auch die Vertretung der Gesellschaft nach außen (Außenverhältnis). Der *Aufsichtsrat* ist das Kontrollorgan. Er bestellt und überwacht den Vorstand, prüft und stellt den *Jahresabschluss* (Bilanz, GuV, Lagebericht, vgl. Kap. 8.9.2) fest. Die *Hauptversammlung* ist die Versammlung der Aktionäre. Sie ist das oberste Organ der Willensbildung. Dort werden die Mitglieder der Anteilseigner in den Aufsichtsrat gewählt, der Vorstand und der Aufsichtsrat entlastet sowie über Satzungsänderungen und Gewinnverwendung entschieden.

Europäische Aktiengesellschaft

Seit 2004 haben Unternehmen in Ländern der *Europäischen Union* (EU) die Möglichkeit, die Europäische Aktiengesellschaft (*Societas Europaea*, SE) als grenzüberschreitende Rechtsform zu wählen. Damit soll es europaweit agierenden Unternehmen ermöglicht werden, ihre Gesellschaftsstrukturen vereinfachen zu können. Das gezeichnete Kapital dieser *Europa-AG* beträgt mindestens 120.000 Euro (Wöhe et al. 2016, S. 222).

7.3.2.4 Gesellschaftsrechtliche Mischformen

Neben den in den Gesetzen geregelten Rechtsformen haben sich in der Praxis noch sogenannte Mischformen herausgebildet).

Kommanditgesellschaft auf Aktien

Eine Kommanditgesellschaft auf Aktien (KGaA) ist eine Kombination von KG und AG, wobei die KGaA als juristische Person der AG näher steht als der KG. Die KGaA ist infolgedessen im AktG geregelt. Das Kommanditkapital ist in Aktien verbrieft, mindestens ein Gesellschafter haftet aber als Komplementär unbeschränkt persönlich und ist damit auch zur Geschäftsführung und Vertretung der Gesellschaft befugt. Die KGaA verbindet die Vorteile der AG (Finanzierungsmöglichkeiten) mit der starken Stellung der persönlich haftenden Gesellschafter einer KG (z. B. *Merck* KGaA).

AG & Co. KG und GmbH & Co. KG

Bei der AG & Co. KG und GmbH & Co. KG handelt es sich um Spezial- bzw. Mischformen der KG, bei der eine juristische Person (AG oder GmbH) die Funktion des Komplementärs übernimmt. Dabei können die Gesellschafter der AG oder der GmbH gleichzeitig auch Kommanditisten der KG sein. Durch die spezielle Konstruktion dieser Rechtsform ist einerseits die Haftung aller natürlichen Personen, die an einer solchen Unternehmung beteiligt sind, auf ihre Kapitaleinlage beschränkt, andererseits gelten für die Kommanditisten die gesetzlichen Vorschriften zur KG als Personengesellschaft, was aus steuerlichen Gründen vorteilhaft sein kann (z. B. *Otto* GmbH & Co. KG, *Henkel* AG & Co. KGaA).

7.3.2.5 Öffentliche Unternehmen

Öffentliche Unternehmen stehen ganz oder teilweise im Eigentum der öffentlichen Hand (Bund, Länder, Gemeinden) und verfolgen in der Regel im Gegensatz zu gewinnorientierten (Profit) privaten Unternehmen das Ziel, kollektive Bedürfnisse (z. B. Schulausbildung, Verkehrsinfrastruktur) ohne Gewinnabsicht (Nonprofit) zu befriedigen. Sie können in nicht-privatrechtlicher (öffentlicher) und in privatrechtlicher Form (GmbH und AG mit und ohne private Beteiligung) geführt werden. Nicht-privatrechtlich geführte öffentliche Unternehmen werden unterschieden in solche ohne und mit eigener Rechtspersönlichkeit. Rechtsformen öffentlichen Rechts ohne eigene Rechtspersönlichkeit sind *Regiebetriebe* (z. B. Abteilungen der Verwaltung einer Stadt) und *Eigenbetriebe* (z. B. Stadtwerke, Theater). Öffentliche Unternehmen mit eigener Rechtspersönlichkeit sind *Körperschaften, Anstalten* und *Stiftungen öffentlichen Rechts* (vgl. Bea 2009a, S. 411 f.). Einen Überblick über verschiedene Rechtsformen gibt die Abb. 7-7.

7.3.3 Kriterien der Rechtsformwahl

Es gibt keine grundsätzlich »beste Rechtsform«, sondern nur mehr oder weniger zweckmäßige Rechtsformen für bestimmte Geschäftsmodelle und Zielsetzungen. Im konkreten Fall können alle gesetzlichen Rechtsformen Vor- und Nachteile haben. Die Eignung einer bestimmten Rechtsform für eine Unternehmung lässt sich anhand relevanter Kriterien beurteilen. Diese Kriterien sind entweder *zwingend* durch Gesetz vorgeschrieben (z. B. Haftungsregelung) oder als *dispositives Recht* im Rahmen des Gesellschaftsvertrages frei vereinbar (z. B. Gewinn- und Verlustbeteiligung). Sie können sich auf das *Innenverhältnis* (Gesellschafter untereinander) oder auf das *Außenverhältnis* (Gesellschaft gegenüber Dritten) beziehen.

Kriterien der Rechtsformwahl sind (vgl. Bea 2009a, S. 380 ff.):

- Umfang der *Gesellschafterhaftung*: Unterscheidung in unbeschränkte, persönliche Haftung (Haftung auch mit dem Privatvermögen) und beschränkte Haftung (Haftung ist auf die Kapitaleinlage begrenzt).
- *Leitungsbefugnis*: Regelt, welche Person bzw. welches Organ zur Leitung eines Unternehmens befugt ist. Die Leitung umfasst die Geschäftsführung im Innenverhältnis und die Geschäftsvertretung im Außenverhältnis der Unternehmung.

- *Finanzierungsmöglichkeiten*: Hierunter fallen die rechtsformspezifischen Möglichkeiten der Eigen- und Fremdfinanzierung sowie Vorschriften der Eigenkapitalausstattung (z. B. Mindestkapital).
- *Gewinn- und Verlustbeteiligung*: Die Gewinn- und Verlustbeteiligung wird in der Regel im Gesellschaftsvertrag dispositiv geregelt und orientiert sich oft am Haftungsumfang sowie an der Höhe der Kapitalbeteiligung der jeweiligen Gesellschafter.
- *Rechnungslegungs- und Publizitätspflichten*: Unter dieses Kriterium fallen Anforderungen, die insbesondere den Informationsstand von Gläubigern, Eigenkapitalgebern und der Öffentlichkeit verbessern sollen und zum Teil erhebliche Aufwendungen für das Unternehmen nach sich ziehen. Zudem können auch Konkurrenten Einblick in die Geschäftstätigkeit einer Unternehmung erhalten. Unternehmen, unabhängig von der Größe und der Rechtsform, sind zur Rechnungslegung verpflichtet. Die *Rechnungslegung* umfasst insbesondere die Buchführung (§ 238 HGB), die Durchführung einer Inventur (§ 240 HGB) und das Aufstellen eines Jahresabschlusses (§ 242 Abs. 1 HGB, vgl. Schmalen/Pechtl 2013, S. 511; vgl. Kap. 8.9.2).
- *Steuerbelastung*: Die Besteuerung der Unternehmensgewinne variiert erheblich zwischen Personen- und Kapitalgesellschaften. Gesellschafter von Personengesellschaften müssen Unternehmensgewinne als Einkommen aus Gewerbebetrieb mit ihrem persönlichen *Einkommensteuersatz* (zwischen 14 bis 45 %) versteuern. Kapitalgesellschaften hingegen entrichten auf erzielte Gewinne eine einheitliche *Körperschaftsteuer* in Höhe von 15 % des Gewinns. Bei Ausschüttung müssen die Gesellschafter allerdings die Gewinne mit ihrem persönlichen Einkommensteuersatz bzw. pauschal mit dem *Abgeltungsteuersatz* von 25 % erneut versteuern. Weiterhin fallen für beide Gesellschaftsformen noch *Gewerbesteuern* an.
- *Rechtsformabhängige Aufwendungen*: Diese Aufwendungen ergeben sich aus den Rechnungslegungs-, Prüfungs- und Publizitätspflichten, aus den jeweiligen Gründungsaufwendungen und den Organisationskosten (z. B. Vergütung von Aufsichtsratsmitgliedern).
- *Unternehmenskontinuität*: Unter der Unternehmensnachfolge wird die Übergabe von Leitungsmacht und Kapitalanteilen eines ausscheidenden Gesellschafters an einen oder mehrere Nachfolger verstanden (Schmalen/Pechtl 2013, S. 612). Probleme der Unternehmensnachfolge ergeben sich hauptsächlich bei Personengesellschaften. Ist nichts weiter geregelt, so wird z. B. die OHG beim Tod eines Gesellschafters aufgelöst.

7.4 Unternehmenszusammenschlüsse

7.4.1 Ziele und Klassifikation von Unternehmenszusammenschlüssen

Unternehmenszusammenschlüsse (*Mergers & Akquisitions*) sind Vereinigungen rechtlich und wirtschaftlich selbstständiger Unternehmen, die das Ziel einer gemeinschaftlichen Aufgabenerfüllung verfolgen.

Die gemeinschaftliche Aufgabenerfüllung können Einzelgeschäfte, Teilfunktionen oder die Gesamtheit aller betrieblichen Funktionen umfassen. Insbesondere durch die Globalisierung der Wirtschaft ist eine steigende Tendenz von Unternehmenszusammenschlüssen zu beobachten. Unternehmen versuchen, durch Zusammenschlüsse, Fusionen und Übernahmen *(Mergers & Acquisitions)* eine Größe zu erlangen, die es ihnen ermöglicht, international wettbewerbsfähig zu werden bzw. zu bleiben.

Ziele von Unternehmenszusammenschlüssen

Mit Unternehmenszusammenschlüssen können folgende *Ziele* verfolgt werden (vgl. Bea 2009a, S. 419 ff.):

- *Erlangung von Wettbewerbsvorteilen* durch Größe und Wachstum: Unternehmen können durch den Ausbau eigener Ressourcen und Kapazitäten (inneres, »organisches Wachstum«) sowie durch Zusammenschluss oder Fusion mit anderen Unternehmen (externes Wachstum) ihre Wettbewerbsposition verbessern. Mit höheren Marktanteilen (*Economies-of-Scale*, Kap. 8.4.2), einer marktbeherrschenden Stellung sowie einer stärkeren Marktmacht (z. B. gegenüber Lieferanten) lassen sich Wettbewerbsvorteile erzielen (Wöhe et al. 2016, S. 239).
- *Synergieeffekte*: Durch einen Unternehmenszusammenschluss können Verbundeffekte (*Economies-of-Scope*) erzielt werden, die über eine reine Addition der Leistungen der bisher getrennt geführten Unternehmen weit hinausgehen können. Synergieeffekte können sich einstellen, wenn die sich zusammenschließenden Unternehmen komplementäre Kompetenzen aufweisen, die zum gegenseitigen Austausch von wettbewerbsrelevanten Schlüsselfaktoren geeignet sind (vgl. Coenenberg/Schultze 2011, S. 375). Synergieeffekte können sich z. B. bei der gemeinsamen Produktentwicklung (Entwicklungskooperationen), beim Markteintritt (Überwindung hoher Markteintrittsbarrieren) oder beim Absatz (Ergänzung des Leistungsprogramms) einstellen.
- *Erlangung finanzieller Vorteile*: Kleinere Unternehmen leiden oft an einer unzureichenden Eigenkapitalbasis und mangelnden Finanzierungsmöglichkeiten. Durch einen Zusammenschluss liegen gegebenenfalls günstigere Voraussetzungen für eine Finanzierung des Wachstums vor.
- *Risikostreuung*: Risiken der Geschäftstätigkeit können durch Unternehmenszusammenschlüsse auf »mehrere Schultern« verteilt werden (sogenannte *Burden-Sharing-Allianzen*). Dies gilt z. B. beim Eintritt in einen neuen Markt (z. B. *Joint Venture*) oder bei der Entwicklung komplexer Technologien.
- *Erwerb von Leistungspotenzialen*: Durch einen Zusammenschluss kann ein Unternehmen in den Besitz wettbewerbsrelevanter Ressourcen (z. B. Patente) kommen.

Solche Ressourcen- und Kompetenztransfers sind insbesondere bei *Strategischen Allianzen* anzutreffen.

- *Vorteile in der Besteuerung*: Steuerliche Begünstigungen großer Unternehmen sind z. B. bei Abschreibungsmöglichkeiten und der Bildung von Pensionsrückstellungen vorhanden.

Den Vorteilen eines Zusammenschlusses für die beteiligten Unternehmen stehen immer wettbewerbsrechtliche Bedenken gegenüber. Zur *Aufrechterhaltung des Wettbewerbs* werden in Deutschland folgende rechtliche Mittel eingesetzt (Thommen et al., 2017, S. 37): Kartellverbot (Kap. 7.4.2.1), Missbrauchsaufsicht (bei missbräuchlicher Ausnutzung einer marktbeherrschenden Stellung) und Zusammenschlusskontrolle (Verhinderung einer marktbeherrschenden Stellung).

Klassifikation von Unternehmenszusammenschlüssen

Unternehmenszusammenschlüsse können nach der Richtung der verbundenen Wirtschaftsstufen und nach der Bindungsintensität klassifiziert werden (vgl. Wöhe et al. 2016, S. 237). Nach der *Richtung* des Unternehmenszusammenschlusses in der Wertschöpfungskette können unterschieden werden:

- *Horizontaler Zusammenschluss*: Zusammenschluss auf der gleichen Produktions- bzw. Handelsstufe (z. B. Zusammenschluss von Automobilunternehmen).
- *Vertikaler Zusammenschluss* (Integration): Zusammenschluss von Unternehmen vor- oder nachgelagerter Produktions- bzw. Handelsstufen (*Supply Chain*). Wird eine vorgelagerte Produktions- oder Handelsstufe einbezogen, so wird von einer Rückwärtsintegration (*Backward Integration*) gesprochen (z. B. ein PC-Hersteller erwirbt einen Chip-Lieferanten). Eine Vorwärtsintegration (*Forward Integration*) liegt vor, wenn eine nachgelagerte Produktions- oder Handelsstufe eingegliedert wird (z. B. bei Franchisingsystemen).
- *Konglomerater Zusammenschluss*: Bei diesem Zusammenschluss erfolgt die Integration von Unternehmen verschiedener Branchen (z. B. ein Motorradhersteller schließt sich mit einem Musikinstrumentenhersteller zusammen).

Nach der *Bindungsintensität* des Zusammenschlusses kann die Kooperation von der Integration unterschieden werden (vgl. Kap. 7.4.2).

7.4.2 Formen von Unternehmenszusammenschlüssen

Rechtlich selbstständige Unternehmen, die sich zusammenschließen, verlieren in Teilen ihre wirtschaftliche Selbstständigkeit bzw. Entscheidungsautonomie. In Abhängigkeit vom Umfang dieses Autonomieverlustes bzw. der Bindungsintensität wird zwischen *Kooperation* (geringe Bindungsintensität) und *Integration* (hohe Bindungsintensität) unterschieden. Verlieren Unternehmen durch einen Zusammenschluss auch ihre rechtliche Selbstständigkeit, so wird von einer *Fusion* (Kap. 7.4.2.2) gesprochen.

7.4.2.1 Kooperation

Bei der *Kooperation* handelt es sich um auf vertraglichen Vereinbarungen beruhende Zusammenschlüsse rechtlich und wirtschaftlich selbstständig bleibender Unternehmen, wobei mindestens eine Teilaufgabe integriert, d. h. gemeinsam verantwortet wird.

Nur für diese Teilaufgaben ist die wirtschaftliche Selbstständigkeit für die Dauer der Kooperation beschränkt. Bei den folgenden Unternehmenszusammenschlüssen handelt es sich um Kooperationen (vgl. Bea 2009a, S. 422 ff.):

- Die *Arbeitsgemeinschaft* (*Konsortium*) ist eine Kooperation von Unternehmen, die gemeinsam eine zeitlich befristete und inhaltlich definierte Aufgabe lösen wollen. Dazu wird häufig die Rechtsform einer BGB-Gesellschaft gewählt (vgl. Kap. 7.3). Schließen sich z. B. Banken zur Erfüllung gemeinsamer Aufgaben zusammen, so wird von einem *Konsortium* gesprochen.
- Das *Gemeinschaftsunternehmen* (*Joint Venture*) wird von kooperierenden Unternehmen, die gemeinsam an einer neuen, rechtlich eigenständigen Gesellschaft beteiligt sind, gegründet und gemeinsam geleitet. Das *Joint Venture* dient der Übernahme von Aufgaben, die im gemeinsamen Interesse der Gesellschaftsunternehmen liegen (z. B. Markteintritt, Produktentwicklung; vgl. Schmalen/Pechtl 2013, S. 80).
- *Strategische Allianzen* sind zeitlich befristete, horizontale Unternehmenszusammenschlüsse (Partnerschaften) zum Zwecke der Erzielung von Wettbewerbsvorteilen.
- *Franchising* ist eine vertikale Kooperationsform, bei der ein Hersteller (Franchise-Geber) gegen Lizenzgebühren einem Vertragspartner (Franchise-Nehmer) den Absatz seiner Produkte überträgt. Der Franchisevertrag sieht in der Regel vor, dass der Franchise-Nehmer das komplette Marketingkonzept (Benutzung des Markennamens, Ausstattung der Verkaufsräume etc.) zu übernehmen hat (z. B. McDonalds-Filialen und Benetton-Läden).
- *Strategische Netzwerke* sind langfristig angelegte, institutionelle Arrangements zur Prozessoptimierung entlang von Wertschöpfungsketten. Oft sind diese Unternehmensnetze in Form einer Knotenpunktstruktur organisiert: Ein größeres Unternehmen koordiniert eine relativ große Anzahl von rechtlich selbstständigen, wirtschaftlich aber abhängigen kleineren Unternehmen (z. B. Zuliefernetzwerke in der Automobilindustrie).
- Ein *virtuelles Unternehmen* entsteht, wenn kooperierende Unternehmen ergänzende Wertschöpfungsbeiträge in Form eines Netzwerkes in eine gemeinsame Organisation einbringen. Es handelt sich um ein dynamisches Netzwerk, dessen Netzknoten gleichermaßen durch einzelne Aufgabenträger, Organisationseinheiten oder vollständige Organisationen gebildet werden. Die Zusammenarbeit zwischen diesen Einheiten konfiguriert sich dynamisch und problembezogen, so dass die jeweilige Aufgabe die Struktur der virtuellen Unternehmung bestimmt (vgl. Picot et al. 2003, S. 422).

Kartelle

- *Kartelle* entstehen durch Absprachen oder aufeinander abgestimmte Verhaltensweisen zwischen Unternehmen bzw. Unternehmensvereinigungen, die eine Verhinderung, Einschränkung oder Verfälschung des Wettbewerbs bezwecken und bewirken. Sie sind nach § 1 des Gesetzes gegen Wettbewerbsbeschränkungen (letzte Fassung vom 26. Juni 2013, GWB, *Kartellgesetz*) verboten, und zwar unabhängig davon, ob es sich um horizontale oder vertikale Wettbewerbsbeschränkungen handelt. Absolut, d. h. ohne Ausnahme, gilt dieses Verbot für Vereinbarungen zwischen Wettbewerbern hinsichtlich der Festlegung von Preisen (Preiskartelle), Quoten (Quotenkartelle) und Gebieten (Gebietskartelle):
  - *Preiskartelle* vereinheitlichen vertraglich ihre Preisgestaltung. Eine Sonderform des Preiskartells ist das *Submissionskartell*, das das Angebotsverhalten der Kartellmitglieder bei öffentlichen Ausschreibungen regelt. Dadurch soll ein gegenseitiges Unterbieten vermieden und gesichert werden, dass jeder in bestimmten Abständen einen Zuschlag erhält.
  - Bei *Quotenkartellen* legen die beteiligten Unternehmen Produktions- und Absatzmengen fest (Rohstoffkartelle).
  - *Gebietskartelle* teilen die Absatzgebiete zwischen den Kartellmitgliedern vertraglich auf.

  Darüber hinaus sind auch Vereinbarungen absolut verboten, die eine *Preisbindung der zweiten Hand* festschreiben (Lieferanten schreiben ihren Händlern Mindest- oder Festpreise für den Weiterverkauf vor). Nach § 2 GWB können unter bestimmten Bedingungen Vereinbarungen zwischen Unternehmen, Beschlüsse von Unternehmensvereinigungen oder aufeinander abgestimmte Verhaltensweisen vom Kartellverbot freigestellt werden, wenn sie nicht zu Lasten der Verbraucher gehen. Anders als noch vor der 7. Novelle des GWB von 2005 ist für die *Freistellung* keine Erlaubnis der *Kartellbehörde* mehr erforderlich. Die Freistellung erfolgt quasi kraft Gesetzes automatisch, wenn die Voraussetzungen nach § 2 GWB erfüllt sind (*System der Legalausnahme*). Unternehmen müssen selbst prüfen, ob sie durch ihre Absprachen den Wettbewerb spürbar beschränken oder nicht. Freigestellt sind Unternehmenskooperationen insbesondere dann, wenn die beteiligten Unternehmen erst durch die Kooperation wettbewerbsfähig werden. Beispiele sind bestimmte Einkaufs- und Vertriebskooperationen, Mittelstandskartelle (§ 3 GWB: haben die Rationalisierung wirtschaftlicher Vorgänge durch zwischenbetriebliche Zusammenarbeit zum Gegenstand), Spezialisierungskartelle (Rationalisierung wirtschaftlicher Prozesse durch Spezialisierung und Standardisierung) und Forschungskooperationen (vgl. Bundesverband der Deutschen Industrie 2006, S. 10). Das deutsche Wettbewerbsrecht wird auch durch Regelungen des Artikel 101 AEUV (ex-Art. 81 EGV) des *Vertrages über die Arbeitsweise der Europäischen Union* (AEUV) bestimmt. Danach sind Absprachen zwischen Unternehmen verboten, die den freien Wettbewerb innerhalb der Mitgliedstaaten der EU beschränken oder verhindern (vgl. Schmalen/Pechtl 2013, S. 82).
- Der *Unternehmensverband* dient seinen Mitgliedern zur Wahrnehmung gemeinsamer Interessen und zur Erfüllung gemeinsamer Aufgaben. Es kann zwischen Arbeitgeberverbänden (z. B. Bundesvereinigung der Deutschen Arbeitgeberver-

bände: BDA), Wirtschaftsverbänden (z. B. Bundesverband der Deutschen Industrie: BDI) und Kammern (z. B. Industrie- und Handelskammern: IHK) unterschieden werden (vgl. Bea 2009b, S. 171 ff.).

7.4.2.2 Integration

Durch Integration entstehen Zusammenschlüsse, durch die eine Veränderung der bestehenden Eigentums- und Verfügungsrechte sowie der Herrschaftsstrukturen innerhalb der integrierten Unternehmen eintritt (vgl. Macharzina/Wolf 2018, S. 717). Unter Aufgabe der wirtschaftlichen oder auch der rechtlichen Selbstständigkeit der sich zusammenschließenden Unternehmen entsteht durch Integration eine größere Wirtschaftseinheit (Wöhe et al. 2016, S. 248).

Mergers & Acquisitions

Auf solche Zusammenschlüsse wird oft der Begriff *Mergers and Acquisitions* (M&A) angewendet. Verliert zumindest eines der am Zusammenschluss beteiligten Unternehmen neben seiner wirtschaftlichen auch seine rechtliche Selbstständigkeit, dann wird von einem *Merger* bzw. von einer *Fusion* gesprochen. Unter *Acquisitions* (Akquisitionen) werden alle Formen des Erwerbs von Beteiligungen eines Unternehmens an einem anderen verstanden, wobei die Höhe der Beteiligung dabei unerheblich ist. Insofern muss bei einer *Akquisition* keines der beteiligten Unternehmen zwingend seine rechtliche Unabhängigkeit verlieren (vgl. Macharzina/Wolf 2018, S. 717). Bleiben die wirtschaftlich integrierten Unternehmen rechtlich selbstständig, so entsteht ein *Konzern*.

Konzerne

Das Aktiengesetz geht bei Unternehmenszusammenschlüssen von *verbundenen Unternehmen* aus. Zusammenschlüsse, die zum Kreis der verbundenen Unternehmen gehören, sind (vgl. Bea 2009a, S. 427 ff.; Schmalen/Pechtl 2013, S. 83 ff.):

- im Mehrheitsbesitz stehende Unternehmen und mit Mehrheit (über 50 %) beteiligte Unternehmen (§ 16 AktG),
- abhängige Unternehmen und herrschende Unternehmen, die über eine Stimmrechtsmehrheit beim abhängigen Unternehmen verfügen (§ 17 AktG),
- Konzernunternehmen (§ 18 AktG),
- wechselseitig (mit mehr als 25 %) beteiligte Unternehmen (§ 19 AktG) und
- Vertragsteile eines Unternehmensvertrages (§§ 291, 292 AktG). Ein Unternehmen unterwirft sich durch Vertrag einem herrschenden Unternehmen (Beherrschungsvertrag; Schmalen/Pechtl 2013, S. 84).

Die wichtigste Art des verbundenen Unternehmens ist der Konzern (vgl. Bea 2009a, S. 427 f.).

> *Konzerne* sind mehrere rechtlich selbstständige Unternehmen, die unter einer einheitlichen wirtschaftlichen Leitung stehen. Sie entstehen überwiegend durch Erwerb von Unternehmensanteilen (*Akquisition*).

Nach dem Machtverhältnis der einzelnen Konzernunternehmen zueinander unterscheidet das Aktiengesetz den *Gleichordnungskonzern* (§ 18 Abs. 2), bei dem die unter einer einheitlichen Leitung stehenden Unternehmen nicht voneinander abhängig sind, und den *Unterordnungskonzern* (§ 18 Abs. 1), bei dem ein oder mehrere abhängige Unternehmen (*Konzerntöchter*) unter der einheitlichen Leitung eines herrschenden Unternehmens (*Konzernobergesellschaft*) stehen (vgl. Bea 2009a, S. 428 f.; Schmalen 2013, S. 84). Der Einfluss eines Aktionärs auf die Gesellschaft ist abhängig von der Höhe seiner Beteiligung (Wöhe et al. 2016, S. 248 f.).

Unterordnungskonzerne

Drei Arten von Unterordnungskonzernen werden unterschieden:

- Der *Eingliederungskonzern* (§§ 319–327 AktG): Herrschende und abhängige Unternehmen sind wirtschaftlich vollständig integriert. Die Eingliederung wird in der Hauptversammlung beschlossen. Die rechtliche Selbstständigkeit der abhängigen Unternehmen wird nicht aufgegeben.
- Der *Vertragskonzern* (§ 291 Abs. 1 AktG): Entsteht durch einen *Beherrschungsvertrag*, der die organisatorischen Beziehungen, insbesondere die Leitungsbefugnis und die Gewinnabführung, zwischen dem herrschenden und dem oder den abhängigen Unternehmen regelt.
- Der *faktische Konzern* (§§ 311–318 AktG): Die Beherrschung des abhängigen Unternehmens basiert auf dem Stimmrecht aus einer Mehrheitsbeteiligung, ohne dass ein Vertrag vorliegt (*Takeover*). Die faktische Leitungs- und Kontrollmacht kommt dadurch zustande, dass das mit Mehrheit beteiligte Unternehmen Aufsichtsrat und Vorstand des abhängigen Unternehmens personell besetzen kann, um so seine Interessen durchzusetzen. In Abhängigkeit davon, ob ein Unternehmenserwerb im Einvernehmen mit der Geschäftsführung (Vorstand) des erworbenen Unternehmens durchgeführt wird oder nicht, wird von einer freundlichen (*Friendly Takeover*) bzw. feindlichen Übernahme (*Hostile Takeover*) gesprochen. Der faktische Konzern kommt in der Praxis am häufigsten vor. Man spricht auch von *Mutter-Tochter-Gesellschaften*.

Konzerne können nach dem Stammhaus- oder Holding-Konzept (Finanz- und Managementholding) organisiert sein. Im *Stammhauskonzern* übernimmt eine Obergesellschaft (das Stammhaus) sowohl die strategische Führung als auch das vollständige operative Geschäft des Konzerns (Wöhe et al. 2016, S. 252). Heute sind Konzerne häufiger nach dem *Holding-Konzept* aufgebaut. Beschränkt sich die Obergesellschaft (Muttergesellschaft) auf eine reine finanzielle Steuerung des Konzerns und auf die Verwaltung der Beteiligungen an den Tochtergesellschaften, so wird von einer *Finanzholding* gesprochen (vgl. Bea 2009a, S. 429). Eine *Managementholding* übernimmt dagegen die gesamte strategische Führung der Tochtergesellschaften, nicht aber deren operatives Geschäft.

Fusionen

Eine *Fusion* liegt dann vor, wenn mindestens ein Unternehmen durch den Zusammenschluss neben seiner wirtschaftlichen auch noch seine rechtliche Selbstständigkeit verliert. Die Fusion wird auch als Verschmelzung (*Merger*) bezeichnet. Es können bei Aktiengesellschaften zwei Arten der Fusionsbildung unterschieden werden (vgl. Bea 2009a, S. 431 f.; Wöhe et al. 2016, S. 253):

- *Fusion durch Aufnahme* (Annexion): Ein Unternehmen wird von einem anderen Unternehmen erworben (*Acquisition*), indem die Gesellschaftsanteile (*Share Deal*) oder das Vermögen (*Asset Deal*) auf das aufnehmende, weiterhin rechtlich selbstständige Unternehmen übertragen werden.
- *Fusion durch Neugründung* (Neubildung): Beteiligte Unternehmen übertragen ihr Vermögen, inklusive der damit verbundenen Rechte und Pflichten, einem neu gegründeten Unternehmen. Man spricht in diesem Zusammenhang von einer Fusion unter Gleichen (*Merger of Equals*).

Fusionen unterliegen dem Gesetz gegen Wettbewerbsbeschränkungen (Kartellgesetz, GWB). § 37 GWB legt fest, wann ein Zusammenschluss vorliegt und § 35 GWB gibt an, wann ein Zusammenschluss dem Kartellamt angezeigt werden muss. Der Zusammenschluss wird untersagt, wenn zu erwarten ist, dass damit eine marktbeherrschende Stellung begründet oder verstärkt wird (§ 36 GWB).

Kontrollfragen Kapitel 7

1. *Was zeichnet eine konstitutive Entscheidung aus?*
2. *Was ist ein strategisches Geschäftsfeld?*
3. *Wie können strategische Geschäftsfelder abgegrenzt werden?*
4. *Beschreiben Sie das Grundkonzept der Portfolioanalyse.*
5. *Erläutern Sie den Darmstädter Portfolio-Ansatz.*
6. *Welche Teilprobleme sind bei der Standortwahl zu unterscheiden?*
7. *Was sind Standortfaktoren?*
8. *Nennen Sie geeignete Verfahren zur Standortbewertung.*
9. *Was ist eine Longlist und was eine Shortlist?*
10. *Was regelt die Unternehmensverfassung und was wird unter dem Begriff Corporate Governance verstanden?*
11. *Was versteht man unter der Rechtsform einer Unternehmung?*
12. *Geben Sie einen systematischen Überblick über die Rechtsformen.*
13. *Wie unterscheiden sich Personengesellschaften von Kapitalgesellschaften?*
14. *Was wird unter einer »Juristischen Person« verstanden?*
15. *Welches sind Kriterien der Rechtsformwahl?*
16. *Was ist eine Kommanditgesellschaft?*
17. *Erläutern Sie die Merkmale einer GmbH und einer AG.*
18. *Was ist ein Unternehmenszusammenschluss und welche Ziele werden mit Zusammenschlüssen verfolgt?*
19. *Welche Arten von Zusammenschlüssen könnten nach der Richtung und welche nach der Bindungsintensität unterschieden werden?*
20. *Was wird unter einer Kooperation verstanden und welche Kooperationsformen gibt es?*
21. *Was ist ein Kartell?*
22. *Wann sind Kartelle verboten? Nennen Sie Beispiele.*
23. *Erläutern Sie den Begriff Mergers & Acquisitions.*
24. *Was sind verbundene Unternehmen nach dem Aktiengesetz?*

25. *Was ist ein Konzern und welche Arten unterscheidet das Aktiengesetz?*
26. *Was ist eine Fusion und welche beiden Arten nach der Entstehung gibt es?*

Übungsaufgabe Kapitel 7

Frage

Geben Sie für die Rechtsformen Einzelunternehmen, OHG, KG, Stille Gesellschaft, AG

Rechtsform	Rechtsgrundlage	Haftung	Leitung
Einzelunternehmen	§§ 1–104 HGB	unbeschränkt	Inhaber allein
OHG	§§ 105–160 HGB	unbeschränkt und solidarisch	grundsätzlich alle Gesellschafter, Ausnahmen im Gesellschaftsvertrag
KG	§§ 161–177a §§ 105–160 HGB	Komplementär unbeschränkt, Kommanditist beschränkt	Komplementär
Stille Gesellschaft	§§ 230–236 HGB	Inhaber allein	Inhaber allein
AG	AktG	beschränkt	Organe: Vorstand, Aufsichtsrat, Hauptversammlung
GmbH	GmbHG	beschränkt	Organe: Geschäftsführer, Gesellschafterversammlung, evtl. Aufsichtsrat

und GmbH die Rechtsgrundlage sowie die Haftungs- und Leitungsregelung an.

Lösung

Weiterführende Literatur

Balderjahn, I. (2013): Nachhaltiges Management und Konsumentenverhalten, München.

Balderjahn, I. (2014): Standortmarketing, 2. Aufl., München.

Bea, F. X. (2009a): Entscheidungen im Unternehmen, in: Bea, F. X./Schweitzer, M. (Hrsg.), Allgemeine Betriebswirtschaftslehre, Bd. 1: Grundfragen, 10. Aufl., Stuttgart, S. 310–420.

Bea, F. X. (2009b): Wirtschaftsordnung, in: Bea, F. X./Schweitzer, M. (Hrsg.), Allgemeine Betriebswirtschaftslehre, Bd. 1: Grundfragen, 10. Aufl., Stuttgart, S. 163–177.

Bundesverband der Deutschen Industrie e. V. (2006): Leitfaden Kartellrecht (BDI-Drucksache Nr. 367), Berlin.

Gerum, E./Mölls, S. (2009): Unternehmensordnung, in: Bea, F. X./Schweitzer, M. (Hrsg.), Allgemeine Betriebswirtschaftslehre, Bd. 1: Grundfragen, 10. Aufl., Stuttgart, S. 225–311.

Macharzina, K./Wolf, J. (2018): Unternehmensführung, 10. Aufl., Wiesbaden.

Müller-Stewens, G./Lechner, Ch. (2011): Strategisches Management, 4. Aufl., Stuttgart.

Picot, A./Reichwald, R./Wigand, R. T. (2003): Die grenzenlose Unternehmung, 5. Aufl., Wiesbaden.

Schierenbeck, H./Wöhle, C. B. (2016): Grundzüge der Betriebswirtschaftslehre, 19. Aufl., München.

Schmalen, H./Pechtl, H. (2013): Grundlagen und Probleme der Betriebswirtschaft, 15. Aufl., Stuttgart.

Theisen, M. R. (2011b): Rechtsformen und Corporate Governance, in: Busse von Colbe, W./Coenenberg, A. G./Kajüter, P./Linnhoff, U./Pellens, B. (Hrsg.), Betriebswirtschaft für Führungskräfte, 4. Aufl., Stuttgart, S. 145–169.

Thommen, J.-P./Achleitner, A.-K./Gilbert, D. U./Hachmeister, D./Kaiser, G. (2017): Allgemeine Betriebswirtschaftslehre, 8. Aufl., Wiesbaden.

Weber, W./Kabst, R./Baum, M. (2014): Einführung in die Betriebswirtschaftslehre, 9. Aufl., Wiesbaden.

Wöhe, G./Döring, U./Brösel, G. (2016): Einführung in die Allgemeine Betriebswirtschaftslehre, 26. Aufl., München.

8 Teilgebiete der Betriebswirtschaftslehre

Lernziele

- Sie wissen, was ein Wertschöpfungsprozess und was eine Wertkette ist.
- Sie kennen primäre und sekundäre Wertschöpfungsaktivitäten.

8.1 Das System der Betriebsfunktionen

Wertschöpfungsprozess

Ein Betrieb hat die Aufgabe, mit seinen Produkten Kundenbedürfnisse wirtschaftlich zu befriedigen, um wettbewerbsfähig zu sein. Je besser ein Produkt Kundenbedürfnisse erfüllt, desto höher ist der Nutzen dieser Leistung für den Kunden (sogenannter *Kundennutzen*) und desto höher die Zahlungsbereitschaft des Kunden. Produkte sind das Ergebnis zahlreicher miteinander verzahnter, sich gegenseitig bedingender Tätigkeiten, die als Wertschöpfungsprozesse bezeichnet werden.

> Unter Wertschöpfung wird der Prozess des Schaffens von Wertzuwachs (Mehrwert Value added) durch aufeinanderfolgende objektbezogene Bearbeitungsphasen verstanden.

Der Mehrwert entsteht dadurch, dass bei der Herstellung von Produkten spezifische Fähigkeiten und Ressourcen des Unternehmens zum Einsatz kommen. Eine Wertschöpfung findet dann statt, wenn der Nutzen eines Produkts, gemessen am Preis, den ein Kunde dafür zu zahlen bereit ist (*Zahlungsbereitschaft*), höher ist als die Summe der Kosten, die für die Herstellung des Produkts angefallen sind (Stückkosten). Je größer die Wertschöpfung ist, desto größer ist das Gewinnpotenzial bzw. die Gewinnspanne. Der Gewinn ist der über die Kosten der Wertschöpfung hinausgehende Mehrwert. Sämtliche Unternehmensaktivitäten müssen so organisiert und koordiniert werden, dass für die wichtigsten Anspruchsgruppen des Unternehmens ein (Mehr-) Wert geschaffen wird (vgl. Müller-Stewens/Lechner 2011, S. 359). Aus dieser Perspektive kann ein Unternehmen als System miteinander vernetzter Wertschöpfungsprozesse (*Value Chain*) betrachtet werden. Eine systematische *Wertschöpfungsanalyse* ist im Kontext des *Porterschen* Modells der *Wertkette* möglich (vgl. Porter 2000; auch Müller-Stewens/Lechner 2011, S. 361; vgl. Abb. 8-1).

Wertkettenansatz von *Porter*

Der Wertkettenansatz von *Porter* unterscheidet primäre und sekundäre Wertschöpfungsaktivitäten. *Primäre Wertschöpfungsaktivitäten* richten sich auf den unmittelbaren Prozess der Leistungserstellung von der Eingangslogistik, über die Produktion bis zum Vertrieb der Güter und dem Kundendienst. Dieser Wertschöpfungsprozess wird unterstützt bzw. erst ermöglicht von den *sekundären Wertschöpfungsaktivitäten* wie z. B. dem Personalwesen (vgl. Abb. 8-1; Benkenstein/Uhrich 2009, S. 83 f.). Die für die Herstellung eines Produkts erforderlichen Wertaktivitäten können von einem Unternehmen (*Integrator*) durchgeführt werden. Wertketten können aber auch »institutionell« gelöst bzw. so konfiguriert werden, dass mehrere Unternehmen Wertschöpfungsbeiträge leisten, die dann »orchestriert« werden müssen (*Wertkettenarchitekturen*; vgl. Müller-Stewens/Lechner 2011, S. 369 ff.). Der Gesamtwert bzw. der Kundennutzen eines Produkts ergibt sich aus der Summe der Teilwerte einzelner Wertschöpfungsaktivitäten. Der *Wert* spiegelt somit den Nutzen einer Leistung in Höhe der Zahlungsbereitschaft des Kunden wider (vgl. Balderjahn 2003). Durch die Anwendung dieses Modells der Wertkette können einzelne Tätigkeiten bzw. Funktionen innerhalb eines Betriebes hinsichtlich ihres Wertschöpfungsbeitrages untersucht werden. Damit zielt die Wertkettenanalyse auf die Identifikation strategischer Wettbewerbsvorteile sowie auf strategische Stoßrichtungen zum Auf- und Ausbau dieser Wettbewerbsvorteile. Die einzelnen Wertschöpfungsaktivitäten können in einem System betrieblicher Funktionen zusammengefasst werden. Die wichtigsten dieser betrieblichen Funktionen werden im Folgenden dargestellt.

Abb. 8-1

Das Modell der Wertkette nach Porter

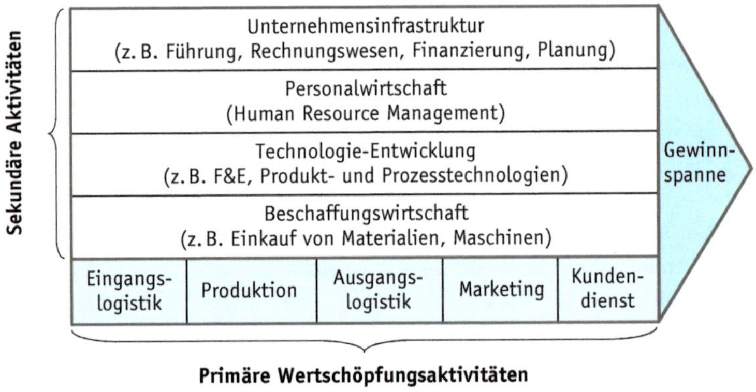

Quelle: In Anlehnung an Porter 2000, S. 66, und Müller-Stewens/Lechner 2011, S. 361

8.2 Marketing

Lernziele

- Sie können Marketing definieren.
- Sie wissen, was ein Markt ist und durch welche Merkmale Märkte beschrieben werden können.
- Sie kennen die Funktion der Konsumentenverhaltensforschung für das Marketing.
- Sie kennen das Rollenkonzept von Webster/Wind.
- Sie kennen das Konzept der Marktsegmentierung.
- Sie kennen die Instrumente des Marketing und können diese mit Beispielen erläutern.

8.2.1 Grundlagen des Marketing

Käufer- und Verkäufermärkte

Marketing ist ein Konzept zur Führung einer Unternehmung, das darauf ausgerichtet ist, durch Schaffung eines einzigartigen Kundennutzens (Customer Value) Wettbewerbsvorteile zu erzielen. Das Marketing als Führungskonzept einer Unternehmung hat sich aus der klassischen Funktion »Absatz« bzw. der »Absatzpolitik« entwickelt. Die *Absatzpolitik* ist eine spezielle betriebliche Funktion, die der marktlichen Verwertung von Produkten eines Unternehmens dient (vgl. Fritz/v. d. Oelsnitz 2006, S. 24). Als Instrumente für diese Aufgabe stehen die Produktpolitik (z. B. Produktgestaltung), die Preispolitik (z. B. Preisfestsetzung), die Kommunikationspolitik (z. B. Werbung) und die Distributionspolitik (z. B. Wahl der Absatzwege) zur Verfügung. Während die 1950er Jahre durch sogenannte *Verkäufermärkte* geprägt waren, die sich durch einen Nachfrageüberhang und Produktionsengpässe auszeichneten, haben wir es heute fast ausschließlich mit sogenannten *Käufermärkten* zu tun, auf denen wegen eines Angebotsüberhanges der Absatz zum zentralen Engpass geworden ist. Aus diesem Grund wurde der Einsatz des *absatzpolitischen Instrumentariums* immer wichtiger für den Erfolg eines Unternehmens.

Die Absatzpolitik mit ihrem Fokus auf operative Verwertungsprozesse hat sich als zu eingeschränkt herausgestellt, um den Herausforderungen des zunehmenden Wettbewerbs erfolgreich gewachsen zu sein. Deshalb wurde die Absatzpolitik integriert in das *strategische Führungskonzept* des Marketing, wonach sich alle betrieblichen Funktionen an den Anforderungen der Märkte auszurichten haben. Kunden- und Wettbewerbsorientierung sind die zentralen Elemente des Marketing. Darüber hinaus ist das auf Wachstumsmärkte fokussierte *Transaktionsmarketing*, das auf die Akquisition von Neukunden zielt, im Zuge zunehmender Marktsättigung um das *Beziehungsmarketing* (*Customer-Relationship-Marketing*) ergänzt worden, das darauf ausgerichtet ist, durch professionelles Geschäftsbeziehungsmanagement Kunden langfristig an das Unternehmen zu binden.

Marktdefinition

Marketing erfordert eine möglichst genaue Kenntnis des relevanten Marktes. Der Begriff »relevanter Markt« ist aus juristischer Sicht wichtig, da er den Rahmen festlegt, in dem die Wettbewerbsvorschriften in Bezug auf Kartelle und den Missbrauch einer marktbeherrschenden Stellung sowie auch Vorschriften zu Unternehmenszusammenschlüssen Gültigkeit haben (vgl. Kap. 7.4). Wissenschaftlich betrachtet ist der *Markt* ein Konstrukt, d. h. ein theoretischer Begriff.

Ein *Markt* umfasst alle tatsächlichen und potenziellen Nachfrager und Anbieter gegenseitig substituierbarer Güter sowie die jeweiligen Tausch-, Geschäfts- und Wettbewerbsbeziehungen zwischen den Marktakteuren zu bestimmten Zeiten und an festgelegten Orten.

Mit dieser Definition grenzt sich das Marketing bewusst von der volkswirtschaftlichen Marktdefinition ab.

Merkmale von Märkten

Konkret können Märkte durch folgende *Merkmale* charakterisiert werden (vgl. Diller 2007, S. 13 ff.):

- Art und Anzahl der Akteure (z. B. Business-to-Consumer-Märkte, Jugendmärkte),
- Art der ausgetauschten Güter (z. B. Telekommunikationsmarkt),
- Zeitliche Existenz (z. B. Markt für Sommerreisen),
- Entwicklungspotenziale (z. B. Wachstumsmärkte),
- Wirtschaftsstufe in der vertikalen Branchenkette (z. B. Zulieferermärkte),
- Grad der Vollkommenheit,
- Machtstellung von Anbietern und Nachfragern (z. B. Verkäufermärkte),
- Art und Schwierigkeit des Zutritts (z. B. offene Märkte),
- Grad der Legalität (z. B. schwarze Märkte),
- Regionalität (z. B. Exportmärkte).

Die *Abgrenzung des relevanten Marktes* kann eindimensional (nur ein Merkmal wird zugrunde gelegt) oder mehrdimensional (die Definition erfolgt durch mehrere Merkmale gemeinsam) erfolgen. In gleicher Weise wie strategische Geschäftsfelder können auch Märkte dreidimensional nach dem Schema von *Abell* und *Hammond* (1979, S. 392; vgl. auch Benkenstein/Uhrich 2009, S. 39 ff.) abgegrenzt werden (vgl. Kap. 7.1.1).

8.2.2 Kaufverhalten von Konsumenten und Organisationen

8.2.2.1 Konsumentenverhalten

Voraussetzung für ein erfolgreiches Marketing sind genaue Kenntnisse über das Nachfrageverhalten der Konsumenten. In Abhängigkeit davon, ob der Kunde eine Privatperson (Endverbraucher) oder eine Organisation (z. B. nachfragendes Unternehmen) ist, wird zwischen dem Kaufverhalten von Konsumenten (B-to-C Märkte) und dem von Organisationen (B-to-B Märkte) unterschieden. Die *Konsumentenverhaltensforschung* ist die wissenschaftliche Disziplin, die sich mit der Beschreibung, Erklärung, Prognose und Steuerung des Verhaltens von Konsumenten beschäftigt (vgl. Balderjahn/Scholderer 2007).

Konsumentenverhalten im engeren Sinne ist das Verhalten von Menschen bei der Auswahl, beim Kauf, der Nutzung und Beseitigung bzw. Weiterveräußerung von wirtschaftlichen Gütern.

Im weiteren Sinne lässt sich Konsumentenverhalten zweckmäßiger als das Verhalten von »Letztverbrauchern« von materiellen und immateriellen Gütern definieren (vgl. Kroeber-Riel/Gröppel-Klein 2013, S. 3 f.).

Systemmodell von Howard und Sheth

Verhaltenswissenschaftliche Modelle zum Konsumentenverhalten gehen, dem *Neo-Behavioristischen Ansatz* folgend, von dem sogenannten *SOR-Paradigma* (Stimulus-Organismus-Reaktion) aus (vgl. Balderjahn/Scholderer 2007, S. 6). Danach werden Informationen (Stimuli) zu den angebotenen Produkten von den Konsumenten (Organismus) wahrgenommen und bewertet. Als Ergebnis des Bewertungsprozesses wird dann ein Produkt gekauft oder nicht (Reaktion). Die Konsumentenverhaltensforschung sucht insbesondere nach Erklärungen für individuelle Wahrnehmungs- und Bewertungsprozesse durch sogenannte Konstrukte bzw. *intervenierende Variablen*. Konstrukte sind Begriffe einer Theorie, die nicht direkt zu beobachten bzw. zu messen sind (z. B. Bedürfnisse). Je nachdem, wie umfassend sich der theoretische Erklärungsansatz darstellt, wird zwischen sogenannten *Totalmodellen*, die eine vollständige und umfassende Verhaltenserklärung liefern wollen, und *Partialmodellen*, die sich auf die Erklärung einzelner Aspekte des Kaufverhaltens konzentrieren, unterschieden. Das bekannteste Totalmodell ist das *Systemmodell von Howard und Sheth* (1969; vgl. Abb. 8-2). Nach diesem Modell erfolgt zuerst eine qualitative und quantitative Steuerung der vom Konsumenten wahrgenommenen Informationen (*Wahrnehmungssystem*). Danach führen kognitive (gedankliche) und affektive (emotionale) Prozesse der Informationsverarbeitung zu komplexeren Bewertungsvorgängen (*Lern-*

Abb. 8-2

Das Systemmodell von *Howard* und *Sheth* (1969)

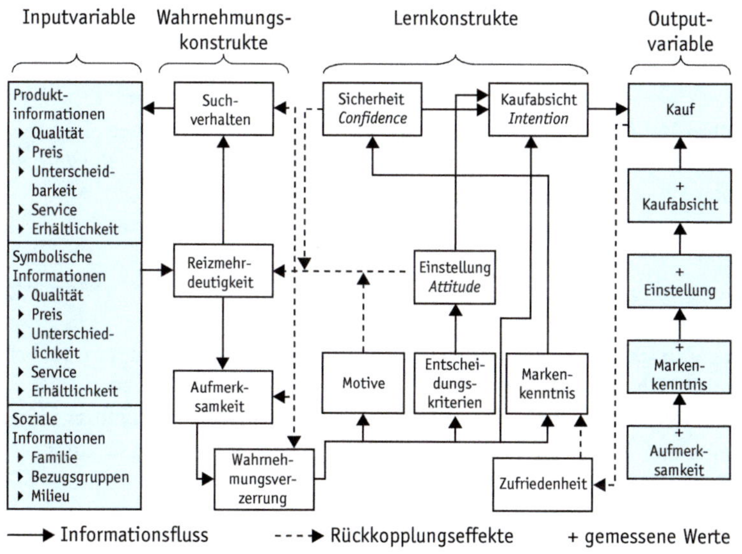

Quelle: In Anlehnung an Meffert et al. 2012, S. 142

system). Zentrale Konstrukte der Konsumentenverhaltensforschung sind Aktivierung, Emotion, Einstellung und Zufriedenheit. Partialmodelle bzw. spezielle Theorien (z. B. Einstellungstheorien) versuchen, die Wirkung solcher Konstrukte auf das Kaufverhalten zu erklären.

Kaufverhaltensprozesse können sehr unterschiedlich ablaufen. Versucht der Konsument, sich sehr umfassend über Kaufalternativen zu informieren, um Vor- und Nachteile genau abwägen zu können, dann spricht man von *extensiven* Kaufentscheidungsprozessen. Bei neuen, noch unbekannten und bei sehr teuren Produkten sind solche Prozesse zu beobachten. Kennt der Konsument die Angebote schon ganz gut und seine Auswahl beschränkt sich auf einige wenige davon (sogenanntes *Consideration Set*), so handelt es sich um einen *limitierten* Kaufentscheidungsprozess. Findet gar keine Auswahl mehr statt, weil der Konsument genau weiß, welches Produkt bzw. welche Marke er/sie (immer) haben möchte, so ist der Kaufentscheidungsprozess *habituell*. *Impulsives* Kaufverhalten liegt vor, wenn eine Kaufentscheidung aus einer konkreten, reizbetonten Angebotssituation ungeplant getroffen wird.

8.2.2.2 Kaufverhalten von Organisationen

Buying Center

Das Kaufverhalten von Organisationen wird im Kontext des *Business-to-Business-Marketing* (Industriegütermarketing) analysiert. Hier finden Austauschbeziehungen zwischen Organisationen bzw. Unternehmen statt. Im Unterschied zum Konsumenten treffen in Organisationen in der Regel keine Einzelpersonen Kauf- bzw. Beschaffungsentscheidungen, sondern Gruppen (sogenannte *Buying Center*). Das *Buying Center* ist eine gedankliche Zusammenfassung aller Personen, die an einem Kaufprozess einer Organisation beteiligt sind (vgl. Backhaus/Voeth 2014, S. 45 f.). Zur Erklärung organisationaler Kaufentscheidungsprozesse sind Kenntnisse über die Zusammensetzung des *Buying Centers* von großer Bedeutung. Das *Rollenkonzept von Webster/Wind* (1972, S. 78 ff.) unterscheidet verschiedene Einflusstypen in einem *Buying Center* (vgl. Backhaus/Voeth 2014, S. 52 ff.):

Einflusstypen im Buying Center

- *Einkäufer* sind solche Organisationsmitglieder, die aufgrund ihrer formalen Kompetenz Lieferanten auswählen und Kaufabschlüsse tätigen können. Sie gehören in der Regel der Einkaufsabteilung eines Unternehmens an, führen die Verhandlungen mit den Lieferanten und wickeln Geschäfte formal ab.
- *Benutzer* sind solche Personen, die mit dem zu kaufenden Gut später einmal arbeiten müssen. Sie sind Erfahrungsträger (Experten) im Hinblick auf Qualität und Funktion des Produktes und nehmen deshalb oft eine Schlüsselfunktion im Beschaffungsprozess ein.
- *Beeinflusser* sind solche Personen, die zwar nicht formal am Kaufprozess beteiligt sind, die aber Möglichkeiten haben, informell Einfluss auszuüben.
- *Informationsselektierer* (Gatekeeper) steuern den Informationsfluss im Buying Center und üben somit in der Entscheidungsvorbereitung einen Einfluss aus.
- *Entscheider* sind solche Organisationsmitglieder, die aufgrund ihrer Machtposition letztlich die Auftragsvergabe auslösen können.

Darüber hinaus kann das *Webster/Wind-Modell* durch *Initiatoren* ergänzt werden, die den Kaufprozess in Gang setzen (vgl. Backhaus/Voeth 2014, S. 54).

Strukturmodell von Webster/Wind

Zum Verständnis organisationaler Beschaffungsprozesse sind die *Phasen* von betrieblichen Beschaffungsprozessen, der *Kauftyp* (z. B. Erstkauf), Prozesse im *Buying Center* sowie die *Interaktionen* zwischen den Akteuren und deren Geschäftsbeziehungen von Interesse (vgl. Backhaus/Voeth 2014, S. 39 f.). Webster/Wind (1972) haben als eine der Ersten einen umfassenden Erklärungsversuch zum organisationalen Kaufverhalten vorgelegt (vgl. Backhaus/Voeth 2014, S. 92 ff.). Dieses *Strukturmodell von Webster/Wind* geht von vier hierarchisch abgestuften Ebenen aus, die sich auf die Kaufentscheidung auswirken: die Umwelt, die Organisation, das *Buying Center* und die Individuen (vgl. Abb. 8-3). Die erste Ebene umfasst die *umweltbedingten Determinanten*. Hierzu zählen Einflüsse von Lieferanten, Kunden, Staat, Gewerkschaften, Handelsverbänden, Berufsverbänden und anderen industriellen Anbietern sowie sonstigen sozialen Institutionen auf die Organisation. Die nächste Ebene ist die der *Organisation*. Hier werden die Organisationsstruktur, deren Aufgaben und Ziele sowie die Organisationsmitglieder betrachtet. Die dritte Ebene stellt das *Buying Center* dar und erfasst interpersonale Wirkungsstrukturen auf das Kaufverhalten der Organisation. Hierbei geht es um aufgaben- und nicht-aufgabenbezogene Analysen der Tätigkeiten sowie der Ziele und Motive der im *Buying Center* zusammengefassten Personen (vgl. Meffert et al. 2012, S. 145). In der vierten Ebene kommt der Einfluss der *Individuen* (intrapersonale Determinanten) zum Tragen: Betrachtet werden die wahrgenommenen Rollenfunktionen von einzelnen Käuferpersönlichkeiten sowie deren Problemlösungskapazitäten, Vorlieben, Ziele und Präferenzen. Der Verdienst des Modells von Webster/Wind ist es, zahlreiche potenzielle Einflussfaktoren auf das organisationale Beschaffungsverhalten systematisiert und in einen Beziehungszusammenhang gebracht zu haben. Dieses Modell hat einen stark deskriptiven Charakter. Als Erklärungsmodell ist es weniger geeignet. Dazu trägt bei, dass einige Variablen nur schwer

Abb. 8-3

Determinanten auf den Kaufentscheidungsprozess nach dem Modell von *Webster/Wind*

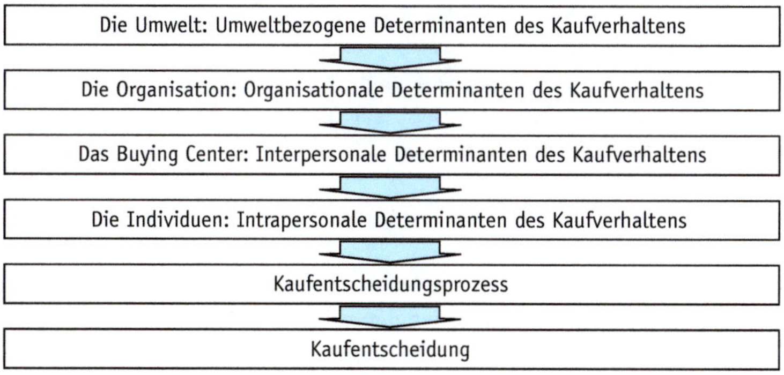

Quelle: In Anlehnung an Backhaus/Voeth 2014, S. 93

erfassbar und operationalisierbar sind, so dass empirische Überprüfungsversuche kaum durchzuführen sind (vgl. Backhaus/Voeth 2014, S. 95).

Zudem wird das bei Verhandlungsprozessen übliche gegenseitige Einwirken der beteiligten Parteien, die Interaktionsprozesse, vom *Webster/Wind-Modell* vernachlässigt. Im Industriegüterbereich werden aber Leistungen und Gegenleistungen häufig interaktiv ausgehandelt (vgl. Backhaus/Voeth 2014, S. 107 f.). *Interaktionsansätze*, die die Abhängigkeitsbeziehungen zwischen den Transaktionspartnern durch relationale Faktoren analysieren, sind deshalb oft geeigneter, organisationales Beschaffungsverhalten abzubilden und erklären zu können (vgl. Backhaus/Voeth 2014, S. 107 ff.). In diesem Zusammenhang wurde die Grundidee des *Buying-Center-Konzepts* auf verkaufende Organisationen übertragen und dort von einem *Selling Center* gesprochen.

8.2.3 Marktforschung

Der Begriff *Marktforschung* bezieht sich im engeren Sinne sowohl auf die Erforschung von Märkten (z. B. Absatzmarktforschung) als auch im weiteren Sinne einer »Marketingforschung« auf die empirische Analyse von allgemeinen Marketingfragestellungen und -problemen (z. B. empirische Prüfung von Theorien des Marketing). Marktforschung hat die zielgerichtete, systematische Suche und Erhebung, Aufbereitung, Analyse, Interpretation und Dokumentation von Daten, die sich auf Probleme des Marketing beziehen, zur Aufgabe. Als Beispiele können die Erhebung von Marktanteilen, die Prognose von Marktwachstumsraten und die Erklärung der Kundenzufriedenheit genannt werden. Es werden zwei Arten von *Datenquellen* unterschieden:

Datenquellen

- die Sekundärforschung und
- die Primärforschung.

Die Sekundärforschung

Die Sekundärforschung (*Desk Research*) greift auf bereits vorhandene, mehr oder weniger stark verdichtete Daten zurück. Jede Marktforschungsstudie beginnt mit einer Recherche von Sekundärdatenquellen. Hierzu können betriebsinterne (z. B. Informationen aus dem Rechnungswesen, des Außendienstes und der Beschwerdeabteilung) und betriebsexterne Datenquellen (z. B. Veröffentlichungen von internationalen Organisationen, Wirtschaftsverbänden, Wirtschaftsinstituten sowie Datenbanken im Internet) genutzt werden.

Die Primärforschung

Die Primärforschung setzt dann ein, wenn die vorhandenen Sekundärdaten nicht oder nicht ausreichend brauchbar sind, um bei den anstehenden betrieblichen Entscheidungsproblemen hilfreich eingesetzt werden zu können. Häufig sind Sekundärdaten nicht aktuell genug und zu wenig auf das spezifische, zu lösende Problem bezogen (z. B. Branchendaten). Die Verlässlichkeit der Sekundärdatenquelle spielt insbesondere bei der Internet-Recherche eine entscheidende Rolle. Die selbstverantwortliche Erhebung von Daten im Rahmen einer empirischen Marktforschungsstudie erfolgt in bestimmten *Phasen*:

- Definition des Informationsbedarfs,
- Designphase (Entwicklung bzw. Auswahl der Erhebungsinstrumente, Stichprobenplanung und Budgetkalkulation),
- Erhebungs- bzw. Feldphase (Datenerhebung),
- Analysephase (Datenanalyse unter Einsatz statistischer Methoden) und
- Dokumentations- und Präsentationsphase.

Zur Datenanalyse werden in der Regel statistische Softwareprogramme eingesetzt.

8.2.4 Marktsegmentierung

Unter *Marktsegmentierung* wird die Aufteilung eines (Gesamt-)Marktes in einige wenige, hinsichtlich ihrer Konsumstile relativ homogene Teilmärkte bzw. Käufergruppen (Marktsegmente) verstanden.

Umsetzung der Marktsegmentierung

Marktsegmentierung setzt das strategische Konzept der *differenzierten Marktbearbeitung* um und zielt auf eine möglichst optimale Ausschöpfung des Marktpotenzials (vgl. Balderjahn/Scholderer 2002). Folgende Grundfragen steuern die Umsetzung der Marktsegmentierung:

- Wie lassen sich die Märkte in homogene Teilmärkte zerlegen (*Segmentierungsmethode*)? Zur Marktsegmentierung werden sogenannte Segmentierungskriterien verwendet, die eine hohe vermutete Korrelation mit dem Konsumverhalten aufweisen. Dafür können soziodemografische (z. B. Alter), psychografische (z. B. Einstellungen) und verhaltensbezogene (z. B. Kaufintensitäten) Merkmale von Konsumenten sowie geografische (z. B. regionale Märkte) und zeitliche (z. B. Märkte für Sommer- und Winterreisen) Merkmale des Marktes herangezogen werden.
- Welchen *Anforderungen* müssen Marktsegmente genügen? Gefordert wird eine ausreichende Verhaltensrelevanz der Kriterien, die Möglichkeit, Konsumenten der Teilmärkte hinsichtlich spezifischer Kriterien identifizieren zu können (z. B. durch Messung demografischer Merkmale), und die Möglichkeit, Konsumenten der Teilmärkte gezielt ansprechen bzw. erreichen zu können. Zudem sollten Marktsegmente zeitlich stabil und groß genug sein, damit sich eine Marktbearbeitung lohnt. Allerdings sind durch den Einsatz moderner produktionstechnischer Verfahren sowie entwickelter Informationstechnologien zum Teil auch relativ kleine Segmente, im Extremfall nur aus einem Kunden bestehend (*Segment-of-one*), wirtschaftlich zu bearbeiten (sogenanntes *Mass Customization*).
- Lassen sich mit den verfügbaren marketingpolitischen Instrumenten die Teilmärkte getrennt und ohne störende Überschneidungen ansprechen? Marktsegmente müssen isoliert bzw. abgeschottet werden können, damit keine *Arbitragegeschäfte* bei unterschiedlichen Preisen in den Marktsegmenten und keine *Kannibalisierungseffekte* bei Mehrmarkenstrategien eintreten können. Unter Kannibalisierung versteht man Absatzverschiebungen zwischen den eigenen Produkten. Bei der Mehrmarkenstrategie werden zur besseren Marktausschöpfung mehrere Marken von einem Her-

steller gleichzeitig identischen oder ähnlichen Zielgruppen angeboten (z. B. unterschiedliche Modelle des Volkswagenkonzerns wie Golf, Audi oder Seat).

- Wie groß soll die Anzahl der Marktsegmente sein? Die Anzahl der Marktsegmente richtet sich einerseits nach der vom Unternehmen verfolgten Marktsegmentierungsstrategie (vgl. Bruhn 2014, S. 61 f.) und andererseits nach dem Grad der Ausdifferenzierung bzw. Fragmentarisierung der jeweiligen Bedürfnisse im relevanten Markt. Zudem erhöhen sich die Kosten der Marktbearbeitung mit zunehmender Anzahl der Teilmärkte.

Vorgehensweise bei Marktsegmentierung

Grundsätzlich ist es zweckmäßig, bei der Marktsegmentierung schrittweise vorzugehen. Im ersten Schritt werden die wichtigsten, leicht erfassbaren, relativ groben Segmentierungskriterien berücksichtigt (*Makrosegmentierung*). Im zweiten Schritt, der *Mikrosegmentierung*, geht es um schwerer erfassbare, feinere Kriterien. Im Blick auf Konsumenten sind beispielsweise demografische Merkmale Makrokriterien und psychologische Merkmale Mikrokriterien. Systematische Marktsegmentierung ist in reifen und gesättigten Märkten weitaus häufiger anzutreffen als in neuen, innovativen Märkten, weil mit der Verringerung der Wachstumschancen die Notwendigkeit einer Marktsegmentierung zunimmt. In Analogie zur Unterscheidung von Kundengruppen wurden in den 1980er Jahren auch Konzepte für die Segmentierung von Wettbewerbsgruppen bzw. strategischen Gruppen entwickelt. Wettbewerber, die in gleichen oder ähnlichen Märkten gleiche oder ähnliche Wettbewerbsstrategien verfolgen, werden als *Strategische Gruppe* bezeichnet (vgl. Benkenstein/Uhrich 2009, S. 32).

8.2.5 Die Instrumente des Marketing

8.2.5.1 Die Produktpolitik

Die *Produktpolitik* umfasst alle Entscheidungen bezüglich der kundengerechten Gestaltung eines wettbewerbsfähigen Leistungsangebots.

Insbesondere geht es (vgl. Bruhn 2014, S. 123 ff.) um die

- Entwicklung neuer Produkte (Produktinnovationen),
- Produktgestaltung und -qualität,
- Produktvariationen und -differenzierungen,
- Schaffung von Markenprodukten (Markenpolitik),
- Verpackung (Verpackungspolitik) sowie
- Gestaltung eines Produktprogramms.

Das Produkt

Ein *Produkt* kann definiert werden durch seine Merkmale, seine Funktionen und durch seinen Nutzen für den Konsumenten.

Unterschieden wird zwischen *tangiblen* (direkt wahrnehmbare Merkmale wie das Design oder der Preis) und *intangiblen* (immaterielle Merkmale wie die Garantie und Kundendienst) Produktmerkmalen. Die Kernfunktion eines Produkts liefert für den

Konsumenten den sogenannten *Grundnutzen* (z. B. Kühlung beim Kühlschrank). Entscheidend für den Wettbewerb ist allerdings sehr häufig der *Zusatznutzen* eines Produkts (*Value Added*), der insbesondere durch produktergänzende Dienstleistungen wie z. B. Beratung und Kundendienst entsteht. Es ist zwischen Sach- und Dienstleistungen zu unterscheiden:

- *Sachleistungen* sind lagerfähig, fertige, zu nutzende materielle Objekte mit einem bestimmten Nutzen für den Konsumenten (z. B. Autos, Handys).
- *Dienstleistungen* sind dadurch gekennzeichnet, dass zu ihrer Nutzung Ressourcen bzw. Kapazitäten bereitgestellt werden müssen, um eine potenziell zu erwartende Nachfrage auch befriedigen zu können und dass nicht nur betriebsinterne, sondern auch externe Produktionsfaktoren, in der Regel die Kunden selbst, an der Erbringung einer immateriellen Leistung beteiligt sind.

Produktprogramm

Ein Produktprogramm (Produktportfolio, Sortiment) umfasst alle Produkte, die von einem Unternehmen auf dem Markt angeboten werden, also auch solche Produkte, die selbst nicht produziert, sondern nur zugekauft werden (*Handelsware*). Das Produktprogramm ist nicht mit dem Produktions- bzw. Fertigungsprogramm gleichzusetzen (vgl. Kap. 8.4). Produktprogramme unterscheiden sich in ihrer Programmtiefe und -breite (vgl. Bruhn 2014, S. 157). Die *Programmbreite* ist die Anzahl unterschiedlicher, ergänzender Produktangebote bzw. Produktlinien und die *Programmtiefe* ist die Anzahl der Einzelprodukte (Kaufalternativen) innerhalb einer Produktlinie. Durch zunehmende Programmbreite wächst der potenzielle Kundenkreis und mit tieferem Programm lassen sich spezielle Kundenbedürfnisse besser befriedigen (vgl. Diller 2007, S. 173 f.). Zusammen machen Programmbreite und Programmtiefe den Programmumfang aus.

In der Programmpolitik geht es um die Zusammenstellung eines wettbewerbsfähigen Sortiments. Entscheidungen betreffen die Erstellung und Umstrukturierung des Produktangebots (vgl. Bruhn 2014, S. 157). Für eine wirksame Anpassung des Angebots an die jeweiligen Wettbewerbsbedingungen kann eine *Produktprogrammstrukturanalyse* durchgeführt werden, die das Produktprogramm hinsichtlich der folgenden Merkmale untersucht:

- Programmbreite und -tiefe,
- Altersaufbau der Produkte (Altersstrukturanalysen),
- Erfolgsbeitrag der Produkte (z. B. ABC-Analyse),
- Herkunft der Produkte (Eigenfertigung oder Zukauf),
- Verbundbeziehungen zwischen den Produkten hinsichtlich der Verwendung gleicher Materialien, des Einsatzes gleicher Verfahren zur Produktion oder Vermarktung, der gemeinsamen Nachfrage und Nutzung (Nachfrage- und Nutzungsverbund) und hinsichtlich der Ansprache gemeinsamer Zielgruppen. Grundsätzlich können Verbundbeziehungen folgende Formen aufweisen:
  - *komplementäre Beziehungen*: Gemeinsamer Kauf bzw. gemeinsame Verwendung von Produkten (z. B. Laserdrucker und Toner). Hierunter fällt auch das *Cross-Selling*: Kunden kaufen Erzeugnisse aus mehreren Produktlinien (vgl. Diller 2007, S. 174).
  - *substitutive Beziehungen*: Produkte konkurrieren miteinander und können sich gegenseitig ersetzen (z. B. PKWs in unterschiedlichen Farben).

Produktlebenszyklus

Eine wichtige Rolle im Rahmen der Produktplanung und -analyse spielt der Produktlebenszyklus. Eine »idealtypische« Darstellung eines Produktlebenszyklus ist in Abb. 8-4 aufgezeigt.

Der *Produktlebenszyklus* ist ein phasenbezogenes Marktreaktionsmodell und stellt die zeitabhängige Entwicklung des Absatzes für ein Produkt (einer Produktkategorie wie z. B. Mobiltelefone oder einer Marke wie z. B. *Nokia*) dar.

Es werden in der Regel fünf Phasen unterschieden: Einführungs-, Wachstums-, Reife-, Sättigungs- und Verfallsphase. Die Identifikation der Phase, in der sich ein Produkt aktuell befindet, dient dazu, die richtigen marketingpolitischen Instrumente einzusetzen (z. B. in der Einführungsphase Werbung, um das Produkt bekannt zu machen). Durch einen sogenannten *Relaunch*, d. h. eine modernere, verbesserte Variante des alten Produkts, kann ein Produktlebenszyklus verlängert werden. So nützlich dieses Modell auch ist, in seiner Anwendung ergeben sich einige Probleme. So ist eine exakte Verlaufsprognose ebensowenig möglich wie eine genaue Phasenabgrenzung. Reale Produktlebenszyklen haben meist einen deutlich anderen Verlauf, als es dieses Modell annimmt. Auch stellt das Modell kein Naturgesetz dar, denn die Zeit ist nur eine Pseudo-Einflussgröße, hinter der sich viele andere Wirkgrößen verbergen (z. B. Aktivitäten der Konkurrenten, technologische Entwicklungen, Modetrends).

Produktinnovationen

Ohne Innovationen kann ein Unternehmen langfristig nicht erfolgreich sein. Deshalb ist eine wesentliche Aufgabe der Produktpolitik, *neue Produkte* (Produktinnovationen) hervorzubringen. Innovationen (Neuprodukte, Neuheiten) sind Produkte, die von den Nachfragern im Vergleich zum bisherigen Angebot als deutlich andersartige

Abb. 8-4

Modell des Produktlebenszyklus

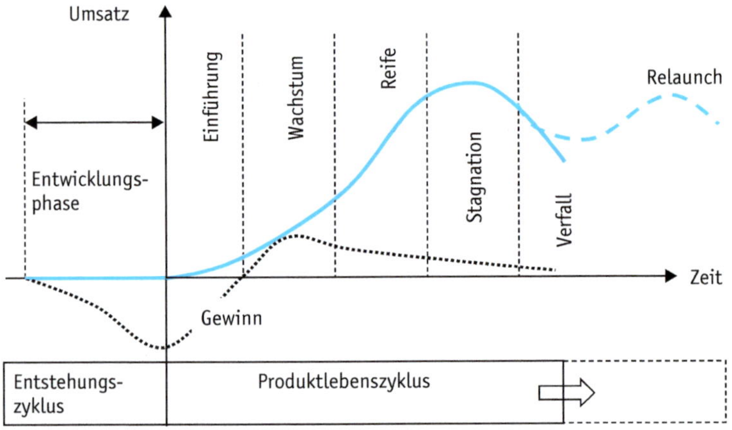

Quelle: In Anlehnung an Nieschlag et al. 2002, S. 121

bzw. bessere Problemlösungen angesehen werden. Häufig werden bei Innovationen auch neuartige Technologien eingesetzt, die den Kundennutzen steigern (z. B. Digitalkameras als Innovation ersetzen Filmkameras). Es wird zwischen *Marktneuheiten* (neu für die Nachfrager) und *Betriebsneuheiten* (neu für den Betrieb) unterschieden. Für den Erfolg oder Misserfolg von Produktinnovationen sind zahlreiche Faktoren ausschlaggebend, wie z. B.:

- der relative Produktvorteil einer Innovation,
- die Kompatibilität einer Innovation (Vertrautheit und Akzeptanz),
- Komplexität einer Innovation (Verständnis),
- Erprobbarkeit einer Innovation und
- Wahrnehmbarkeit einer Innovation (Sichtbarkeit).

8.2.5.2 Preispolitik

> Der *Preis* eines Produktes ist das Entgelt, das ein Käufer für eine Leistungseinheit des Produktes entrichten muss.

Der Preis definiert auch die monetäre Gegenleistung eines Käufers für eine bestimmte Menge eines Wirtschaftsgutes bestimmter Qualität (*Preis-Leistungs-Verhältnis*). Die Preispolitik umfasst alle Entscheidungen bezüglich der Festlegung, Differenzierung und Veränderung von Preisen für den Kauf von Produkten oder die Inanspruchnahme von Leistungen einer Unternehmung. Dazu gehören auch das Gewähren von Preisnachlässen (z. B. Rabatte), das Fordern von Preiszuschlägen sowie die Preisbündelung (vgl. Bruhn 2014, S. 166 f.). Es gibt zahlreiche *Preisarten*: Angebotspreise werden vom Unternehmen gefordert und Nachfragepreise von den Nachfragern geboten, Listen- bzw. Basispreise gelten als Bezugspunkte der Preisfestlegung, Festpreise sind nicht verhandlungsfähig und Marktpreise bilden sich im Markt (vgl. auch Diller 2007, S. 179).

Preispolitischer Spielraum

Die Festlegung von Preisen vollzieht sich innerhalb des sogenannten preispolitischen Spielraums, der durch die Herstellkosten, die Zahlungsbereitschaft der Nachfrager und das Preisverhalten der Konkurrenten bestimmt wird. Die Herstellkosten auf Voll- oder Teilkostenbasis definieren die lang- bzw. kurzfristige *Preisuntergrenze* (vgl. Bruhn 2014, S. 175 f.) und die *Preisobergrenze* wird durch die Zahlungsbereitschaft der Konsumenten definiert. In der Zahlungsbereitschaft kommt der Betrag zum Ausdruck, den ein Käufer für ein Produkt maximal ausgeben würde (vgl. Balderjahn 2003). Innerhalb dieser Grenzen erfolgt eine Feinjustierung des Preises durch Vergleich und Abstimmung mit den relevanten Konkurrenzpreisen und Wettbewerbsbedingungen. In diesem Zusammenhang wird auch von einer *Preispositionierung* gesprochen (z. B. Premiumstrategie; vgl. Diller 2007, S. 185).

Preisabsatzfunktionen

Zur Preisfestlegung ist eine möglichst genaue Kenntnis der Reaktion der Nachfrager auf Preisänderungen erforderlich. Derartige Preisreaktionen werden üblicherweise in Form von *Preisabsatzfunktionen* dargestellt. Preisabsatzfunktionen stellen den Zusammenhang zwischen den bei bestimmten Preisen eines Produkts zu erwartenden Absatzmengen dar. Je nach Art dieses Zusammenhanges werden unterschiedliche Preisabsatzfunktionen definiert. Die einfachste Preisabsatzfunktion stellt den

Zusammenhang zwischen dem Preis *p* und der Absatzmenge *x* in Stück linear dar (Gleichung 21):

$$x = \alpha - \beta p;\ \alpha, \beta = \text{Parameter der Funktion} \quad (21)$$

Darüber hinaus werden oft auch multiplikative Zusammenhänge zwischen Preis und Absatzmenge unterstellt (vgl. Abb. 8-5). Während die Preisabsatzfunktion die Reaktion der Nachfrager auf Preisänderungen in absoluten Größen angibt, ist die *Preiselastizität der Nachfrage* ε ein Maß für die relative Reaktion.

Preiselastizität der Nachfrage

Die Preiselastizität der Nachfrage gibt an, um wie viel Prozent sich die Nachfrage *x* ändert (dx), wenn sich der Preis *p* um ein Prozent ändert (dp), jeweils auf der Basis der aktuellen Preis- und Nachfragesituation (vgl. Bruhn 2014, S. 184). Die Preiselastizität ε kann Werte zwischen 0 und $-\infty$ annehmen. Bei Werten von $\varepsilon < -1$ spricht man von einer *elastischen Nachfrage*, da die prozentuale Mengenänderung größer ist als die entsprechende Preisänderung. Ist $\varepsilon > -1$, ist die *Nachfrage unelastisch*, da die prozentuale Mengenänderung kleiner ausfällt als die entsprechende Preisänderung. Die Nachfrage ist *vollkommen unelastisch*, wenn $\varepsilon = 0$ ist. Im Rahmen der Ermittlung von Konkurrenzbeziehungen zwischen Produkten spielt die *Kreuzpreiselastizität* ε_{ij} der Nachfrage eine Rolle. Sie gibt an, um wie viel Prozent sich die Nachfrage nach dem eigenen Produkt *i* ändert, wenn sich der Preis p_j eines Konkurrenzprodukts *j* um ein Prozent verändert. Bei *Substitutionsgütern* ist die Kreuzpreiselastizität positiv, bei *Komplementärgütern* negativ und bei neutralen Gütern Null (vgl. Bruhn 2014, S. 185 f.). In der Realität haben Betriebe in der Regel keine oder nur recht ungenaue Vorstellungen über die Preiselastizität der Nachfrage für ihre Produkte. Das liegt u. a. an den erheblichen Messproblemen, die mit der Erfassung von Preisabsatzfunktionen verbunden sind (vgl. Balderjahn 1993). Eine gute Marktkenntnis und Erfahrungen ermöglichen allerdings zum Teil akzeptable Schätzungen für die jeweiligen Preiselastizitäten.

Abb. 8-5

Lineare und multiplikative Preisabsatzfunktion

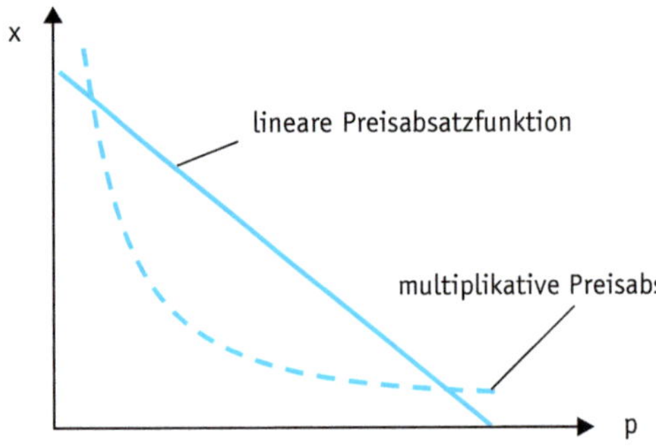

Linear: $x = \alpha - ß\, p$ $\quad \varepsilon = (dx/x) : (dp/p) = -ß\ (p/x)$

Multiplikativ: $x = \alpha\, p^{-ß}$ $\quad \varepsilon = -ß$

Gewinnmaximaler Preis

Im Folgenden soll als Beispiel die Ermittlung des gewinnmaximalen Preises im *Monopol* erläutert werden. Die Absatzmenge *x* hängt im Monopol nur vom eigenen Preis *p* und nicht von Konkurrenzpreisen ab, d. h. x = x(p). Der *Umsatz U* ergibt sich aus der Multiplikation der Absatzmenge *x* mit dem jeweiligen Preis *p* (Gleichung 22):

$$U = x \times p \tag{22}$$

Der *Gewinn G* berechnet sich aus G = U – K, wobei mit *K* die Kosten bezeichnet werden. Zur Gewinnmaximierung als preispolitisches Ziel muss die erste Ableitung der Gewinnfunktion gleich Null gesetzt und nach *p* bzw. *x* aufgelöst werden (vgl. Bruhn 2014, S. 187 ff.). Es gilt dann, dass der gewinnmaximale Preis p_c bzw. die gewinnmaximale Absatzmenge x_c dort liegt, wo Grenzumsatz U' und Grenzkosten K' übereinstimmen, d. h. U′= K′. Der über diese Bedingung gefundene gewinnmaximale Punkt auf der Preisabsatzfunktion heißt *Cournotscher Punkt*. Für das Beispiel einer linearen Preisabsatzfunktion sowie einer linearen Kostenfunktion mit konstanten Stückkosten k_v stellt Abb. 8-6 die Ermittlung des gewinnmaximalen Preises p_c im Monopol grafisch dar.

In der betrieblichen Praxis spielt dieses Modell allerdings keine Rolle. Abgesehen davon, dass es kaum noch Monopole gibt und dort, wo es sie noch gibt, ihre Preise oft staatlich kontrolliert werden, ist die Praxisrelevanz dieses Modells insbesondere deshalb eingeschränkt, da es die Kenntnis sowohl der Kosten- als auch der Preisabsatzfunktion voraussetzt. Eine Voraussetzung, die in der Praxis kaum zu erfüllen ist. Auch streben Betriebe in der Regel nicht zuerst eine Gewinnmaximierung an. Existenzsicherung und Behauptung der Marktstellung sind oft höherrangige Ziele.

Abb. 8-6

Gewinnmaximierung im Monopol

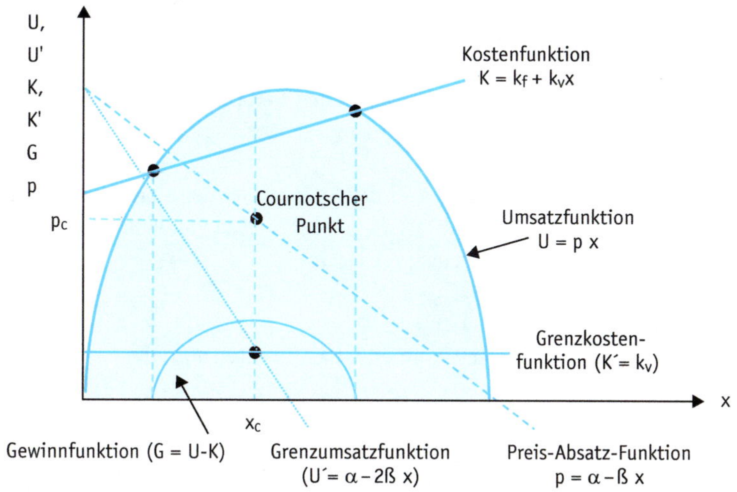

Quelle: In Anlehnung an Bruhn 2014, S. 189

8.2.5.3 Distributionspolitik und Außendienst

Grundbegriffe

Unter dem Begriff *Distribution* bzw. Vertrieb sind alle Aktionen zu verstehen, die die körperliche und/oder wirtschaftliche Verfügungsmacht über materielle oder immaterielle Güter von einem Wirtschaftssubjekt auf ein anderes übergehen lassen.

Es handelt sich also um bestimmte Aktivitäten der Güterübertragung. Als marketingpolitisches Instrument umfasst die Distributionspolitik alle Entscheidungen bezüglich des Weges, der als Absatzkanal bzw. Vertriebsweg bezeichnet wird, eines Produkts vom Hersteller zum Endverbraucher. Der *Absatzkanal* ist eine Folge von den Absatz unterstützenden Institutionen, die eine Ware vom Hersteller zum Endverbraucher durchläuft. Neben der Gestaltung und Steuerung des *Vertriebssystems* ist eine zweite Aufgabe der Distributionspolitik der Einsatz von *Verkaufsorganen* (vgl. Bruhn 2014, S. 265). Zu unterscheiden sind unternehmenseigene (z. B. Vertriebsmitarbeiter) und unternehmensfremde Verkaufsorgane (z. B. Handelsvertreter). Der *Außendienst* gehört als Teilbereich zum Verkauf (auch als *Personal Selling* bezeichnet) und hat die Aufgabe, Beziehungen zu den Kunden herzustellen und Geschäfte mit ihnen abzuschließen. Zum nicht verkaufenden Außendienst gehören z. B. Anwendungsberater und der technische Kundendienst. Distributionsentscheidungen umfassen zwei funktionale Subsysteme (vgl. Bruhn 2014, S. 246; Specht/Fritz 2005, S. 14 f.):

Formen der Distribution

- Die *akquisitorische Distribution* bzw. das Absatzweg- bzw. Absatzkanalmanagement: Die akquisitorische Distribution umfasst die zielorientierte Gestaltung und Steuerung der rechtlichen, ökonomischen, informatorischen, vertraglichen und sozialen Geschäftsbeziehungen zwischen den Absatzmittlern (z. B. Einzel- und Großhändler) eines Vertriebssystems und dem Herstellerbetrieb.
- Die *physische Distribution* oder Vertriebs- bzw. Marketing-Logistik: Hierbei geht es um die Gestaltung der Logistiksysteme zur Überbrückung von Zeit und Raum durch Transport, Lagerhaltung und Auftragsabwicklung.

Aufgaben der Distributionspolitik sind der Aufbau und das Management von Vertriebssystemen (Gestaltung der Absatzwege), der Einsatz von Verkaufsorganen und die Gestaltung von Logistiksystemen (vgl. Bruhn 2014, S. 246).

Gestaltung von Distributionssystemen

Absatzmittler

Innerhalb eines Vertriebssystems können folgende Arten von *Absatzmittlern* eingeschaltet werden:

- *Absatzorgane der Hersteller* (z. B. unternehmenseigene Verkaufsstellen, Filialen, Online-Vertrieb, Auftragsabwicklung),
- *Absatzmittler*, die als unabhängige Unternehmen im Distributionssystem, im eigenen Namen und auf eigene Rechnung Kaufverträge abschließen (z. B. Groß- und Einzelhandel), und

- *Absatzhelfer*, die im Unterschied zu den Absatzmittlern nicht Eigentümer der Waren sind. Sie unterstützen lediglich die Distribution in bestimmten Bereichen (z. B. Speditionsbetriebe).

Das Management von Vertriebssystemen umfasst die Bereiche:
- Selektion der Vertriebssysteme,
- Akquisition der Vertriebssysteme und
- Abnehmerintegration.

Vertriebssysteme

Die Selektion der Vertriebssysteme betrifft Entscheidungen zur horizontalen und vertikalen Absatzkanalstruktur (vgl. Bruhn 2014, S. 250). Die *vertikale Absatzkanalstruktur* gibt die Anzahl der Absatzstufen an. Es wird zwischen direkten und indirekten Vertriebssystemen unterschieden. Beim *direkten Vertrieb* setzt der Hersteller keine fremden Absatzorgane ein und verkauft seine Produkte unmittelbar an den Endverbraucher (z. B. Online-Vertrieb, Factory-Outlets, Teleshopping). Der *indirekte Vertrieb* ist dadurch gekennzeichnet, dass unternehmensfremde, rechtlich und wirtschaftlich selbstständige Handelsunternehmen als Absatzmittler eingeschaltet werden (z. B. Groß- und Einzelhändler). Nach der Anzahl der Absatzstufen wird noch zwischen einstufigen und mehrstufigen, indirekten Vertriebssystemen unterschieden (vgl. Abb. 8-7). Im Groß- und Einzelhandel werden verschiedene *Betriebstypen* unterschieden (vgl. Specht/Fritz 2005, S. 74 ff. und S. 83 ff.). Der gleichzeitige Absatz über mehrere unterschiedliche Absatzwege wird als Multi-Channel-Distribution bezeichnet.

Bei der *horizontalen Selektion* werden Art und Anzahl der Absatzmittler auf den jeweiligen Absatzstufen festgelegt. Es wird zwischen Universal-, Selektiv- und Exklu-

Abb. 8-7

Grundtypen von Absatzkanalstrukturen

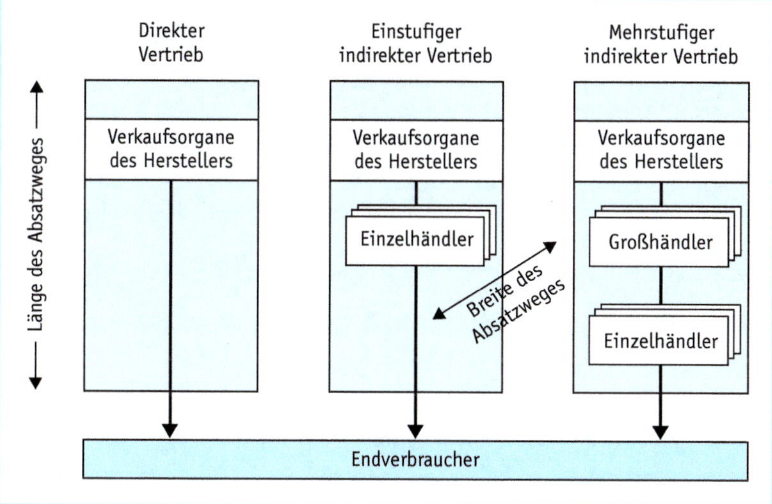

sivvertrieb unterschieden (vgl. Bruhn 2014, S. 260). Der *Universalvertrieb* ist auf einen möglichst hohen *Distributionsgrad* ausgerichtet (Ziel der *Ubiquität*). Der Distributionsgrad ergibt sich aus dem Quotienten aus der Anzahl der Einzelhändler, die das Produkt tatsächlich führen, und der Gesamtheit aller potenziellen Einkaufsstätten. Beim *Selektivvertrieb* werden nur relativ wenige Absatzmittler eingeschaltet, die bestimmte, festgelegte Kriterien erfüllen können (z. B. Geschäftsgröße und -lage). Beschränkt ein Hersteller auch die Anzahl der Absatzmittler auf eine sehr geringe Anzahl, so wird von einem *Exklusiv- bzw. Alleinvertrieb* gesprochen. Bei einem *mehrgleisigen Vertrieb* gelangen die Produkte gleichzeitig über verschiedene Absatzkanäle zu den Endverbrauchern (Mehrkanalsystem, *Multi-Channel-Vertrieb*). Diese parallele Nutzung direkter und indirekter Absatzkanäle zielt auf eine bessere Marktausschöpfung sowie auf eine Reduzierung der Abhängigkeit eines Herstellers vom Handel.

Push- und Pull-Strategie

Strategien der Akquisition der Vertriebssysteme zielen darauf, geeignete Absatzmittler für das eigene Vertriebssystem zu gewinnen (vgl. Bruhn 2014, S. 262 f.). Es sind zwei Grundtypen zu unterscheiden: die endabnehmergerichtete Strategie (Pull-Strategie) und die absatzmittlergerichtete Strategie (Push-Strategie). *Pull-Strategien* richten sich auf den Endverbraucher und versuchen, dort die Nachfrage nach den eigenen Produkten zu beleben (vgl. Abb. 8-8).

Die Nachfrage kann durch den Einsatz aller marketingpolitischen Instrumente erhöht werden. Dadurch entsteht im Handel ein sogenannter *Nachfragesog*. Eine starke Nachfrage nach einem Produkt bietet eine gute Voraussetzung dafür, einen gewünschten Absatzmittler für das eigene Vertriebssystem gewinnen zu können. *Push-Strategien* zielen dagegen direkt auf die Absatzmittler bzw. den Handel und versuchen, diese durch vielfältige Anreizformen für eine Zusammenarbeit zu gewinnen (z. B. eine attraktive Handelsspanne, Werbekostenzuschüsse). Die *Handelsspanne* ergibt sich aus der Differenz zwischen Verkaufspreis und Einstandspreis. Der Einstandspreis ist der Preis, den der Hersteller für sein Produkt vom Händler bekommt. Insgesamt geht es um die Aufteilung des Gewinnpotenzials eines Produkts auf Hersteller und Handel. Diese Push-Maßnahmen erzeugen beim Handel einen Angebotsdruck.

Abnehmerintegration

Die Strategie der Abnehmerintegration zielt auf eine vertragliche Bindung rechtlich selbstständiger Handelsunternehmen an den Hersteller zur Sicherstellung und Durchsetzung der eigenen Marketing- und Vertriebsstrategie im Absatzkanal (vgl. Bruhn 2014, S. 263 f.). Hierbei handelt es sich insbesondere um Vertragshändler- und Franchisesysteme. *Vertragshändler* verpflichten sich, ausschließlich Produkte des Herstellers anzubieten (z. B. Vertragshändler von Automobilherstellern). Beim *Fran-*

Abb. 8-8

Push- und Pull-Strategie

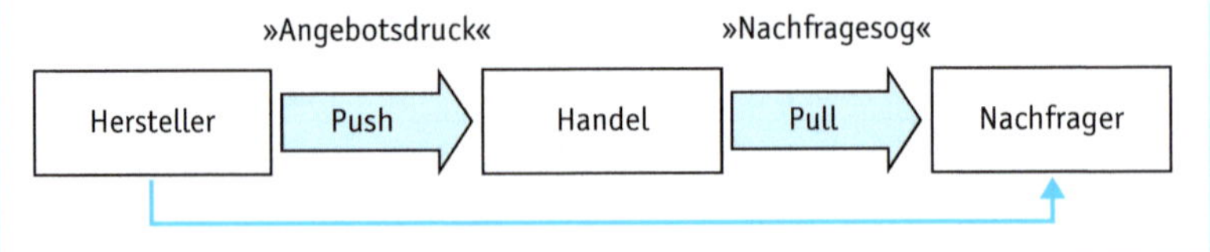

chisesystem verpflichtet sich der selbstständige Franchise-Nehmer (Händler) vertraglich, das komplette Produkt- und Vermarktungssystem des Franchise-Gebers (Hersteller) zu übernehmen und dafür an den Franchise-Geber ein Entgelt zu entrichten.

Einsatz von Verkaufsorganen

Bei der Pflege und dem Aufbau von Geschäftsbeziehungen zu Kunden kommt dem Verkaufsaußendienst eine wichtige Rolle zu. Im Hinblick auf die Gestaltung des Außendienstes müssen folgende *Grundprobleme* beachtet werden:

- die Art der Außendienstmitarbeiter (Reisende oder Vertreter),
- die Größe und Struktur der Außendienstorganisation und
- die Führung und Motivation der Außendienstmitarbeiter.

Verkaufspersonen müssen spezifische Qualifikationen beherrschen, die abhängig sind von den Produkten, den Kunden und dem Verkaufsprozess. Für die Auswahl von Verkaufspersonen gibt es zwei unterschiedliche theoretische Ansätze: den Einpersonenansatz und den Interaktionsansatz. Der *Einpersonenansatz* stellt persönliche Merkmale erfolgreicher Verkäufer bzw. Verkäuferinnen in den Mittelpunkt. *Kotler et al.* (2007, S. 808 ff.) schlagen ein Auswahlverfahren von Verkäufern vor, das folgende Merkmale erfasst: Fachkenntnisse, soziodemografische Merkmale, psychologische Faktoren, physisch-ästhetische Faktoren sowie Interaktions- und Kommunikationsfaktoren. Der *Interaktionsansatz* wird insbesondere im *Business-to-Business-Geschäft* aufgegriffen und konzentriert sich auf die Interaktionen zwischen zwei bzw. mehreren Personen (dyadisch-personale bzw. multipersonale Interaktionsansätze) oder Gruppen (dyadisch-organisationale bzw. multiorganisationale Interaktionsansätze) im Rahmen eines Verkaufsprozesses (vgl. Backhaus/Voeth 2014, S. 106 ff.).

8.2.5.4 Kommunikationspolitik

Grundlagen

> Die *Kommunikationspolitik* umfasst alle Maßnahmen eines Unternehmens, die dazu dienen, das Unternehmen und seine Produkte den relevanten Ziel- und Anspruchgruppen darzustellen.

Kommunikation dient allgemein der Übermittlung von Informationen, Bedeutungsinhalten und Bewertungen zum Zweck der zielorientierten Beeinflussung von Überzeugungen, Einstellungen, Erwartungen und Verhaltensweisen. Grundlage der zielorientierten Gestaltung eines Kommunikationsprozesses ist das allgemeine *Kommunikationsmodell von Lasswell*, das die Elemente Kommunikator (Sender), Kommunikationsinhalt (Botschaft), Kommunikationskanal (Medium) und Kommunikationsempfänger unterscheidet (vgl. Balderjahn/Scholderer 2007, S. 187 f.).

Es wird zwischen der Massenkommunikation, der Individualkommunikation und der Produktkommunikation unterschieden (vgl. Schweiger/Schrattenecker 2013, S. 6 ff.). *Massenkommunikation* richtet sich auf große Populationen und setzt zur Verbreitung der Botschaften technische Übertragungsmedien (z. B. Radio und Fernsehen) ein. Instrumente der Massenkommunikation sind u. a. Werbung und Public Relations (PR). Von *Individual- oder persönlicher Kommunikation* wird gesprochen, wenn die Kommunikation direkt zwischen Personen stattfindet (*face-to-face*, telefonisch, E-Mail oder Werbebriefe). Verkaufsgespräche und die Direktwerbung sind Formen der Individualkommunikation. Das Charakteristische der Individualkommunikation ist der Dialog bzw. die Dialogmöglichkeit und deren höhere Glaubwürdigkeit und stärkere Wirkung im Vergleich zur Massenkommunikation (vgl. Schweiger/Schrattenecker 2013, S. 8 f.). Aus diesem Grund findet seit geraumer Zeit bei vielen Unternehmen eine Umschichtung von klassischen Kommunikationsinstrumenten wie Werbung und PR (*Above-the-Line-Instrumente*) zu stärker individualisierten sowie unauffälliger wirkenden Instrumenten wie Sponsoring, Placement und Online-Kommunikation (*Below-the-Line-Instrumente*) statt (vgl. Schweiger/Schrattenecker 2013, S. 126). Die von einem Produkt ausgehenden Informationen (z. B. Design, Geschmack) werden als *Produktkommunikation* bezeichnet.

Werbung

Werbung ist eine spezielle Form der Massenkommunikation, die mittels ausgewählter Medien und Kommunikationsinhalte zielgruppenspezifische Kommunikationsziele zu erreichen versucht (vgl. Bruhn 2014, S. 205). Es ist der Versuch, mittels besonderer Kommunikationsmittel (z. B. Werbespots) und Techniken (z. B. Aktivierungstechniken) das Verhalten der Umworbenen zielgerichtet zu beeinflussen. Werbung kann darauf gerichtet sein, Konsumenten durch Informationen und gute Argumente vom Produktangebot zu überzeugen oder aber durch attraktive und ansprechende Produktpräsentationen zu verführen. Der Planungsprozess der Werbung ist der Abb. 8-9 zu entnehmen.

Es werden ökonomische und kommunikative (vorökonomische) Werbeziele unterschieden. *Ökonomische Werbeziele* sind u. a. Umsatz- und Marktanteilserhöhung. Da es kaum möglich ist, die ökonomischen Konsequenzen einer Werbekampagne genau zu bestimmen, werden in der Werbung in der Regel *kommunikative Ziele* verfolgt. Dazu gehören u. a. die Erzeugung von Aufmerksamkeit, der Bekanntheitsgrad, die Produkteinstellung und das Produktimage. Um ihre Ziele zu erreichen, bedient sich die Werbung verschiedener Werbemittel und Werbeträger. *Werbemittel* sind die ins Stoffliche transformierten Werbebotschaften (z. B. Plakate, Anzeigen, Rundfunk- und Fernsehspots). Grundsätzlich geht es im Rahmen eines kreativen Prozesses um Aspekte der Verbalisierung (Text, Ton) und Visualisierung (Bild) kommunikativer Inhalte. *Werbeträger* sind die Medien der Streuung, die dazu dienen, große Zielgruppen mit der Werbung zu erreichen. Hierzu gehören u. a. Zeitungen und Zeitschriften, Rundfunk- und Fernsehen, Internet, Schaufenster, Messe und Ausstellungen. Die Aktivitäten hinsichtlich der verschiedenen Werbemittel und -träger werden mit Hilfe eines *Streuplanes* koordiniert. Die Streuplanung beinhaltet Entscheidungen zur Auswahl der Werbeträger und zum zeitlichen Einsatz (Timing). Als Auswahlkriterien dienen Kontakt- bzw. Reichweitemaßzahlen (z. B. Leser pro Ausgabe) und die Kosten (z. B. Tausenderkontaktpreise).

Abb. 8-9

Planungsprozess der Werbung

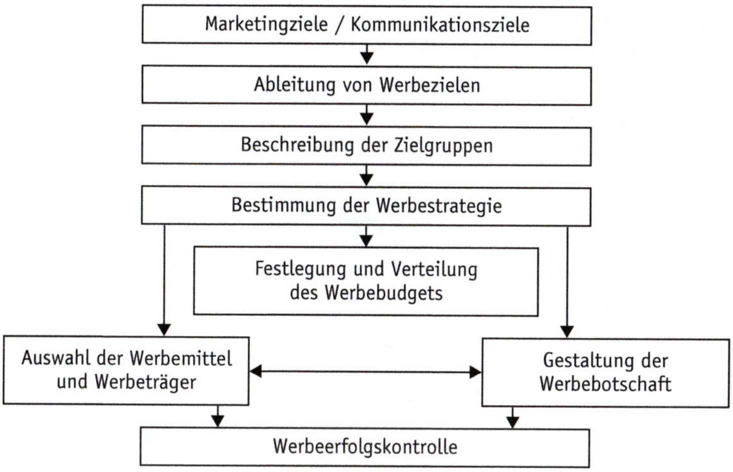

Quelle: Fritz/v.d. Oelsnitz 2006, S. 232

Verkaufsförderung

Verkaufsförderung ist ein Sammelbegriff für alle zusätzlichen und zeitlich begrenzten Anreize und Aktionen, die den Produktabsatz unmittelbar fördern sollen.

Es lassen sich handelsgerichtete und konsumentengerichtete Formen der Verkaufsförderung unterscheiden (vgl. Bruhn 2014, S. 228 f.). Maßnahmen der handelsgerichteten Verkaufsförderung (*Trade Promotions*) richten sich auf die Sicherstellung der Unterstützung von Handelsbetrieben durch Händlerschulungen, Übermittlung von Produkt- und Marktinformationen, Investitionshilfen, Beratung, Stimulierung der Verkaufsanstrengungen durch finanzielle bzw. materielle Anreize. Konsumentengerichtete Verkaufsförderung (*Consumer Promotions*) richtet sich an den Endverbraucher und umfasst Aktionen am *Point-of-Sale* (z. B. Zugaben, Preisausschreiben).

Kontrollfragen Kapitel 8.2

1. *Was wird unter Wertschöpfung verstanden?*
2. *Erläutern Sie das Wertkettenkonzept von Porter.*
3. *Was wird unter Marketing verstanden?*
4. *Wie ist der Markt betriebswirtschaftlich definiert?*
5. *Was besagt das SOR-Modell der Konsumentenverhaltensforschung?*
6. *Welche Kaufentscheidungsprozesse werden unterschieden?*
7. *Welches sind die Hauptdeterminanten des Kaufverhaltens von Organisationen nach Webster und Wind?*

8. *Welches sind die fünf Einflusstypen im Buying-Center-Modell?*
9. *Welche Aufgaben hat die Marktforschung?*
10. *Erläutern Sie die Unterschiede zwischen der Sekundär- und der Primärforschung.*
11. *Welches sind die Phasen einer Primärerhebung?*
12. *Was versteht man unter der Marktsegmentierung?*
13. *Welche Bereiche umfasst die Produktpolitik?*
14. *Was ist ein Produkt und was ist ein Produktprogramm?*
15. *Worin unterscheidet sich eine Dienstleistung von einer Sachleistung?*
16. *Beschreiben und diskutieren Sie das Produktlebenszyklus-Konzept.*
17. *Was ist eine Innovation?*
18. *Was sind Entscheidungsbereiche der Preispolitik?*
19. *Was stellt eine Preisabsatzfunktion dar?*
20. *Definieren und erläutern Sie die »Preiselastizität der Nachfrage«.*
21. *Definieren Sie die Begriffe »Distribution« und »Außendienst«.*
22. *Was sind die beiden Teilbereiche der Distributionspolitik?*
23. *Nennen und erläutern Sie die verschiedenen Distributionsorgane.*
24. *Welche drei Konzepte zur Gestaltung von Distributionssystemen gibt es?*
25. *Was versteht man unter Direktabsatz und indirektem Absatz?*
26. *Erläutern Sie die Push- und die Pull-Strategie.*
27. *Aus welchen Elementen besteht ein Kommunikationsprozess?*
28. *Was versteht man unter Werbung und welche Funktion hat sie?*

Weiterführende Literatur

Backhaus, K./Voeth, M. (2014): Industriegütermarketing, 10. Aufl., München.
Balderjahn, I./Scholderer, J. (2007): Konsumentenverhalten und Marketing, Stuttgart.
Benkenstein/Uhrich, M. (2009): Strategisches Marketing, 3. Aufl., Stuttgart.
Bruhn, M. (2014): Marketing, 12. Aufl., Wiesbaden.
Diller, H. (2007): Grundprinzipien des Marketing, 2. Aufl., Nürnberg.
Fritz, W./v.d. Oelsnitz, D. (2006): Marketing, 4. Aufl., Stuttgart.
Kroeber-Riel, W./Gröppel-Klein, A. (2013): Konsumentenverhalten, 10. Aufl., München.
Meffert, H./Burmann, Ch./Kirchgeorg, M. (2012): Marketing, 11. Aufl., Wiesbaden.
Schweiger, G./Schrattenecker, G. (2013): Werbung, 8. Aufl., Stuttgart.
Specht, G./Fritz, W. (2005): Distributionsmanagement, 4. Aufl., Stuttgart u. a.

8.3 Forschung und Entwicklung

Lernziele

- Sie kennen die Teilbereiche der Forschung.
- Sie kennen die Aufgabenbereiche der strategischen F&E-Planung.
- Sie kennen die Instrumente der strategischen F&E-Planung.
- Sie kennen einzelne F&E-Strategien.
- Sie kennen die Grundprobleme des Technologiemanagements.
- Sie können den Technologielebenszyklus erklären und begründen.
- Sie kennen unterschiedliche Timing-Strategien.
- Sie kennen die Phasen und Probleme der Neuproduktentwicklung.

8.3.1 Grundlagen der Forschung und Entwicklung

In der Forschung und Entwicklung (F&E) in Betrieben geht es um die systematische Suche nach neuen technologischen Erkenntnissen zur Entwicklung von Innovationen. Es dient einerseits der Gewinnung neuen natur- und ingenieurwissenschaftlichen Wissens (*Forschung*) und andererseits der praktischen Umsetzung dieses Wissens in die *Entwicklung* neuer Produkte bzw. Prozesse (vgl. Specht et al. 2002, S. 14).

In der *Forschung* werden die Teilbereiche Grundlagenforschung und angewandte Forschung unterschieden (vgl. auch Thommen et al. 2017, S. 17):

- *Grundlagenforschung* ist auf die Gewinnung neuer wissenschaftlicher oder technischer Erkenntnisse gerichtet, ohne an der praktischen Anwendbarkeit bzw. Verwertbarkeit orientiert zu sein. Grundlagenforschung findet überwiegend an (Technischen) Universitäten und Forschungseinrichtungen (z. B. *Fraunhofer Gesellschaften*) statt.
- *Angewandte Forschung* (auch als *Technologie- und Vorentwicklung* bezeichnet; Specht et al. 2002, S. 15 f.) zielt darauf, für grundlegende wissenschaftliche Erkenntnisse praktische Einsatzfelder bzw. Verwertungsmöglichkeiten zu suchen. Angewandte Forschung wird intensiv in Unternehmen technologieorientierter Branchen durchgeführt.

Die *Entwicklung* umfasst die Erprobung sowie die Neu- und Weiterentwicklung von Produkten (vgl. Schweitzer/Schweitzer 2006, S. 36). Innerhalb der Entwicklung lassen sich die experimentelle Entwicklung, die konstruktive bzw. rezepturbezogene Entwicklung und die Routineentwicklung unterscheiden.

Während sich die Forschung auf die Generierung neuer Erkenntnisse bzw. Entdeckungen zur Lösung grundlegender Probleme unter Einsatz wissenschaftlicher Methoden konzentriert, geht es in der Entwicklung darum, diese Forschungsergebnisse zur Konstruktion fabrikationsreifer, innovativer Produkte einzusetzen (vgl. Schweitzer/Schweitzer 2006, S. 35 f.). F&E übernimmt in Betrieben damit die Aufgabe, die Innovationstätigkeit durch Grundlagenforschung und Technologieentwicklungen voranzutreiben (Trommsdorff/Steinhoff 2007, S. 41).

Innovationsmanagement

F&E ist Teil des betrieblichen *Innovationsmanagements* (Hauschildt/Salomo 2007, S. 33). Das *Innovationsmanagement* umfasst das Technologiemanagement (angewandte Forschung und Vorentwicklung), das F&E-Management (von der Grundlagenforschung bis zur Entwicklung) sowie die abschließenden Phasen der Produktion und der Markteinführung (vgl. Macharzina/Wolf 2018, S. 745 f.). Wissenschaftlich fundierte Erkenntnisse, die zur Lösung praktischer Probleme im Unternehmen dienen, werden als *Technologien* bezeichnet (vgl. Gerpott 2005, S. 17). Das *Technologiemanagement* hat die Aufgabe, die technologische Wettbewerbsfähigkeit des Unternehmens zu sichern (Hauschildt/Salomo 2007, S. 34). Es ist Teil des F&E-Managements und damit auch Teil des Innovationsmanagements.

Innovationen (Neuprodukte, Neuheiten) sind Produkte oder Dienstleistungen, die von den Nachfragern im Vergleich zum bisherigen Angebot als deutlich andersartige, verbesserte Problemlösungen angesehen werden (marktorientierte Definition).

Ein höherer Kundennutzen von Neuprodukten kann durch den Einsatz innovativer Technologien begründet sein.

8.3.2 Planung von Forschung und Entwicklung

Die Aufgaben des F&E-Managements sind eingebettet in die Phasen der Planung und Steuerung (Schweitzer/Schweitzer 2006, S. 17). Planung betrifft die systematische gedankliche Vorwegnahme zukünftiger Aktivitäten und Ereignisse und umfasst die Ziel-, Strategie-, Maßnahmen- bzw. Programm- und Projektplanung (vgl. Specht et al. 2002, S. 22 ff.).

Aufgabenbereiche der F&E-Planung

Aufgabenbereiche der strategischen F&E-Planung sind u. a.:

- Festlegung der *F&E-Ziele* (z. B. Erlangung von Technologieführerschaft),
- Festlegung von Bereichen der F&E-Aktivitäten (z. B. Produkt- und Prozessentwicklung (Kap. 8.3.8.2) oder Technologieentwicklung (Kap. 8.3.8.1); vgl. Schweitzer/Schweitzer 2006, S. 41),
- Umfang der Eigen- und Fremd-F&E (*Make-or-buy-Entscheidungen*; vgl. Schweitzer/Schweitzer 2006, S. 42 ff.),
- Schutz und Verwertung von Entwicklungen (*Patentpolitik*; vgl. Schweitzer/Schweitzer 2006, S. 44 ff.),
- Klärung von Finanzierungsfragen für F&E-Projekte und -aufgaben,
- Personalpolitik in F&E-Bereichen (vgl. Specht et al. 2002, S. 295 ff.),
- Stellung von F&E im Gesamtunternehmen (vgl. Specht et al. 2002, S. 35 ff.).

Zur Realisierung der strategischen F&E-Planung dienen *Planungsrichtlinien* sowie Pläne, die die wesentlichen Inhalte der Planung in ihrem zeitlichen Ablauf aufzeigen (vgl. Brockhoff 1999, S. 241 ff.).

Instrumente der F&E-Planung

Zu unterscheiden sind eine strategische und eine taktisch-operative Forschungs- und Entwicklungsplanung. Die *strategische F&E-Planung* betrifft die Grundsatz- und Rahmenplanung sowie die langfristig wirksamen Handlungsparameter. Die *taktisch-operative F&E-Planung* füllt den strategischen Rahmen- bzw. Handlungsplan mit konkreten durchzuführenden Maßnahmen aus. Wichtige Methoden bzw. Instrumente der strategischen F&E-Planung sind (vgl. Schweitzer/Schweitzer 2006, S. 49 ff.; Specht et al. 2002, S. 87 ff.):

- Technologiefrüherkennung (z. B. Patentanalyse; vgl. Gerpott 2005, S. 101 ff.),
- Technologieprognose (z. B. Szenario-Technik; vgl. Gelbmann/Vorbach 2007a, S. 135 ff.; Gerpott 2005, S. 108 ff.),
- Technologietrendkurven (z. B. S-Kurve; vgl. Gerpott 2005, S. 117 ff.),
- Technologie- und Wirkungsanalysen sowie
- Technologie-Portfolio-Analysen (vgl. Gelbmann/Vorbach 2007b, S. 185 ff.; Gerpott 2005, S. 154 ff.; Specht et al. 2002, S. 98; auch Kap. 7.1.3).

In der taktisch-operativen F&E-Planung geht es insbesondere um die Planung des Forschungs- und Entwicklungsprogramms (Zielbildung, Problemdefinition, Alternativensuche, Bewertung) sowie um die *Budgetplanung* (vgl. Schweitzer/Schweitzer 2006, S. 19 ff. und S. 53). Weitere Aspekte betreffen den Personalbedarf und die Personalbereitstellung für die F&E sowie Verfahren der Projektablaufplanung (z. B. Netzplantechnik; vgl. Kap. 6.4.5).

8.3.3 Forschungs- und Entwicklungsstrategien

F&E-Strategien sind langfristig angelegte Handlungspläne zur Realisierung von F&E-Zielen. Ein vordringliches Ziel von F&E-Strategien ist, durch F&E *Wettbewerbsvorteile* aufzubauen, die von Konkurrenten kurzfristig nicht aufgeholt werden können. Dazu ist es notwendig, F&E-Einsatzfelder (z. B. Technologie- und Produktentwicklung) hinsichtlich ihrer Attraktivität für das Unternehmen zu bewerten. F&E-Strategien legen fest, in welchen Forschungs- und Entwicklungsfeldern und in welchem Ausmaß F&E-Aktivitäten in Zukunft durchgeführt werden sollen. Zu nennen sind hier *Innovationsstrategien*, die sich auf die Entwicklung von neuen Technologien, Produkten und Prozessen richten, *Wettbewerbsstrategien*, die eine Verbesserung der Wettbewerbsposition eines Unternehmens durch F&E-Aktivitäten anstreben, *Timing-Strategien*, die den Zeitpunkt für die Fertigstellung eines neuen Prozesses, für die Bereitstellung einer neuen Technologie oder für den Markteintritt eines neuen Produkts (*Time-to-Market*) relativ zu Konkurrenten definieren (vgl. Kap. 8.3.8.1), *Make-or-buy-Strategien*, die den Anteil der internen F&E im Vergleich zur externen F&E (z. B. Zukauf oder Lizenznahme) festlegen, sowie *Kapazitäts- und Kompetenzstrategien*, die bestimmten F&E-Aktivitäten Ressourcen im Unternehmen zuteilen. F&E-Strategien müssen mit anderen Strategien einzelner Funktionsbereiche (z. B. Finanzierungsstrategien) sowie mit der Gesamtunternehmensstrategie (z. B. Positionierung des Unternehmens) koordiniert werden, um Konflikte im strategischen Gesamtkonzept zu vermeiden.

Strategien setzen sich in der Regel aus einigen identifizierbaren *Strategieelementen* zusammen. Danach kann unterschieden werden, ob F&E defensiv oder offensiv, forschungs- oder entwicklungsorientiert, innovativ oder imitierend, breit gestreut oder fokussiert, allein oder in Kooperation mit Partnern (z. B. Entwicklungskooperationen) betrieben wird. Hinsichtlich des Beginns bzw. der Begründung von F&E-Aktivitäten wird noch zwischen Market-Pull- und Technology-Push-Strategien unterschieden. Bei den *Market-Pull-Strategien* wird von artikulierten Bedürfnissen der Kunden bzw. des Marktes ausgegangen (z. B. Forderung bestimmter Produktfunktionen) und versucht, mit Hilfe von F&E-Aktivitäten technische Lösungen zur Befriedigung dieser Bedürfnisse zu suchen. *Technology-Push-Strategien* hingegen suchen für vorhandene technologische Lösungen Anwendungen und Funktionen, mit denen ein Kundennutzen geschaffen werden kann. Während hier der technische Fortschritt einen Innovationsdruck (*Push*) erzeugt, sind es bei der Market-Pull-Strategie die Kundenbedürfnisse, die einen Innovationssog (*Pull*) begründen (vgl. Trommsdorff/Steinhoff 2007, S. 30 f.).

8.3.4 Organisation von Forschung und Entwicklung

F&E-Aufbauorganisation

Hinsichtlich der Organisation und Führung der F&E geht es u. a. um (vgl. Specht et al. 2002, S. 23)

- aufbau- und ablauforganisatorische Regelungen (vgl. auch Kap. 8.3.4),
- die Gestaltung des Planungs- und Kontrollsystems,
- die interfunktionale Kooperation und
- den Führungsstil sowie das Motivations- und Anreizsystem (vgl. Specht et al. 2002, S. 295 ff.).

Die F&E-Organisation dient der Schaffung stabiler aufbau- und ablauforganisatorischer Regelungen zur effektiven und effizienten Durchführung von F&E-Aufgaben (vgl. Specht et al. 2002, S. 331). Aspekte der Aufbauorganisation betreffen die Spezialisierung, Konfiguration, Delegation, Formalisierung und Koordination (vgl. auch Kap. 6.3). Die F&E-Organisation muss in die allgemeine Unternehmensorganisation eingebunden werden (*Außenstrukturierung*). Je nach Art der Organisation (Verrichtungs-, Objekt- oder Matrixorganisation) ergeben sich unterschiedliche Varianten für die Integration einer F&E-Organisation (vgl. Specht et al. 2002, S. 339 ff.). Für die Eingliederung des F&E-Bereichs in eine *verrichtungsorientierte* Unternehmensorganisation kommt die Zuordnung des F&E-Bereichs als Stabsabteilung der Unternehmensleitung, als Hauptabteilung in der Linie oder als Unterabteilung in der Fertigung oder im Absatz in Frage. Bei einer *objektorientierten* Organisation stellt sich speziell die Frage, ob die F&E-Aktivitäten zentral oder dezentral angesiedelt werden sollen. Eine große Homogenität des Produktprogramms und der Technologien spricht tendenziell für eine Zentralisierung des F&E-Bereichs. Dagegen fördert eine große Heterogenität die dezentrale Forschung und Entwicklung. Auch bei einer dezentralen Organisation von F&E kann eine zentrale Grundlagenforschung von Nutzen sein. Wenn ein Unternehmen über Auslandsstandorte verfügt, kann es zweckmäßig sein, anstelle oder zusätzlich zur objektorientierten eine regional orientierte F&E-Organisation einzurichten. Durch eine geografisch zentrale Integration des F&E-Bereichs in die Unternehmensorganisation wird der *Know-how-Schutz* erleichtert, da zum einen weniger Personen informiert sind und zum anderen der Patentschutz im Ausland oft mangelhaft ist und einige Länder zum Teil einen unentgeltlichen Know-how-Transfer von der Auslandsgesellschaft fordern. Vorteile einer Zuordnung von F&E zu den regional orientierten Unternehmensbereichen liegen in erster Linie in der Berücksichtigung länderspezifischer Besonderheiten. Durch die dezentrale Einordnung der F&E auf regionaler Ebene wird somit der Einfluss der Auslandsgesellschaften auf die langfristige Produktpolitik verstärkt.

Der F&E-Bereich selbst kann nach *Phasen* des F&E-Prozesses (z. B. Technologieentwicklung, Vorentwicklung, Produkt- und Prozessentwicklung), *Kompetenzfeldern* (z. B. organische Chemie, anorganische Chemie, Biochemie), *Produktgruppen*, *Prozesstypen* (z. B. Erdölförderung, Raffinerie), *Projekten* und nach Kombinationen dieser Dimensionen organisiert werden (*Innenstrukturierung*; vgl. Specht et al. 2002, S. 348 ff.). Diese Organisationstypen werden häufig ergänzt durch strukturelle Beziehungen der Koordination und Steuerung in Form von Projektgruppen und Ausschüssen/Komitees:

- *Projektgruppen*, in denen Personen zeitlich befristet, aber kontinuierlich mit unterschiedlichen Fähigkeiten und Kenntnissen zusammenarbeiten.
- *Ausschüsse und Komitees*, in denen Personen hierarchiefrei und diskontinuierlich mit weiteren Positionen im Unternehmen zusammenarbeiten, um größere Projekte koordinieren zu können (z. B. Lenkungsausschüsse).

Die vorherrschende F&E-Organisationsform ist die *Projektorganisation*, wobei ein Projekt eine zeitlich befristete Aufgabe darstellt, die von einer Gruppe unter einer Projektleitung bearbeitet wird (vgl. Specht et al. 2002, S. 361 ff.).

F&E-Ablauforganisation

Die Ablauforganisation dient der Gestaltung von Prozessabläufen und der damit verbundenen Verknüpfung von Teilprozessen zu Prozessketten (z. B. Festlegen zweckmäßiger Reihenfolgen von Arbeitsgängen). Für die Aufgabe der Festlegung und Steuerung von Abläufen und Terminen werden in der Praxis bevorzugt Balkendiagramme (*Gantt-Diagramme*) eingesetzt. Ein *Balkendiagramm* hat die Form einer Matrix: In der Kopfzeile wird der Planungszeitraum in Zeiteinheiten untergliedert (z. B. Monate) eingetragen und in der Kopfspalte werden die Teilprojekte, Arbeitspakete oder Maßnahmen einer Gesamtaufgabe abgebildet und Bearbeitungszeiträumen zugeordnet (vgl. Thommen et al. 2017, S. 190; Specht et al. 2002, S. 484). Auch Verantwortlichkeiten können zu den jeweiligen Teilaufgaben festgehalten werden. Balkendiagramme können zudem durch *Meilensteine*, also Termine zur Überprüfung, ob wichtige Prozess- bzw. Projektabschnitte den geplanten Soll-Zustand erreicht haben, ergänzt werden (vgl. Specht et al. 2002, S. 485 f.). Da jedoch aus Balkendiagrammen sachlogische Ablaufverknüpfungen zwischen einzelnen Teilprozessen nicht ohne weiteres erkennbar sind, eignet sich die *Netzplantechnik* besser zur Ablaufplanung (vgl. Kap. 6.4.5).

8.3.5 Die Träger von Forschung und Entwicklung

Interne und externe F&E

Hinsichtlich der F&E-Trägerschaft bzw. der F&E-Bezugsquelle wird zwischen interner (nur Mitarbeiter des Unternehmens übernehmen F&E-Aufgaben) und externer F&E (wirtschaftlich selbstständige Einrichtungen übernehmen gegen Bezahlung F&E-Aufgaben für das Unternehmen) unterschieden (vgl. Gerpott 2005, S. 34). Fixe Kosten und der Finanz- und Personalbedarf sind bei der *internen F&E* relativ hoch und das F&E-Risiko geht ungeteilt zu Lasten des eigenen Unternehmens (vgl. Kap. 8.3.6). Diesen Nachteilen stehen allerdings Chancen gegenüber. So ist eine Partizipation anderer Unternehmen an dem gewonnenen Wissen weitestgehend ausgeschlossen. Interne F&E erzwingt eine enge Zusammenarbeit mit anderen Funktionsbereichen der Unternehmung und auf fertigungs- und absatzwirtschaftliche Besonderheiten kann Rücksicht genommen werden. Die Erfahrungen, die das eigene Personal sammelt, erhöhen das F&E-Ressourcenpotenzial. *Externe F&E* wird aufgeteilt in Gemeinschaftsforschung und Vertrags- oder Kontraktforschung (vgl. Brockhoff 1999, S. 60). Zwischen interner und externer F&E befinden sich Varianten unternehmensübergreifender *F&E-Kooperationsformen*. Interne und externe F&E können in *F&E-Kooperationen* bzw. *F&E-Allianzen* zusammengeführt werden. Oftmals kooperieren im F&E-Bereich auch solche Unternehmen, die am Markt konkurrieren (z. B. Volkswagen *Touareg* und Porsche *Cayenne* bei der Entwicklung eines Geländewagens).

Kontraktforschung

Übernehmen private Unternehmen oder öffentliche Einrichtungen (z. B. *Fraunhofer-Gesellschaften*) vertraglich Forschungs- und Entwicklungsarbeit, so liegt *Vertrags- oder Kontraktforschung* vor. Diese empfiehlt sich, wenn

- spezielle wissenschaftliche oder technische Geräte benötigt werden,
- ein entsprechendes Spezialwissen benötigt wird, das im Unternehmen nicht verfügbar ist,
- sporadisch auftretende Forschungskapazitätsengpässe zu überwinden sind.

Die Gefahren der Vertragsforschung sind insbesondere in eingeschränkten Einflussmöglichkeiten auf die Forschungsaktivitäten des Vertragspartners, in fehlenden Synergieeffekten mit anderen Forschungsarbeiten des Unternehmens, im oft unvollständigen Wissenstransfer vom Auftragnehmer zum Auftraggeber und in der Teilhabe anderer an dem gewonnenen Wissen (unzureichender Schutz) zu sehen.

Gemeinschaftsforschung

Gemeinschaftsforschung liegt vor, wenn mehrere Unternehmen, häufig Wirtschaftsverbände oder sonstige Zusammenschlüsse, in einem *Forschungsverbund* ein gemeinsames Forschungsziel verfolgen und als Auftraggeber von F&E auftreten (vgl. Brockhoff 1999, S. 63). Am häufigsten kommt die Gemeinschaftsforschung dort vor, wo allgemeine, relativ anwendungsferne Probleme erforscht werden sollen, an denen alle beteiligten Betriebe, oft kleine und mittelständische Betriebe, ein Interesse haben. Kritisch an der Gemeinschaftsforschung ist die Verständigung auf ein gemeinsames Ziel sowie die zum Teil recht komplizierten Abstimmungsprozesse zwischen den beteiligten Unternehmen (vgl. Brockhoff 1999, S. 65). Die Ergebnisse aus der Gemeinschaftsforschung müssen im Betrieb weiter bearbeitet und auf betriebliche Gegebenheiten zugeschnitten werden. Ein wichtiger Grund für die Teilnahme an einer Gemeinschaftsforschung ist die Möglichkeit, Forschungsprogramme bearbeiten zu können, die die Ressourcen eines einzelnen Unternehmens übersteigen würden.

8.3.6 Die Risiken von Forschung und Entwicklung

Forschung und Entwicklung sind sowohl mit Chancen, aber auch mit verschiedenen Risiken verbunden. Risiken werden einerseits bestimmt durch die *Wahrscheinlichkeit*, mit der Schäden bzw. Verluste eintreten können, und andererseits durch die potenzielle *Schadenshöhe*. Üblicherweise werden Risiken als Erwartungswert aus dem Produkt der Eintrittswahrscheinlichkeit eines Schadens und der Schadenshöhe quantifiziert. Das Gesamtrisiko setzt sich aus verschiedenen *Einzelrisiken* zusammen (vgl. Specht et al. 2002, S. 26):

Einzelrisiken

- Das *technische Risiko* bezieht sich auf die Gefahr, das gewünschte Ergebnis mit F&E nicht zu erreichen. Hierzu gehört auch das sogenannte *Serendipitätsrisiko*, das das Risiko erfasst, mit F&E zwar ein verwertbares, allerdings nicht das geplante Ergebnis zu erzielen.
- Das *Zeitrisiko* bezieht sich auf die Gefahr, dass die Entwicklungszeit deutlich überschritten wird. Die durch einen verschobenen Markteintritt (*Time-to-Market*) erlittenen Wettbewerbsnachteile können zu erheblichen Verlusten und Misserfolgen führen.
- Das *Kostenrisiko* bezieht sich auf die Gefahr, dass der geplante Kostenrahmen für die F&E deutlich überschritten wird.
- Das *Verwertungsrisiko* bezieht sich auf die Gefahr eines Misserfolges von Produkten auf dem Markt (*Flop-Risiko*). Dieses Risiko steigt, wenn unvorhergesehene Marktveränderungen während der F&E-Zeit eintreten sowie bei Fehleinschätzungen des Marktes.

Insgesamt steigt das F&E-Gesamtrisiko bei verkürzten Produktlebenszyklen, bei steigender Technologiekomplexität, unzureichender Früherkennung in den Bereichen Markt und Technologie sowie bei Fehleinschätzungen hinsichtlich relevanter Marktentwicklungen (vgl. Specht et al. 2002, S. 27).

8.3.7 Das Budget für Forschung und Entwicklung

Die *F&E-Budgetplanung* dient der Festlegung der erforderlichen Finanzmittel für F&E sowie der Verteilung dieser Mittel auf einzelne F&E-Projekte (vgl. Specht et al. 2002, S. 501). Der F&E-Anteil am Umsatz ist branchenabhängig, im Durchschnitt beträgt er ca. 4 %. Die Budgetplanung kann *integriert*, also in Abstimmung mit den einzelnen F&E-Projekten und anderen Unternehmensaufgaben, oder *isoliert*, ohne Berücksichtigung solcher Interdependenzen, erfolgen. Darüber hinaus kann eine Budgetierung Top-down, Bottom-up oder im Gegenstromverfahren durchgeführt werden. *Top-down-Ansätze* leiten das Budget aus unternehmenspolitisch vorgegebenen Kenn- oder Zielgrößen (z. B. Rendite) ab. Isolierte Planungsansätze für das F&E-Budget nach dem

Top-down-Ansatz sind u. a. die Fortschreibung des vorangegangenen Budgets, die Orientierung an den F&E-Ausgaben der Konkurrenz und die Kopplung des F&E-Budgets an den Umsatz bzw. Gewinn (vgl. Specht et al. 2002, S. 502). Nach den *Bottom-up-Ansätzen* ergibt sich das Budget aus der Summe aller Kosten der Projekte und beim *Gegenstromverfahren* werden Top-down- und Bottom-up-Elemente gleichberechtigt berücksichtigt, um sowohl den unternehmensbezogenen Zielwerten als auch den projektbezogenen Anforderungen gerecht zu werden (vgl. Gerpott 2005, S. 171 f.).

8.3.8 Ausgewählte Objektbereiche der Forschung und Entwicklung

Objekte der F&E in Unternehmen sind Technologien sowie Produkte und Produktionsprozesse. Da F&E für Produkte und Produktionsprozesse eine Vorentwicklung erfordert, haben es Unternehmen vor allem mit drei Problemfeldern zu tun: mit der *Technologieentwicklung*, die weitgehend mit der angewandten Forschung übereinstimmt, mit der *Vorentwicklung*, die eine Zwischenstellung zwischen Technologieentwicklung sowie Produkt- und Prozessentwicklung einnimmt, und der *Produkt- und Prozessentwicklung*. Auf die Vorentwicklung wird im Folgenden nicht eingegangen.

8.3.8.1 Technologieentwicklung

Grundprobleme des Technologiemanagements

Die Technologieentwicklung ist Teil des *Innovationsmanagements*, das aus den Phasen Grundlagenforschung, Technologiemanagement (angewandte Forschung und Vorentwicklung), Entwicklung, Produktion und Markteinführung besteht (Macharzina/Wolf 2018, S. 746).

> Unter *Technologie* wird das Wissen über naturwissenschaftlich-technische Wirkbeziehungen verstanden, das bei der Lösung praktischer Probleme Anwendung findet.

Konkrete Anwendungen einer Technologie in Produkten und Produktionsprozessen wird als *Technik* (z. B. Anwendungsfelder der Nanotechnologie in der medizinischen Diagnostik) bezeichnet. Die erste technische Realisierung einer Erfindung ist eine *Invention* und ein erfolgreich im Markt eingeführtes neues Produkt ist eine *Innovation*. Technologiemanagement ist demnach das Management naturwissenschaftlicher Kenntnisse und Fähigkeiten, die zur Lösung technischer Probleme notwendig sind (vgl. Specht et al. 2002, S. 17). Aufgabe des Technologiemanagements ist insbesondere der Aufbau und die Aufrechterhaltung der technologischen Wettbewerbsfähigkeit einer Unternehmung. Für das Technologiemanagement stellen sich folgende *Grundprobleme*:

- Bewertung aktueller und neuer Technologien bzw. *Technologietrends* sowie das Management beim Übergang zu neuen Technologien (vgl. Gerpott 2005, S. 118),
- Festlegung, in welchen Technologiefeldern das Unternehmen tätig sein will,

- Bewertung der Chancen und Risiken technologischer Veränderungen und
- Bestimmung der technologischen Position der Unternehmung im Wettbewerb sowie Festlegung technologieorientierter Strategien.

Technologiestrategien

Technologiestrategien richten sich auf die Beschaffung, den Einsatz und den Einsatzzeitpunkt von neuen Technologien im Unternehmen (vgl. Gerpott 2005, S. 61). Bei der Verfolgung solcher Strategien können allerdings Probleme auftauchen, da

- der Bedarf an Technologien nur mittelbar aus dem Bedarf an Produkten abgeleitet werden kann,
- in Produkten alternative Technologien eingesetzt werden können,
- neue Technologien bedarfsweckend wirken können und
- die Entwicklung von Technologien mit erheblichen Unsicherheiten und Risiken hinsichtlich der Bedarfsrelevanz und der technischen Machbarkeit behaftet ist.

Technologiearten

Technologielebenszyklus

Technologien durchlaufen ebenso wie Produkte einen Lebenszyklus (*Technologielebenszyklus*). Nach dem sogenannten *S-Kurven-Konzept* von *McKinsey* gibt es einen S-förmigen Zusammenhang zwischen dem kumulierten F&E-Aufwand und der Leistungsfähigkeit einer Technologie (vgl. Abb. 8-10; Gerpott 2005, S. 117; Specht et al. 2002, S. 70 f.). Mit zunehmendem F&E-Aufwand steigt zunächst die Leistungsfähigkeit und damit verbunden das wettbewerbsstrategische Potenzial einer Technologie stark an. Je näher die Technologie ihrem Potenzial bzw. ihrer Leistungsgrenze kommt, desto höher wird der F&E-Aufwand im Verhältnis zur dadurch noch zu erreichenden Leistungssteigerung, so dass sich insgesamt ein logistischer Verlauf ergibt (S-Kurve, vgl. Trommsdorff/Steinhoff 2007, S. 286 ff.).

Abb. 8-10

Technologielebenszyklus

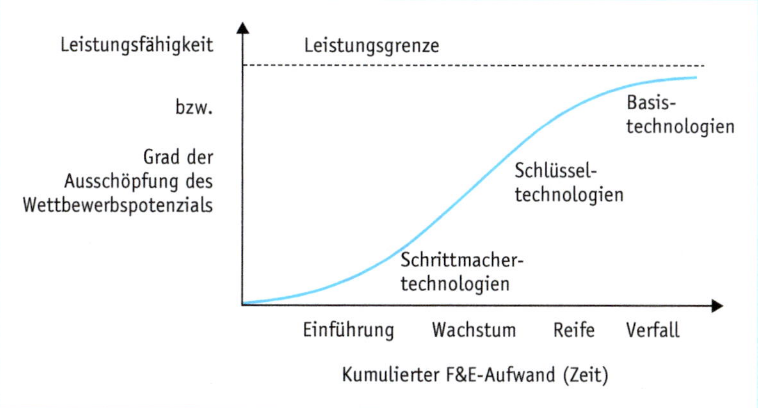

Leistungsfähigkeit
Leistungszuwachspotenziale

Üblicherweise werden in Abhängigkeit der aktuellen Leistungsfähigkeit und weiterer möglicher Leistungszuwachspotenziale durch F&E-Einsatz folgende *Technologiearten* unterschieden (vgl. Specht et al. 2002, S. 66 ff.):

- *Schrittmacher-* bzw. *Zukunftstechnologien* sind Technologien in einer frühen Entwicklungsphase mit hohen Leistungspotenzialerwartungen (z. B. Teile der Bio- und Nanotechnologie sowie Technologien der Künstlichen Intelligenz).
- *Schlüsseltechnologien*, die aus Schrittmachertechnologien hervorgegangen sind, haben sich erste Anwendungsfelder erschlossen. Durch F&E sind hohe Wachstumsraten der Leistungsfähigkeit zu erreichen. Diese Technologien sind die Basis für die technologische Wettbewerbsfähigkeit von Unternehmen (z. B. Bereiche der Medizin-, Laser-, Verkehrs- und Werkstofftechnik sowie der Informationstechnologie).
- *Basistechnologien* sind ausgereifte Technologien, deren Leistungs- und Wettbewerbspotenzial weitgehend ausgeschöpft ist. Sie bilden die Grundlage der allermeisten aktuellen Produkte und Produktionsprozesse. Diese Technologien sind einerseits Basis der leistungsbezogenen Wirtschaftstätigkeit von Unternehmen und andererseits sind sie permanent von leistungsstärkeren Substitutionstechnologien bedroht (z. B. große Bereiche der Unterhaltungselektronik, Verbrennungsmotoren bei Pkw).

Einsatzbereich

Im Hinblick auf ihren Einsatzbereich lassen sich *Produkttechnologien*, deren Know-how im Produkt verkörpert ist, und *Produktionsprozesstechnologien*, deren Know-how in das Produktionsverfahren einfließt, unterscheiden. Für viele Branchen ist Technologie eine ganz wichtige *Komponente der Wettbewerbsfähigkeit* (z. B. IT-Branche, Automobilbau, Computer). Technologische Innovationen bei Produkten und Produktionsprozessen entscheiden oft über den Erfolg eines Unternehmens. Die zunehmende Bedeutung innovativer Technologien kann anhand der folgenden Entwicklungen abgelesen werden:

- steigende F&E-Ausgaben in technologisch umkämpften Märkten,
- zunehmende Automatisierung der Produktion (Produktion 4.0 und Einsatz Künstlicher Intelligenz),
- ein wachsender Anteil von Beschäftigten im F&E-Bereich und
- ein wachsender Anteil des Umsatzes entfällt auf neue Produkte.

Im Allgemeinen wird unter Produktion bzw. Industrie 4.0 eine technologische Plattform verstanden, die mit Hilfe von Informations- und Kommunikationstechnologien Anlagen und Maschinen effizient vernetzt. Dabei kommen Algorithmen der Künstlichen Intelligenz (Artificial Intelligence) zum Einsatz, die in der Lage sind, große Datenmengen zu verarbeiten und so komplexe Produktionsprozesse zu optimieren.

Digitalisierung meint die Erfassung analoger Phänomene (z. B. Sprache) und Prozesse (z. B. Produktionsprozesse) durch computerlesbare Ziffernformate. Es handelt sich um eine Transformation bzw. Kodierung analoger Sachverhalte (z. B. Uhrzeit dargestellt an den Zeigerständen) in digitaler Form (z. B. Uhrzeit dargestellt durch Ziffern). Dadurch ist es möglich, in kurzer Zeit sehr große Datenbestände zu generieren (»Big Data«) und zu managen (z. B. Data-Mining). Die besondere Bedeutung erlangt die Digitalisierung durch die rasche Entwicklung leistungsstarker Informationstechnologien (z. B. Künstliche Intelligenz) und die schnelle Verbreitung digitaler Infrastrukturen (z. B. mobile Technologien und Geräte wie Smartphones). Digitalisierung findet in allen gesellschaftlichen Bereichen statt, insbesondere auch in Unternehmen in den Bereichen Management und Organisation (z. B. Steuerung von Wertschöpfungsketten), Produktentwicklung (z. B. intelligent vernetzte »smarte« Produkte), Produktion (z. B. Produktion 4.0) und Marketing (z. B. Social Media Marketing). Durch digitale Technologien entstehen neue, innovative Geschäftsmodelle (z. B. im Bereich der Sharing Economy), die auch das Potenzial haben können, herkömmliche Geschäftsstrukturen und Technologien sehr schnell oder sogar abrupt (»disruptiv«) abzulösen und vom Markt zu verdrängen (z. B. Printmedien durch digitale Medien). Nach einer Studie des Bundesministeriums für Wirtschaft und Energie von 2018 haben 28 % der Unternehmen die Digitalisierung in ihrer strategischen Planung eingebunden (https://www.bmwi.de/Redaktion/DE/Dossier/digitalisierung.html).

Technologieorientierte Timing-Strategien

Neben anderen zeitkritischen Entscheidungen zum Einhalten von Plan-Terminen (F&E-Timing) sind insbesondere der Beginn und das geplante Ende von F&E-Aktivitäten in innovativen Technologiebereichen sowie der Markteintrittszeitpunkt von technologieorientierten Produkten (*Time-to-Market*) von zentraler Bedeutung für technologieorientierte Unternehmen. Sowohl hinsichtlich der zeitlichen Reihenfolge der Aufnahme von F&E-Aktivitäten als auch der Reihenfolge der Markteintritte von Unternehmen können Pionier-, Folger- und Imitationsstrategien unterschieden werden (vgl. Gerpott 2005, S. 218 f.; Specht et al. 2002, S. 108 f.):

- Die *Pionierstrategie* (*First-to-Market-Strategie*) wird von Unternehmen verfolgt, die als erste eine neue Technologie beherrschen bzw. ein neues technologisches Produkt am Markt anbieten wollen.
- Die *frühe Folgerstrategie* (*Early-to-Market/Follow-the-Leader-Strategie*) verfolgt das Ziel, in kurzer Zeit nach dem Pionier mit der gleichen oder einer ähnlich leistungsfähigen Technologie bzw. mit einem ähnlichen Produkt am Markt präsent zu sein.
- Die *späte Folgerstrategie* (*Late-to-Market-Strategie*) zielt darauf, an den Marktchancen eines weitgehend entwickelten technologieorientierten Wachstumsmarktes teilhaben zu können, ohne wirtschaftliche und technologische Risiken tragen zu müssen. Da für »späte Folger« nicht der Markteintrittszeitpunkt eine primäre Bedeutung hat, sind für diese Unternehmen *Imitationsstrategien* (*Me-too-Strategien*) und Nischenstrategien nahe liegende Strategievarianten. *Imitationen* sind »Kopien« erfolgreicher Produkte, die kostengünstiger am Markt angeboten werden (z. B. Generika in Pharmamärkten). *Nischenstrategien* sind insbesondere für kleine Unternehmen günstig, um den Wettbewerb mit größeren, etablierten Konkurrenten zu umgehen (z. B. Spezialausführungen von Standardprodukten).

Pionierstrategie

Bis auf die Pionierstrategie lassen sich für diese Strategien kaum Abgrenzungskriterien bestimmen (vgl. Gerpott 2005, S. 218). Für das korrekte *Timing* des Einstiegs in eine neue Technologie lässt sich auch kein allgemein gültiges Rezept angeben, da alle Strategien mit spezifischen Chancen und Risiken verbunden sind. Die Vorteile bzw.

Chancen einer Pionierstrategie liegen im Aufbau eines innovativen *Pionier-Images* sowie in der Möglichkeit

- der Schaffung von Wettbewerbsvorteilen durch Differenzierung,
- des Aufbaus einer starken Kundenbindung,
- der Schaffung von *Markteintrittsbarrieren* (z. B. durch Markenbildung),
- *Erfahrungskurveneffekte* zu nutzen (vgl. Kap. 8.4.2),
- technologische Standards zu prägen (z. B. *Car-to-Car & Car-to-X* Assistenzsysteme im Automobilbau),
- die Vermarktung von Technologieinnovationen durch Patente zu sichern.

Risiken und Nachteile

Risiken bzw. Nachteile der Pionierstrategien sind hohe F&E-Aufwendungen sowie Markteintrittskosten zur Überwindung der Markteintrittsbarrieren, Kosten des Konkurrenzkampfes (z. B. Patentstreitigkeiten), Risiko technischer Mängel oder mangelnder Akzeptanz bei den Konsumenten und die Gefahr von Technologiebrüchen (vgl. Gerpott 2005, S. 221 f.). Eine Pionierstrategie ist wegen der vorhandenen Risiken nicht automatisch die beste unter den Timing-Strategien und ihre Vorteile stellen sich nicht automatisch ein. Welche Timing-Strategie gewählt werden sollte, hängt von vielen Bedingungen ab, die strategisch bewertet werden müssen (vgl. Trommsdorff/Steinhoff 2007, S. 192 f.).

8.3.8.2 Produkt- und Prozessentwicklung

Kunden- und Wettbewerbsorientierung

Es werden Produkt- und Prozessinnovationen unterschieden. Die Produktinnovation betrifft den Gegenstand der Neuerung (z. B. neues Smartphone) und die Prozessinnovation das Zustandekommen einer Innovation (z. B. innovative Produktionsprozesse). Oft ist es nur schwer möglich, Produkt- und Prozessinnovationen voneinander abzugrenzen (z. B. bei Dienstleistungen). Der Neuigkeitsgrad ist das konstitutive Element von Innovationen (Macharzina/Wolf 2018, S. 736).

Unternehmen stehen häufig vor dem Problem, wie der Nachfragerückgang bei nicht mehr wettbewerbsfähigen Angeboten durch neue Produkte kompensiert und zusätzliche Nachfrage geschaffen werden kann.

Neuproduktentwicklung

> Im Rahmen der *Neuproduktentwicklung* geht es darum, frühzeitig innovative, wettbewerbsfähige Produkte und Prozesse zu identifizieren sowie erfolgreich zu entwickeln und zu vermarkten.

Der Prozess der Neuproduktentwicklung erfolgt üblicherweise in den Phasen Vorgabe strategischer Entwicklungsfelder, Ideengenerierung, Ideenbewertung, F&E, Produkttest und Markteinführung (vgl. Backhaus/Voeth 2014, S. 216 f.). Voraussetzung der Produkt- und Prozessentwicklung ist die Vorgabe strategischer Entwicklungsfelder bzw. *Suchfelder*, die den strategischen Rahmen für die Suche nach neuen Produkten abgrenzen. Die Produkt- und Prozessplanung beginnt mit der *Ideengenerierung und -auswahl*. Diese lässt sich mit Hilfe von *Kreativitätstechniken* wie z. B. Brainstorming, Brainwriting oder Synektik systematisch unterstützen (vgl. Balderjahn et al. 1996;

Kap. 6.4.2). Die Initialideen werden zu groben Projektentwürfen verdichtet und dann einer systematischen Bewertung und Auswahl unterworfen. Sodann ist in knapper Form eine *Zielvision* zu formulieren, deren Hauptaufgabe es ist, alle am Neuprodukt-projekt beteiligten Mitarbeiter zu engagierter Mitarbeit zu motivieren und eine grobe Richtung vorzugeben.

Neuigkeitsgrad

Nach dem Neuheitsgrad reicht die Spannweite von *inkrementalen* Innovationen, d. h. relativ geringfügige Weiterentwicklungen bestehender Produkte (z. B. verbessertes Haarshampoo), bis hin zu *radikalen* Innovationen, d. h. Neuprodukte mit einer völlig neuartigen technologischen Funktionsbasis (z. B. neue Antriebssysteme im Automobilbau). Inkrementale Innovationen finden ihren Ursprung oft in veränderten Kundenbedürfnissen und Wettbewerbssituationen (*Market-Pull-Innovationen*). Demgegenüber sind es in der Regel technologische Entwicklungen, die zu radikalen *Technology-Push-Innovationen* führen (vgl. Gerpott 2005, S. 41 f.).

Kundennutzen

Zentraler Erfolgsfaktor der Produktentwicklung ist die Schaffung eines hohen *Kundennutzens*. Damit ist die mit der *Zahlungsbereitschaft* korrespondierende Wertschätzung eines neuen Produkts durch den Kunden gemeint. Es gilt, aktuelle und zukünftige Bedürfnisse und Anforderungen der Kunden hinsichtlich neuer Produkte zu entdecken und in die Gestaltung dieser Güter einfließen zu lassen (*Market-pull*). Dabei genügt es oft nicht, nur die aktuellen *Erwartungen* der Kunden besser als die Konkurrenten zu erfüllen. Die Voraussetzung für einen außergewöhnlichen Erfolg ist es, Produkte für *latente Bedürfnisse* zu finden, für die es bisher noch keine geeigneten Angebote zur Befriedigung am Markt und infolgedessen auch noch keine konkreten Leistungserwartungen bei den potenziellen Nachfragern gibt. Gelingt das den Unternehmen, werden sie die Kunden positiv überraschen, vielleicht sogar begeistern und außerordentlich zufriedenstellen. *Zufriedene Kunden* tragen oft zu einer für das Unternehmen kostenlosen *Mund-zu-Mund-Werbung* (persönliche Kommunikation) bei. Als sehr nützlich hat sich die *Integration von Kunden* im Produktentwicklungsprozess herausgestellt (z. B. *Lead-User-Ansatz*; vgl. Backhaus/Voeth 2014, S. 218 ff.). Neben dem Kunden muss die Neuproduktentwicklung auch das Leistungsangebot der Konkurrenz berücksichtigen. Die Orientierung an Konkurrenten dient dem Ziel, Wettbewerbsvorteile für das neue Produkt zu finden und zu schaffen. Im Idealfall gelingt es, das Produkt mit spezifischen Leistungsmerkmalen auszustatten und aus der Sicht der Kunden im Markt einzigartig zu positionieren.

Lebenszyklusphasen eines Produkts

Überlegungen zur Neuproduktpolitik sollten nicht nur den Kunden, die Konkurrenten und die Ressourcen des eigenen Unternehmens im Auge haben, sondern auch die ökologischen (z. B. Beanspruchung von Ressourcen, Schadstoffemissionen) und sozialen (z. B. Einhaltung international anerkannter Arbeits- und Sozialstandards bei den Lieferanten) Herausforderungen während des gesamten Lebenszyklus (»von der Wiege bis zur Bahre«) eines Produkts. Damit sind alle Wertschöpfungsphasen gemeint, unabhängig davon, ob sie vom Unternehmen direkt kontrolliert werden können oder nicht (z. B. bei Auftragsfertigung). Der Neuproduktentwicklungsprozess muss die ökonomischen, sozialen und ökologischen Aspekte in der *Supply-Chain*-Beschaffung, Produktion, Vertrieb/Handel, Nutzung beim Kunden, Recycling und Entsorgung berücksichtigen.

Stufenmodell der Produkt- und Prozessentwicklung

Simultaneous Engineering

Der Prozess der Neuproduktentwicklung von der Ideengenerierung bis zur Markteinführung lässt sich in einzelne Komponenten bzw. Phasen gliedern. Im Vergleich zu einem *sequentiellen* »Abarbeiten« einzelner aufeinander folgender Aufgaben führen Parallelisierungen von Arbeitsschritten und Überlappungen von vor- und nachgelagerten Entwicklungsphasen zu einer Verkürzung der Entwicklungszeiten. Dieses Vorgehen wird auch als *Simultaneous Engineering* bezeichnet (vgl. Specht et al. 2002, S. 145 f.). Das in Abb. 8-11 dargestellte Stufenmodell der Produkt- und Prozessentwicklung zeigt ein systematisches Vorgehen durch eine Aufteilung in eine Planungs- und in eine Realisationsphase, jeweils noch unterteilt in praktische Aktivitäten. Die überlappende Anordnung von Entwicklungsschritten wird als Treppe dargestellt und verdeutlicht teils aufeinanderfolgende, teils parallelisierte Ablaufschritte. Aufgrund von Veränderungen in den Märkten und im Unternehmen kann es vorkommen, dass einzelne Phasen iterativ durchlaufen werden müssen. Auch wenn solche *Iterationen* in der Regel nicht geplant und gewollt sind, lassen sie sich speziell bei langen Entwicklungszeiten nur begrenzt vermeiden. Iterationen werden in Abb. 8-11 durch spiralartige Pfeile veranschaulicht. Deutlich wird in diesem Stufenmodell zudem, dass eine Verkürzung der Entwicklungszeit durch *Parallelisierung und Modularisierung* von Entwicklungstätigkeiten durch inhaltliche Abhängigkeiten begrenzt ist (vgl. Specht et al. 2002, S. 149).

Quality Function Deployment

Die Anforderungen aus dem »Produktleben« werden in der *Profilplanung* identifiziert und entsprechend ihrer relativen Bedeutung für die Erreichung von Wettbe-

Abb. 8-11

Stufenmodell der Produkt- und Prozessentwicklung

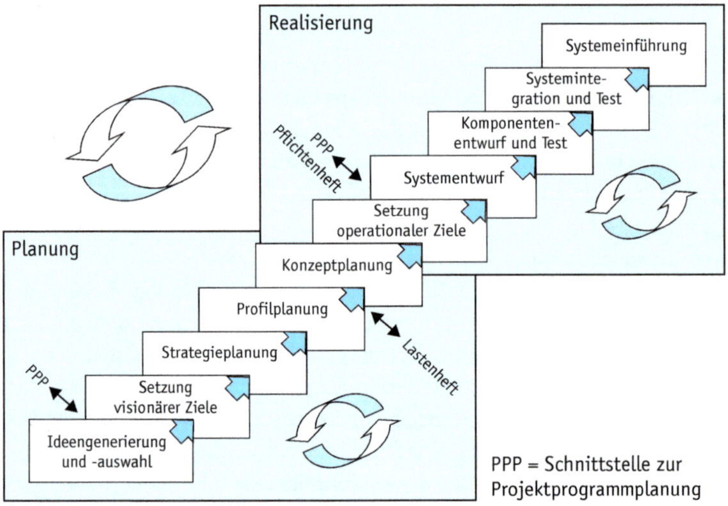

Quelle: Specht et al. 2002, S. 148

werbsvorteilen gewichtet. Das Resultat der Profilplanung ist ein Anforderungsprofil, das sogenannte *Lastenheft*, das auch Anforderungen aufweisen kann, die nicht miteinander harmonieren. Die Umsetzung dieser Anforderungen (z. B. Kundenwünsche) in technische Konstruktionspläne kann mit Hilfe der QFD-Methode (*Quality Function Deployment*) erfolgen (vgl. Specht et al. 2002, S. 167 ff.).

> *Quality Function Deployment* (QFD) ist ein Planungs- und Entwicklungsverfahren, das Kundenerwartungen konsequent in Produktspezifikationen umsetzt.

Der Produktentstehungsprozess wird mit QFD von der Entwicklungsphase bis zur Serienreife begleitet (vgl. Saatweber 2005, S. 362). Zur Dokumentation aller Planungsschritte wird das sogenannte *House of Quality* verwendet. Die darauffolgende *Konzeptplanung* erstellt ein prinzipielles Lösungskonzept, das in der Lage ist, die unter Umständen konkurrierenden Anforderungen aus den verschiedenen Lebensphasen des Produkts in eine optimale Gesamtlösung der Produkt- und Prozessgestaltung zu integrieren. Teil der Konzeptplanung ist das *Kostenkonzept* für das Produkt, das die Produktkosten mehr oder weniger exakt festlegt. Im Anschluss an die Konzeptplanung sind im *Pflichtenheft* operationale Ziele zu formulieren, d. h. in Handlungen umsetzbare Vorgaben für die Realisierung der Planung. Die *Realisierungsphase* umfasst die Umsetzung der Planung in konkrete Handlungen,

House of Quality

- zur Schaffung des neuen Produkts,
- zur Überleitung in die Fertigung und
- zur Einführung in den Markt.

Dabei werden im Industriebetrieb prinzipiell die Verfahrensschritte Systementwurf, Komponentenentwicklung und Test, Systemintegration und Test sowie Systemeinführung durchlaufen. In Dienstleistungsunternehmen gelten diese prinzipiellen Überlegungen auch, allerdings in leicht abgewandelter Form.

Die Kundenorientierung ist zwar eine notwendige, aber keine hinreichende Bedingung für den Erfolg neuer Produkte. Anzunehmen ist, dass eine Planung neuer Produkte, die erstens kunden- und wettbewerbsorientiert ist, zweitens Anforderungen aus allen Phasen der Wertschöpfung bzw. des Produktlebens berücksichtigt und die schließlich drittens einem systematischen und zugleich kreativen Planungsprozess unterworfen wird, in den meisten Fällen erhebliche Effektivitäts- und Effizienzreserven im Produktinnovationsprozess erschließt.

Kontrollfragen Kapitel 8.3

1. *Was wird unter F&E verstanden?*
2. *Nennen und beschreiben Sie die beiden Teilbereiche der Forschung.*
3. *Skizzieren Sie Aufgabenbereiche und Instrumente der strategischen F&E-Planung.*
4. *Nennen und erläutern Sie spezielle F&E-Strategien.*
5. *Erläutern Sie Market Pull- und Technology Push-Stategien.*
6. *Inwiefern ist Gemeinschaftsforschung nur dann effizient, wenn auch eigene F&E betrieben wird?*

7. *Nennen Sie Möglichkeiten der Innenstrukturierung einer F&E-Organisation.*
8. *Erläutern Sie Ansätze der F&E-Budgetierung.*
9. *Mit welchen Risiken sind F&E verbunden?*
10. *Wie sind die Begriffe »Technologie« und »Technik« definiert?*
11. *Nennen Sie Grundprobleme des Technologiemanagements.*
12. *Was ist der Unterschied zwischen einer Invention und einer Innovation?*
13. *Was ist der Unterschied zwischen einer inkrementalen und einer radikalen Innovation?*
14. *Welche drei Technologiearten können unterschieden werden?*
15. *Was besagt das S-Kurven-Konzept der Technologieentwicklung von McKinsey?*
16. *Welches sind die Vor- und Nachteile der Pionierstrategie?*
17. *Erläutern Sie den Unterschied zwischen sequentiellen und simultanen Entwicklungsprozessen.*
18. *Welche Phasen der Neuproduktentwicklung werden unterschieden?*
19. *Nennen Sie ökonomische, soziale und ökologische Aspekte, die bei der Neuproduktplanung zu berücksichtigen sind.*

Weiterführende Literatur

Backhaus, K./Voeth, M. (2014): Industriegütermarketing, 10. Aufl., München.
Brockhoff, K. (1999): Forschung und Entwicklung, 5. Aufl., München, Wien.
Gelbmann, U./Vorbach, S. (2007a): Das Innovationssystem, in: Strebel, H. (Hrsg.), Innovations- und Technologiemanagement, 2. Aufl., Wien, S. 95–155.
Gelbmann, U./Vorbach, S. (2007b): Strategisches Innovationsmanagement, in: Strebel, H. (Hrsg.), Innovations- und Technologiemanagement, 2. Aufl., Wien, S. 157–211.
Gerpott, T. J. (2005): Strategisches Technologie- und Innovationsmanagement, 2. Aufl., Stuttgart.
Hauschildt, J./Salomo, S. (2007): Innovationsmanagement, München.
Macharzina, K./Wolf, J. (2018): Unternehmensführung, 10. Aufl., Wiesbaden.
Saatweber, J. (2005): Nutzen- und Qualitätsmanagement im Entwicklungsprozess – Kundenanforderungen systematisch umsetzen und Risiken minimieren, in: Schäppi, B./Andreasen, M. M./Kirchgeorg, M./Rademacher, F. J. (Hrsg.), Handbuch Produktentwicklung, München, Wien, S. 357–396.
Schweitzer, M./Schweitzer, M. (2006): Erfolgsorientiertes Innovationsmanagement, in: Bea, F. X./Friedl, B./Schweitzer, M. (Hrsg.), Allgemeine Betriebswirtschaftslehre, Bd. 3: Leistungsprozess, 9. Aufl., Stuttgart, S. 9–112.
Specht, G./Beckmann, C./Amelingmeyer, J. (2002): F&E-Management, 2. Aufl., Stuttgart.
Trommsdorff, V./Steinhoff, F. (2007): Innovationsmarketing, München.

8.4 Produktionswirtschaft

Lernziele

- Sie kennen die Entscheidungsbereiche der Produktionswirtschaft.
- Sie kennen die Ziele der Produktionswirtschaft.
- Sie können die Begriffe *Economies of Scale* und *Economies of Scope* voneinander abgrenzen.
- Sie kennen unterschiedliche Fertigungstypen und können diese beschreiben.
- Sie kennen unterschiedliche Fertigungsverfahren und können diese beschreiben.
- Sie kennen die vier Teilpläne der Produktionsprogrammplanung.

8.4.1 Grundlagen der Produktionswirtschaft

8.4.1.1 Entscheidungsbereiche der Produktionswirtschaft

Die Kombination von Produktionsfaktoren (Input) zur betrieblichen Leistungserstellung (Output) wird als *Produktion* bzw. *Fertigung* bezeichnet (Wöhe et al. 2016, S. 269; vgl. Kap. 1.5). Produktionsfunktionen beschreiben den Zusammenhang zwischen Input und Output eines Produktionsprozesses (vgl. Kap. 4.1). Unter dem Begriff *Produktionswirtschaft* wird die unternehmerische Funktion der Planung, Gestaltung, Steuerung, Koordination und Kontrolle des gesamten Leistungserstellungsprozesses verstanden (vgl. Thommen et al. 2017, S. 168). Während es bei der Fertigung eher um technische Aspekte der Be- und Verarbeitung geht, stehen bei der Produktionswirtschaft ökonomische Probleme im Vordergrund. Neben Sachgütern (z. B. Computer, Automobile) sind auch Dienstleistungen das Ergebnis von Leistungserstellungsprozessen (z. B. Bankdienstleistungen; vgl. Bloech/Lücke 2006, S. 194 ff.).

Entscheidungsbereiche

Im Vordergrund der Produktionswirtschaft stehen folgende *wirtschaftliche Entscheidungsbereiche* (vgl. Thommen et al. 2017, S. 168; Weber et al. 2014, S. 111):

- *Fertigungs-* bzw. *Produktionsprogramm*: Entscheidung darüber, welche Güter vom Unternehmen hergestellt werden sollen.
- *Produktionsmenge*: Entscheidung darüber, welche Mengen von welchen Gütern hergestellt werden sollen. Mit Hilfe der *Linearen Programmierung* kann z. B. ein optimales Produktionsprogramm berechnet werden (vgl. Thommen et al. 2017, S. 176; Kap. 6.4.6). Ist der Absatz von Produkten der *Engpass* in einem Unternehmen (*Käufermarkt*), so vollzieht sich die Produktion in Abstimmung mit der prognostizierten Nachfrage. Zu unterscheiden ist die *Auftragsproduktion* (Produktion erfolgt erst bei einem Kundenauftrag; z. B. bei Investitionsgütern) von der *Marktproduktion* (Produktion erhält vom Vertrieb auf Grundlage der Absatzplanung Zielvorgaben; vgl. Schmalen/Pechtl 2013, S. 243 f.). Bei Absatzschwankungen muss die Produktion flexibel auf diese Veränderungen reagieren können, um Zins-, Lager- und Kapazitätskosten minimieren bzw. gering halten zu können.

- *Fertigungstyp*: Entscheidung über die Größe einzelner Fertigungseinheiten in Abhängigkeit von der herzustellenden Menge bestimmter Produkte. Hier wird zwischen *Einzel-* (Unikatsfertigung, z. B. Fährschiff) *und Mehrfachfertigung* (Massenfertigung) unterschieden.
- *Fertigungsverfahren*: Entscheidung über die organisatorische Anordnung von Fertigungseinheiten. Unterschieden wird zwischen *Werkstattfertigung*, *Fließfertigung*, *Gruppenfertigung* und *Baustellenfertigung*.
- *Fertigungstiefe*: Entscheidung darüber, wie hoch der Eigenanteil eines Unternehmens an der Erstellung eines Produktes bzw. an der Wertschöpfung sein soll (*Make-or-buy-Entscheidung*). Eine Fertigungstiefe von 60 % bedeutet beispielsweise, dass der Eigenfertigungsanteil 60 % beträgt und 40 % von Zulieferern fremdbezogen wird (vgl. Schmalen/Pechtl 2013, S. 244). Die Entscheidung zum Fremdbezug wird auch als *Outsourcing* bezeichnet.
- *Kapazitätsrahmen*: Entscheidungen über die erforderlichen Betriebsmittel und Arbeitskräfte im Rahmen einer Kapazitätsplanung (Thommen et al. 2017, S. 190).
- *Produktionswirtschaftlicher Ablauf*: Entscheidungen zu einzelnen Phasen des Fertigungsprozesses.
- *Innerbetrieblicher Standort*: Entscheidung über eine möglichst günstige räumliche Anordnung für Maschinen und Arbeitsplätze. Diese Entscheidungen sind abhängig von der sogenannten *Fabrikplanung*, die neben den räumlichen Anordnungsentscheidungen die Bereiche Fabrikarchitektur und Transportwegeplanung umfasst.
- *Instandhaltungsplanung*: Entscheidung über die Planung von Erhaltungs-, Pflege- und Reparaturmaßnahmen von Fertigungseinheiten sowie von Ersatzinvestitionen. Dabei kann in Fällen, in denen der Maschinenzustand jederzeit feststellbar ist, eine vorbeugende Instandhaltungsstrategie verfolgt werden. Ist der Maschinenzustand jedoch nur durch eine eingehende Inspektion erkennbar, werden Bereitschaftsstrategien angewandt, deren Hauptproblem in der Bestimmung optimaler Wartungsintervalle liegt.

8.4.1.2 Ziele der Produktionswirtschaft

Das Herstellen eines ausgewählten Produktionsprogramms (Güterarten, Mengen, Qualitäten, Fristen) ist ein *Sachziel* der Produktionswirtschaft. *Formalziele der Produktion* leiten sich aus einer Analyse des Einsatzes von Produktionsfaktoren zur Herstellung von Produkten ab (Input-Output-Zusammenhang). Damit stellt die *Produktivität* als Quotient aus Faktorertrag zum Faktoreinsatz die zentrale Zielgröße der Produktion dar (vgl. Kap. 1.5). Weitere Ziele sind (vgl. Bloech/Lücke 2006, S. 184 f.):

- Minimierung der *Durchlauf- bzw. Produktionszeiten* (Sachziel): Die Zeit vom Produktionsbeginn bis zur Fertigstellung eines Produkts wird als Durchlaufzeit bezeichnet. Je kürzer Durchlaufzeiten sind, desto flexibler können Unternehmen auf Absatzschwankungen reagieren (vgl. Thommen et al. 2017, S. 169; Weber et al. 2014, S. 117).
- Termintreue (Sachziel): Verzögerte Auslieferungen können kostspielig werden (z. B. Konventionalstrafe; vgl. Thommen et al. 2017, S. 169).
- Minimierung der *Produktionskosten* und Maximierung der *Kapazitätsauslastung* (Formalziel).

- Verbesserung der *Qualität* und der *Zuverlässigkeit* bzw. Verringerung der Fehlerquote (Sachziel).
- Verbesserung der *Umweltqualität* von Produktionsprozessen und Produkten: Bei der ökologieorientierten Produktgestaltung geht es u. a. um die Einsparung von Ressourcen, Reduzierung von Schadstoffemissionen und Abfällen, recycling- und demontagegerechte Konstruktion sowie Langlebigkeit (Sachziel; vgl. Balderjahn 2013, S. 26 f.). Produktionsprozesse sollen durch *geschlossene Produktionssysteme* (Kreislaufprinzip) möglichst energiearm, rückstands- und schadstofffrei ablaufen.
- Schaffung *humaner Arbeitsbedingungen* im Produktionsbereich (Sachziel): Ziele zur *»Humanisierung der Arbeit«* richten sich auf eine Erhöhung der wahrgenommen Wichtigkeit eigener Arbeit, eine Reduktion von Eintönigkeit und Monotonie sowie auf eine Minimierung von Gesundheitsrisiken für Arbeitnehmer (vgl. Thommen et al. 2017, S. 192; Weber et al. 2014, S. 131 ff.).

8.4.2 Fertigungsprogramm und Betriebsgröße

Zu den konstitutiven Entscheidungen gehört auch die Festlegung des Fertigungsprogramms als Teil der *Business Mission* und die damit verbundene Entscheidung über die Betriebsgröße (vgl. Kap. 7). Das *Fertigungsprogramm* umfasst alle von einem Betrieb erstellten Sach- und Dienstleistungen. Die Grundlage bildet die Entscheidung darüber, welche Produkte herzustellen sind. Die geplante Menge der gefertigten Produkte innerhalb einer Planperiode bestimmt die *Betriebsgröße*. Sie wird durch die Fertigungskapazität, die durch die gesamte Ausstattung des Betriebes an Potenzialfaktoren (z. B. Produktionsanlagen) und menschlicher Arbeitskraft bestimmt ist, definiert. Die Fertigungskapazität ist abhängig von der Leistungsfähigkeit (Produktivität) der eingesetzten Produktionsfaktoren (z. B. Maschinen). Neben der Festlegung der Produktionsmenge muss auch über die zeitliche Verteilung dieser Menge innerhalb einer Planperiode entschieden werden (Thommen et al. 2017, S. 172). Hier stellen sich Fragen nach der Auslastung der Fertigungskapazitäten, der Lagerkosten und der Fehlmengen. Wie hoch die tatsächliche Auslastung der Fertigungskapazität ist, gibt der *Beschäftigungsgrad* an (vgl. Kap. 4.2.2).

Skaleneffekte

Die *Betriebsgrößenplanung* hat die Festlegung des Kapazitätsvolumens bzw. der Kapazitätsgrenze, d. h. der maximalen Stückzahl zu fertigender Produkte, zum Ziel (vgl. Schierenbeck/Wöhle 2016, S. 263). Im Allgemeinen bewirkt eine Vergrößerung des Betriebes, d. h. eine höhere Fertigungsstückzahl, eine Verringerung der Stückkosten (sogenannter Skaleneffekt bzw. *Betriebsgrößeneffekt*). Verantwortlich dafür sind *Economies-of-Scale-* und *Economies-of-Scope-Effekte* sowie der Erfahrungskurven-Effekt. Die *Economies of Scale* erfassen Kostensenkungspotenziale, die durch Betriebsgrößeneffekte zu erreichen sind (z. B. günstigere Materialpreise durch größere Verhandlungsmacht). Dazu gehört auch die Stückkostenreduktion, die bei konstanten Fixkosten mit zunehmender Fertigungsmenge auftritt: Wenn bei gegebener Fertigungskapazität die Auslastung zunimmt, dann verteilen sich die (konstanten) Fixkosten auf eine größere Anzahl von hergestellten Produkten (*Fixkostendegression*).

Mit *Economies of Scope* werden Kostenvorteile durch Verbund- bzw. Synergie-Effekte bezeichnet, die bei großen, diversifizierten Unternehmen oder bei Unternehmenszusammenschlüssen auftreten können (z. B. eine Entwicklungsabteilung für mehrere Produkte, gemeinsame Nutzung von Vertriebskanälen). Synergie-Effekte beschreiben auch die Fähigkeit von Unternehmen, Wissen und Erfahrung zwischen ähnlichen Wertschöpfungsprozessen zu übertragen (vgl. Coenenberg/Schultze 2011, S. 375). Allerdings können sich auch kleine und mittelständische Betriebe, die keine oder kaum *Economies-of-Scope-Effekte* nutzen können, im Wettbewerb behaupten, wenn sie sich spezialisieren und ihre Produkte in lukrativen Nischenmärkten anbieten. Kleinere Betriebe können im Vergleich zu großen Konzernen erfolgreich sein, wenn ihre Organisation überschaubarer und flexibler ist, Kommunikationswege kürzer sind, Verwaltungsaufwand geringer ist, Produkte innovativer sind und wenn diese Unternehmen eine bessere Kenntnis von den Kundenbedürfnissen haben.

Erfahrungskurven-Effekt

Der *Erfahrungskurven-Effekt* (auch Lerneffekt) besagt, dass mit einer Verdopplung der im Zeitablauf kumulierten Fertigungsmengen die auf die Wertschöpfung bezogenen Stückkosten eines Produkts potenziell um einen konstanten Anteil zurückgehen (vgl. Kap. 4.2.3). Der Erfahrungskurven-Effekt stellt insbesondere auf die Erhöhung der *Arbeitsproduktivität* bei zunehmender Fertigung ab.

8.4.3 Fertigungstyp und Fertigungsverfahren

8.4.3.1 Fertigungstypen

Die Gestaltung von Produktionsprozessen umfasst insbesondere Entscheidungen zu folgenden Aspekten (vgl. Bloech/Lücke 2006, S. 189):

- *Faktorintensitäten* werden nach arbeits-, maschinen-, kapital-, werkstoff- und energieintensiven Verfahren unterschieden.
- *Fertigungstypen* werden nach der Anzahl der zu fertigenden Produkte unterschieden in Einzel- und Mehrfachfertigung (Thommen et al. 2017, S. 25).
- *Fertigungsverfahren* legen die organisatorische Gestaltung der Reihenfolge zu bearbeitender Aufgaben (Produktionsprozess) und deren Zuordnung zu Arbeitseinheiten fest (Thommen et al. 2017, S. 181).

Mehrfachfertigung

Fertigungstypen sind die *Mehrfachfertigung* (Massen-, Serien-, Sorten- und Chargenfertigung) sowie die *Einzelfertigung* (vgl. Bloech/Lücke 2006, S. 189 f.; Weber et al. 2014, S. 120 f.). Von Mehrfachfertigung wird gesprochen, wenn eine größere Anzahl von Produkten hergestellt wird. *Massenproduktion* wird bei der automatisierten Fertigung identischer Produkte in großer Stückzahl für einen Markt eingesetzt (z. B. Smartphones). Dabei wiederholt sich der Produktionsprozess ständig (ein Produkt auf einer Anlage). Diese Produktion zeichnet sich durch ein sehr großes Standardisierungspotenzial aus. Werden verschiedene Varianten (*Sorten*) eines Produkts in größeren Mengen nacheinander auf der gleichen Produktionsanlage hergestellt, die aufgrund ähnlicher Fertigungsprozesse nur geringfügig jeweils für die einzelnen Varianten umgerüstet werden muss, wird von einer *Sortenfertigung* gesprochen (geringfügig verschiedene Produkte, ähnlicher Fertigungsprozess, z. B. Joghurt mit unterschiedlichen Geschmacksrichtungen). Eine *Serienfertigung* liegt vor, wenn relativ verschiedene Produkte in geringen (Kleinserien) oder großen (Großserien, Chargen) Mengen hintereinander auf Produktionsanlagen hergestellt werden, die auf die jeweiligen produktspezifischen Fertigungsprozesse vorher umgerüstet werden müssen (verschiedene Produkte, unterschiedliche Fertigungsprozesse, z. B. verschiedene Modelltypen im Automobilbau; vgl. Schmalen/Pechtl 2013, S. 250 ff.).

Optimale Losgröße

Eine wichtige Entscheidung bei der Sorten- und Serienfertigung ist die über die sogenannte Losgröße, d. h. über die Anzahl der hintereinander zu produzierenden Stücke der verschiedenen Sorten bzw. Serien. Hierbei handelt es sich um ein Optimierungsproblem, da mit zunehmender Losgröße einerseits die Umrüstkosten je Stück sinken und andererseits die Aufbewahrungskosten (Lager-, Zins- und Versicherungskosten) je Stück ansteigen. Die Losgröße ist dann optimal, wenn die Gesamtkosten minimal sind (Optimale Losgröße; Schmalen/Pechtl 2013, S. 253; Thommen et al. 2017, S. 177 f.). Bei der *Chargenfertigung*, einer speziellen Ausprägung der Serienfertigung, wird eine größere Produktionsmenge eines Produkts (*Charge*) in einem Produktionsvorgang hergestellt (z. B. Getränkeherstellung; vgl. Weber et al. 2014, S. 121). Danach wird die Produktion eines anderen Produkts aufgenommen.

Einzelfertigung

Bei der *Einzelfertigung* (Manufakturbetrieb) wird ein einziges Produkt (Unikat) nach einem Kundenauftrag nur einmal hergestellt (sog. Kontraktgüter wie z. B. Schiffe, Kraftwerke). Die Herstellung dieser Produkte muss genau geplant werden und Standardisierungspotenziale sind nur in geringem Maße vorhanden. Möglichkeiten, kundenindividuelle Wünsche einerseits (Einzelfertigung) und kostengünstige Standardisierungsmöglichkeiten andererseits (Massenproduktion) miteinander zu verbinden, bieten produktionstechnische Plattform- und Modulstrategien (vgl. Schmalen/Pechtl 2013, S. 252). Die *Plattformstrategie* setzt für zahlreiche Produktvarianten standardisierte technische Grundkonzepte ein, die äußerlich differenziert werden (z. B. Chassis im Automobilbau). Werden bestimmte Komponenten eines Produkts standardisiert (z. B. Motoren im Automobilbau) und für mehrere Produktvarianten eingesetzt, so handelt es sich um eine *Modulstrategie*. Von einer kundenindividuellen Massenproduktion (*Mass Customization*) wird gesprochen, wenn unter Anwendung neuer, moderner Fertigungs- und Informationstechnologien eine variantenreiche Produktherstellung kostengünstig möglich ist (z. B. Bekleidungsherstellung; Thommen et al. 2017, S. 180).

8.4.3.2 Fertigungsverfahren

Nach Art der Bildung und Anordnung fertigungstechnischer Einheiten (z. B. Maschinen) lassen sich drei Organisationstypen der Fertigung unterscheiden (Schmalen/Pechtl 2013, S. 248 ff.; Thommen et al. 2017, S. 181).

Die Werkstattfertigung

Gleichartige Maschinen und Arbeitsplätze werden zu fertigungstechnischen Einheiten an einem innerbetrieblichen Standort zusammengefasst (z. B. Stanzerei, Lackiererei). Wird der ganze Betrieb nach diesem Fertigungstyp organisiert, müssen die herzustellenden Produkte nacheinander diese Werkstätten durchlaufen (vgl. Abb. 8-12 oben). Den Vorteilen der Flexibilität und Qualität stehen aufwendige

Arbeitsvorbereitungen, lange Transportwege, Zwischenlagerzeiten und Probleme der Kapazitätsauslastung als Nachteile entgegen (vgl. Thommen et al. 2017, S. 181; Weber et al. 2014, S. 121). Insofern ist dieser Organisationstyp nur bei Einzel- oder Kleinserienfertigung zu empfehlen. Bei der *Baustellenfertigung*, einer speziellen Art der Werkstattfertigung, werden alle Produktionsmittel zum Produktionsstandort, der Baustelle, gebracht. Dieser Fertigungstyp ist ausschließlich bei Einzelfertigung anzutreffen (z. B. industrielle Großanlagen und Bauten).

Die Fließfertigung

Die Anordnung von Maschinen und Arbeitsplätzen wird nach der Reihenfolge der am Produkt durchzuführenden Arbeitsgänge festgelegt und die Arbeitsgänge werden zeitlich aufeinander abgestimmt (*Taktfertigung*). Fließfertigung kommt insbesondere in der Massenproduktion zum Einsatz. Produkte durchlaufen in einer oft durch ein *Fließband* festgelegten Reihenfolge Maschinen und Arbeitsplätze (vgl. Abb. 8-12 unten). Sind alle Arbeitsgänge einheitlich getaktet, d. h., sie haben die gleiche Zeitvorgabe (*Taktzeit*), so können die Durchlaufzeiten relativ gering gehalten werden und es entstehen keine Zwischenlager (vgl. Weber et al. 2014, S. 121 f.). Allerdings wirken sich Störfälle bei dieser Fertigungsorganisation besonders nachteilig aus, da bei Ausfall auch nur einer Arbeitseinheit der gesamte Fertigungsprozess stillsteht. Um das zu vermeiden, können Pufferlager eingerichtet und sogenannte »Springer«, also Arbeitskräfte, die mehrere Fertigungsprozesse beherrschen, eingesetzt werden. Den Vorteilen kurzer Durchlaufzeiten, hoher Produktivität und einer Reduzierung von Zwischen-

Abb. 8-12

Anordnungsstrukturen bei Werkstatt- und Fließfertigung

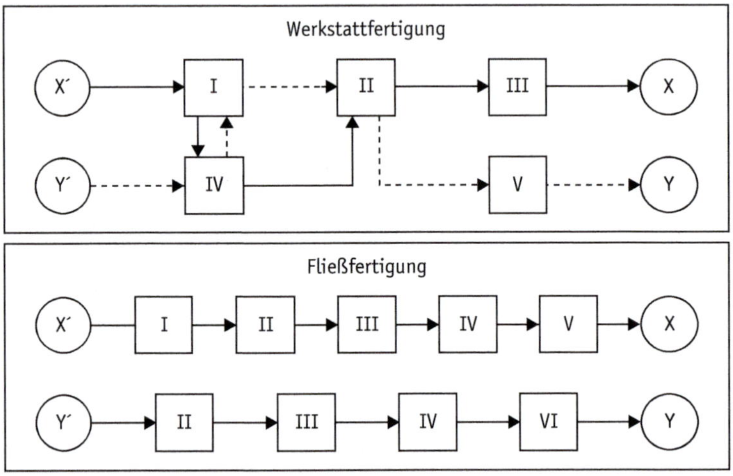

X´-X, Y´-Y Produktionsweg für die Produkte X und Y
I, ..., VI: Produktionsfaktoren (z. B. Bearbeitungsplätze)

lagern stehen ein hoher Kapitalbedarf und hohe Fixkosten, die Störanfälligkeit, eine geringe Flexibilität bei Nachfrageänderungen sowie psychische Anspannungen der Arbeitnehmer infolge der Monotonie der Tätigkeiten als Nachteile entgegen (vgl. Thommen et al. 2017, S. 183). Bei der *Straßenfertigung* bzw. *Linienfertigung* durchlaufen die Produkte auch nacheinander die einzelnen Produktionsgänge. Es wird hier allerdings auf eine genaue zeitliche Abstimmung der Produktionsgänge über den Arbeitstakt verzichtet.

Die Gruppenfertigung

Gruppenfertigung entsteht aus der Kombination von Werkstatt- und Fließfertigung. Der gesamte Produktionsprozess wird in sogenannte *fertigungstechnische Einheiten* bzw. Funktionsgruppen nach dem Werkstattprinzip aufgeteilt. Innerhalb der Einheiten findet dann die Fließfertigung Anwendung. Diese Organisationsform wird z. B. zur Produktion größerer Mengen von Einzelteilen eingesetzt. Wird ein Fertigprodukt aus Teilen bzw. Modulen zusammengesetzt, die in solchen Funktionsgruppen hergestellt wurden, wird von einer *Baukastenfertigung* gesprochen (vgl. Thommen et al. 2017, S. 184).

8.4.4 Produktionsprogrammplanung

Aufgabe der Produktionsprogrammplanung ist es festzulegen, welche Produkte in welchen Mengen unter Einsatz welcher Produktionsprozesse im Planungszeitraum herzustellen sind (vgl. Schierenbeck/Wöhle 2016, S. 264 f.). Die Planung betrieblicher Produktionsprozesse kann in *Teilpläne* zerlegt werden, die spezifische Teilprobleme der Produktionsplanung betreffen. Dadurch werden die Entscheidungsprobleme überschaubarer (vgl. Wöhe et al. 2016, S. 274). Eine besondere Bedeutung nimmt hier die kurzfristige *Produktionsdurchführungsplanung* ein. Sie umfasst vier Teilpläne (vgl. Schierenbeck/Wöhle 2016, S. 263 f.):

Teilpläne

- Die Produktionsaufteilungsplanung legt fest, welche Produktionsfaktoren in welchen Mengen, wie lange und mit welcher Intensität einzusetzen sind, um eine Produktionsmenge bzw. ein Produktionsprogramm mit minimalen Produktionskosten zu erstellen (Problem der *Minimalkostenkombination*; vgl. Kap. 4.2.1).
- Die zeitliche Produktionsverteilungsplanung stimmt die Produktionsmengen mit den Absatzmengen ab. Das Ziel ist, so zu produzieren, dass die gesamte Produktionsmenge abgesetzt werden kann und die Kosten für Produktion und Lagerung minimal sind. Varianten dieser Planung sind die Synchronisation von Produktion und Absatz oder die teilweise bzw. vollständige Loslösung der Produktion vom Absatz (»Emanzipation«; Thommen et al. 2017, S. 154).
- Die Auftragsgrößenplanung legt Größe und Reihenfolge der Fertigungsaufträge fest. Bei der Sorten- und Serienfertigung muss die hintereinander herzustellende Stückzahl eines Produkts vor Umstellung auf das nächste Produkt festgelegt werden *(Optimale Losgröße)*.
- Die Termin- und Ablaufplanung legt Start- und Endtermine sowie die zeitliche Reihenfolge der zu bearbeitenden Aufträge fest. Weiterhin werden die von den Auf-

trägen beanspruchten Anlagen und Arbeitskräfte mit dem Ziel festgelegt, im Rahmen eines mehrstufigen Produktionsprozesses die Kosten für die Lagerung der Erzeugnisse und für ablaufbedingte Stillstandszeiten der Anlagen zu minimieren. Der gesamte Zeitbedarf für die Abwicklung eines Auftrags, der sich aus isolierbaren Teilaufgaben zusammensetzt, lässt sich mit der *Netzplantechnik* bestimmen (vgl. Schmalen/Pechtl 2013, S. 254 f.; Kap. 6.4.5).

Computer Integrated Manufacturing

Da alle Teilpläne *interdependent* (voneinander abhängig) sind, müssen sie möglichst simultan abgestimmt werden. Diese Aufgabe ist allerdings recht komplex und schwierig und wird daher zunehmend von computergestützten Produktionsplanungs- und Steuerungs-Systemen (*PPS-System*) übernommen. Während PPS-Systeme den ökonomischen Planungsaspekt (z. B. Kostenminimierung) erfassen, dient das *Computer Aided Manufacturing* (CAM) der technischen Steuerung von Produktionsprozessen (z. B. Bearbeitungsvorgänge, Materialtransport). Beide Systeme werden im CIM-Konzept, dem *Computer Integrated Manufacturing*, vernetzt und aufeinander abgestimmt (vgl. Schmalen/Pechtl 2013, S. 264 ff.). Darüber hinaus steuern CIM-Systeme auch das Zusammenwirken von Computer Aided Design (CAD, Erstellung von Konstruktionsplänen), Computer Aided Engineering (CAE, Optimierung der Produktgestaltung), Computer Aided Planning (CAP, Erstellung von Arbeits- und Montageplänen) und Computer Aided Quality Assurance (CAQ, Mess- und Prüfverfahren zur Fehlererfassung und -beseitigung; vgl. Schierenbeck/Wöhle 2016, S. 265 f.; Weber et al. 2014, S. 126 ff.).

Kontrollfragen Kapitel 8.4

1. *Erläutern Sie den begrifflichen Unterschied zwischen Produktion/Fertigung und Produktionswirtschaft.*
2. *Nennen und beschreiben Sie kurz die Entscheidungsbereiche der Produktionswirtschaft.*
3. *Welches sind Ziele der Produktionswirtschaft?*
4. *Welche Fertigungstypen gibt es? Erläutern Sie diese.*
5. *Erläutern Sie die Werkstatt-, Fließ- und Gruppenfertigung einschließlich der jeweiligen Vor- und Nachteile.*
6. *Was wird unter der Betriebsgröße verstanden?*
7. *Was wird unter der Fertigungstiefe verstanden?*
8. *Erläutern Sie Economies-of-Scale- und Economies-of-Scope-Effekte.*
9. *Was wird unter der Produktionsprogrammplanung verstanden?*
10. *Was wird unter der Optimalen Losgröße verstanden und warum handelt es sich hier um ein Optimierungsproblem?*
11. *Welche vier Teilpläne umfasst die Durchführungsplanung?*
12. *Was versteht man unter Plattform- und Modulstrategien?*
13. *Was versteht man unter PPS, CAM, CIM, CAD und CAQ?*

Weiterführende Literatur

Bloech, J./Lücke, W. (2006): Produktionswirtschaft, in: Bea, F. X./Friedl, B./Schweitzer, M. (Hrsg.), Allgemeine Betriebswirtschaftslehre, Bd. 3: Leistungsprozess, 9. Aufl., Stuttgart, S. 183–252.

Coenenberg, A. G./Schultze, W. (2011): Akquisition und Unternehmensbewertung, in: Busse von Colbe, W./Coenenberg, A. G./Kajüter, P./Linnhoff, U./Pellens, B. (Hrsg.), Betriebswirtschaft für Führungskräfte, 4. Aufl., Stuttgart, S. 353–384.

Schierenbeck, H./Wöhle, C. B. (2016): Grundzüge der Betriebswirtschaftslehre, 19. Aufl., München.

Schmalen, H./Pechtl, H. (2013): Grundlagen und Probleme der Betriebswirtschaft, 15. Aufl., Stuttgart.

Thommen, J.-P./Achleitner, A.-K./Gilbert, D. U./Hachmeister, D./Kaiser, G. (2017): Allgemeine Betriebswirtschaftslehre, 8. Aufl., Wiesbaden.

Weber, W./Kabst, R./Baum, M. (2014): Einführung in die Betriebswirtschaftslehre, 9. Aufl., Wiesbaden.

Wöhe, G./Döring, U./Brösel, G. (2017): Einführung in die Allgemeine Betriebswirtschaftslehre, 26. Aufl., München.

8.5 Logistik

Lernziele

- Sie kennen die Einsatzbereiche der Logistik.
- Sie kennen die Aufgaben der Logistik.
- Sie kennen die Probleme der Lagerhaltung.
- Sie können das Kanban-Logistiksystem beschreiben.

Logistik umfasst die effiziente Gestaltung, Steuerung und Durchführung von Material- und Produktflüssen (Realgüterprozesse) innerhalb und zwischen Systemen. Insbesondere geht es um Raum und Zeit überbrückende Transport- und Lagerungsprobleme.

Aufgaben

Darüber hinaus können auch Aktivitäten der Zeit- und Raumüberbrückung von Personen, Energie- und Informationsflüssen der Logistik zugeordnet werden (vgl. Troßmann 2006, S. 120 f.). Die Logistik hat insbesondere die Aufgabe, gewünschte Güter in der richtigen Menge und Qualität, zum richtigen Zeitpunkt, am richtigen Ort und zu minimalen Kosten bereitzustellen (vgl. Domschke/Scholl 2008, S. 135). Logistische Aufgaben sind in allen Realgüterphasen und -prozessen zu bewältigen, so dass folgende *Einsatzbereiche der Logistik* unterschieden werden (vgl. Domschke/Scholl 2008, S. 135; Troßmann 2006, S. 119):

- Beschaffungslogistik (vom Lieferanten in das Eingangslager: *Inbound*),
- Fertigungs- bzw. Produktionslogistik (innerbetriebliche Material- und Warenwirtschaft),
- Distributions- bzw. Marketinglogistik (vom Ausgangslager zum Kunden: *Outbound*),
- Entsorgungslogistik (Rücknahme und Recycling).

Die Logistik überlagert demnach als betriebliche *Querschnittsfunktion* die Bereiche Beschaffung, Fertigung und Absatz (vgl. Domschke/Scholl 2008, S. 135). Konkret führt dies zu folgenden *Aufgaben der Logistik* (vgl. Troßmann 2006, S. 119):

- Transport und Verpackung,
- Auftragsabwicklung und
- Lagerung (Lagerhaltung, Vorratsplanung, Lagerhaus).

Transport

Für den Transport zu lösende Probleme hängen von Art und Menge der zu transportierenden Güter sowie von den jeweiligen Liefer- und Empfangsstellen ab. Die dabei auftretenden Teilprobleme beziehen sich auf Fragen nach (vgl. Troßmann 2006, S. 147 f.):

- der günstigsten *Transportvariante*, d. h. nach der Art des Transportmittels (z. B. Bahn- oder Seetransport), der Kapazität der Transportmittel und danach, ob der Transport selbst oder durch Dritte (z. B. Speditionen) durchgeführt werden soll,

- der günstigsten *Transportabwicklung*, also der Steuerung von Transportvorgängen bezüglich der Route und der Transportmenge (optimale Routenplanung),
- der Lage der *Versandorte* (bei gegebenen Bedarfsorten).

Auftragsabwicklung

Die Auftragsabwicklung übernimmt Aufgaben der administrativen Erledigung von Aufträgen (z. B. Bestätigung der Aufträge, Erstellen von Versandpapieren, Fakturierung) und die Auslösung solcher Tätigkeiten, die mit dem Transport von Gütern notwendig werden. Insbesondere geht es darum, Abstimmungsprozesse optimal zu gestalten, um Durchlauf- bzw. Lieferzeiten möglichst zu minimieren (vgl. Thommen et al. 2017, S. 100).

Lagerhaltung

Die Lagerhaltung verfolgt die Oberziele Sicherung der Lieferzuverlässigkeit und Kostenminimierung und bedient sich dabei einer Vorratsplanung (Schmalen/Pechtl 2013, S. 231 ff.). Daraus ergeben sich folgende Entscheidungsprobleme (vgl. Thommen et al. 2017, S. 100; auch Troßmann 2006, S. 144 ff.):

- *Optimaler Lagerbestand*: Hier gibt es einen Zielkonflikt zwischen dem Grad der Lieferungsbereitschaft (hoher Bestand günstig) und Lagerkosten (geringer Bestand günstig) zu lösen.
- *Zweckmäßigkeit des Lagersystems* bzw. *der Lagerorganisation*: Hier geht es um Probleme der Auffindbarkeit von Produkten (z. B. Organisation der Beschickung und Entnahme), kurze Transportwege (z. B. Bildung von Lagereinheiten wie Paletten oder Container), optimale Raumausnutzung sowie um Aspekte des technischen Lagersystems (z. B. Art der Regale, Gestaltung der Stapelung).
- *Anzahl und Standort der Lager*: Mit der Anzahl der Zwischenlager reduzieren sich einerseits die Lieferzeiten und Transportkosten, andererseits erhöhen sich die Lagerkosten.

Entscheidungen zu diesen Problemen müssen immer die konfliktären Ziele der Transportkostenminimierung einerseits und der Lieferqualität bzw. -bereitschaft andererseits beachten. Zur Ermittlung der *Transportkosten* müssen Kostenauswirkungen der Transportvariante auf alle Logistikbereiche sowie weitergehende Kostenauswirkungen (z. B. in sonstigen Marketingbereichen) berücksichtigt werden. Die *Lieferqualität* umfasst u. a. die Transport- bzw. Lieferzeit, die Transportfrequenz innerhalb einer Periode, die geografische Verfügbarkeit der Transportleistung, die Zuverlässigkeit des Transports bezüglich Zeit, Frequenz und Verfügbarkeit, die technische Eignung des Transportmittels im Hinblick auf seine quantitative und qualitative Kapazität sowie transporttechnische Elastizität und Flexibilität. Für Probleme im Bereich der Transportabwicklung (Mengen- und Routenplanung) oder im Bereich der Versandortwahl können Methoden aus dem *Operations Research* (OR; vgl. Kap. 6.4.6) eingesetzt werden.

Efficient Consumer Response

Logistische Aufgaben sind in der Regel mehrstufig und müssen in die inner- und überbetriebliche Gesamtplanung eingefügt werden (vgl. Troßmann 2006, S. 148). Die Effizienz solcher Logistiksysteme kann durch Konzepte wie Efficient Consumer Response (ECR) und Supply Chain Management verbessert werden. *Efficient Consumer Response* ist ein Kooperationskonzept zwischen Hersteller und Handel zur Optimierung von Geschäftsprozessen. Durch die Ausrichtung auf den Kundennutzen können alle an einer Wertschöpfung beteiligten Unternehmen ihre gemeinsamen Geschäftsprozesse effizienter gestalten. Das *Supply Chain Management* hat die zielorientierte Gestaltung und Steuerung von den an einer Wertschöpfungs- bzw. Lieferkette beteiligten Unternehmen zur Aufgabe und dient somit der Optimierung des Beschaffungsprozesses.

Für den innerbetrieblichen Bereich stehen durch Software gestützte Tools wie z. B. Produktionsplanungs- und Steuerungssysteme (PPS-Systeme; vgl. Domschke/Scholl 2008, S. 130 ff.) zur Verfügung, mit denen allerdings häufig nur suboptimale *Insellösungen* von logistischen Einzelfunktionen erzielt werden.

Kanban-Logistik-Management

Spezielle Konzepte sind die Kanban- und die Just-in-time-Logistik (JIT). Das in den fünfziger Jahren des letzten Jahrhunderts bei *Toyota* entwickelte *Kanban-Logistik-Management* wird heute in fast allen Industrieländern eingesetzt. Es ist ein Produktionssteuerungssystem, das auf dem Prinzip der flexiblen, dezentralen Bedarfsplanung beruht (vgl. Macharzina/Wolf 2018, S. 844). Danach sind die einzelnen Produktionsstellen bzw. die dort beschäftigten Arbeitnehmer für die gesamte Materialversorgung ihrer Produktionsstellen verantwortlich. Mit der sogenannten *Kanban-Karte* (Kan-Ban: japanisch = Karte) fordern die Produktionsstellen ihren Materialbedarf eigenverantwortlich von im Produktionsprozess voranliegenden Stellen an. Die Kanban-Karte dient in diesem Prozess als Informationsträger und enthält alle für die Fertigung wichtigen Informationen. Die in einer Produktionsstelle fertig gestellten Vorprodukte werden für die nachfolgenden Stellen bereitgehalten (»Hol-Prinzip«; vgl. Macharzina/Wolf 2018, S. 844 f.). Die Kanban-Logistik zielt darauf, Lager dadurch abzubauen, indem die benötigten Materialien erst kurz vor dem Bedarfszeitpunkt angefordert werden. Dadurch soll eine kostenoptimale und flexible Fertigung möglich sein (vgl. Macharzina/Wolf 2018, S. 845). Kanban kann durch folgende Merkmale beschrieben werden (vgl. Troßmann 2006, S. 149 f.):

- der Produktionsprozess wird in eine Anzahl von Material transportierenden *Liefer-Empfangs-Beziehungen* zwischen Produktionsstellen untergliedert,
- es erfolgt eine dezentrale Steuerung am Ort des Materialflusses und aus den Liefer-Empfangs-Beziehungen wird ein *selbststeuernder Regelkreis* gebildet, der den Informationsfluss mit dem Materialfluss auf derselben Ebene verknüpft,
- das *Hol-Prinzip* wird für den Transport bei der jeweils empfangenden Stelle eingeführt,
- für den Transport werden *standardisierte Behälter* eingesetzt, die mit einem besonderen Schild, der *Kanban-Karte*, ausgerüstet sind. Die *Kanbans* enthalten alle zur Bestellung und Produktion erforderlichen Informationen,
- die *Steuerung von Materialmengen und Halbfabrikaten* erfolgt insbesondere dadurch, dass für jede Stelle und Materialart eine bestimmte Anzahl von Kanbans ausgegeben wird.

Das Kanban-System kann nur in bestimmten Fällen realisiert werden und ist nicht immer die zweckmäßigste Lösung (vgl. Troßmann 2006, S. 150). Kanban ist eine spezielle Variante der Just-in-time-Logistik, da es hier auch um eine einsatzsynchrone Materialbereitstellung und bei *Just-in-time* ganz allgemein um eine produktionssynchrone Anlieferung benötigter Input-Güter durch die Lieferanten geht.

Kontrakt-Logistik

Der Markt für Logistikleistungen wächst weltweit sehr stark. Anstatt selbst logistische Aufgaben zu übernehmen (*Insourced*), werden diese oft Logistik-Dienstleistern übertragen (*Outsourced*). Insbesondere die sogenannte Kontrakt-Logistik zeichnet sich durch hohe Wachstumsraten aus. Bei der Kontrakt-Logistik übernimmt ein Logistik-Dienstleister auf vertraglicher Basis unterschiedliche logistische Kern- und Zusatzaufgaben eines Unternehmens entlang der Wertschöpfungskette und bietet dafür individuelle Lösungen an (z. B. Verpackung, Versand, Lagerung, Warenannahme, Eingangskontrolle, Kommissionierung). Die Zusammenarbeit ist vertraglich (Kontrakt) geregelt und längerfristig angelegt.

Kontrollfragen Kapitel 8.5

1. *Was versteht man unter Logistik?*
2. *Welches sind die Einsatzbereiche der Logistik?*
3. *Welche Aufgaben hat die Logistik?*
4. *Welches sind Entscheidungsbereiche des Transports?*
5. *Vor welchen Entscheidungsproblemen steht die Lagerhaltung?*
6. *Was beinhalten die Konzepte Efficient Consumer Response (ECR) und Supply Chain Management?*
7. *Welche Merkmale weist die Kanban-Logistik auf?*
8. *Was wird unter Just-in-time-Logistik verstanden?*
9. *Was wird unter Kontrakt-Logistik verstanden?*

Weiterführende Literatur

Domschke, W./Scholl, A. (2008): Grundlagen der Betriebswirtschaftslehre, 4. Aufl., Berlin u. a.

Macharzina, K./Wolf, J. (2018): Unternehmensführung, 10. Aufl., Wiesbaden.

Schmalen, H./Pechtl, H. (2013): Grundlagen und Probleme der Betriebswirtschaft, 15. Aufl., Stuttgart.

Thommen, J.-P./Achleitner, A.-K./Gilbert, D. U./Hachmeister, D./Kaiser, G. (2017): Allgemeine Betriebswirtschaftslehre, 8. Aufl., Wiesbaden.

Troßmann, E. (2006): Beschaffung und Logistik, in: Bea, F. X./Friedl, B./Schweitzer, M. (Hrsg.), Allgemeine Betriebswirtschaftslehre, Bd. 3: Leistungsprozess, 9. Aufl., Stuttgart.

8.6 Beschaffungswirtschaft

Lernziele

- Sie kennen die Problemstellungen und Aufgabenbereiche der Beschaffung.
- Sie kennen Beschaffungsziele und Beschaffungsprobleme.
- Sie können die einzelnen beschaffungspolitischen Instrumente beschreiben.
- Sie kennen unterschiedliche Lieferantenstrategien.
- Sie können eine ABC-Analyse durchführen.
- Sie können an einem einfachen Beispiel die optimale Bestellmenge berechnen.

8.6.1 Grundlagen der Beschaffungswirtschaft

Begriff der Beschaffung und der Materialwirtschaft

Zur betrieblichen Leistungserstellung sind Beschaffungsvorgänge erforderlich. Es müssen Werkstoffe, Maschinen und Anlagen, Arbeitskräfte, Dienstleistungen, Rechte und Finanzmittel beschafft werden. Da sich die Problemstellungen und Aufgabenbereiche zwischen einzelnen Beschaffungsgütern deutlich unterscheiden, wird die Beschaffung von Maschinen und Anlagen in der Investitionsplanung und -rechnung (vgl. Kap. 8.8), die Beschaffung von Arbeitskräften im Personalwesen (vgl. Kap. 8.7), die Beschaffung von Informationen in der Informationswirtschaft und dem Controlling sowie die Beschaffung finanzieller Mittel (Kapital) in der Finanzwirtschaft (vgl. Kap. 8.8) behandelt (vgl. Weber et al. 2014, S. 81 f.). Die *Beschaffungswirtschaft im engeren Sinne* richtet sich hingegen auf die Bereitstellung der unmittelbar für die Leistungserstellung benötigten Güter und Dienstleistungen (z. B. Roh-, Hilfs- und Betriebsstoffe, Halbfabrikate und Handelsware). Erfolgt eine Konzentration auf die Beschaffung, Lagerhaltung, Transport, Entsorgung und Wiederverwendung von Materialien, so wird von der *Materialwirtschaft* gesprochen (vgl. Thommen et al. 2017, S. 143). Der Begriff *Material* umfasst in die Produktion eingehende Rohstoffe und Halb- und Fertigfabrikate sowie für den Produktionsprozess benötigte Hilfs- und Betriebsstoffe und Handelswaren (vgl. Troßmann 2006, S. 115).

Beschaffungsziele

Die Hauptaufgabe der Beschaffung ist, die zur Leistungserstellung erforderlichen Materialien nach Art, Menge und Qualität zum richtigen Zeitpunkt am richtigen Ort bereitzustellen (Wöhe et al. 2016, S. 317). Darüber hinaus orientiert sich die Beschaffung an folgenden Zielen (vgl. Weber et al. 2014, S. 82 f.):

- *Qualitätssicherung*: Festlegung von qualitativen Anforderungen der eingesetzten Materialien.
- *Kostengünstigkeit*: Zielt auf eine Minimierung der mit der Beschaffung und Bereitstellung von Materialien verbundenen Kosten (Wöhe et al. 2016, S. 317).

- *Sicherung der Lieferfähigkeit*: Rechtzeitige Bereitstellung der Güter am Ort des Verbrauchs (Termintreue, *Just-in-time*), um Produktionsunterbrechungen zu vermeiden. Hierzu tragen vertrauensvolle und stabile Geschäftsbeziehungen zu den Lieferanten bei.
- *Flexibilität*: Forderung nach einer hohen Anpassungsfähigkeit der Lieferanten an neue Markt- und Umfeldbedingungen (z. B. Nachfrageschwankungen).
- *Geringe Liquiditätsbindung*/hohe Rentabilität: Die in den Materialien gebundenen finanziellen Mittel belasten die Liquidität. Deshalb sollten Lagerbestände möglichst niedrig sein.
- *Umwelt- und Sozialverträglichkeit*: Materialien sollen die Umwelt möglichst wenig belasten (z. B. Einsatz biologisch abbaubarer Stoffe) und sozialverträglich bereitgestellt werden (z. B. humane Arbeitsbedingungen bei den Lieferanten). Von den Lieferanten wird deshalb oft der Nachweis einer Umwelt-Zertifizierung gefordert (z. B. durch Zertifizierung nach der EG-Öko-Audit-Verordnung oder nach ISO 14001). Zudem müssen die Lieferanten vor Aufnahme der Geschäftsbeziehung immer häufiger soziale Standards (z. B. Sicherheitsbestimmungen am Arbeitsplatz), die in einem *Code of Conduct* festgehalten sind, akzeptieren und einhalten.

Insbesondere die Beschaffungsziele hohe Qualität, geringe Kosten und hohe Lieferbereitschaft stehen oft in einem konfliktären Verhältnis (vgl. Weber et al. 2014, S. 83 f.).

Beschaffungsprobleme

Im Beschaffungswesen sind folgende Entscheidungen zu treffen (vgl. Weber et al. 2014, S. 86 ff.):

- Welche Güter müssen bereitgestellt werden (Güterart)?
- Welche Güter sollen selbst hergestellt (Eigenfertigung) oder extern von Lieferanten bezogen werden (Fremdbezug; Problem des *Outsourcing*, *Make-or-buy-Entscheidung*)?
- Wann sollen Güter beschafft werden (optimaler Bestellzeitpunkt)?
- In welchen Mengen sollen Güter je Bestellzeitpunkt beschafft werden (optimale Bestellmenge)?
- Bei welchem Lieferanten soll bestellt werden (Lieferantenauswahl)?
- Wie viele Lieferanten werden benötigt (Anzahl der Lieferanten)?
- In welchem geografischen Umkreis soll beschafft werden (regionale oder globale Beschaffung)?

Insbesondere umfassen die Entscheidungstatbestände der *Materialwirtschaft* die Bereiche Güterbeschaffung, Güterlagerung und Gütertransport (vgl. Thommen et al. 2017, S. 143; vgl. auch Kap. 8.5). Zur *Güterbeschaffung* gehören das *Beschaffungsprogramm*, das Art, Qualität, Menge und Bestellzeitpunkt festlegt, sowie das Beschaffungsmarketing. In Analogie zum Absatzmarketing (vgl. Kap. 8.2) kann von *Beschaffungsmarketing* gesprochen werden, wenn es darum geht, Beschaffungsmärkte zu beobachten, zu analysieren und zu bewerten (*Beschaffungsmarktforschung*) sowie mit den Instrumenten des Beschaffungsmarketing (z. B. Beschaffungskonditionenpolitik) zielorientiert zu beeinflussen (vgl. Kap. 8.6.2). Entscheidungen zur Lagerausstattung (z. B. Lagerkapazität), zum Lagerprogramm (z. B. Sicherheitsbestände) und zum Lagerprozess (z. B. Qualitätsprüfung) gehören zum Bereich der *Güterlagerung*. Beim *Gütertransport* betreffen Entscheidungen u. a. die verwendeten Transportmittel und die Transportwege (vgl. Thommen et al. 2017, S. 143).

8.6.2 Beschaffungspolitische Instrumente

Beschaffungsmarketing

Erfolgreiches *Beschaffungsmarketing* setzt eine gute Kenntnis der Beschaffungsmärkte voraus (Beschaffungsmarktforschung). Im Vordergrund steht die Informationsgewinnung zu den aktuellen und potenziellen Lieferanten (vgl. Thommen et al. 2017, S. 147). Zur zielorientierten Beeinflussung von Beschaffungsmärkten stehen den Unternehmen vier beschaffungspolitische Instrumente zu Verfügung (vgl. Thommen et al. 2017, S. 146 f.; Troßmann 2006, S. 132 ff.):

- Die *Beschaffungsproduktpolitik* richtet sich auf eine gezielte Einflussnahme hinsichtlich der von Lieferanten angebotenen Güter (z. B. Einhaltung von vorgegebenen Qualitäts- und Sicherheitsstandards). Entschieden wird über die zu beschaffenden Einsatzgüter hinsichtlich ihrer Art, Qualität, Menge und hinsichtlich des Bestellzeitpunktes. Darüber hinaus sind auch Entwicklungskooperationen mit Lieferanten möglich (vgl. Thommen et al. 2017, S. 148).
- Die *Beschaffungskonditionenpolitik* richtet sich auf eine zielorientierte Gestaltung von Einkaufsbedingungen, insbesondere auf Beschaffungspreise, die Zahlungs- und Lieferbedingungen (z. B. Rabatte, Skonto, Zahlungsziel, Lieferzeiten), Kreditgewährung, Garantieleistungen und Beratung.
- Die *Beschaffungsmethodenpolitik* umfasst, ähnlich wie die Distributionspolitik im Marketing (vgl. Kap. 8.2), die Gestaltung und Steuerung der Anlieferung der Güter. Angesprochen sind Probleme der Beschaffungswege (direkte oder indirekte Bezugswege), Beschaffungsorgane (z. B. Kommissionäre, Makler oder Beschaffungskooperationen), Beschaffungslogistik (vgl. Kap. 8.5) und der Lieferantenauswahl und -struktur (vgl. Thommen et al. 2017, S. 148). Der *Lieferantenauswahl* kommt eine zentrale Bedeutung zu. Hier geht es auch um die Anzahl der Lieferanten, die Zuverlässigkeit und die räumliche Verteilung von Lieferanten. Mit *Electronic Procurement* wird die Nutzung elektronischer Beschaffungswege bezeichnet.
- Die *Beschaffungskommunikationspolitik* umfasst die Gestaltung der Kontaktaufnahme zu Lieferanten (Beschaffungswerbung), die Festigung von Lieferantenbeziehungen (Lieferantenförderung) sowie die Vermittlung eines positiven Images über das beschaffende Unternehmen.

Lieferantenauswahl

Leistungsfähige, innovative, zuverlässige und vertrauenswürdige Lieferanten sind entscheidend für die Wettbewerbsfähigkeit eines Unternehmens. Beim *Zuliefergeschäft* werden Herstellerunternehmen, den sogenannten OEM (*Original Equipment Manufacturer* = Erstausrüster), von Lieferanten mit (industriellen) Vorprodukten versorgt (z. B. *Sony* bezieht für seine PCs Mikroprozessoren von *Intel*; vgl. Backhaus/Voeth 2014, S. 528). Aktuelle Lieferanten eines OEM werden als *In-Supplier* und solche

Lieferanten, die potenziell auch das Unternehmen beliefern könnten, als *Out-Supplier* bezeichnet. Die Auswahl der Lieferanten ist weniger ein operatives Problem, sondern in erster Linie eine strategische Aufgabe. Systematische Beschaffungsstrategien (*Sourcing-Strategien*) beziehen sich auf folgende Aspekte (vgl. Backhaus/Voeth 2014, S. 529):

- Anzahl der ausgewählten Lieferanten (Single vs. Multiple Sourcing),
- Umfang der gelieferten Leistung (Modular vs. Component Sourcing) und
- geografischer Raum der Beschaffungsaktivitäten (Local vs. Global Sourcing).

Sourcing-Strategien

Während beim *Multiple Sourcing* das gesamte Beschaffungsvolumen auf mehrere Lieferanten verteilt wird, bezieht ein OEM beim *Single Sourcing* seine Vorprodukte nur von einem Lieferanten. Es wird vom *Dual Sourcing* gesprochen, wenn das Beschaffungsvolumen auf zwei Lieferanten aufgeteilt wird (vgl. Backhaus/Voeth 2014, S. 529). Werden Vorprodukte vom Lieferanten in Abstimmung mit dem OEM zu Komponenten entwickelt und hergestellt, die in der Fertigung beim OEM mit den Komponenten anderer Lieferanten gemeinsam verbaut werden, so wird von *Component Sourcing* gesprochen. Hier werden Lieferanten in die Produktentwicklung der Hersteller eingebunden bzw. integriert und es entstehen so *Entwicklungskooperationen* bzw. -partnerschaften. Beim *Modular Sourcing* werden demgegenüber ganze Komponentenbündel bzw. Module geliefert. In der Lieferantenkette steht der Modul- bzw. *Systemlieferant* oft an letzter Stelle und beliefert direkt den OEM (*First-Tier-Supplier*). Dabei bezieht der Systemlieferant für seine Modulherstellung Vorprodukte von Sublieferanten (*Second-Tier-Supplier*). Wird diese Lieferantenkette top-down von den System- über die Komponenten- bis hin zu den Material- und Teilelieferanten verfolgt, entstehen sogenannte *Zulieferpyramiden* (vgl. Backhaus/Voeth 2014, S. 533). Speziell in der Zuliefererindustrie führt die Verringerung der *Fertigungstiefe* bei den industriellen Kunden (OEM) zu einer relativ steilen Zulieferpyramide. Unter Ausnutzung der Möglichkeiten des Internets ist eine Tendenz zur Internationalisierung der Beschaffung (*Global Sourcing*) festzustellen. Im Vergleich zum *Local Sourcing* können sich beim *Global Sourcing* Preisvorteile und Vorteile beim Zugang zu neuen, innovativen Strategien ergeben (vgl. Backhaus/Voeth 2014, S. 532).

Portfolio-Technik

Strategisch geht es bei der Lieferantenauswahl um die Sicherstellung einer langfristigen Versorgungssicherheit und die Absicherung der eigenen strategischen Wettbewerbsvorteile. Zur Bewertung von Lieferanten gibt es unterschiedliche Modelle. Häufig werden das *Checklistenverfahren*, *Scoring-Modelle* und die *Portfolioanalyse* verwendet (vgl. Backhaus/Voeth 2014, S. 541 ff.). Beim Checklistenverfahren werden Lieferanten anhand eines gegebenen Kriterienkataloges bewertet. Bei der *Portfolio-Technik* werden Lieferanten nach einer unternehmensinternen und einer -externen Erfolgsdimension bewertet und in den Feldern der Portfolio-Matrix positioniert (vgl. Kap. 7.1.2). Daraus lassen sich dann Strategien der Lieferantenauswahl ableiten.

Punktbewertungsverfahren

Für die Lieferantenauswahl können auch Punktbewertungsverfahren (Scoring-Modelle) eingesetzt werden (vgl. Kap. 6.4.3). Dabei werden folgende Arbeitsschritte durchlaufen:

- *Identifikation von relevanten Merkmalen* zur Bewertung von Lieferanten (*Bewertungskriterien*; vgl. Thommen et al. 2017, S. 147). Die einzelnen relevanten Bewertungskriterien erhalten einen Gewichtungsfaktor, dessen Wert von der Bedeutung des Kriteriums für die Lieferantenauswahl abhängt.

- *Bewertung der Lieferanten* im Hinblick auf jedes einzelne Bewertungskriterium durch Vergabe eines Punktwerts (z. B. zwischen 1 und 10, wobei »1« eine sehr geringe und »10« eine sehr hohe Erfüllung des jeweiligen Kriteriums bedeutet; vgl. Kap. 6.4.3).
- *Ermittlung der gewichteten Einzelpunktwerte* für jedes Kriterium und jeden Lieferanten sowie Addition zu den Gesamtpunktwerten für jeden Lieferanten (Scoring-Index). Auf dieser Basis kann eine *Rangfolge der Lieferanten* nach ihrer Attraktivität gebildet werden.

Zertifizierung

In modernen Lieferantenauswahlsystemen spielen *Zertifikate*, die den Nachweis erbringen, dass der Lieferant ein Qualitätssicherungssystem bzw. ein Umweltmanagementsystem einsetzt, eine große Rolle. Neben eigenen Zertifikaten werden Zertifikate insbesondere durch Audits neutraler Zertifizierungsgesellschaften vergeben. Besonders bedeutend ist die Zertifizierung nach DIN EN ISO 9001:2000, die speziell in der Zuliefererindustrie häufig eine Art »Eintrittskarte« für eine Teilnahme am Marktgeschehen darstellt. In der ISO 9000:2000 werden Grundlagen und Begriffe des *Qualitätsmanagements* behandelt. Die ISO 9001:2000 enthält alle Vorschriften, die für eine erfolgreiche Zertifizierung eingehalten werden müssen. Dabei liegt der Fokus auf dem Kunden. Die ISO 9004:2000 dient als Leitfaden für ein umfassendes Qualitätsmanagement unter Berücksichtigung aller interessierten Parteien. *Umweltmanagementsysteme* können nach der *EG-Öko-Audit-Verordnung* (EMAS) von 1993 (novelliert 2009) zertifiziert werden. Auch ist eine Einrichtung eines Umweltmanagementsystems nach der *DIN EN ISO 14001* möglich. Immer häufiger legen die Hersteller (OEMs) einen sogenannten *Code of Conduct* ihren Geschäftsbeziehungen zu Lieferanten zugrunde (vgl. Balderjahn 2013, S. 115). Diese *Codes of Conduct* enthalten soziale und ökologische Standards (z. B. Einhaltung der Menschenrechte), deren Einhaltung der Hersteller von seinen Lieferanten einfordert.

8.6.3 Planungs- und Entscheidungsmethoden

8.6.3.1 Die ABC-Analyse

Für die Materialwirtschaft ist wegen der oft großen Anzahl verschiedenartiger Güter, die zu unterschiedlichen Zeiten und Mengen an verschiedenen Orten vorhanden sein müssen, eine Beschaffungsplanung zwingend erforderlich. Dabei geht es insbesondere um die Materialbedarfsermittlung (z. B. mit Hilfe von *Stücklisten*; vgl. Wöhe et al. 2016, S. 319 ff.), eine verbrauchswertorientierte Materialklassifikation und um die Bestellmengenplanung. Die Planung kann durch bewährte Planungs- und Entscheidungsmethoden unterstützt werden.

Materialklassifikation

Da jeder Beschaffungsvorgang Kosten verursacht, muss überprüft werden, welche der oft zahlreichen, unterschiedlichen Güterarten und Materialien so wichtig für das Unternehmen sind, dass eine intensive, kostenträchtige Beschaffungswirtschaft für diese Güter gerechtfertigt ist. Güter von geringerer Bedeutung können dagegen im

Rahmen einfacher, standardisierter und damit kostengünstiger Beschaffungsprozesse bezogen werden. Eine Bewertung und Selektion von Gütern hinsichtlich der erforderlichen Bearbeitungsintensitäten kann mit Hilfe der sogenannten ABC-Analyse durchgeführt werden. Grundlage der ABC-Analyse ist die Erfahrung, dass vom Gesamtverbrauchswert aller zu beschaffenden Materialien oft ein relativ hoher Anteil auf nur sehr wenige (wichtige) Güter entfällt (Thommen et al. 2017, S. 156).

Klassenbildung nach Verbrauchswert

Die ABC-Analyse führt eine dreiteilige Klassenbildung der Güter nach ihrem *Verbrauchswert* (Kosten der Gesamtmenge des Beschaffungsgutes) durch, d. h., Güter mit höherem Verbrauchswert sind für das Unternehmen bedeutender als solche mit nur geringem Verbrauchswert (vgl. Weber et al. 2014, S. 90 f.). Die besonders wichtigen Beschaffungsgüter- bzw. Materialarten, auf die ein großer Verbrauchswert entfällt, werden als *A-Güter* bezeichnet. Es sind Güter mit einem hohen Anteil am Gesamtverbrauchswert (70-80 %), aber nur einen geringen Anteil aller Güter- bzw. Materialarten auf sich vereinigen. Dagegen sind *C-Güter* solche Materialien, die zwar einen großen Anteil am Verbrauch aller Materialarten ausmachen (hoher mengenmäßiger Anteil), aber nur einen relativ geringen Verbrauchswert haben (geringer wertmäßiger Anteil, ca. 5–10 % des Gesamtverbrauchswertes). Die *B-Güter* liegen dazwischen. Auf sie entfallen ca. 10–20 % des Gesamtverbrauchswertes (vgl. Thommen et al. 2017, S. 156).

Die ABC-Analyse kann mit Hilfe einer sogenannten Konzentrations- bzw. *Lorenzkurve* dargestellt werden (vgl. Abb. 8-13). Auf der Abszisse wird der prozentuale Anteil der einzelnen Güter, bezogen auf die Gesamtmenge aller Güter, kumuliert abgetragen. Dabei werden die Güter nach ihrem Verbrauchswert (vom höchsten bis zum geringsten Verbrauchswert) geordnet. Die Ordinate erfasst die kumulierten prozentualen Anteile der Güter am Gesamtverbrauchswert aller Güter. Abgelesen werden kann, dass 20 % der Güter einen Verbrauchswert von 80 % haben (vgl. Abb. 8-13). Je weiter sich die

Abb. 8-13

ABC-Analyse im Beschaffungswesen

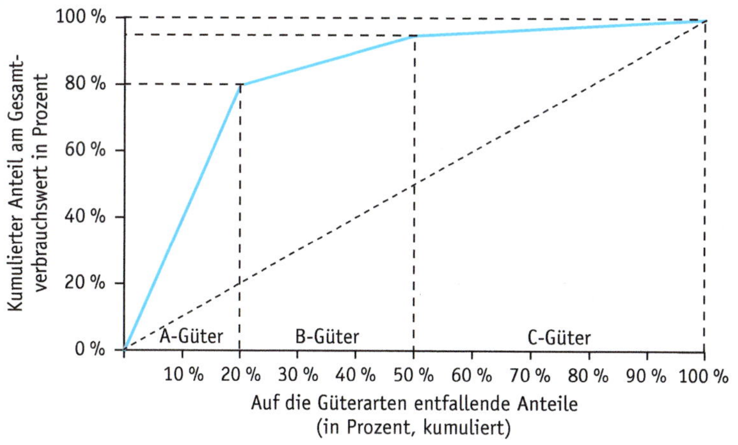

Kurve von der Diagonalen (Punkte der Gleichwertigkeit) entfernt, desto unterschiedlicher (konzentrierter) ist die Bedeutung einzelner Materialien für das Unternehmen.

Die differenzierte Behandlung von A-, B- und C-Beschaffungsgütern kann z. B. wie folgt aussehen (vgl. Weber et al. 2014, S. 90 ff.):

- Für A-Güter wird ein besonders intensiver Beschaffungsprozess durchgeführt. Es werden relevante Beschaffungsdaten erhoben, exakte Bedarfsrechnungen angestellt (z. B. die *optimale Bestellmenge* berechnet; vgl. Kap. 8.6.3.2), intensive Einkaufsverhandlungen mit Lieferanten geführt und Lagerbestände sorgfältig kontrolliert.
- B- und C-Güter werden im Rahmen von Routineprogrammen bestellt und kontrolliert. Es liegen hier einfache und standardisierte Dispositionsverfahren und ein auf Sicherheit angelegtes Bestandsmeldewesen vor.

8.6.3.2 Grundmodell der optimalen Bestellmenge

Bei der Beschaffungs- und Lagerplanung geht es um Entscheidungen bezüglich der optimalen Bestellmenge, des optimalen Lagerbestandes und des optimalen Bestellzeitpunktes (vgl. Thommen et al. 2017, S. 159). Mit der optimalen Bestellmenge wird diejenige Bestellmenge ermittelt, bei der die Summe aus Beschaffungskosten und Lagerkosten minimal ist (*Ziel der Kostenminimierung*). Hierbei handelt es sich um ein Optimierungsproblem, da einerseits große Bestellmengen (und entsprechend niedrige Bestellfrequenzen) Kostenvorteile im Transport, bei den Bestellkosten und den Beschaffungspreisen sowie bei den Zahlungskonditionen erwirtschaften, aber andererseits große Bestellmengen auch hohe Lager- und Zinskosten sowie Kosten des Verderbs und des Veraltens von Gütern verursachen (gegenläufige Kostenentwicklungen; vgl. Abb. 8-15).

Grundmodell der optimalen Bestellmenge

Das Grundmodell der optimalen Bestellmenge abstrahiert von verschiedenen Bestellkonditionen unterschiedlicher Lieferanten und geht lediglich der Frage nach, zu welchen Zeitpunkten welche Mengen eines Gutes zu beschaffen sind, um die Kosten zu minimieren (vgl. Troßmann 2006, S. 164 f.). Es werden folgende *Annahmen* unterstellt (vgl. Thommen et al. 2017, S. 160; Wöhe et al. 2016, S. 330):

- der *Jahresbedarf* M eines Beschaffungsgutes ist bekannt und verteilt sich gleichmäßig auf das Jahr (Planungsperiode T),
- dieser Jahresbedarf M wird in n gleich große *Bestellmengen* x während des Jahres aufgeteilt, wobei vorausgesetzt wird, dass jede gewünschte Menge zu jedem Zeitpunkt geliefert werden kann ($M = n\,x$),
- die Lagerabgangsraten sind konstant während des Jahres (Planperiode T). Dadurch ergibt sich ein *durchschnittlicher Lagerbestand* von $\frac{1}{2}x$ (vgl. Abb. 8-14),
- die *Einstandspreise* p sind weder von der Bestellmenge x noch von dem Bestellzeitpunkt abhängig (keine Mengen- und Frühbestellrabatte),
- die *fixen Kosten je Bestellvorgang* k_{bf} sowie der *Zins- und Lagerkostensatz* q sind bekannt und konstant während des Jahres (Planperiode T).

Abb. 8-14

Lagerbestandsverlauf im Grundmodell der optimalen Bestellmenge

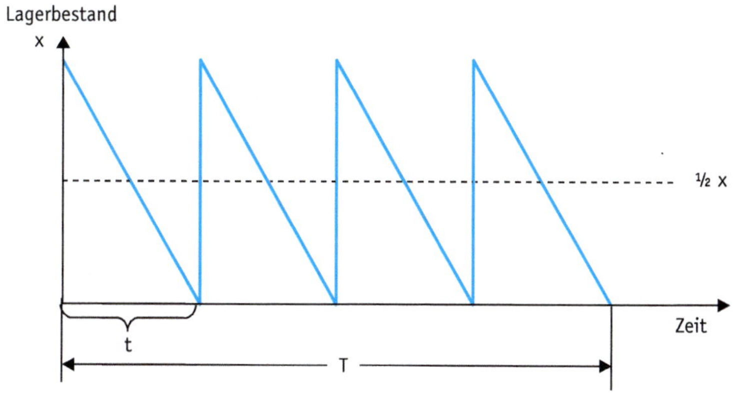

t = Zeitspanne zwischen zwei Bestellungen
T = Planperiode

Bestellkosten

Zur Berechnung der optimalen Bestellmenge wird nun diejenige *Bestellmenge x* gesucht, die die Gesamtkosten minimiert. Diese Gesamtkosten *K* setzen sich zum einen aus den Bestellkosten K_B und zum anderen aus den Lager- und Zinskosten K_L zusammen. Die Häufigkeit der Bestellungen im Jahr bzw. pro Planperiode *T* ist *M/x*, so dass sich bei konstanten Kosten je Bestellvorgang k_{bf} (sogenannte *bestellfixe Kosten*) die Bestellkosten K_B wie folgt berechnen:

$$K_B = k_{bf}\left(\frac{M}{x}\right)$$

Lager- und Zinskosten

Zur Berechnung der jährlichen Lager- und Zinskosten K_L wird der durchschnittliche Lagerbestandswert (½ x p) mit dem jeweiligen Lager- bzw. Zinskostensatz (*l* bzw. *z*) multipliziert. Durch den prozentualen *Lagerkostensatz l* werden spezifische Lagerkosten wie Raummiete, Abschreibung und Verderb erfasst. Der prozentuale *Zinskostensatz z* gibt die Durchschnittsverzinsung des in den gelagerten Gütern gebundenen Kapitals (Kapitalbindungskosten) an. Lager- und Zinskostensatz werden zum gemeinsamen prozentualen Lager- und Zinskostensatz $q = l + z$ zusammengefasst. Entsprechend ergeben sich die *Kosten der Lagerhaltung* K_L aus:

$$K_L = 0{,}5x\ p\left(\frac{q}{100}\right)$$

Für die *Gesamtkosten K* gilt somit Gleichung 23:

$$K = K_L + K_B = 0{,}5x\ p\left(\frac{q}{100}\right) + k_{bf}\left(\frac{M}{x}\right) \qquad (23)$$

Die *optimale Bestellmenge* $x_{opt.}$ ist diejenige Bestellmenge x, die die Gesamtkosten K gemäß Gleichung 23 minimiert. Die Berechnung erfolgt mit Hilfe der Differentialrechnung durch Nullsetzung der ersten Ableitung von K nach x und Auflösung nach $x_{opt.}$ (vgl. Gleichung 24):

$$x_{opt.} = \sqrt{\frac{200M\,k_{bf}}{p\,q}} \qquad (24)$$

Andler-Formel

Gleichung 24 wird sehr häufig auch als *Andler-Formel* bezeichnet (vgl. Troßmann 2006, S. 164). Die grafische Darstellung zur Bestimmung der optimalen Bestellmenge zeigt Abb. 8-15. Im Optimum sind sowohl Grenzbestellkosten K_B' und Grenzlagerkosten K_L' als auch Bestell- und Lagerkosten gleich hoch. Dieser klassische Ansatz zur Errechnung der optimalen Bestellmenge wurde durch Einführung realitätsnäherer Annahmen (z. B. Berücksichtigung von Mengenrabatten) im Laufe der Zeit erweitert.

Abb. 8-15

Grafische Darstellung der optimalen Bestellmenge

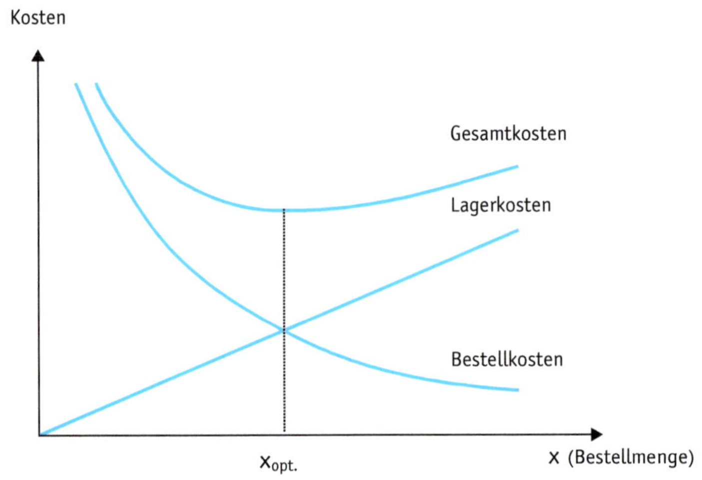

Kontrollfragen Kapitel 8.6

1. *Worin unterscheidet sich die Beschaffungs- von der Materialwirtschaft?*
2. *Welche Beschaffungsziele kennen Sie?*
3. *Welche Beschaffungsprobleme können auftreten?*
4. *Welches sind die Entscheidungstatbestände der Materialwirtschaft?*
5. *Nennen und beschreiben Sie die vier beschaffungspolitischen Instrumente.*
6. *Was wird unter Electronic Procurement verstanden?*
7. *Was ist ein Zuliefergeschäft?*

8. *Wie wird bei der Lieferantenauswahl vorgegangen?*
9. *Erläutern Sie unterschiedliche Sourcing-Strategien.*
10. *Was ist eine Zulieferpyramide?*
11. *Erläutern Sie die Aufgabe der ABC-Analyse.*
12. *Worin unterscheiden sich A-, B- und C-Güter?*
13. *Warum wird die grafische Darstellung der ABC-Analyse als Konzentrationskurve bezeichnet?*
14. *Erläutern Sie das Grundmodell der optimalen Bestellmenge.*
15. *Wie lautet die Formel für die optimale Bestellmenge?*
16. *Leiten Sie die optimale Bestellmenge grafisch ab.*

Übungsaufgabe Kapitel 8.6

Aufgabenstellung

Ein Unternehmen möchte mit Hilfe einer ABC-Analyse die verschiedenen, im Produktionsprozess eingesetzten Materialien klassifizieren, um Anhaltspunkte für eine effizientere Materialwirtschaft und Bestellmengenplanung zu finden. Die folgende Materialliste liegt vor:

Materialart Nr.	Materialverbrauch pro Periode [ME/Periode]	Preis [€/ME]
1	100	96,00
2	730	5,00
3	149	530,00
4	200	21,75
5	156	62,50
6	312	3,75
7	134	150,00
8	520	0,20
9	260	15,00
10	39	3375,00

Fragen

a) *Führen Sie eine ABC-Analyse durch. Kategorisieren Sie die Güter so, dass A-Materialarten einen Anteil von 80 % am Gesamtwert des Materialverbrauchs erreichen, B-Materialarten 15 % und C-Materialarten 5 %.*

b) *Stellen Sie die Ergebnisse der ABC-Analyse in Form einer Konzentrationskurve grafisch dar.*

Lösung

Abb. 8-16

Lösung Frage a

Rang	Verbrauch in ME	Kosten pro Periode in €	Anteil in Prozent	kum. Anteil in Prozent	Materialart Nr.	Güterklasse
1	39	131.625,00	50,0	50,0	10	**A**
2	149	78.970,00	30,0	80,0	3	**A**
3	134	20.100,00	7,6	87,6	7	**B**
4	156	9.750,00	3,7	91,3	5	**B**
5	100	9.600,00	3,7	95,0	1	**B**
6	200	4.350,00	1,7	96,7	4	**C**
7	260	3.900,00	1,5	98,2	9	**C**
8	730	3.650,00	1,4	99,6	2	**C**
9	312	1.170,00	0,4	99,9	6	**C**
10	520	104,00	0,1	100,0	8	**C**

Abb. 8-17

Lösung Frage b

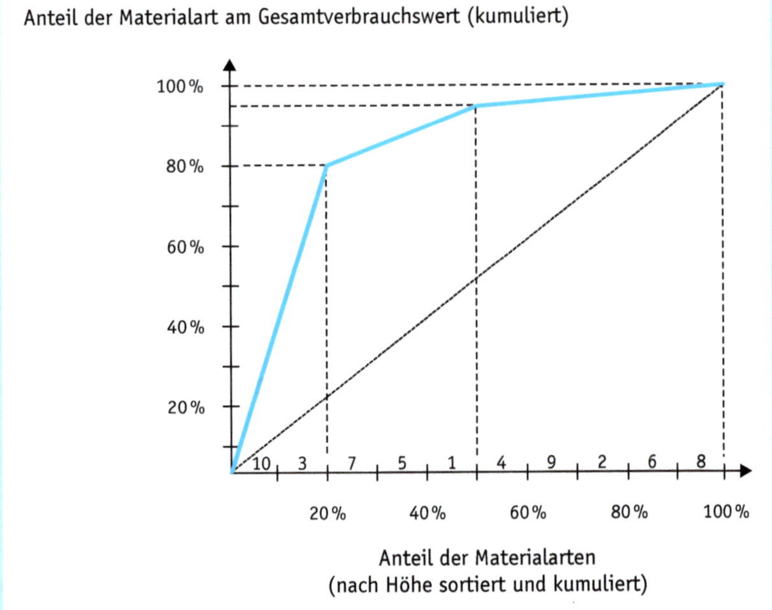

Weiterführende Literatur

Backhaus, K./Voeth, M. (2014): Industriegütermarketing, 10. Aufl., München.
Balderjahn, I. (2013): Nachhaltiges Management und Konsumentenverhalten, München.
Thommen, J.-P./Achleitner, A.-K./Gilbert, D. U./Hachmeister, D./Kaiser, G. (2017): Allgemeine Betriebswirtschaftslehre, 8. Aufl., Wiesbaden.
Troßmann, E. (2006): Beschaffung und Logistik, in: Bea, F. X./Friedl, B./Schweitzer, M. (Hrsg.), Allgemeine Betriebswirtschaftslehre, Bd. 3: Leistungsprozess, 9. Aufl., Stuttgart, S. 113–181.
Weber, W./Kabst, R./Baum, M. (2014): Einführung in die Betriebswirtschaftslehre, 9. Aufl., Wiesbaden.

8.7 Personalwirtschaft

Lernziele

- Sie kennen die Aufgabenbereiche und die Ziele der Personalwirtschaft.
- Sie kennen unterschiedliche Ansätze der Personalbedarfsermittlung.
- Sie kennen die Aufgaben der Personalführung.
- Sie kennen einzelne Motivationstheorien.

8.7.1 Aufgaben und Ziele der Personalwirtschaft

Betriebliche Leistungsprozesse erfordern den Einsatz und die Kombination von Arbeitsleistungen, Werkstoffen und Betriebsmitteln (vgl. Kap. 1.6). Personalwirtschaftliche Problembereiche stellen die Verfügbarkeit an Arbeitskräften sowie deren wirksamen Einsatz im Unternehmen dar (vgl. Kossbiel 2006, S. 518 ff.). Deshalb gehören zu den Aufgaben der Personalwirtschaft bzw. des Personalwesens (auch *Human Resource Management* genannt) als betriebliche Funktion die Bereitstellung (*Personalbereitstellung*) und der Einsatz (*Personaleinsatz*) des für den Leistungserstellungsprozess erforderlichen Personals, die Gestaltung personeller Verhältnisse im Unternehmen und die zielorientierte Verhaltensbeeinflussung (*Personalführung*). Dabei sind die Besonderheiten arbeitender Menschen, wie z. B. individuelle Bedürfnisse und Fähigkeiten sowie soziale Prozesse (z. B. Gruppendynamik), zu beachten. Unter dem Begriff *Personal* werden alle in einem Unternehmen mit betrieblichen Aufgaben beschäftigten und eine Arbeitsleistung erbringenden Arbeitskräfte bezeichnet. Im Einzelnen umfasst das Personalwesen die folgenden *Managementaufgaben* (vgl. Thommen et al. 2017, S. 374 f.; Wöhe et al. 2016, S. 126 ff.):

- Personalbedarfsermittlung (z. B. nach Qualifikationen) und Personalbeschaffung (z. B. Personalauswahl),

- Personaleinsatz (z. B. Arbeitsort und -zeit), Personalerhaltung und Personalfreistellung,
- Personalentwicklung (z. B. Personalförderung), Personalbewertung und -entlohnung (z. B. Lohnhöhe),
- Personalführung (z. B. Führungsstil) und -motivation,
- Personalcontrolling hat die Aufgabe, den Beitrag personalwirtschaftlicher Maßnahmen auf den Unternehmenserfolg zu bewerten (vgl. Becker 2010, S. 184).

Zielarten

Die Personalwirtschaft verfolgt unterschiedliche Zielarten (vgl. Kossbiel 2006, S. 535 ff.):

- Substanzielle Ziele richten sich auf die Lösung personalwirtschaftlicher Probleme (z. B. Reduzierung von Fehlzeiten).
- Ökonomische Ziele richten sich auf die Erreichung betrieblicher Erfolgsgrößen durch Maßnahmen im Personalbereich (z. B. Erhöhung der Arbeitsproduktivität und eine leistungsgerechte, angemessene Bezahlung).
- Soziale bzw. humane Ziele richten sich auf die Befriedigung persönlicher und sozialer Bedürfnisse von Mitarbeiterinnen und Mitarbeitern (z. B. humane Arbeitsbedingungen, gutes Betriebsklima und Anerkennung).

Zwischen den substanziellen, ökonomischen und sozialen personalwirtschaftlichen Zielen gibt es zahlreiche Interdependenzen (z. B. Arbeitsproduktivität und Arbeitszufriedenheit).

8.7.2 Personalbedarf, Personaleinsatz und Personalentwicklung

Personalbedarfs- und Personalbeschaffungsplanung sind zentrale Aufgaben des Personalwesens. Damit eine für den Betrieb optimale Stellenbesetzung erfolgen kann, ist eine möglichst genaue Ermittlung des erforderlichen Bedarfs an Personal notwendig.

Personalbedarfsplanung

Die Personalbedarfsplanung umfasst folgende Bereiche (vgl. Thommen et al. 2017, S. 380; Wöhe et al. 2016, S. 127):

- Die *quantitative Personalbedarfsermittlung* geht der Frage nach, wie viele Mitarbeiterinnen und Mitarbeiter benötigt werden. Hierzu können zum einen *quantitative Methoden* eingesetzt werden, die den Personalbedarf auf Grundlage von Absatz- und Produktionsplänen ermitteln (vgl. Thommen et al. 2017, S. 383), und zum anderen *arbeitswissenschaftliche Methoden*, die auf der Grundlage von Zeitstudien den Personalbedarf ableiten (vgl. Korndörfer 2003, S. 135; Kossbiel 2006, S. 543 ff.). Als quantitative Methoden können die sogenannte *Kennzahlenmethode*, die den Personalbedarf aus dem Verhältnis zu betrieblichen Zielgrößen berechnet (Bildung von Quotienten wie z. B. Personalbedarf je tausend Produktionseinheiten), statistische *Prognoseverfahren* (z. B. Trendextrapolationen) und *Methoden des Operations Research* (z. B. ablauforientierte Ansätze auf der Basis von Netzplänen, produktionsprogrammorientierte Ansätze) eingesetzt werden (vgl. Berthel/Becker 2013, S. 303 f.).

- Die *qualitative Personalbedarfsermittlung* geht der Frage nach, welche Qualifikationen bei den Mitarbeitern benötigt werden. Dazu sind möglichst genaue Informationen zu den Merkmalen und Anforderungen der zu besetzenden Arbeitsplätze nötig. Die qualitative Planung geht von Arbeitsanalysen, Arbeitsplatzbeschreibungen und Anforderungsprofilen aus. *Arbeitsanalysen* dienen der systematischen Erfassung der Arbeitsaufgaben und legen Art und Umfang von Anforderungen fest (*Anforderungsprofile*; vgl. Thommen et al. 2017, S. 383). *Arbeitsplatzbeschreibungen* erfassen u. a. die Art der Arbeit (z. B. Art der zu erledigenden Aufgaben), die erforderlichen Qualifikationen (z. B. Ausbildung, körperliche Eignung) sowie die Arbeitsbedingungen (z. B. physische und psychische Arbeitsplatzbedingungen).
- Die *zeitliche Personalbedarfsermittlung* geht der Frage nach, zu welchem Zeitpunkt Mitarbeiterinnen und Mitarbeiter benötigt werden. Das betrifft im Wesentlichen die Länge des Planungszeitraumes und die Terminierung des Bedarfs (Berthel/Becker 2013, S. 299). Ausschlaggebend sind in der Langfristplanung u. a. Veränderungen von Produktionsstrukturen (z. B. Aufbau neuer Geschäftsfelder) und in der kurzfristigen Planung die Beachtung von konkreten Herstellungsfristen.
- Die *örtliche Personalbedarfsermittlung* geht der Frage nach, wo, an welchem Ort bzw. an welchen Arbeitsplätzen Mitarbeiter benötigt werden (z. B. in welcher Abteilung des Unternehmens).

Personalbeschaffung

Der in der Personalbedarfsplanung ermittelte und nach Anzahl, Qualifikation sowie Zeit und Ort des Einsatzes spezifizierte Personalbedarf muss in eine *Personalbeschaffungsplanung* überführt und zur Deckung gebracht werden. Die Personalbeschaffung (Recruiting) erfolgt in folgenden Phasen (vgl. Berthel/Becker 2013, S. 321): Personalakquisition, -auswahl, -einführung und Personalentwicklung. Hierbei kann zwischen einer innerbetrieblichen (Bedarfsdeckung durch Mitarbeiterinnen und Mitarbeiter des Unternehmens) und einer außerbetrieblichen Personalbeschaffung (Bedarfsdeckung durch Neueinstellungen) unterschieden werden (vgl. Wöhe et al. 2016, S. 129 f.). Zur Deckung des Personalbedarfs aus externen Arbeitsmärkten kann der Einsatz von *Personalwerbung* (z. B. Stellenanzeigen) und *Online-Jobbörsen und -Portale* erforderlich sein, um möglichst geeignete Mitarbeiter für das Unternehmen zu finden (vgl. Kossbiel 2006, S. 547 ff.; Thommen et al. 2017, S. 388).

Personalauswahl

> Die *Personalauswahl* hat die Aufgabe, diejenige Bewerberin/denjenigen Bewerber herauszufinden, die/der die gesetzten Anforderungen an eine Stelle bzw. eines Aufgabenträgers am besten erfüllt.

Während der Arbeitsplatz den konkreten Ort der Aufgabenerfüllung bezeichnet, handelt es sich bei der Stelle um einen definierten Aufgabenkomplex, der von einem oder mehreren Aufgabenträgern erfüllt werden kann (Thommen et al. 2017, S. 437).

Die Personalauswahl hat die Aufgabe, auf Grundlage der Bewertung der Eignung einzelner Bewerber für das Anforderungsprofil einer Stelle eine Auswahl zu treffen. Zur Personalauswahl werden Bewerbungsunterlagen (Lebenslauf, Zeugnisse, Referenzen), Bewerbungsgespräche, Intelligenz- und Persönlichkeitstests sowie *Assessment*

Center und Probezeiten üblicherweise eingesetzt (vgl. Wöhe et al. 2016, S. 131; Kossbiel 2006, S. 549). Eignungsprüfungen werden zentrale Leistungskriterien wie z. B. die Leistungsfähigkeit, der Leistungswille, das Vorhandensein sogenannter »Soft-Skills« (z. B. Kommunikationsfähigkeit, Teamfähigkeit), das Entwicklungs- und Leistungspotenzial, Begabungen und Charaktereigenschaften der Bewerberinnen und Bewerber zugrunde gelegt (Thommen et al. 2017, S. 390 ff.). *Assessment Center* sind in der Regel mehrtägige Beurteilungsseminare, die dazu dienen sollen, durch die Kombination mehrerer Methoden (z. B. Interviews, aufgabenspezifische Eignungstests, praktische Übungen) ein möglichst genaues Urteil über die Eignung und das Entwicklungspotenzial der einzelnen Bewerber und Bewerberinnen zu erhalten. Der Einsatz dieser Methoden soll insbesondere auch das *Fehlbesetzungsrisiko* reduzieren. Der Erfolg einer stellengerechten Personalbeschaffung ist auch abhängig von der Attraktivität der Arbeitsplätze (z. B. Umfang des Aufgabenspektrums, Entlohnung und sonstige Anreize wie Urlaubsgeld).

Im Rahmen des *Personaleinsatzes* werden Mitarbeiterinnen und Mitarbeiter des Unternehmens den zu erfüllenden Arbeitsaufgaben nach Quantität, Qualität, Einsatzzeit und Einsatzort zugeordnet. Die Eignungsprofile der Mitarbeiterinnen und Mitarbeiter sind dabei mit den Anforderungsprofilen der Stellen möglichst in Einklang zu bringen (vgl. Thommen et al. 2017, S. 384).

Teilbereiche im Personaleinsatz

Der Personaleinsatz umfasst die folgenden Teilbereiche (vgl. Thommen et al. 2017, S. 394 ff.; Wöhe et al. 2016, S. 134 ff.):

- *Personaleinführung und -einarbeitung (Arbeitsaufnahme)*: Integration der Arbeitnehmer in die sozialen und organisatorischen Strukturen des Unternehmens und Einführung in die Aufgaben und Arbeitsabläufe. Neu eingestellte Personen sollen mit den Gegebenheiten des Betriebes und des Arbeitsumfeldes vertraut gemacht werden.
- *Zuordnung von Arbeitskräften und Arbeitsplätzen*: Die Zuweisung von Arbeitsplätzen auf Arbeitnehmer erfolgt mit dem Ziel, die Unternehmensaufgaben bestmöglich erfüllen zu können. Dabei sind die persönlichen Fähigkeiten mit den Arbeitsanforderungen aufeinander abzustimmen. Zudem sollten bei der Arbeitsplatzzuordnung persönliche Bedürfnisse der Arbeitnehmer berücksichtigt werden.
- *Maßnahmen zur Gestaltung der Arbeitsbedingungen:* Die Arbeitsbedingungen haben einen großen Einfluss auf die menschliche Arbeitsleistung (z. B. Arbeitsproduktivität). Sie werden bestimmt u. a. von dem Grad der Arbeitsteilung (z. B. Höhe der Spezialisierung und des Entscheidungsspielraums, Umfang des Tätigkeitsbereiches), von der Arbeitsplatzgestaltung (z. B. Arbeitsablauf und -sicherheit) und von der Arbeitszeitgestaltung (z. B. Beginn und Ende der Arbeitszeit, Pausenregelungen).

Zur Personaleinsatzplanung stehen sowohl heuristische als auch optimierende Methoden zur Verfügung (vgl. Kossbiel 2006, S. 561 ff.).

Personalerhaltung und -freistellung

Die *Personalerhaltung* hat im Wesentlichen die Aufgaben, geeignete Arbeitnehmer an das Unternehmen zu binden und zur Leistung zu stimulieren (Becker 2010,

S. 130 f.). Insbesondere soll der *Personalfluktuation* (hohe Kündigungsraten innerhalb kurzer Zeitspannen) entgegengewirkt werden. Darüber hinaus geht es um eine Minimierung von Fehlzeiten (*Absentismus*). Personalfreistellungsmaßnahmen beziehen sich entweder auf Veränderungen im Arbeitsbereich (z. B. Versetzung, Verkürzung der Arbeitszeit) oder auf die Beendigung bestehender Arbeitsverhältnisse (vgl. Thommen et al. 2017, S. 381 f.). Als Ursachen können z. B. Absatz- und damit Produktionsrückgänge, Betriebsstilllegungen oder -verlagerungen oder zunehmende Rationalisierung und Automatisierung genannt werden.

Personalentwicklung

> Die *Personalentwicklung* hat die Aufgabe, Mitarbeiterinnen und Mitarbeiter so zu fördern, dass sie in die Lage versetzt werden, ihre aktuellen und zukünftigen Aufgaben im Sinne der Unternehmensziele zu bewältigen, und dass ihre Qualifikation den aktuellen und zukünftigen Stellenanforderungen entspricht.

Die Laufbahn- oder Karriereplanung sowie die Personalaus- und -weiterbildung gehören zu den wichtigsten Teilaufgaben der Personalentwicklung (vgl. Schmalen/Pechtl 2013, S. 204 ff.; Thommen et al. 2017, S. 420 f.). Die Gestaltung von *Laufbahnsystemen* richtet sich nach bestimmten Beförderungskriterien. Gegenstand der *Karriereplanung* ist der individuelle berufliche Werdegang einer Person (vgl. Berthel/Becker 2013, S. 479). *Betriebliche Aus- und Weiterbildungsmaßnahmen* sind auf eine Vermittlung von spezifischen Kenntnissen und Fähigkeiten gerichtet (z. B. Training und Qualifizierung).

8.7.3 Personalführung und -motivation

> Unter *Personalführung* wird die beabsichtigte und zielorientierte Verhaltensbeeinflussung von Mitarbeiterinnen und Mitarbeitern in Arbeitsgruppen oder im direkten Kontakt durch Vorgesetzte verstanden (vgl. Weber et al. 2014, S. 251).

Personalführung dient der Durchsetzung der Ansprüche eines Betriebs an das Verhalten der Mitarbeiterinnen und Mitarbeiter und soll eine effiziente Aufgabenerfüllung und Leistungserbringung sicherstellen. Instrumente der Personalführung sind u. a. Weisungsbefugnisse, Planvorgaben und Zielvereinbarungen (Becker 2010, S. 133).

Die Personalführung ist durch das Führungsverhalten (z. B. Machtausübung, Mitarbeiterpartizipation) und die Führungsstile (z. B. bürokratisch, patriarchalisch, autoritär, charismatisch) von Vorgesetzten geprägt (vgl. Berthel/Becker 2013, S. 172; Schmalen/Pechtl 2013, S. 198 ff.).

Führungsstil

Führungsstile sind beobachtbare und typisierbare Verhaltensmuster von Vorgesetzten gegenüber Mitarbeiterinnen und Mitarbeiter (vgl. Schmalen/Pechtl 2013, S. 198; Wöhe et al. 2016, S. 148 f.). Vom Führungsstil ist u. a. abhängig (vgl. Kossbiel 2006, S. 603):

- Möglichkeiten der Partizipation von Mitarbeitern an Entscheidungen,
- Art und Umfang der Kontrolle des Mitarbeiters durch den Vorgesetzten und
- das Ausmaß der Berücksichtigung von Mitarbeiterinteressen.

Unzureichendes Führungsverhalten kann zu hohem *Absentismus* und hoher *Fluktuation* führen (Becker 2010, S. 134). Die Möglichkeiten der Einflussnahme von Arbeitnehmern im Betrieb oder im Unternehmen sind darüber hinaus durch *Mitbestimmungsgesetze* geregelt (vgl. Kap. 4.4.1).

Personalmotivation

Aufgabe der Personalmotivation ist insbesondere die Förderung von *Arbeitsmotivation* und *Arbeitszufriedenheit* und damit auch die Förderung der Leistungsbereitschaft von Mitarbeitern. *Motive* sind die Beweggründe des Verhaltens. *Motivationstheorien* setzen sich einerseits mit den Faktoren auseinander, die Mitarbeiterinnen und Mitarbeiter zur Erbringung von Arbeitsleistung veranlassen (*Inhaltstheorien*), und andererseits mit den Möglichkeiten, Arbeitsmotivation herzustellen (*Prozesstheorien* (vgl. Schmalen/Pechtl 2013, S. 196). Die Zwei-Faktoren-Theorie von *Herzberg* (Inhaltstheorie) unterscheidet Motivatoren und Hygiene-Faktoren. Motivatoren (z. B. Anerkennung, Leistungserfolg) können die Arbeitszufriedenheit steigern. Hygiene-Faktoren (z. B. Bezahlung, Beziehung zu Kollegen) führen dagegen nicht zur Zufriedenheit, sondern nur, bei Abwesenheit, zur Unzufriedenheit (vgl. Berthel/Becker 2013, S. 57 f.). Nach den *Instrumentalitätstheorien* von *Vroom* und *Porter/Lawler* bestimmt einerseits die Arbeitszufriedenheit eines Mitarbeiters seine Leistungsmotivation und damit seine Arbeitsleistung. Andererseits folgt die Zufriedenheit unmittelbar aus der Bewertung der eigenen Leistungen durch intrinsische (z. B. durch Steigerung des Selbstwertgefühls) und extrinsische Motivation (z. B. durch erwartete Prämienzahlungen; vgl. Berthel/Becker 2013, S. 60 ff.; Thommen et al. 2017, S. 404 f.; vgl. Abb. 8-18).

Abb. 8-18

Die Instrumentalitätstheorie

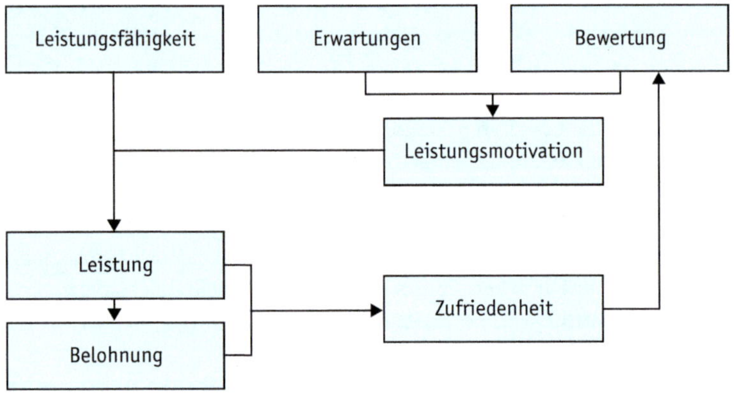

Quelle: Schmalen/Pechtl 2013, S. 198

Anreizsysteme

Durch den Einsatz unterschiedlicher *Anreize* (Belohnungen) kann das Verhalten von Mitarbeitern zielorientiert beeinflusst werden. Anreize stellen Gegenleistungen des Unternehmens für die vom Arbeitnehmer erbrachten Leistungen dar. Nach der *Anreiz-Beitrags-Theorie* müssen die von Mitarbeitern erbrachten Leistungen und die dafür erhaltenen Anreize (Belohnungen) subjektiv als ausgeglichen empfunden werden (Becker 2010, S. 45 f.). Neben den Anreizen selbst umfassen *Anreizsysteme* auch Kriterien (Bemessungsgrundlagen), die den Zugang zu den Anreizen regeln (vgl. Kossbiel 2006, S. 579). Es wird zwischen monetären und nichtmonetären Anreizen unterschieden (Thommen et al. 2017, S. 406 ff.). *Nichtmonetäre Anreize* sind u. a. Aufstiegsmöglichkeiten, Statussymbole, das Betriebsklima und der Führungsstil (vgl. Thommen et al. 2017, S. 417 f.). Zu den *monetären Anreizen* gehören der Lohn, Erfolgsbeteiligung und betriebliche Sozialleistungen (z. B. Betriebsrenten). Den *Entlohnungs- und Vergütungssystemen* kommt als Anreizinstrument eine ganz zentrale Bedeutung zu (vgl. Kossbiel 2006, S. 581).

Der *Lohn* ist das Entgelt, das Arbeitnehmerinnen und Arbeitnehmer dafür erhalten, dass sie ihre Arbeitskraft unter vertraglich geregelten Bedingungen dem Unternehmen zur Verfügung stellen.

Lohngerechtigkeit

Der Lohn (das Arbeitsentgelt) stellt ein Anreizinstrument zur Steigerung der Arbeitsmotivation und Leistungserbringung dar, dessen Höhe in der Entgeltpolitik sowohl absolut als auch relativ festzulegen ist. Die *absolute Lohnhöhe* richtet sich zum einen nach den Arbeitsanforderungen (z. B. Aufgabenkomplexität, Arbeitsschwierigkeit, Übernahme von Verantwortung) und zum anderen nach der Qualität und Höhe des Arbeitsergebnisses (z. B. Arbeitsproduktivität; vgl. Wöhe et al. 2016, S. 140 f.). Die Arbeitsanforderungen können durch Methoden der *Arbeitsbewertung* ermittelt und die persönliche Arbeitsleistung durch Methoden der *Leistungsbewertung* bestimmt werden (vgl. Kossbiel 2006, S. 587 ff.; Thommen et al. 2017, S. 407 ff.). Darüber hinaus können auch soziale Kriterien (z. B. Anzahl der Kinder) die Lohnhöhe bestimmen (betriebliche Sozialleistungen). Die *relative Lohnhöhe* betrifft die Lohnsatzdifferenzierung oder *Lohnspreizung* innerhalb eines Unternehmens. Bei unterschiedlichen Löhnen stellt sich immer die Frage nach der Lohngerechtigkeit. Die *Lohngerechtigkeit* betrifft sowohl den »gerechten« Zusammenhang zwischen der erbrachten Leistung und dem Lohn als auch den Aspekt der subjektiv vom Arbeitnehmer empfundenen Lohngerechtigkeit (Thommen et al. 2017, S. 411; Wöhe et al. 2016, S. 140). Eine individuelle Ausgestaltung bzw. Zusammenstellung betrieblicher Vergütungsbestandteile und Sozialleistungen wird als *Cafeteria-System* bezeichnet.

Lohnformen

Um individuelle Leistungsunterschiede zu berücksichtigen, kann zwischen verschiedenen *Lohnformen* gewählt werden. Löhne können sich auf die Leistungszeit (*Zeitlohn*), die Leistungsmenge (Stücklohn oder *Akkordlohn*) oder auf Kombinationen von Zeit und Menge (*Prämien-Zeitlohn* und *Prämien-Stücklohn*) beziehen (vgl. Thommen et al. 2017, S. 412 ff.).

Kontrollfragen Kapitel 8.7

1. *Was versteht man unter Personalwirtschaft (Personalwesen)?*
2. *Welches sind personalwirtschaftliche Problembereiche?*
3. *Welche Aufgaben hat das Personalwesen?*
4. *Welche personalwirtschaftlichen Ziele können unterschieden werden?*
5. *Welche Aufgaben umfasst die Personalentwicklung?*
6. *Erläutern Sie die vier Bereiche der Personalbedarfsplanung.*
7. *Welche Aufgabe hat die Personalauswahl?*
8. *Welche Aufgabe hat der Personaleinsatz?*
9. *Was wird unter Personalführung verstanden und was sind Führungsstile?*
10. *Welche beiden Arten von Theorien zur Arbeitsmotivation gibt es?*
11. *Was besagt die Instrumentalitätstheorie?*
12. *Was ist ein Anreizsystem und welche Anreizarten gibt es?*
13. *Was ist der Lohn?*
14. *Wann stellt ich die Frage nach der Lohngerechtigkeit?*
14. *Welche Lohnformen gibt es?*

Weiterführende Literatur

Becker, M. (2010): Personalwirtschaft, Stuttgart.

Berthel, J./Becker, F. G. (2013): Personal-Management, 10. Aufl., Stuttgart.

Korndörfer, W. (2003): Allgemeine Betriebswirtschaftslehre, 13. Aufl., Wiesbaden.

Kossbiel, H. (2006): Personalwirtschaft, in: Bea, F. X./Friedl, B./Schweitzer, M. (Hrsg.), Allgemeine Betriebswirtschaftslehre, Bd. 3: Leistungsprozess, 9. Aufl., Stuttgart, S. 517–622.

Schmalen, H./Pechtl, H. (2013): Grundlagen und Probleme der Betriebswirtschaft, 15. Aufl., Stuttgart.

Thommen, J.-P./Achleitner, A.-K./Gilbert, D. U./Hachmeister, D./Kaiser, G. (2017): Allgemeine Betriebswirtschaftslehre, 8. Aufl., Wiesbaden.

Weber, W./Kabst, R./Baum, M. (2014): Einführung in die Betriebswirtschaftslehre, 9. Aufl., Wiesbaden.

Wöhe, G./Döring, U./Brösel, G. (2016): Einführung in die Allgemeine Betriebswirtschaftslehre, 26. Aufl., München.

8.8 Finanzierung und Investition

Lernziele

- Sie kennen die Ziele der Finanzierung.
- Sie können die mit Finanzierungsvorgängen verbundenen Zahlungsströme erläutern.
- Sie wissen, was ein Finanzplan ist und welche Aufgaben er hat.
- Sie kennen unterschiedliche Finanzierungsformen.
- Sie kennen unterschiedliche Finanzierungsquellen eines Unternehmens.
- Sie können die Finanzierung aus Abschreibungen erläutern.
- Sie wissen, was eine Investition ist.
- Sie kennen statische und dynamische Investitionsrechenverfahren.
- Sie sind in der Lage, den Kapitalwert einer Investition auszurechnen.

8.8.1 Grundlagen der Finanzwirtschaft

Ziele der Finanzierung

Die betriebliche Funktion der *Finanzierung* umfasst sämtliche Maßnahmen der Beschaffung und Rückzahlung finanzieller Mittel sowie die Gestaltung der Geschäftsbeziehungen zwischen dem Unternehmen und seinen Kapitalgebern (vgl. Drukarczyk 2006, S. 402).

Finanzielle Mittel (liquide Mittel) sind Bargeldbestände, Bankguthaben, Giralgeld (Buchgeld) und Wertpapiere, die auf Finanzmärkten (Kredit- und Kapitalmärkten) beschafft werden können (Thommen et al. 2017, S. 276). Ziele der Finanzierung sind das Erreichen einer angemessenen *Rendite* (Ziel: *Shareholder Value*), die Minimierung der Kapitalkosten (Ziel: *Kapitalkostenminimierung*) sowie der Erhalt der Fähigkeit einer Unternehmung, jederzeit ihren Zahlungsverpflichtungen nachkommen zu können (Ziel: *Liquiditätssicherung*; vgl. Horsch et al. 2011, S. 385 ff.; Wöhe et al. 2016, S. 524 ff.).

Finanzielles Gleichgewicht

Grundsätzlich ist es die Aufgabe der Finanzwirtschaft bzw. des Finanzmanagements, für die Aufrechterhaltung des finanziellen Gleichgewichts der Unternehmung, d. h. für eine nachhaltige Sicherung der Zahlungsfähigkeit, zu sorgen (Horsch et al. 2011, S. 432; Schmalen/Pechtl 2013, S. 16). Die Zahlungsströme (aktuelle und zukünftige Ein- und Auszahlungen) sind in der Weise auszugleichen, dass die Zahlungsfähigkeit bzw. *Liquidität* des Unternehmens aufrechterhalten bleibt. Ein Unternehmen ist dann liquide, wenn es jederzeit in der Lage ist, seinen fälligen Zahlungsverpflichtungen nachzukommen (vgl. Drukarczyk 2006, S. 415; Weber et al. 2014, S. 171). Zur Aufrechterhaltung des *finanziellen Gleichgewichts* ist es erforderlich, den Zielkonflikt zwischen Rendite und Liquidität unter Beachtung risikobehafteter zukünftiger Zahlungsströme zu optimieren (Horsch et al. 2011, S. 386 f.). Bei Illiquidität besteht *Insolvenz* und es wird ein Insolvenzverfahren eröffnet.

Als *Cashflow* wird die Differenz zwischen betriebsbedingten Ein- und Auszahlungen einer Abrechnungsperiode bezeichnet.

Cashflow

Der finanzpolitische Spielraum eines Unternehmens wird stark vom Kassenüberschuss bzw. vom Cashflow bestimmt. Der Cashflow ist der in einer Abrechnungsperiode vom Unternehmen erwirtschaftete Zahlungsüberschuss, der z. B. zur Schuldentilgung und zur Durchführung von Investitionen eingesetzt werden kann (vgl. Schmalen/Pechtl 2013, S. 483; Weber et al. 2014, S. 172 f.).

Zahlungsströme (Finanzbewegungen)

Finanzierungsmaßnahmen sind durch *Zahlungsströme* gekennzeichnet, die mit einer Einzahlung an das Unternehmen beginnen und in späteren Perioden zu Ausgaben (z. B. Zins und Tilgung) führen. Analog dazu können *Investitionen* durch Zahlungsströme charakterisiert werden, die mit einer Auszahlung beginnen und in nachfolgenden Perioden Einzahlungen an das Unternehmen folgen lassen. Insofern können Investitions- und Finanzierungsmaßnahmen durch entgegengesetzt verlaufende Zahlungszeitreihen charakterisiert werden (vgl. Drukarczyk 2006, S. 401). Finanzwirtschaftliche Vorgänge sind stark geprägt vom güterwirtschaftlichen Bereich (vgl. Korndörfer 2003, S. 298). Reale *Güterströme* schlagen sich spiegelbildlich in Finanzvorgängen nieder (z. B. als Ausgaben zur Bezahlung von Produktionsfaktoren oder als Einnahmen aus dem Verkauf der Produkte; vgl. Wöhe et al. 2016, S. 466). Außerdem gibt es Zahlungsströme, denen keine realen Güterströme entsprechen (z. B. reine Finanzbewegungen aus Kredit- und Kapitalbeziehungen).

Kapital

Aus den finanziellen *Stromgrößen* Einnahmen (Einzahlungen) und Ausgaben (Auszahlungen) ergeben sich finanzielle *Bestandsgrößen* (Kapital und Vermögen). Kapital ist der zentrale finanzielle Bestandsbegriff.

Das *Kapital* ist der wertmäßige Ausdruck aller dem Unternehmen zu einem bestimmten Zeitpunkt zur Verfügung stehenden Sach- und Finanzmittel.

Kategorien von Finanzströmen

Zudem werden die für die betriebliche Aufgabenerfüllung insgesamt benötigten und eingesetzten Finanzmittel als Kapital bezeichnet (vgl. Weber et al. 2014, S. 173). Dieses Kapital wird Unternehmen mit eigener Rechtspersönlichkeit von Eigentümern bzw. Fremdkapitalgebern zur Verfügung gestellt. Es können vier Kategorien von Zahlungs- bzw. *Finanzströmen* unterschieden werden (vgl. Schierenbeck/Wöhle 2016, S. 367):

- *Kapital bindende Ausgaben* (z. B. Ausgaben zur Bezahlung eingesetzter Produktionsfaktoren),
- *Kapital freisetzende Einnahmen* (z. B. Verkaufserlöse),
- *Kapital zuführende Einnahmen* (z. B. Einnahmen durch die Aufnahme von Beteiligungskapital),
- *Kapital entziehende Ausgaben* (z. B. Zins- und Dividendenauszahlungen).

Finanzmittelbedarf
Unternehmen müssen ihren Finanzmittelbedarf ermitteln und daraus die Beschaffung der finanziellen Mittel planen. Der Finanzmittelbedarf eines Unternehmens wird nach folgenden Arten unterschieden (vgl. Schierenbeck/Wöhle 2016, S. 369):

- Der Kapitalbedarf entspricht dem für die Durchführung betrieblicher Prozesse benötigten finanziellen Mitteln bzw. der Differenz aller Kapital bindenden Ausgaben und Kapital freisetzenden Einnahmen, die bis zu einem bestimmten Zeitpunkt angefallen sind. Er ist u. a. abhängig von der Kapitalbindungsdauer, dem Beschäftigungsniveau, dem Produktionsprogramm, der Betriebsgröße und dem Preisniveau.
- Der Finanzbedarf ergibt sich aus den Kapitalbedarfsänderungen im Zeitablauf zuzüglich der zu einzelnen Zeitpunkten anfallenden, Kapital entziehenden Ausgaben.
- Der Geldbedarf zu einem Zeitpunkt wird durch die zu einem Zeitpunkt anfallenden Ausgaben bestimmt, die zur Aufrechterhaltung der Zahlungsfähigkeit durch entsprechende Einnahmen gedeckt werden müssen (*Liquiditätsziel*).

8.8.2 Finanzplanung

Finanzierungsvorgänge müssen geplant werden. Dazu dient die Finanzplanung.

> Die *Finanzplanung* hat die Aufgabe, die für die wirtschaftliche Tätigkeit eines Unternehmens erforderlichen finanziellen Mittel möglichst kostengünstig und zeitgerecht bereitzustellen und im Unternehmen vorhandene, überschüssige Finanzmittel rentabel zu investieren bzw. anzulegen.

Zudem muss die Finanzplanung zukünftige Zahlungsströme so koordinieren, dass die Zahlungsbereitschaft des Unternehmens gesichert ist (Planung der *Fristigkeit*; vgl. Wöhe et al. 2016, S. 528 ff.). Ein *Finanzplan* ermittelt periodenbezogen den aktuell verfügbaren Bestand an Zahlungsmitteln auf den Unternehmenskonten und erfasst dabei möglichst termingetreu und vollständig alle zukünftigen Ein- und Auszahlungen (vgl. Drukarczyk 2006, S. 428; Schmalen/Pechtl 2013, S. 484). Die Zielsetzung der Finanzplanung, Kapitalkosten unter der Bedingung der Erhaltung der Zahlungsfähigkeit zu minimieren, kann als Optimierungsproblem formuliert werden (vgl. Domschke/Scholl 2008, S. 265).

Arten der Finanzplanung

Häufig wird zwischen einer strategischen (langfristigen), mittelfristigen und einer kurzfristigen Finanzplanung unterschieden (vgl. Wöhe et al. 2016, S. 529 ff.). Die *strategische Finanzplanung* (über fünf Jahre hinaus) zeigt unter Beachtung von Teilplänen anderer Unternehmensbereiche (z. B. Produktions-, Absatz- und Investitionsplanung) auf, wie zukünftige Geschäftstätigkeiten und die damit verbundenen langfristig geplanten Investitionen finanziert werden können (vgl. Domschke/Scholl 2008, S. 265; Thommen et al. 2017, S. 282 f.). Dabei geht es insbesondere um die Planung der *Kapitalstruktur* (Anteil von Eigen- und Fremdkapital, Fristigkeit) sowie um langfristige Maßnahmen der Kapitalbindung und -freisetzung, der Zuführung neuen Kapitals und der Haltung von Liquiditätsreserven zur Finanzierung langfristig angelegter Investitionen (vgl. Domschke/Scholl 2008, S. 265; Weber et al. 2014, S. 176). In der *mittelfristigen Finanzplanung* (ein bis fünf Jahre) werden die Vorgaben der strategischen Finanzplanung übernommen und aufgezeigt, wie das gewünschte Investitionsvolumen finanziert werden soll (vgl. Wöhe et al. 2016, S. 529 f.). *Kurzfristige Finanzpläne* (ein bis zwölf Monate) dienen insbesondere der Liquiditätssicherung und -steuerung (vgl. Schierenbeck/Wöhle 2016, S. 571).

Liquidität

Zur Aufgabe der kurzfristigen Finanzplanung, die Zahlungsfähigkeit des Unternehmens in jedem Zeitpunkt zu sichern, werden oft *Liquiditätskennziffern* (Liquidität 1., 2. und 3. Grades; Wöhe et al. 2016, S. 530) verwendet. Diese sollen darüber Auskunft geben, ob die vorhandenen liquiden Zahlungsmittel zur Deckung der kurzfristigen Verbindlichkeiten ausreichen (vgl. Thommen et al. 2017, S. 284). Die *Liquidität 1. Grades* (*Cash Ratio*) ergibt sich aus dem Quotienten von vorhandenen Zahlungsmitteln und kurzfristigen Verbindlichkeiten. Bei einem Wert von eins reichen die vorhandenen Zahlungsmittel (aktuell) gerade aus, die Schulden zu begleichen. Liegt der Wert unter eins, droht Unterliquidität bzw. Illiquidität. Da diese Kennziffern statisch sind und nicht zeitpunktbezogen die zukünftigen Ein- und Auszahlungen erfassen, können sie kaum das Insolvenzrisiko reduzieren. Deshalb muss der kurzfristige Finanzplan durch eine dynamische Rechnung ergänzt werden (vgl. Wöhe et al. 2016, S. 531). Auch Probleme der kurzfristigen Finanzplanung können als Optimierungsmodelle dargestellt werden (z. B. Kassenhaltungsmodell).

Integrierte Finanzplanung

Finanzpläne können nicht autonom erstellt, sondern müssen mit anderen betrieblichen Teilplänen abgestimmt werden (vgl. Schierenbeck/Wöhle 2016, S. 378 f.). Dies gilt insbesondere für die Wechselwirkungen zwischen der Produktionsprogramm-, Investitions- und Finanzplanung. Dieser Aufgabe dient die sogenannte integrierte Finanzplanung, die die Finanzrechnung stärker mit anderen Rechnungssystemen (z. B. Geschäftsbuchhaltung) verknüpft. Optimierungsmodelle für eine simultane Bestimmung von Investitions- und Finanzprogrammen liegen vor (vgl. hierzu Domschke/Scholl 2008, S. 270 ff.).

8.8.3 Finanzierungsformen

Unter den *Finanzierungsformen* werden die Arten der Kapitalaufbringung verstanden.

Finanzierungsvorgänge können nach den Kriterien Finanzierungsanlass (z. B. Übernahmefinanzierung), Rechtsstellung des Kapitalgebers, Mittelherkunft, Dauer der Mittelbereitstellung und Häufigkeit der Finanzierungsakte charakterisiert werden (vgl. Abb. 8-19). Nach der *Rechtsstellung* der Kapitalgeber wird zwischen Eigen- bzw. Beteiligungsfinanzierung und Fremd- bzw. Kreditfinanzierung unterschieden. Eigen- und Fremdkapital weisen Unterschiede hinsichtlich der Haftung, des Ertragsanteils, des Vermögensanspruches, der Berechtigung zur Unternehmensleitung, der zeitlichen Verfügbarkeit des Kapitals, der steuerlichen Belastung und des Finanzierungsspielraumes auf (vgl. Schierenbeck/Wöhle 2016, S. 368).

Eigenfinanzierung

Eine *Eigenfinanzierung* liegt vor, wenn sich durch Finanzierungsvorgänge das Eigenkapital des Unternehmens erhöht. So können Eigentümer bzw. Gesellschafter eines Unternehmens zusätzlich Kapital dem Unternehmen zur Verfügung stellen (z. B. Bareinlage eines Gesellschafters einer GmbH) oder zurückgehaltene Gewinnanteile können zu Finanzierungszwecken (z. B. Investitionen) genutzt werden (*Selbstfinanzierung*). Wird dem Unternehmen durch Aufnahme neuer Gesellschafter von außen (*Außenfinanzierung*) Eigentum zugeführt, so wird von einer *Beteiligungsfinanzierung* gesprochen (Drukarczyk 2006, S. 403; Wöhe et al. 2016, S. 534). Im Gegensatz zu den Gläubigern (*Kreditfinanzierung*) sind Ansprüche der Eigenkapitalgeber auf Rückzahlung bzw. Verzinsung der Einlage nachrangig (vgl. Drukarczyk 2006, S. 404). Eigentümer tragen somit die größten Risiken der Geschäftstätigkeit. Dafür stehen ihnen Entscheidungs- bzw. Mitspracherechte zu und sie haben Anspruch auf Gewinnanteile (z. B. Dividende).

Eigenkapital wird dem Unternehmen dauerhaft bereitgestellt und

- bestimmt maßgeblich die Kreditwürdigkeit und das Fremdfinanzierungspotenzial von Unternehmen,
- definiert den Haftungsumfang,
- dient als Basis für die Gewinn- bzw. Verlustverteilung und
- kann Risiken der Geschäftstätigkeit temporär auffangen (Thommen et al. 2017, S. 292; Wöhe et al. 2016, S. 534).

Fremd- bzw. Kreditfinanzierung

Bei der Fremd- bzw. Kreditfinanzierung (Außenfinanzierung) stellt ein Fremdkapitalgeber (Kreditgeber, Gläubiger) dem Unternehmen zeitlich befristet finanzielle Mittel unter vertraglich gesicherten Rückzahlungsbedingungen (z. B. Zins- und Tilgungsvereinbarungen) und gegen Gewährung von Sicherheiten zur Verfügung (vgl. Drukarczyk 2006, S. 404). Neben den vertraglichen Vereinbarungen sind ihre Ansprüche auch schuldrechtlich geregelt. Die *Fremdfinanzierung* dient dem Unternehmen dazu, einen langfristigen Kapitalbedarf zu decken (z. B. bei größeren Investitionen), Liquidität zu sichern und Kapitalkosten zu minimieren (wenn Fremdkapital günstiger ist als das Eigenkapital; vgl. Wöhe et al. 2016, S. 537). Da Kreditgeber das Risiko eingehen, dass ein Unternehmen seinen Zahlungsverpflichtungen nicht mehr nachkommen kann (Kreditausfall; vgl. Schmalen/Pechtl 2013, S. 467), findet vor der Kreditbereitstellung eine *Kreditwürdigkeitsprüfung* (Bonitätsprüfung) statt. Zur *Kreditsicherung* werden vom Kreditgeber in der Regel Sicherheiten wie Grundpfandrechte (Hypothek oder Grundschuld), Sicherungsübereignung, Sicherungsabtretung (von Forderungen und Rechten) oder Bürgschaften verlangt (vgl. Schmalen/Pechtl 2013, S. 468 f.). Weiterhin kann zwischen *kurzfristigen* Kreditfinanzierungen (z. B. Kontokorrentkredite, Lieferantenkredite, Diskont- und Akzeptkredite) und *langfristigen* Kreditfinanzierungen (z. B. langfristige Bankdarlehen, Schuldverschreibungen, Schuldscheindarlehen) unterschieden werden (vgl. Drukarczyk 2006, S. 490 ff.; Wöhe et al. 2016, S. 549).

Außenfinanzierung

Nach der *Mittelherkunft* wird zwischen Außen- und Innenfinanzierung unterschieden (vgl. Abb. 8-19). Bei der Außenfinanzierung fließen aus unternehmens-externen Quellen (z. B. Banken, Geld- und Kapitalmärkten) dem Unternehmen Finanzmittel (Eigen- bzw. Fremdkapital) zu. Während der *Kapitalmarkt* der Markt für längerfristige

Abb. 8-19

Charakterisierung von Finanzierungsformen

Kriterium	Finanzierungsformen
Finanzierungsanlass	▸ Gründungsfinanzierung ▸ Wachstumsfinanzierung ▸ Erweiterungsfinanzierung ▸ Übernahmefinanzierung ▸ Sanierungsfinanzierung
Rechtsstellung des Kapitalgebers	▸ Eigenfinanzierung ▸ Fremdfinanzierung
Herkunft der Mittel	▸ Außenfinanzierung ▸ Innenfinanzierung
Fristigkeit	▸ Unbefristete Finanzierung ▸ Befristete Finanzierung – kurzfristig: bis 1 Jahr – mittelfristig: 1 bis 5 Jahre – langfristig: über 5 Jahre

Quelle: In Anlehnung an Thommen et al. 2017, S. 278

Finanzanlagen und -beschaffungen (Aktienmarkt, Rentenmarkt) ist, werden auf dem *Geldmarkt* (im weiteren Sinne) kurzfristige Kredite vergeben. Im engeren Sinne ist der Geldmarkt der Markt für Notenbankgeld und Geldmarktpapiere, die zwischen Banken gehandelt werden. Zur Außenfinanzierung gehören die Beteiligungsfinanzierung und die Kreditfinanzierung (vgl. Abb. 8-20). Bei der *Beteiligungsfinanzierung* wird dem Unternehmen über Einlagen von Gesellschaftern von außen Eigenkapital zugeführt (vgl. Horsch et al. 2011, S. 395). Beteiligungsfinanzierungen sind für Kapitalgesellschaften interessant, die durch Ausgabe neuer GmbH-Anteile bzw. Aktien eine Kapitalerhöhung erreichen können (vgl. Thommen et al. 2017, S. 297; Schmalen/Pechtl 2013, S. 461). Bei der *Kreditfinanzierung* handelt es sich um Fremdkapital, das dem Unternehmen von Dritten zeitlich befristet unter festgelegten Bedingungen überlassen wird (z. B. Bankkredit, Lieferantenkredit).

Innenfinanzierung

Eine Innenfinanzierung (interne Finanzierung) liegt vor, wenn die finanziellen Mittel aus dem Unternehmen selbst, d. h. aus dem Umsatzprozess oder aus Vermögensumschichtungen, kommen (vgl. Horsch et al. 2011, S. 391). Das Innenfinanzierungsvolumen ergibt sich direkt aus der (positiven) Differenz zwischen Einzahlungen und Auszahlungen (Überschussfinanzierung; vgl. Schmalen/Pechtl 2013, S. 481; Wöhe et al. 2016, S. 581 f.). Die verschiedenen *Formen der Innenfinanzierung* unterscheiden sich hinsichtlich der Herkunft des finanzwirtschaftlichen Überschusses (vgl. Abb. 8-20). Die Innenfinanzierung kann aus zurückbehaltenen Gewinnen (Selbstfinanzierung), Abschreibungen, Rückstellungen und Vermögensumschichtungen erfolgen.

Selbstfinanzierung

Als Selbstfinanzierung (*Thesaurierung*) wird die Verwendung von Unternehmensgewinnen zur Finanzierung von Investitionen anstelle einer Ausschüttung an die Eigentümer (z. B. Dividendenzahlungen an Aktionäre) bezeichnet. Die Selbstfinan-

Abb. 8-20

Finanzierungsquellen eines Unternehmens

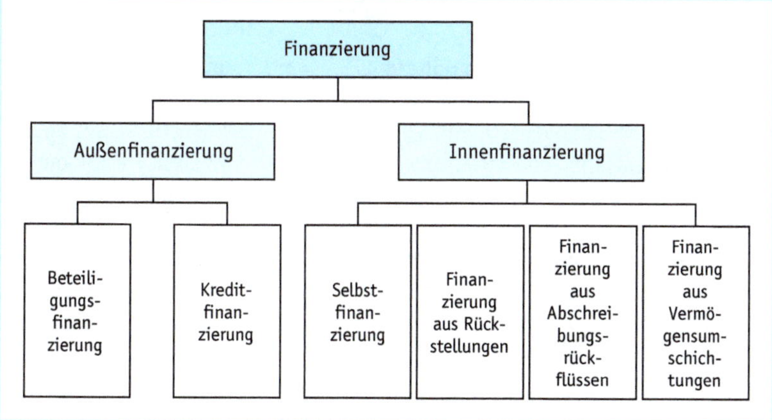

zierung erfolgt über zurückbehaltenem (thesauriertem) Gewinn (vgl. Wöhe et al. 2016, S. 583 f.). Es wird in Abhängigkeit davon, ob der zur Finanzierung zur Verfügung stehende Gewinn in der Bilanz ausgewiesen wird oder nicht, unterschieden zwischen

- in der Bilanz auf der Passivseite ersichtlicher *offener Selbstfinanzierung* durch Bildung von *Gewinnrücklagen*. In die Gewinnrücklage werden thesaurierte Gewinne eingestellt (§ 272 Abs. 3 HGB und § 152 Abs. 3 AktG; vgl. Wöhe et al. 2016, S. 583 ff.). *Rücklagen* stellen Eigenkapitalreserven dar.
- nicht in der Bilanz ersichtlicher *stiller Selbstfinanzierung* durch Bildung *stiller Rücklagen* auf Grund der Unterbewertung von Aktiva und/oder Überbewertung von Passiva (vgl. Thommen et al. 2017, S. 304).

Finanzierung aus Abschreibungsgegenwerten

Abschreibungen dienen dazu, den periodenbezogenen Werteverlust bzw. die Verringerung des Nutzungspotenzials langlebiger Betriebsmittel (z. B. Potenzialfaktoren wie Maschinen) zu ermitteln. Der Aufwand bei einer Investition in ein langlebiges Wirtschaftsgut wird in Höhe der Abschreibungen auf die Jahre seiner Nutzung verteilt und als Aufwand bei der Gewinnermittlung in der GuV-Rechnung berücksichtigt (vgl. Kap. 8.9.2.2; vgl. Domschke/Scholl 2008, S. 245 f.). So ergibt sich z. B. bei der *linearen Abschreibungsmethode* der jährliche Abschreibungswert aus dem Anschaffungspreis des Betriebsmittels dividiert durch die Anzahl der Nutzungsjahre. Unter der Voraussetzung, dass die Abschreibungsbeträge je Periode in gleicher Höhe durch Umsatzerlöse gedeckt sind (verdiente Abschreibungen), tritt ein *Kapitalfreisetzungseffekt* ein: Die erwirtschafteten Abschreibungsbeträge fließen dem Unternehmen während der gesamten Nutzungsdauer des Wirtschaftsgutes zu und können bis zur Finanzierung einer Ersatzinvestition am Ende der Nutzungsdauer für andere Finanzierungszwecke zwischenzeitlich genutzt werden (vgl. Wöhe et al. 2016, S. 588 ff.). Der Kapitalfreisetzungseffekt resultiert also daraus, dass die dem Unternehmen jährlich zufließenden Abschreibungsbeträge nicht sofort in den Ersatz des Wirtschaftsgutes investiert werden müssen. Wenn die so freigesetzten finanziellen Mittel *sofort* in identische Betriebsmittel reinvestiert werden, kann sich die Periodenkapazität erweitern, ohne dass dazu eine zusätzliche Kapitalbeschaffung erforderlich wäre. Dieser *Kapazitätserweiterungseffekt* wird auch als *Lohmann-Ruchti-Effekt* bezeichnet (vgl. Schmalen/Pechtl 2013, S. 482; Wöhe et al. 2016, S. 590).

Finanzierung aus Rückstellungen

Rückstellungen werden für nach Höhe und Fälligkeitszeitpunkt ungewisse Verbindlichkeiten und für drohende Verluste aus schwebenden Geschäften gebildet, deren Eintritt wahrscheinlich oder sicher ist (§ 249 HGB; z. B. Pensionsrückstellungen). Da Rückstellungen im Sinne potenziell eintretender Verbindlichkeiten Fremdkapital darstellen, handelt es sich hier um eine innerbetriebliche Fremdfinanzierung. Der Finanzierungseffekt von Rückstellungen resultiert daraus, dass die Aufwandsverrechnung der potenziellen Auszahlung voraus geht (vgl. Drukarczyk 2006, S. 408). Es entstehen somit in der aktuellen Periode Aufwendungen, denen erst in späteren Perioden Auszahlungen zu einem ungewissen Zeitpunkt und in ungewisser Höhe gegenüberstehen (vgl. Wöhe et al. 2016, S. 586 ff.).

Finanzierung aus Vermögensumschichtung

Bei der Finanzierung aus Vermögensumschichtung erfolgt eine Kapitalfreisetzung durch Veräußerung von nicht betriebsnotwendigem Vermögen (z. B. Grundstücke) oder durch Verringerung der Kapitalbindung im Umlaufvermögen (z. B. Reduktion von Lagerbeständen; vgl. Thommen et al. 2017, S. 309). Auch mit dem *Sale-lease-back-Verfahren* können intern Finanzmittel freigesetzt werden. Danach werden Vermögensgegenstände (z. B. ein Bürogebäude) an eine Leasinggesellschaft verkauft (*Sale*) und gleichzeitig wieder gemietet (*Lease Back*). Den durch den Verkauf sofort dem Unternehmen zufließenden Zahlungsmitteln stehen zeitlich gestreckte Mietraten entgegen (vgl. Horsch et al. 2011, S. 391).

Zwischen den verschiedenen Finanzierungsformen gibt es Überschneidungen: Eine Eigenfinanzierung kann sowohl als Innenfinanzierung (z. B. Selbstfinanzierung) als auch als Außenfinanzierung (z. B. Kapitaleinlagen von Gesellschaftern) erfolgen. Gleichermaßen kann eine Fremdfinanzierung sowohl als Innenfinanzierung (z. B. Finanzierung aus Pensionsrückstellungen) als auch als Außenfinanzierung (z. B. Finanzierung durch Bankkredite) durchgeführt werden.

8.8.4 Investition und Investitionsrechnung

8.8.4.1 Investition

Investitionsentscheidungen haben oftmals für ein Unternehmen eine überlebenswichtige Bedeutung. Sie dienen der Sicherung der Wettbewerbsfähigkeit und können ein erhebliches Kapital über Jahre binden (vgl. Linnhoff/Pellens 2011, S. 323; Seelbach 2006, S. 337). Entscheidungen über Investitionen müssen deshalb im Rahmen der Investitionsplanung sehr gründlich vorbereitet werden.

> *Investitionen* sind Auszahlungen für den Erwerb oder die Herstellung von Wirtschaftsgütern, die längerfristig dem Unternehmen zur Verfügung stehen und zukünftige Einzahlungen erwarten lassen (vgl. Linnhoff/Pellens 2011, S. 323).

Investitionsbegriff

Nach dem Umfang eingeschlossener Investitionsgüter lassen sich Investitionen im weiteren und im engeren Sinne unterscheiden (vgl. Thommen et al. 2017, S. 334). Im *weiteren Sinne* wird unter Investition die Verwendung finanzieller Mittel zur Beschaffung von Sachanlagen (z. B. Produktionsanlagen), Finanzanlagen (z. B. Beteiligungen an anderen Unternehmen) oder immateriellen Vermögensgegenständen (z. B. Schutzrechte, Lizenzen), die auf der Aktivseite der Bilanz ausgewiesen wird, verstanden (vgl. § 266 II A I – III HGB). Im *engeren Sinne* dient die Investition jedoch nur dem Einsatz finanzieller Mittel zur Beschaffung von Sachanlagen. Im Allgemeinen wird dieser enge Investitionsbegriff gewählt, wenn von Investition gesprochen wird.

Arten von Investitionen

Grob können (materielle und immaterielle) Sachinvestitionen und Finanzinvestitionen unterschieden werden. *Sachinvestitionen* werden in Neuinvestitionen bzw. Umstellungsinvestitionen (Umstellung der Sachausstattung auf die Herstellung neuer Produkte), Erweiterungsinvestitionen (z. B. Beschaffung zusätzlicher Anlagen zur Steigerung der Produktionskapazität), Rationalisierungsinvestitionen (z. B. Auswechseln noch funktionierender Altanlagen durch effizientere Neuanlagen) und Ersatzinvestitionen (z. B. Ersatz alter, nicht mehr zufriedenstellend arbeitender Altanlagen durch verbesserte Neuanlagen), Diversifikationsinvestitionen (Investitionen in Sachanlagen, die das bisherige Produktionsprogramm ergänzen (horizontal oder vertikal), oder die einen neuen Leistungsbereich aufbauen (lateral)) unterteilt (Thommen et al. 2017, S. 334). Finanzanlagen dienen auf Dauer angelegten finanziellen Zwecken wie Beteiligungen an anderen Unternehmen und langfristige Wertpapiere.

8.8.4.2 Investitionsrechenverfahren

Wegen des oft hohen Kapitaleinsatzes und der langfristigen Kapitalbindung von Investitionen ist eine gründliche Investitionsplanung sehr wichtig (vgl. Thommen et al. 2017, S. 336 f.; Wöhe et al. 2016, S. 470 ff.). Im Rahmen dieser Planung müssen alternative Investitionsobjekte bewertet und hinsichtlich ihrer Wirtschaftlichkeit und Vorteilhaftigkeit geprüft werden. Für die Abschätzung der finanziellen Wirkungen von alternativen Investitionsobjekten und das Vorbereiten einer darauf aufbauenden Entscheidung werden Investitionsrechenverfahren eingesetzt. Es werden folgende Verfahren unterschieden (vgl. Abb. 8-21):

- *Statische Verfahren* (auch »*Praktikerverfahren*« genannt) ermitteln kalkulatorische Kosten und Erlöse und setzen voraus, dass diese gleichmäßig auf die Nutzungsdauer eines Investitionsobjekts verteilt anfallen (Durchschnittsbetrachtung).
- *Dynamische Verfahren* basieren auf einer finanzmathematischen Vorgehensweise und berücksichtigen, dass Ein- und Auszahlungen (*Cashflows*) über die Nutzungsdauer eines Investitionsobjektes zeitlich verteilt anfallen und diskontiert werden müssen (vgl. Domschke/Scholl 2008, S. 251).
- *Operations-Research-Verfahren* versuchen, ein optimales Investitionsbudget durch simultane Planung des Finanzierungs- und Investitionsprogramms mit Hilfe von OR-Methoden zu ermitteln. Diese Verfahren weisen oft eine hohe mathematische Komplexität und einen hohen Abstraktionsgrad auf, so dass sie für konkrete Anwendungen nicht immer geeignet sind (vgl. Kap. 6.4.6).

Abb. 8-21

Investitionsrechenverfahren

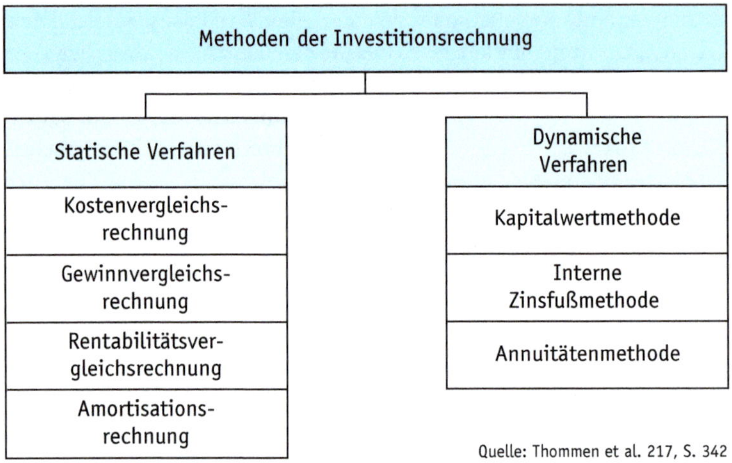

Quelle: Thommen et al. 217, S. 342

Statische Investitionsrechenverfahren

Statische Investitionsrechenverfahren ermitteln in einer Durchschnittbetrachtung die Vorteilhaftigkeit einer Investition im Vergleich zur Nichtinvestition bzw. von mehreren sich gegenseitig ausschließenden Investitionsprojekten bei gegebener Nutzungsdauer *T*.

Diese Verfahren berücksichtigen nicht den zeitlich unterschiedlichen Anfall von mit der Investition verbundenen zukünftigen Ein- und Auszahlungen, sondern legen ihren Berechnungen durchschnittlich anfallende Zahlungsströme je Periode während der gesamten Nutzungsdauer zugrunde (*Durchschnittsrechnung*; vgl. Seelbach 2006, S. 355). Auf eine *Diskontierung* zukünftiger Zahlungsströme wird verzichtet. Diese Verfahren sind relativ einfach anzuwenden und werden deshalb trotz ihrer bekannten Fehleranfälligkeit in der Praxis sehr häufig eingesetzt (Wöhe et al. 2016, S. 476 f.). Ein gravierender Nachteil liegt in der Nichtberücksichtigung der zeitlichen Verteilung der mit einer Investition verbundenen zukünftigen Ein- und Auszahlungen (vgl. Linnhoff/Pellens 2011, S. 325). Zu den *statischen Verfahren* der Investitionsrechnung gehören (vgl. Thommen et al. 2017, S. 342):

Die Kostenvergleichsrechnung ermittelt die von den Investitionsobjekten verursachten Kosten (Betriebs- und Kapitalkosten) pro Rechnungsperiode bzw. pro Leistungseinheit (z. B. Stückkosten) der zur Auswahl stehenden Investitionsprojekte und stellt sie einander gegenüber (vgl. Thommen et al. 2017, S. 342 f.). Dieses Verfahren ist in der Praxis weit verbreitet. Ausgewählt wird das Investitionsobjekt mit den vergleichsweise geringsten Kosten. Schwächen des Verfahrens sind, dass nur Kosten und keine Erlöse aus der Investition berücksichtigt werden. Dieses Verfahren sollte nur eingesetzt werden, wenn die Alternativen ähnlich hohe Erlöse erwirtschaften sowie die gleiche Nutzungsdauer und den gleichen Kapitaleinsatz aufweisen (vgl. Domschke/Scholl 2008, S. 249). Weiterhin bleiben die Struktur der Kosten und mögliche zeitliche Veränderungen von Kostengrößen unberücksichtigt (z. B. steigende Rohstoffpreise während der Nutzungsdauer). Allerdings kann dieses Verfahren bei kurzen Nutzungsdauern vorteilhaft sein, da sich eine Vernachlässigung zeitlich verteilter Zahlungsüberschüsse hier nicht so gravierend darstellt (vgl. Linnhoff/Pellens 2011, S. 326).

Die Gewinnvergleichsrechnung berücksichtigt neben den von einer Investition verursachten Kosten auch deren Erlöse. Dieses Vorgehen ist immer dann sinnvoll, wenn die mit den Investitionsobjekten verbundenen Erlöserwartungen stark voneinander abweichen. Ausgewählt wird diejenige Investitionsalternative mit dem vergleichsweise höchsten durchschnittlichen Gewinn, der sich aus der Differenz zwischen durchschnittlichen Erlösen und Kosten ergibt. Eingesetzt wird die Gewinnvergleichsrechnung bei Ersatz- und Erweiterungsinvestitionen. Auch wenn dieses Verfahren die Erlöse berücksichtigt, so behebt es die grundsätzlichen Mängel der Kostenvergleichsrechnung nicht (Durchschnittbetrachtung). Hinzu kommen Probleme der Gewinnermittlung bzw. Gewinnschätzung (vgl. Thommen et al. 2017, S. 344 ff.). Geeignet ist dieses Verfahren nur, wenn die zu vergleichenden Investitionsalternativen dieselbe Nutzungsdauer und denselben Kapitaleinsatz aufweisen (vgl. Domschke/Scholl 2008, S. 248).

Die Rentabilitätsvergleichsrechnung berücksichtigt unterschiedlich hohe Kapitaleinsätze der geplanten Investitionsalternativen und beurteilt deren Vorteilhaftigkeit anhand der durchschnittlichen Rentabilität des in den jeweiligen Investitionen gebundenen Kapitals (vgl. Thommen et al. 2017, S. 346; Seelbach 2006, S. 361). Die *Kapitalrentabilität* wird berechnet aus dem Quotienten vom durchschnittlichen Jahresgewinn G (z. B. EBIT) zum durchschnittlich im Investitionsobjekt gebundenen Kapital K^* (vgl. Linnhoff/Pellens 2011, S. 327; Gleichung 25):

$$\text{Kapitalrentabilität} = \left(\frac{G}{K^*}\right) \times 100 \quad \text{in Prozent} \tag{25}$$

Ausgewählt wird das Investitionsobjekt mit der höchsten Rentabilität unter der Voraussetzung, dass die gewünschte *Mindestrentabilität* zumindest erreicht wird. Die Rentabilität kann näherungsweise als Verzinsung des tatsächlich eingesetzten Kapitals interpretiert werden (vgl. Linnhoff/Pellens 2011, S. 328). Das grundsätzlich mit den statischen Verfahren verbundene Problem der Durchschnittsbetrachtung mit der Annahme gleicher Nutzungsdauern wird auch von diesem Verfahren nicht gelöst.

Die Amortisationsrechnung, die auch als *Pay-back-Methode*, *Pay-off-Methode* oder *Kapitalrückflussrechnung* bezeichnet wird, ermittelt die Zeitdauer (Amortisationszeit), die erforderlich ist, bis das in ein Wirtschaftsgut investierte Kapital durch Einzahlungsüberschüsse (*Cashflow*) während der Nutzungszeit *T* zurückgeflossen ist. Ohne direkt Ein- und Auszahlungen je Periode ermitteln zu müssen, können die Einzahlungsüberschüsse bei Erweiterungsinvestitionen aus der Addition von Periodengewinn und Abschreibungen berechnet werden (vgl. Thommen et al. 2017, S. 346). Ausgewählt wird dasjenige Investitionsobjekt mit der kürzesten Amortisationszeit. Die Amortisationszeit kann durch Kumulations- oder Durchschnittsberechnung ermittelt werden. Bei der *Kumulationsrechung* werden die zeitlich gestaffelten Einzahlungsüberschüsse so lange aufaddiert (kumuliert), bis die Summe dem Investitionsbetrag entspricht bzw. überschreitet. Sind die jährlichen Rückflüsse konstant, kann mit Hilfe der *Durchschnittsmethode* die Amortisationszeit einfacher aus dem Quotienten von Kapitaleinsatz für die Investition zum jährlich gleichbleibenden Einzahlungsüberschuss (z. B. Gewinn + Abschreibung) berechnet werden (vgl. Thommen et al. 2017, S. 346).

Beispiel **Amortisation**

▸▸▸ Bei einer Anschaffungsausgabe von 100.000 Euro für eine Produktionsanlage und jährlich konstantem Einnahmeüberschuss von 25.000 Euro ergibt sich demnach eine Amortisationszeit von vier Jahren. ◂◂◂

Dieses Verfahren hat den Vorteil, liquiditäts- und risikoorientierte Aspekte zur Beurteilung der Vorteilhaftigkeit von Investitionsobjekten zu berücksichtigen. Da allerdings die erwartete Rentabilität unberücksichtigt bleibt, sich zudem Probleme ergeben können, wenn die zu vergleichenden Investitionsobjekte eine unterschiedliche Nutzungsdauer aufweisen und die Einzahlungsüberschüsse nicht diskontiert werden (*simple Pay-Back*), ist es ratsam, dieses Verfahren nur in Kombination mit anderen einzusetzen (vgl. Thommen et al. 2017, S. 346 f.). Neben dieser statischen gibt es noch eine dynamische Amortisationsrechnung (*discounted Pay-back*), die die diskontierten *Cashflows* (Barwerte) der Rückflüsse berücksichtigt (vgl. Linnhoff/Pellens 2011, S. 338 ff.).

Dynamische Investitionsrechenverfahren

Dynamische Investitionsrechenverfahren ermitteln die Vorteilhaftigkeit von Investitionen unter der Annahme zeitlich gestaffelt anfallender Ein- und Auszahlungen (*Cashflows*).

Die Bedeutung der dynamischen Investitionsrechenverfahren hat in der Praxis stark zugenommen. Im Unterschied zu den statischen Investitionsrechenverfahren werden bei den dynamischen Verfahren nicht nur die Zahlungsströme während der gesamten Nutzungsdauer *T* eines Investitionsobjektes berücksichtigt, sondern zusätzlich auch die jeweiligen Zeitpunkte, zu denen Ein- und Auszahlungen anfallen. Dazu muss für alle zu bewertenden, optionalen Investitionsobjekte eine vollständige Zeitreihe aller zukünftig erwarteter Ein- und Auszahlungen aufgestellt werden (vgl. Linnhoff/Pellens 2011, S. 332). Da der auf das aktuelle Datum bezogene Wert einer Zahlung (*Barwert*) davon abhängig ist, zu welchem (zukünftigen) Zeitpunkt diese

Zahlung erwartet wird, müssen alle zukünftigen Ein- und Auszahlungen auf einen gemeinsamen Zeitpunkt (oft das aktuelle Datum) bezogen (diskontiert) werden, um verglichen werden zu können. Eine Einzahlung, die z. B. in zwei Jahren erfolgen wird, ist, aus heutiger Sicht, weit weniger wert (*Wert des Geldes*) als eine Einzahlung in gleicher Höhe, die sofort erfolgt. Die rechnerische Bestimmung des Zeitwertes des Geldes erfolgt über das finanzmathematische Prinzip des *Auf- und Abzinsens* (Wöhe et al. 2016, S. 484 f.). Werden alle erwarteten, zukünftigen Ein- und Auszahlungen auf den aktuellen Zeitpunkt bezogen, so findet ein Abzinsen (*Diskontierung*) statt (vgl. Thommen et al. 2017, S. 348). Zu den dynamischen Investitionsrechenverfahren gehören die Kapitalwert-Methode, die interne Zinsfuß-Methode und die Annuitäten-Methode.

Die Kapitalwert-Methode diskontiert alle durch eine Investition während der Nutzungsdauer *T* eines Investitionsobjektes erwarteten zukünftigen Ein- und Auszahlungen (*Cashflows*) auf den Beginn des Planungszeitraumes (*Barwert* bei t = 0). Zur Berechnung des Kapitalwertes *KW* (*Net Present Value, NPV*) wird von diesem Barwert das in das Investitionsobjekt zu investierende Kapital I_0 abgezogen (vgl. Gleichung 26). Die Höhe des Kapitalwertes eines Investitionsobjektes ist abhängig von der Höhe und der zeitlichen Verteilung des Eintritts zukünftiger Ein- und Auszahlungen (e_t, a_t) sowie vom Kalkulationszinssatz *i* (vgl. Thommen et al. 2017, S. 350). Die gewählte Höhe des Kalkulationszinssatzes *i* ist u. a. abhängig vom Marktzins, dem wahrgenommenen Investitionsrisiko, den Finanzierungskosten und der Rendite alternativer Anlagemöglichkeiten (vgl. Thommen et al. 2017, S. 350).

Der Kapitalwert *KW* berechnet sich nach folgender Formel (vgl. Thommen et al. 2017, S. 350):

$$KW = \sum_{t=0}^{T} \frac{e_t - a_t}{(1+i)^t} + \frac{L_T}{(1+i)^T} - I_0 \qquad (26)$$

t = Zeitindex
T = Nutzungsdauer der Investition in Jahren
i = Kalkulationszinssatz
I_0 = Höhe der Anschaffungsauszahlung
a_t = Auszahlung während der Nutzungsdauer und fällig am Ende des jeweiligen Jahres t
e_t = Einzahlung während der Nutzungsdauer und fällig am Ende des jeweiligen Jahres t
L_T = Liquidationserlös am Ende der Nutzungsdauer *T*

Ist der Barwert der zukünftigen *Cashflows* einer Investition größer als die Anschaffungsauszahlung I_0, so ist der Kapitalwert positiv (KW > 0; Linnhoff/Pellens 2011, S. 332; Wöhe et al. 2016, S. 488). Es wird demzufolge erwartet, dass mit dieser Investition ein Überschuss während der Nutzungsdauer *T* erwirtschaftet wird. Ist der *Kapitalwert negativ* (KW < 0), so liegt die erwartete Verzinsung der Investition unterhalb der festgelegten Mindestrendite. Bei mehreren Investitionsoptionen wird diejenige mit dem größten *positiven* Kapitalwert ausgewählt. Kritisch an der Kapitalwert-

Methode ist, dass die Berechnung des *KW* sehr stark vom gewählten Kalkulationszinssatz *i* abhängig ist. Steigt der Kalkulationszinssatz, so sinkt der Kapitalwert (Linnhoff/Pellens 2011, S. 334). Wegen dieser Charakteristik kann sich die Rangfolge der Investitionsprojekte bei veränderten Kalkulationszinssätzen verändern. Darüber hinaus können bereits geringfügige Abweichungen des zur Berechnung unterstellten Kalkulationszinssatzes vom tatsächlich realisierbaren Zinssatz (Marktzinssatz) zu Fehlentscheidungen führen (vgl. Domschke/Scholl 2008, S. 253). Zudem wird (sehr unrealistisch) angenommen, dass zum Kalkulationszinssatz *i* Gelder in beliebiger Höhe (keine Finanzierungsprobleme) aufgenommen oder angelegt (i = Sollzins = Habenzins) werden können (»vollkommener Kapitalmarkt«; vgl. Linnhoff/Pellens 2011, S. 333).

Die interne Zinsfuß-Methode ermittelt die *effektive Verzinsung* des in einem Investitionsobjekt gebundenen Kapitals (Wöhe et al. 2016, S. 482 ff.).

> Der *interne Zinsfuß i** (*Internal Rate of Return*) ist derjenige Zins, der als Kalkulationszinssatz einen Kapitalwert von Null ergibt (Linnhoff/Pellens 2011, S. 336).

Der *interne Zinsfuß i** (auch als interner Zinssatz bezeichnet) gibt die jährliche Verzinsung des jeweils noch nicht zurückgeflossenen Kapitaleinsatzes der Investition an. Zur Berechnung von i^* muss die Formel zur Bestimmung des Kapitalwerts *KW* (Gleichung 26) zu Null gesetzt und nach i^* aufgelöst werden. Da dies bei mehr als zwei Nutzungsperioden zu erheblichen mathematischen Problemen führt, werden in der Praxis nur Näherungsverfahren eingesetzt (vgl. Thommen et al. 2017, S. 351). Zudem ist es möglich, dass mehrere optimale interne Zinssätze i^* für ein Investitionsobjekt existieren oder keiner. Ein *positiver interner Zinsfuß i** zeigt an, welche Rendite das im Investitionsobjekt gebundene Kapital erwirtschaftet (vgl. Seelbach 2006, S. 351). Er gibt demnach die *interne Rendite* des durch die Investition gebundenen Kapitals wieder. Rückflüsse, die über die interne Verzinsung hinausgehen, können zur Tilgung des Investitionsbeitrages I_0 genutzt werden. Ausgewählt wird das Investitionsvorhaben mit dem höchsten internen Zinssatz i^*, vorausgesetzt, die erforderliche Mindestverzinsung bzw. der Kalkulationszinssatz *i* wird erreicht oder überschritten ($i^* > i$; vgl. Linnhoff/Pellens 2011, S. 336).

Da die Kapitalwert-Methode den Zinssatz vorgibt, der bei der internen Zinsfuß-Methode berechnet wird, können beide Verfahren zu recht unterschiedlichen Ergebnissen kommen. Kritisch ist die wenig realistische Annahme, dass die Einzahlungsüberschüsse zum jeweils berechneten, je nach Investitionsobjekt unterschiedlichen Zinssatz angelegt werden können (vgl. Domschke/Scholl 2008, S. 256). Zudem vernachlässigt diese Methode die absolute Höhe des Kapitaleinsatzes, so dass eine kleine, hoch rentable Investition vorteilhafter erscheinen kann als eine größere, aber weniger rentable (Linnhoff/Pellens 2011, S. 337). Deshalb sollte für den Vergleich alternativer Investitionsobjekte besser die Kapitalwert-Methode verwendet werden (Linnhoff/Pellens 2011, S. 338).

Die Annuitäten-Methode stellt eine Modifikation der Kapitalwert-Methode dar. Der Kapitalwert wird in jährlich gleichbleibende nachschüssige Einzahlungsüberschüsse (*Annuität*) periodisiert (Thommen et al. 2017, S. 351 f.). Für Investitionsvorhaben mit einer Anschaffungsauszahlung I_0, einem Kalkulationszinssatz i und einer bekannten Nutzungsdauer T wird ein durchschnittlicher, jährlich konstant bleibender Einzahlungsüberschuss (die Annuität) berechnet, der neben Tilgung und Verzinsung zu anderen Finanzierungszwecken bereitsteht (vgl. Domschke/Scholl 2008, S. 254). Ausgewählt wird das alternative Investitionsvorhaben mit der größten *positiven* Annuität. Es gelten für diese Methode die gleichen Einschränkungen wie bei der Kapitalwert-Methode.

Kontrollfragen Kapitel 8.8

1. *Was wird unter der betrieblichen Funktion Finanzierung verstanden?*
2. *Welche Ziele verfolgt die Finanzierung?*
3. *Was sagt die Liquidität 1. Grades aus?*
4. *Wie können die Zahlungsströme für Finanzierungsmaßnahmen einerseits und Investitionen andererseits charakterisiert werden?*
5. *Was versteht man unter Kapital?*
6. *Was ist ein Finanzplan?*
7. *Erläutern Sie die Aufgaben der lang-, mittel- und kurzfristigen Finanzplanung.*
8. *Welches sind die Merkmale von Eigenkapital und welches von Fremdkapital?*
9. *Nach welchen Kriterien können Finanzierungsformen charakterisiert werden?*
10. *Was wird unter der Eigen- und Beteiligungsfinanzierung verstanden?*
11. *Was versteht man unter Fremdfinanzierung?*
12. *Was versteht man unter Außen- und Innenfinanzierung?*
13. *Was wird unter Thesaurierung verstanden?*
14. *Welche Innenfinanzierungsarten können unterschieden werden?*
15. *Was wird unter Abschreibungen verstanden?*
16. *Erläutern Sie die Finanzierungswirkung von Abschreibungen.*
17. *Was besagt der Lohmann-Ruchti-Effekt?*
18. *Was wird unter einer Investition verstanden?*
19. *Was unterscheidet statische von dynamischen Investitionsrechenmodellen?*
20. *Erläutern Sie die Kostenvergleichsrechnung.*
21. *Erläutern Sie die Amortisationsrechnung.*
22. *Welche Annahmen legen die statischen Investitionsrechenverfahren zugrunde?*
22\. *Erläutern Sie das finanzmathematische Prinzip der Diskontierung.*
23\. *Erläutern Sie die Kapitalwert-Methode.*
24\. *Wann ist ein Investitionsobjekt nach der Kapitalwert-Methode vorzuziehen?*
25\. *Wie kann der interne Zinsfuß interpretiert werden?*

Übungsaufgabe Kapitel 8.8

Aufgabenstellung

Auf zwei Maschinentypen, A_1 und A_2, kann das gleiche Produkt in der gleichen Qualität hergestellt werden. Die beiden Maschinentypen unterscheiden sich allerdings in der Produktionsgeschwindigkeit, den Anschaffungskosten, den Betriebskosten und der Nutzungsdauer. Es wird erwartet, dass das Produkt zu einem Preis von 12 Euro je Stück verkauft werden kann und dass maximal 5.000 Stück im Jahr davon abgesetzt werden können. Weitere Daten enthält die nachfolgende Tabelle (Aufgabe inspiriert durch Domschke/Scholl 2008):

Maschinentyp	A_1	A_2
Anschaffungskosten	100.000 €	120.000 €
Nutzungsdauer	5 Jahre	4 Jahre
Produktionsmenge/Jahr	4.000 Stück	5.000 Stück
Erlöse/Jahr	48.000 €	60.000 €
./. Abschreibungen	20.000 €	30.000 €
./. Betriebskosten/Jahr	17.000 €	15.000 €
= Gewinn/Jahr	G_1	G_2

Fragen

a) *Welcher Maschinentyp ist nach der Gewinnvergleichsrechnung zu wählen?*

b) *Welcher Maschinentyp ist nach der Kostenvergleichsrechnung zu wählen?*

c) *Welcher Maschinentyp ist nach der Gewinnvergleichsrechnung zu wählen, wenn der Preis des Produkts nur 9 Euro beträgt? Interpretieren Sie das Ergebnis im Vergleich zur Kostenvergleichsrechnung.*

d) *Welcher Maschinentyp ist nach der Kostenvergleichsrechnung zu wählen, wenn wegen der unterschiedlichen Nutzungszeiten der Maschinen Stückkosten verglichen werden?*

e) *Welcher Maschinentyp ist nach der Rentabilitätsvergleichsrechnung zu wählen? Nehmen Sie lineare Abschreibungen an, so dass sich über die Nutzungsdauer ein durchschnittlicher Kapitaleinsatz in Höhe der Hälfte der Anschaffungskosten ergibt.*

f) *Welcher Maschinentyp ist nach der (kumulierten) Amortisationsrechnung zu wählen?*

g) *Welcher Maschinentyp ist nach der Amortisationsrechnung zu wählen, wenn, wie im Beispiel, von konstanten jährlichen Rückflüssen ausgegangen werden kann?*

Lösung

a) $G_1 = 4.000 \times 12 - 100.000/5 - 17.000 = 11.000$ €/Jahr
$G_2 = 5.000 \times 12 - 120.000/4 - 15.000 = 15.000$ €/Jahr
Ausgewählt wird A_2!

b) $K_1 = 37.000$ € und $K_2 = 45.000$ €
Ausgewählt wird A_1!

c) $G_1 = 36.000 - 37.000 = -1.000$ €
$G_2 = 45.000 - 45.000 = 0$ €
Unter dieser Bedingung ist die Entscheidung nach der Kostenvergleichsrechnung wenig zu empfehlen, da mit A_1 ein Verlust von 1.000 Euro gemacht würde und A_2 wenigstens die Kosten gerade noch decken würde.

d) $k_1 = (100.000/5 + 17.000) : 4.000 = 9{,}25$ €
$k_2 = (120.000/4 + 15.000) : 5.000 = 9{,}00$ €
Ausgewählt wird A_2!

e) $r_1 = (11.000 : 50.000) \times 100 = 22{,}0\,\%$
$r_2 = (15.000 : 60.000) \times 100 = 25{,}0\,\%$
Ausgewählt wird A_2!

f)

Perioden	1	2	3	4	5
A_1: kumulierte Erlöse	48,0	96,0	144,0	192,0	240,0
kumulierte Kosten	117,0	134,0	151,0	168,0	185,0
A_2: kumulierte Erlöse	60,0	120,0	180,0	240,0	
kumulierte Kosten	135,0	150,0	165,0	180,0	

A_2 ist in Periode 3 amortisiert, A_1 erst in Periode 4.

g) $$t_A = \frac{\text{Anschaffungskosten}}{\text{Jahresrückfluss}}$$

$t_{A1} = 100.000 : (48.000 - 17.000) = 3{,}23$ Jahre
$t_{A2} = 120.000 : (60.000 - 15.000) = 2{,}67$ Jahre
Ausgewählt wird A_2!

Weiterführende Literatur

Domschke, W./Scholl, A. (2008): Grundlagen der Betriebswirtschaftslehre, 4. Aufl., Berlin u. a.

Drukarczyk, J. (2006): Finanzierung, in: Bea, F. X./Friedl, B./Schweitzer, M. (Hrsg.), Allgemeine Betriebswirtschaftslehre, Bd. 3: Leistungsprozess, 9. Aufl., Stuttgart, S. 401–516.

Horsch, A./Paul, St./Rudolph, B. (2011): Finanzmanagement, in: Busse von Colbe, W./Coenenberg, A. G./Kajüter, P./Linnhoff, U./Pellens, B. (Hrsg.), Betriebswirtschaft für Führungskräfte, 4. Aufl., Stuttgart, S. 385–434.

Linnhoff, U./Pellens, B. (2011): Investitionsrechnung, in: Busse von Colbe, W./Coenenberg, A. G./Kajüter, P./Linnhoff, U./Pellens, B. (Hrsg.), Betriebswirtschaft für Führungskräfte, 4. Aufl., Stuttgart, S. 323–352.

Schierenbeck, H./Wöhle, C. B. (2016): Grundzüge der Betriebswirtschaftslehre, 19. Aufl., München.

Schmalen, H./Pechtl, H. (2013): Grundlagen und Probleme der Betriebswirtschaft, 15. Aufl., Stuttgart.

Seelbach, H. (2006): Investition, in: Bea, F. X./Friedl, B./Schweitzer, M. (Hrsg.), Allgemeine Betriebswirtschaftslehre, Bd. 3: Leistungsprozess, 9. Aufl., Stuttgart, S. 337–400.

Thommen, J.-P./Achleitner, A.-K./Gilbert, D. U./Hachmeister, D./Kaiser, G. (2017): Allgemeine Betriebswirtschaftslehre, 8. Aufl., Wiesbaden.

Weber, W./Kabst, R./Baum, M. (2014): Einführung in die Betriebswirtschaftslehre, 9. Aufl., Wiesbaden.

Wöhe, G./Döring, U./Brösel, G. (2016): Einführung in die Allgemeine Betriebswirtschaftslehre, 26. Aufl., München.

8.9 Das Rechnungswesen

Lernziele

- Sie kennen die Funktionen des Rechnungswesens.
- Sie kennen den Unterschied zwischen dem externen und internen Rechnungswesen.
- Sie kennen Bestands- und Erfolgskonten.
- Sie kennen die Grundbegriffe des Rechnungswesens und können sie voneinander abgrenzen.
- Sie kennen die Funktion des Jahresabschlusses und seine Teile.
- Sie können die Grundstruktur einer Bilanz erklären.
- Sie können die Grundstruktur der GuV erklären.
- Sie kennen die Aufgaben der Kostenrechnung.
- Sie können die Kostenarten, Kostenstellen und Kostenträgerrechnung erläutern.
- Sie können das Schema der Zuschlagskalkulation aufstellen.

8.9.1 Internes und externes Rechnungswesen

8.9.1.1 Aufgaben des Rechnungswesens

Das *Rechnungswesen* (*Accounting*) hat die Aufgabe, betriebliche Prozesse durch eine zahlenmäßige Erfassung systematisch zu steuern und zu überwachen.

Das Rechnungswesen ist ein spezielles Informationssystem zur »vorwiegend mengen- und wertmäßigen Erfassung von ökonomisch relevanten Daten über vergangene, gegenwärtige und zukünftige wirtschaftliche Tatbestände und Vorgänge im Betrieb« (Coenenberg et al. 2014a, S. 3) sowie über die Beziehungen des Unternehmens zu seiner Umwelt. Es ist ein Instrument zur Erfassung, Steuerung und Überwachung betrieblicher Prozesse und Ziele (Coenenberg et al. 2014a, S. 3 f.).

Funktionen des Rechnungswesens

Das Rechnungswesen hat folgende Funktionen (vgl. Coenenberg et al. 2014a, S. 5):

- *Dokumentationsfunktion*: Erfassung der Daten aller finanz- und leistungswirtschaftlichen Sachverhalte, die zur Beurteilung der Vermögens-, Finanz- und Ertragslage eines Unternehmens erforderlich sind, sowie deren Bereitstellung und Verteilung im Betrieb (Informationsfunktion).
- *Planungsfunktion*: Bereitstellung von Zahlenmaterial, das zur planvollen und zielorientierten Führung eines Unternehmens erforderlich ist.
- *Kontrollfunktion*: Ermittlung des Grades der Erreichung gesteckter Ziele.

Das Rechnungswesen stellt Informationen für bestimmte *Adressaten*, die *Stakeholder* des Unternehmens, bereit. Es können interne (z. B. Eigentümer, Geschäftsführung, Arbeitnehmer) und externe Adressaten (z. B. Gläubiger, Aktionäre, Öffentlichkeit, Fiskus) unterschieden werden.

Teilgebiete des Rechnungswesens

Um der Verschiedenheit der Aufgaben und der unterschiedlichen Interessen der Adressaten gerecht zu werden, wird zwischen externem und internem Rechnungswesen unterschieden (vgl. Coenenberg et al. 2014a, S. 6 ff.):

- Das *externe Rechnungswesen* (*Financial Accounting*) dokumentiert über die *Finanzbuchhaltung* möglichst genau die Vermögens-, Finanz- und Ertragslage des Unternehmens. Die Informationen richten sich insbesondere an externe Adressaten (z. B. Kapitalgeber, Fiskus). Hier dominiert die Dokumentationsfunktion. Der *Jahresabschluss* (Bilanz und Gewinn- und Verlustrechnung) ist der Kern des externen Rechnungswesens. Verpflichtung und Umfang der Rechnungslegung sind gesetzlich geregelt (HGB und IFRS).
- Das *interne Rechnungswesen* (*Management Accounting* oder *Managerial Accounting*) dient insbesondere der Unternehmenssteuerung durch Planung und Kontrolle (vgl. auch Kap. 8.10). Es umfasst die Kosten- und Leistungsrechnung (*Betriebsbuchhaltung*) sowie die Investitions- und Finanzierungsrechnung (vgl. Kap. 8.8). Das interne Rechnungswesen liegt im Gegensatz zum gesetzlich geregelten externen Rechnungswesen im Ermessen des Betriebes.

8.9.1.2 Buchführung

Zur Erfüllung seiner Aufgaben bedient sich das Rechnungswesen der kaufmännischen Buchführung.

> In der *Buchführung* werden alle Geschäftsvorfälle des Unternehmens, die zu Veränderungen des Vermögens oder Kapitals des Unternehmens führen, systematisch, lückenlos und in chronologischer Abfolge zahlenmäßig auf Kapital-, Vermögens-, Aufwands- und Ertragskonten erfasst und einmal jährlich im Jahresabschluss zusammengestellt und dokumentiert (vgl. Coenenberg et al. 2014a, S. 4 f.).

Konten sind zweiseitig geführte Rechnungen, auf denen Wertbewegungen (Wertmehrungen und -minderungen) eingetragen werden (vgl. Schierenbeck/Wöhle 2016, S. 600). Die linke Seite eines in Form eines »T« dargestellten Kontos (*T-Konto*) trägt die Bezeichnung »Soll« und die rechte Seite die Bezeichnung »Haben« (vgl. Kajüter/Voß 2011, S. 237). Das Grundprinzip der *doppelten Buchführung* (doppisches Prinzip, *Doppik*) stellt sicher, dass jeder Geschäftsvorfall auf mindestens zwei verschiedenen Konten (doppelt) verbucht wird (Schierenbeck/Wöhle 2016, S. 599). Jeder Geschäftsvorfall wird auf mindestens einem Konto links und auf mindestens einem anderen Konto rechts verbucht (*Buchungssatz: »Soll« 'an' »Haben«*). Durch das *System der Doppik* ist gewährleistet, dass die Summe aller Soll-Buchungen unabhängig von der Anzahl der Konten immer der Summe aller Haben-Buchungen entspricht.

Kontenarten

Es lassen sich prinzipiell zwei Gruppen von *Grundkonten* unterscheiden (vgl. Thommen et al. 2017, S. 202 f.; Weber et al. 2014, S. 325):

- *Bestandskonten* erfassen Kapital- (*Passivkonten*) und Vermögenspositionen (*Aktivkonten*) und werden in der Bilanz einmal jährlich ausgewiesen. Alle Bestandskonten entsprechen in ihrem *Aufbau* folgender Gleichung: Anfangsbestand (AB) + Zugang – Abgang = Endbestand (EB = Saldo; vgl. Kajüter/Voß 2011, S. 238 ff.).
- *Erfolgskonten* erfassen Aufwendungen und Erträge, die einmal jährlich in der Gewinn- und Verlustrechnung (GuV) ausgewiesen werden. *Erfolg* nach der GuV bedeutet sowohl einen Wertzuwachs (Ertrag) als auch eine Wertminderung (Aufwand) infolge eines Geschäftsvorfalles. Insofern werden in der GuV die Erfolgsquellen sichtbar. Da Erfolgskonten nur den Aufwand und die Erträge einer Periode registrieren, gibt es hier im Gegensatz zu den Bestandskonten keine Anfangsbestände. Aus dem Saldo der Zugänge von Erträgen und Aufwendungen ergibt sich der Endbestand (EB; vgl. Kajüter/Voß 2011, S. 241 ff.).

Für die Buchführung gelten die *Grundsätze ordnungsgemäßer Buchführung und Bilanzierung* (GoB), die in den Rechnungslegungsvorschriften des Handelsgesetzbuches (HGB) vielfältig Eingang gefunden haben (vgl. Coenenberg et al. 2014a, S. 54 ff.; Schmalen/Pechtl 2013, S. 503 ff.).

Kontenrahmen und Kontenplan

Zur Vereinheitlichung und Systematisierung der Buchführung werden Kontenrahmen verwendet. *Kontenrahmen* sind Organisationspläne, die die Konten einer Buchführung nach einheitlichen Prinzipien gliedern, und werden für die Anforderungen bestimmter Wirtschaftszweige (Branchen) erstellt (Coenenberg et al. 2014a, S. 125). Es gibt Kontenrahmen z. B. für den Einzelhandel, für den Großhandel und für die Industrie. In der Industrie werden insbesondere der (ältere) Gemeinschafts-Kontenrahmen (GKR) und der (neuere) Industrie-Kontenrahmen (IKR) verwendet (Schierenbeck/Wöhle 2016, S. 608 ff.). Die Kontenrahmen sind dekadisch oder alphabetisch in 10 Kontenklassen (0 bis 9) und in weitere Unterkonten gegliedert. *Kontenpläne* sind unternehmensspezifische Anpassungen bzw. Auslegungen eines Kontenrahmens eines bestimmten Wirtschaftszweiges.

8.9.1.3 Grundbegriffe des Rechnungswesens

Das Rechnungswesen verwendet eindeutig definierte Begriffe, um seine Aufgaben erfüllen zu können. Die Abb. 8-22 enthält die Grundbegriffe des Rechnungswesens mit ihren gültigen Definitionen (vgl. auch Coenenberg et al. 2014a, S. 12 ff.; Wöhe et al. 2016, S. 634 ff.). Die Begriffe müssen stets gut voneinander abgegrenzt werden, wie dies an den Begriffspaaren Kosten und Aufwand (Abb. 8-23) sowie Ertrag und Leistung (Abb. 8-24) dargestellt ist.

Kosten und Aufwand

Kosten und Aufwand umfassen sowohl gemeinsame als auch unterschiedliche Bestandteile. Der Aufwand bezieht sich auf den gesamten Güterverzehr, also sowohl auf den leistungsbezogenen (Kosten) als auch auf den nicht leistungsbezogenen Güterverzehr. Der *Zweckaufwand* ist der leistungsbezogene Aufwand. Er ist mit den *Grundkosten*, also Kosten, die gleichzeitig Aufwand darstellen (z. B. Fertigungslöhne), identisch (vgl. Weber et al. 2014, S. 267). Aufwand, der nicht mit der eigent-

Abb. 8-22

Grundbegriffe des Rechnungswesens

Strömungsgrößen		Bestandsgrößen
Abfluss bzw. Verzehr von Mitteln/Gütern	Zufluss bzw. Entstehung von Mitteln/Gütern	
Auszahlung Abfluss von liquiden Mitteln in einer Periode	**Einzahlung** Zufluss von liquiden Mitteln in einer Periode	**Liquide Mittel** (Bargeld und Buchgeld)
Ausgabe Abfluss von liquiden Mitteln + Schuldenzunahme + Forderungsabnahme in einer Periode	**Einnahme** Zufluss von liquiden Mitteln + Schuldenabnahme + Forderungszunahme in einer Periode	
Aufwand Nach gesetzlichen Regeln bewerteter Güterverzehr in einer Periode	**Ertrag** Nach gesetzlichen Regeln bewertete Güterentstehung in einer Periode	**Gewinn**
Kosten Leistungsbezogen bewerteter Güterverzehr in einer Periode	**Leistung** Leistungsbezogen bewertete Güterentstehung in einer Periode	**Betriebsergebnis**

Quelle: in Anlehnung an Weber et al. 2014, S. 268

lichen Leistungserstellung verbunden ist, heißt neutraler Aufwand (z. B. Spenden für karitative Zwecke). Kosten, die nicht gleichzeitig Aufwand sind, werden als Zusatzkosten bezeichnet (z. B. kalkulatorische Kosten).

Leistung und Ertrag

Analog wie zwischen Kosten und Aufwand müssen die Begriffe Leistung und Ertrag voneinander abgegrenzt werden (vgl. Abb. 8-24). Der *Zweckertrag* fließt dem Unter-

Abb. 8-23

Abgrenzung von Aufwand und Kosten

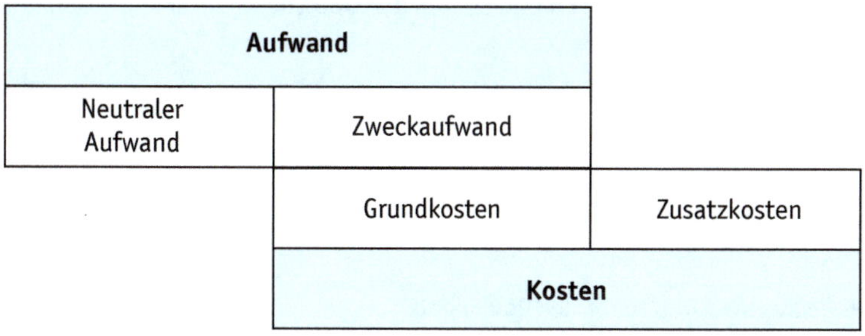

Quelle: Weber et al. 2014, S. 269

Abb. 8-24

Abgrenzung von Ertrag und Leistung

Quelle: Weber et al. 2014, S. 269

nehmen aus der betrieblichen Tätigkeit innerhalb der betrachteten Periode zu und wird in der Kostenrechnung als *Erlös* übernommen. Die Grundleistung in der Kosten- und Leistungsrechnung entspricht dem Zweckertrag. Neutrale Erträge sind z. B. Zinserträge aus Wertpapierbesitz. Ein Beispiel für Zusatzleistungen sind eigene Patente, die nicht als Ertrag erfasst werden dürfen (vgl. Weber et al. 2014, S. 269).

Die Größen des Rechnungswesens knüpfen an unterschiedliche Rechnungen an (vgl. Weber et al. 2014, S. 270). Vermögen und Kapital sowie Aufwand und Ertrag sind Bestandteile des Jahresabschlusses (vgl. Kap. 8.9.2) und somit Gegenstand des externen Rechnungswesens. Das interne Rechnungswesen erfasst Kosten und Leistungen im Rahmen der Kostenrechnung (vgl. Kap. 8.9.3) sowie Ein- und Auszahlungen für die Investitionsrechnung und Finanzplanung (vgl. Kap. 8.8). Darüber hinaus sind die Rechnungsgrößen der Teilgebiete des Rechnungswesens verknüpft mit unternehmerischen Zielgrößen. Über die Ein- und Auszahlungen sowie Einnahmen und Ausgaben der Finanz- bzw. Finanzierungsrechnung wird die Liquidität gesteuert. Der Jahresabschluss sowie die Kosten- und Leistungsrechnung dokumentieren über Erträge und Aufwendungen bzw. Leistungen und Kosten den Unternehmenserfolg (Coenenberg et al. 2014a, S. 12).

8.9.2 Der Jahresabschluss

8.9.2.1 Funktionen und Rechtsgrundlagen

Der *Jahresabschluss* dient der Dokumentation der Geschäftsvorfälle innerhalb einer Periode, der Rechenschaftslegung der Unternehmensleitung gegenüber bestimmten Adressaten (Informationsfunktion) und der Ermittlung des ausschüttbaren Periodengewinns (Gewinnbemessungsfunktion; vgl. Coenenberg et al. 2014a, S. 20).

Funktionen

Alle Unternehmen, mit Ausnahme von Einzelkaufleuten mit geringem Umsatz, müssen einen Jahresabschluss aufstellen (§ 242 HGB). Mit der Pflicht, das Unternehmensgeschehen zu dokumentieren, verfolgt der Gesetzgeber im deutschen Handelsgesetzbuch (HGB) insbesondere den Gläubigerschutz (Thommen et al. 2017, S. 206 f.). Prinzipiell hat der Jahresabschluss die Aufgabe, »allen Interessierten genügend Einblick in die Vermögens-, Finanz- und Ertragslage des Unternehmens zu gewähren« (Coenenberg et al. 2014a, S. 20 f.). An Informationen über die wirtschaftliche Entwicklung eines Unternehmens sind u. a. Kreditgeber (Gläubiger), Lieferanten und Arbeitnehmer interessiert. Zudem dient der Jahresabschluss als Bemessungsgrundlage sowohl für den an die Eigentümer auszuschüttenden Gewinn (Ausschüttungsbemessung) als auch für die Ermittlung der Steuerzahlungen (Steuerbemessung; vgl. Bonse et al. 2011, S. 498).

Rechtsgrundlagen

Die Aufstellung des Jahresabschlusses unterliegt den Bestimmungen des Handelsgesetzbuches (handelsrechtlicher Jahresabschluss, drittes Buch des HGB, §§ 238 ff.) und bei der steuerlichen Gewinnermittlung auch den Vorschriften des Einkommen- und Körperschaftsteuerrechts (Bonse et al. 2011, S. 500). Konzerne müssen neben den Einzelabschlüssen der angeschlossenen, rechtlich selbstständigen Unternehmen auch einen *Konzernabschluss* aufstellen (§§ 290 ff. HGB). Mit dem *Bilanzrechtsmodernisierungsgesetz* (BilMoG) wurden 2010 die Rechnungslegungsvorschriften des HGB grundlegend reformiert (Bonse et al. 2011, S. 499; Eisele/Kratz 2011, S. 539). Deutsche Unternehmen, die international agieren, stellen ihren Jahresabschluss zunehmend nach international akzeptierten Rechnungslegungsvorschriften auf. Eine herausragende Rolle spielen dabei die Rechtsnormen des angelsächsischen Wirtschaftsraumes IFRS (*International Financial Reporting Standards*) und US-GAAP (*United States-Generally Accepted Accounting Principles*; vgl. Weber et al. 2014, S. 238 ff.).

Teile des Jahresabschlusses

Der handelsrechtliche Jahresabschluss umfasst grundsätzlich die Bilanz und die Gewinn- und Verlustrechnung (GuV), die aus der Finanzbuchhaltung aufgestellt werden (Wöhe et al. 2016, S. 646 f.). Bei Kapitalgesellschaften wird der Jahresabschluss noch ergänzt durch einen Anhang und einen Lagebericht (Bonse et al. 2011, S. 501).

8.9.2.2 Die Bilanz

Die Bilanz ist ein wesentlicher Bestandteil des externen Rechnungswesens. Durch Saldierung (gegenseitiges Aufrechnen von Soll und Haben) sämtlicher Konten der Finanzbuchführung und den Abschluss auf übergeordneten Konten werden die Bilanz sowie die Gewinn- und Verlustrechnung ermittelt.

> Die *Bilanz* ist eine auf einen Stichtag bezogene, zweiseitige, betragsmäßig ausgeglichene und nach bestimmten Kriterien gegliederte Gegenüberstellung des Vermögens (*Aktiva*) einerseits und des Eigen- und Fremdkapitals (*Passiva*) eines Unternehmens andererseits (vgl. Eisele/Kratz 2011, S. 499).

Die Bilanz wird als Konto dargestellt (vgl. Abb. 8-25). Hinsichtlich der *Bilanzgliederung* gibt das Handelsgesetzbuch (HGB) Mindestvorschriften in Abhängigkeit von

Abb. 8-25

Aufbau einer Bilanz

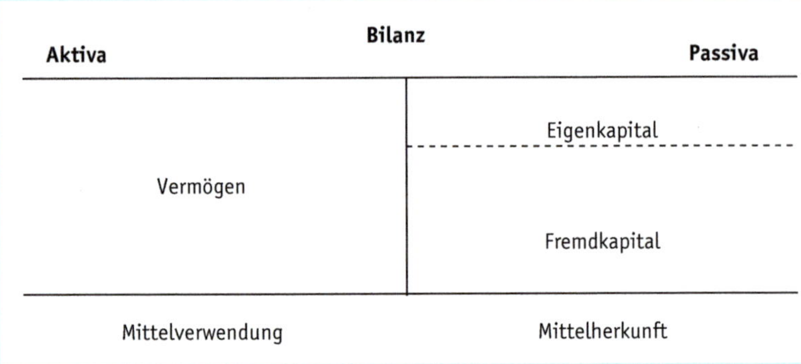

der Größe bzw. Rechtsform des Unternehmens vor (Eisele/Kratz 2011, S 579 f.). Eine gebräuchliche Bilanzgliederung ist in Abb. 8-26 dargestellt (vgl. Thommen et al. 2017, S. 210).

Aktivseite der Bilanz

Die Aktivseite (Vermögenswerte) der Bilanz gibt Auskunft über die *Mittelverwendung* und die Passivseite (Kapital) über die *Mittelherkunft*. Vermögenswerte werden nach Anlage- und Umlaufvermögen unterschieden (vgl. Schierenbeck/Wöhle 2016, S. 663; vgl. Abb. 8-26). *Anlagevermögen* stellen Wirtschaftsgüter dar, die über einen längeren Zeitraum (oft viele Jahre) im Unternehmen zur Nutzung verbleiben. Dazu gehören immaterielle Vermögenswerte (z. B. Patente und Lizenzen), Sachanlagen (z. B. Maschinen, Gebäude) und Finanzanlagen (z. B. Beteiligungen an anderen Unternehmen). Zur bilanziellen Bewertung wird noch zwischen abnutzbarem (z. B. Maschinen) und nicht abnutzbarem Anlagevermögen (z. B. Grundstücke) unterschieden. Durch *Abschreibungen* wird der Wertverlust vom Anlagevermögen in Folge der Abnutzung über die Nutzungsdauer als Aufwand erfasst. Dabei können unterschiedliche Abschreibungsverfahren zum Einsatz kommen (vgl. Eisele/Kratz 2011, S. 582 ff.). Wirtschaftsgüter, die nur kurzfristig im Unternehmen verbleiben, bilden das *Umlaufvermögen*. Hierzu gehören Vorräte an Rohstoffen und Endprodukten, Ansprüche gegenüber Dritten (Forderungen), kurzfristig gehaltene Wertpapiere und alle liquiden Mittel (vgl. Abb. 8-26; Schierenbeck/Wöhle 2016, S. 662; Thommen et al. 2017, S. 210 f.). *Forderungen* sind Zahlungs- bzw. Leistungsansprüche des Unternehmens gegenüber Dritten.

Passivseite der Bilanz

Die Passivseite der Bilanz enthält das dem Unternehmen zur Verfügung gestellte Eigen- und Fremdkapital (vgl. Abb. 8-25 und 8-26). Das *Eigenkapital* umfasst die von den Eigentümern (z. B. Gesellschaftern, Aktionären) dem Unternehmen zur Verfügung gestellten finanziellen Mitteln wie Kapitaleinlagen bzw. gezeichnetes Kapital, Gewinne und Arten der Gewinnverwendung (z. B. *Rücklagen*). Das *Fremdkapital* setzt sich aus den *Rückstellungen* und den *Verbindlichkeiten* des Unternehmens gegenüber Dritten zusammen (vgl. Schierenbeck/Wöhle 2016, S. 663; Thommen et al. 2017, S. 216). Rückstellungen sind Verbindlichkeiten, die im Geschäftsjahr verursacht wur-

Abb. 8-26

Grundsätzliche Bilanzgliederung

Aktiva	Bilanz Passiva
A. Anlagevermögen	**A. Eigenkapital**
I. Immaterielle Vermögensgegenstände	I. Gezeichnetes Kapital
II. Sachanlagen	II. Kapitalrücklage
III. Finanzanlagen	III. Gewinnrücklage
B. Umlaufvermögen	IV. Gewinn-/Verlustvortrag
I. Vorräte	V. Jahresüberschuss/Jahresfehlbetrag
II. Forderungen	**B. Rückstellungen**
III. Wertpapiere	**C. Verbindlichkeiten**
IV. Kassenbestand, Schecks, Guthaben bei Kreditinstituten	**D. Rechnungsabgrenzungsposten**
C. Rechnungsabgrenzungsposten	

den, deren exakte Höhe und Fälligkeit allerdings noch nicht bekannt sind (z. B. Pensionsrückstellungen). *Verbindlichkeiten* sind Zahlungs- bzw. Leistungsansprüche von Dritten (Gläubigern) gegenüber dem Unternehmen. Die *Rechnungsabgrenzungsposten* dienen der periodengerechten Zuordnung von Vermögensänderungen (§ 250 HGB).

Für die Aufstellung der Bilanz gelten die sogenannten *Bilanzierungsgrundsätze* der Klarheit, Richtigkeit und Willkürfreiheit, Vollständigkeit und Vorsicht (vgl. Eisele/Kratz 2011, S. 507). Unternehmen in Deutschland sind zur Aufstellung einer *Handelsbilanz* und einer *Steuerbilanz*, die der Ermittlung des zu versteuernden Periodengewinns nach den Vorschriften des Einkommensteuergesetzes dient, verpflichtet. Die Steuerbilanz wird nach dem *Maßgeblichkeitsprinzip* aus der Handelsbilanz abgeleitet (vgl. Wöhe et al. 2016, S. 650). Nach dem Maßgeblichkeitsprinzip sind die Wertansätze der Handelsbilanz auch für die Steuerbilanz anzusetzen, wenn nicht zwingende steuerliche Vorschriften ein Abweichen davon verlangen.

Handelsbilanz
Steuerbilanz

8.9.2.3 Die Gewinn- und Verlustrechnung

Die Gewinn- und Verlustrechnung (GuV) ist eine *Erfolgsrechnung*. Sie liefert Einblicke in die Ertragslage des Unternehmens (Wöhe et al. 2016, S. 731 ff.).

> Aus der *Gewinn- und Verlustrechnung* (GuV) wird der Periodenerfolg (Gewinn/Jahresüberschuss oder Verlust/Jahresfehlbetrag) eines Unternehmens als Differenz zwischen Erträgen und Aufwendungen einer Periode ermittelt.

Durch die doppelte Buchführung sind Bilanz und GuV eng miteinander verknüpft. Somit sind die in der Bilanz und in der GuV ausgewiesenen *Jahresüberschüsse* bzw. Jahresfehlbeträge identisch. Die GuV liefert zusätzlich Einblicke in die Höhe und Struktur der Erfolgsquellen (vgl. Eisele/Kratz 2011, S. 605). Es handelt sich bei der GuV um ein (Gewinn)Konto, auf dessen Soll-Seite alle Aufwandspositionen und auf dessen Haben-Seite die Ertragspositionen aufgelistet werden (vgl. Abb. 8-27).

Abb. 8-27

Grundaufbau der Gewinn- und Verlustrechnung

Soll	GuV	Haben
Aufwendungen		Erträge
Jahresüberschuss (Saldo)		

Handelsgesetzbuch (HGB)

Das Handelsgesetzbuch (HGB) legt eine *Staffelform* als Gliederung der GuV fest (§ 275 HGB). Für große Kapitalgesellschaften gibt § 275 Abs. 2 und 3 HGB eine *Mindestgliederung* der Erfolgsrechnung vor. Diese Gliederung kann nach dem Gesamtkostenverfahren (§ 275 Abs. 2 HGB) oder nach dem Umsatzkostenverfahren (§ 275 Abs. 3 HGB) erstellt werden (vgl. Eisele/Kratz 2011, S. 605 ff.). Bei dem *Gesamtkostenverfahren*

Abb. 8-28

Verfahren zur Ermittlung des Betriebserfolges

Ertrag	Umsatzerlöse der Periode + Bestandsmehrung fertiger und unfertiger Erzeugnisse zu Herstellkosten – Bestandsminderung fertiger und unfertiger Erzeugnisse zu Herstellkosten + andere aktivierende Eigenleistungen + sonstige betriebliche Erträge	Ertrag	Umsatzerlöse der Periode + sonstige betriebl. Erträge
– Aufwand	– Gesamter Produktionsaufwand der Periode (betriebliche Aufwendungen, Material, Abschreibungen, Personal, sonstige betriebliche Aufwendungen)	– Aufwand	– Umsatzaufwendungen für abgesetzte Erzeugnisse: Gesamter Produktionsaufwand der Periode +/– laufende Bestandsveränderungen fertiger und unfertiger Erzeugnisse – Aufwand für aktivierte Eigenleistung – Vertriebs- und allg. Verwaltungskosten – sonstige betriebl. Aufwendungen
= Erfolg	= Betriebserfolg	= Erfolg	= Betriebserfolg
Gesamtkostenverfahren		**Umsatzkostenverfahren**	

Quelle: In Anlehnung an Thommen: et al. 2017, S. 217 f.

werden sämtlichen Erträgen einer Periode (einschließlich der noch nicht abgesetzten Güter) sämtliche Aufwendungen dieser Periode gegenübergestellt. Im Vergleich dazu werden bei dem *Umsatzkostenverfahren* nur die zur Produktion der abgesetzten Güter erforderlichen Aufwendungen den in dieser Periode erzielten Umsätzen gegenübergestellt (Eisele/Kratz 2011, S. 609; vgl. Abb. 8-28).

Anhang und Lagebericht

Der Jahresabschluss von Kapitalgesellschaften umfasst neben der Bilanz und der GuV noch den Anhang sowie bei größeren Kapitalgesellschaften auch noch den Lagebericht. Der *Anhang* versorgt den Leser mit weiteren Informationen zur Vermögens-, Finanz- und Ertragslage des Unternehmens und dient dem besseren Verständnis und der Interpretation des Jahresabschlusses. Er enthält ergänzende Hinweise und Angaben zur Bilanz und GuV (z. B. zu angewandten Bilanzierungs- und Bewertungsmethoden; Thommen et al. 2017, S. 219 f.). Der *Lagebericht* soll Informationen über den Geschäftsverlauf und die wirtschaftliche Lage des Unternehmens enthalten. Die Aufgaben und Anforderungen des Lageberichts sind im § 289 HGB geregelt (vgl. Thommen et al. 2017, S. 220).

Anhang

Lagebericht

8.9.3 Die Kosten- und Leistungsrechnung

Die Kosten- und Leistungsrechnung (abgekürzt: Kostenrechnung) ist Teil des internen Rechnungswesens. Während das externe Rechnungswesen das Betriebsgeschehen für externe Adressaten dokumentiert, dient das interne Rechnungswesen dazu, dem Management die zur Entscheidungsfindung erforderlichen Informationen zu liefern (vgl. Kußmaul 2011, S. 255).

Die *Kostenrechnung* dient der systematischen Erfassung, Verteilung und Zurechnung von Kosten, die durch betriebliche Leistungserstellungs- und Leistungsverwertungsprozesse entstehen.

Für viele Entscheidungen im Unternehmen ist eine Kalkulation betrieblicher Leistungen zwingend erforderlich (z. B. Entscheidungen über den Einsatz neuer Produktionsanlagen oder zur Festlegung von Absatzpreisen). Die *Kalkulation* der Selbstkosten eines Produktes ist insofern eine wichtige Aufgabe der Kostenrechnung. Eine weitere Aufgabe der Kostenrechnung ist die Kontrolle der *Wirtschaftlichkeit* betrieblichen Handelns. Hier geht es darum zu prüfen, ob die betrieblichen Ressourcen effizient eingesetzt wurden (vgl. Kußmaul 2011, S. 255). Eine wesentliche Grundlage der Wirtschaftlichkeitsanalyse ist die Unterscheidung zwischen Ist- und Plankosten. Durch die Erfassung von Plankosten im Rahmen der *Plankostenrechnung* sind aussagefähige Soll-Ist-Kostenvergleiche möglich (vgl. Kußmaul 2011, S. 282 ff.). Die Kostenrechnung unterstützt also mit ihren Informationen die Unternehmensleitung bei der Planung, Kalkulation und Kontrolle betrieblicher Leistungen und Prozesse. *Kosten und Leistungen* als Rechengrößen der Kostenrechnung berücksichtigen nur den auf die eigentliche betriebliche Tätigkeit bezogenen Wertverzehr (Kosten) bzw. Wertzuwachs

Aufgaben der Kostenrechnung

Abb. 8-29

Aufbau der Kostenrechnung

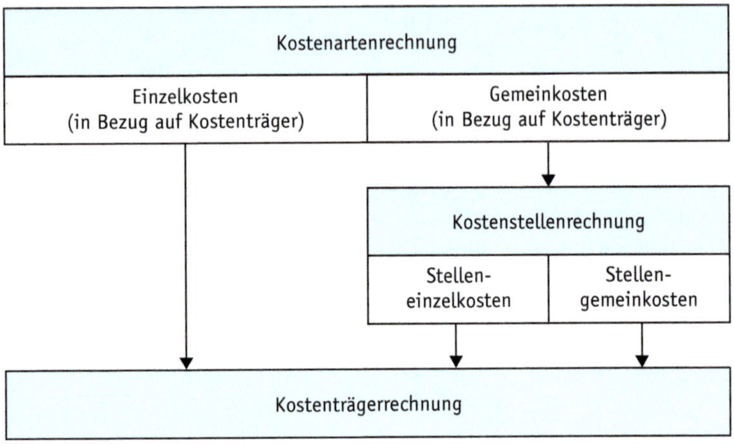

Quelle: Weber et al. 2014, S. 286

(Leistung) und nicht, wie es bei der GuV der Fall ist, den über Aufwendungen und Erträge erfassten *gesamten* Wertverzehr bzw. Wertzuwachs einer Unternehmung innerhalb einer Periode (vgl. Kußmaul 2011, S. 257). Die Kostenrechnung umfasst die in Abb. 8-29 aufgeführten Teilbereiche.

Kostenartenrechnung

Die *Kostenartenrechnung* erfasst und systematisiert die Kosten nach Kostenarten (z. B. Personalkosten) und teilt sie in Einzel- und Gemeinkosten auf.

Die Kostenartenrechnung beantwortet die Frage, *welche* Kosten angefallen sind (vgl. Kußmaul 2011, S. 262; Weber et al. 2014, S. 287 ff.). Zur Erfassung der Kosten ist es erforderlich, zum einen die Kosten von den Aufwendungen des Unternehmens abzugrenzen und zum anderen, die einzelnen Kostenarten genau »zu erfassen, sinnvoll zu gliedern und die Weiterverrechnung der Kosten in der Kostenstellen- und Kostenträgerrechnung zu ermöglichen (Kußmaul 2011, S. 262)«. Damit eine detaillierte Erfassung der Kostenarten gelingt, muss ein systematisch gegliederter *Kostenartenplan* entwickelt werden. Ein Kostenartenplan kann z. B. folgende *Kostenarten* enthalten (Weber et al. 2014, S. 287):

- Materialkosten,
- Personal- und Sozialkosten,
- Betriebsmittelkosten (z. B. Abschreibungen),
- Fremdleistungskosten (z. B. Kosten für einen Sicherheitsdienst),

- Kapitalkosten (Zinsen),
- Wagniskosten und
- Abgabekosten.

Einzel- und Gemeinkosten

Nach der Möglichkeit, Kosten auf die betrieblichen Leistungen zurechnen zu können, werden Einzelkosten (direkte Zurechnung möglich) und *Gemeinkosten* (direkte Zurechnung nicht möglich) unterschieden. Einzelkosten können den Leistungseinheiten bzw. den Kostenträgern (z. B. Produkten) direkt zugerechnet werden (z. B. Fertigungslöhne). Dagegen sind *Gemeinkosten* entweder nicht verursachungsgerecht den Produkten zuzuordnen (z. B. Miete für eine Lagerhalle) oder eine Einzelzurechnung ist zu aufwendig. Um dennoch auch die Gemeinkosten auf die Kostenträger verteilen zu können, wird die Kostenstellenrechnung benötigt (vgl. Weber et al. 2014, S. 285).

Kostenstellenrechnung

> Die *Kostenstellenrechnung*, die sich der Kostenartenrechnung anschließt, dient der Wirtschaftlichkeitskontrolle sowie der Gemeinkostenverteilung auf einzelne Kostenstellen.

Die Kostenstellenrechnung ist das Bindeglied zwischen der Kostenarten- und der Kostenträgerrechnung. Sie übernimmt die *Gemeinkosten* aus der Kostenartenrechnung und ordnet diese anteilig und möglichst verursachungsgerecht den Bereichen im Unternehmen zu, wo die Kosten entstanden sind (sogenannte Kostenstellen). Die Kostenstellenrechnung beantwortet also die Frage, *wo* die Kosten im Unternehmen angefallen sind (vgl. Kußmaul 2011, S. 264). *Kostenstellen* sind solche betrieblichen Teilbereiche, für die Kosten geplant, erfasst und kontrolliert werden (z. B. Fertigungs- und Vertriebsstellen; vgl. Kußmaul 2011, S. 264 f.). Diese müssen nach der Art der Leistung und nach Verantwortungsbereichen gebildet werden (vgl. Thommen et al. 2018, S. 254). Durch die Verteilung der Gemeinkosten ist es möglich, diese einzelnen Produkten zuzuordnen, die jetzt als Kostenträger bezeichnet werden. Das schafft die Voraussetzung für eine exakte Kalkulation. Ein Instrument zur Verteilung der Gemeinkosten und zur Ermittlung von Gemeinkosten-Zuschlagssätzen ist der *Betriebsabrechnungsbogen* (vgl. Kußmaul 2011, S. 265 ff.; Schmalen/Pechtl 2013, S. 576 f.). Zudem bildet die Erfassung der Kosten dort, wo sie entstanden sind, in den Kostenstellen, die Grundlage für eine Wirtschaftlichkeitskontrolle betrieblicher Teilbereiche. Dazu werden die den Kostenstellen zugewiesenen Kosten in aufeinanderfolgenden Perioden miteinander verglichen (Weber et al. 2014, S. 288).

Kostenträgerrechnung

> Die *Kostenträgerrechnung* gibt Aufschluss darüber, wofür die Kosten innerhalb des Leistungserstellungsprozesses angefallen sind.

Als *Kostenträger* werden Produkte bzw. Leistungseinheiten eines Unternehmens (z. B. Computer, Versicherungsabschlüsse) bezeichnet. Es können die Kostenträger-Stück-

Abb. 8-30

Beispiel für eine Zuschlagskalkulation

		€/Stück
	Materialeinzelkosten (z. B. Fertigungsmaterial)	10,00
+	Materialgemeinkosten (10 % des Fertigungsmaterials)	1,00
+	Fertigungseinzelkosten (z. B. Fertigungslöhne)	8,00
+	Fertigungsgemeinkosten (150 % der Fertigungslöhne)	12,00
=	**Herstellkosten**	31,00
+	Verwaltungsgemeinkosten (10 % der Herstellkosten)	3,10
+	Vertriebsgemeinkosten (5 % der Herstellkosten)	1,55
=	**Selbstkosten**	35,65

Quelle: Weber/Kabst 2009, S. 346

rechnung (Kalkulation) und die Kostenträger-Zeitrechnung (Betriebsergebnisrechnung) unterschieden werden. Aufgabe der *Kostenträger-Stückrechnung* ist die Feststellung der Kosten je hergestellter Leistungseinheit (*Herstell- und Selbstkosten*) durch Zurechnung der jeweiligen Einzelkosten (aus der Kostenartenrechnung) und Gemeinkosten (aus der Kostenstellenrechnung). Damit soll jede Leistungseinheit (Kostenträger) mit denjenigen Kosten belastet werden, die sie verursacht.

Kalkulation

Diese auf die Leistungseinheit bezogene Kostenbestimmung wird auch als Kalkulation bezeichnet (vgl. Weber et al. 2014, S. 288 ff.). Es gibt verschiedene Kalkulationsverfahren (vgl. Thommen et al. 2017, S. 261). Das in der Praxis am häufigsten zum Einsatz kommende Kalkulationsverfahren ist die *Zuschlagskalkulation*, das Einzel- und Gemeinkosten getrennt ausweist (vgl. Kußmaul 2011, S. 269 f.). Das Schema einer differenzierten Zuschlagskalkulation zeigt Abb. 8-30 (vgl. Kußmaul 2011, S. 270; Weber et al. 2014, S. 289 f.).

Die Selbstkosten (Stückkosten) können als langfristige *Preisuntergrenze* aufgefasst werden. Durch einen prozentualen Preiszuschlag wird ein Angebotspreis ermittelt. Die bilanziellen *Herstellungskosten*, die sämtliche Aufwendungen für die Herstellung einer Leistungseinheit erfassen, unterscheiden sich dann von den *Herstellkosten* der Kostenrechnung, wenn den kalkulatorischen Kosten keine Aufwendungen entgegenstehen (vgl. Eisele/Kratz 2011, S. 569).

Kostenträger-Zeitrechnung

Im Gegensatz zur Kostenträger-Stückrechnung werden in der *Kostenträger-Zeitrechnung* (Betriebsergebnisrechnung) zur Analyse des Unternehmenserfolges alle in einer Abrechnungsperiode entstandenen Kosten nach Kostenträgern gegliedert und den Erlösen einer Periode gegenübergestellt (vgl. Kußmaul 2011, S. 271).

Kontrollfragen Kapitel 8.9

1. *Welche Aufgaben hat das betriebliche Rechnungswesen?*
2. *Welche drei Funktionen übt das Rechnungswesen aus?*
3. *Welche beiden Bereiche werden im Rechnungswesen unterschieden?*
4. *Grenzen Sie Aufwand von Kosten und Ertrag von Leistung ab.*

5. *Welches ist die Aufgabe der Finanzbuchführung?*
6. *Wozu dient die Buchführung und was wird unter der Doppik verstanden?*
7. *Was ist ein Konto?*
8. *Erläutern Sie den Unterschied zwischen Bestands- und Erfolgskonten.*
9. *Grenzen Sie die Begriffspaare Aufwand/Kosten und Ertrag/Leistung voneinander ab.*
10. *Was ist der Jahresabschluss und welche Aufgaben erfüllt er?*
11. *Was ist eine Bilanz und wie ist sie aufgebaut?*
12. *Was versteht man unter Anlagevermögen und was unter Umlaufvermögen?*
13. *Erläutern Sie die Passiva-Positionen einer Bilanz.*
14. *Was bedeutet das Maßgeblichkeitsprinzip?*
15. *Was ist eine Gewinn- und Verlustrechnung?*
16. *Welche Aufgaben erfüllt die Kosten- und Leistungsrechnung?*
17. *Erläutern Sie die drei Teilbereiche der Kostenrechnung.*
18. *Welches sind die jeweiligen Aufgaben der Kostenarten-, Kostenstellen- und Kostenträgerrechnung?*
19. *Was sind Kostenstellen?*
20. *Erläutern Sie das Schema der Zuschlagskalkulation.*

Weiterführende Literatur

Bonse, A./Linnhoff, U./Pellens, B. (2011): Jahresabschlüsse, in: Busse von Colbe, W./Coenenberg, A. G./Kajüter, P./Linnhoff, U./Pellens, B. (Hrsg.), Betriebswirtschaft für Führungskräfte, 4. Aufl., Stuttgart, S. 497–533.

Coenenberg, A. G./Haller, A./Mattner, G./Schultze, W. (2014a): Einführung in das Rechnungswesen, 5. Aufl., Stuttgart.

Domschke, W./Scholl, A. (2008): Grundlagen der Betriebswirtschaftslehre, 4. Aufl., Berlin u. a.

Eisele, W./Kratz, N. (2011): Rechnungswesen, in: Bea, F. X./Schweitzer, M. (Hrsg.), Allgemeine Betriebswirtschaftslehre, Bd. 2: Führung, 10. Aufl., Stuttgart, S. 499–694.

Kajüter, P./Voß, A. (2011): Grundlagen der Buchführung, in: Busse von Colbe, W./Coenenberg, A. G./Kajüter, P./Linnhoff, U./Pellens, B. (Hrsg.), Betriebswirtschaft für Führungskräfte, 4. Aufl., Stuttgart, S. 233–254.

Kußmaul, H. (2011): Kostenrechnung, in: Busse von Colbe, W./Coenenberg, A. G./Kajüter, P./Linnhoff, U./Pellens, B. (Hrsg.), Betriebswirtschaft für Führungskräfte, 4. Aufl., Stuttgart, S. 255–291.

Schierenbeck, H./Wöhle, C. B. (2016): Grundzüge der Betriebswirtschaftslehre, 19. Aufl., München.

Thommen, J.-P./Achleitner, A.-K./Gilbert, D. U./Hachmeister, D./Kaiser, G. (2017): Allgemeine Betriebswirtschaftslehre, 8. Aufl., Wiesbaden.

Weber, W./Kabst, R./Baum, M. (2014): Einführung in die Betriebswirtschaftslehre, 9. Aufl., Wiesbaden.

Wöhe, G./Döring, U./Brösel, G. (2016): Einführung in die Allgemeine Betriebswirtschaftslehre, 26. Aufl., München.

8.10 Controlling

Lernziele

- Sie können den Begriff Information präzisieren.
- Sie können den Aufbau eines Informationssystems zur Führungsunterstützung erklären.
- Sie können den Controlling-Begriff präzisieren.
- Sie kennen die Aufgaben des Controllings.
- Sie kennen unterschiedliche Organisationsformen und Arten des Controllings.
- Sie wissen, was Kennzahlen sind und welche das Controlling verwendet.

8.10.1 Betriebliches Informationsmanagement

Informationen und Wissen

Führungsentscheidungen müssen auf Geschäftsprozessinformationen zugreifen können (*IT-Gebrauch*), die im Unternehmen über eine *IuK-Infrastruktur* (Informationsversorgung) bereitgestellt sowie über Informations- und Kommunikationssysteme (*IuK-Systeme*) den Entscheidern zugänglich gemacht werden (vgl. Kemper et al. 2011, S. 472 f.).

Informationen werden als zweckorientiertes Wissen zur Entscheidungsunterstützung im Unternehmen definiert.

Sie stellen den Wissensbestand eines Unternehmens dar (»Information ist Wissen«) und dienen zum weiteren Wissensaufbau (»Information schafft Wissen«; vgl. Weber/Schäffer 2014, S. 78). Unter Wissen werden im Allgemeinen persönliche Kenntnisse, Gewissheiten und Erkenntnisse verstanden, die im Gedächtnis abgelegt sind und im Gegensatz zu Vermutungen, Ideologien und Meinungen stehen (Balderjahn/Scholderer 2007, S. 27).

Persönliches Wissen ist im Gedächtnis gespeichert und entsteht durch Wahrnehmung, Verknüpfung, Analyse und Interpretation von Informationen über Objekte (deklaratives Wissen) und Prozesse (prozedurales Wissen). Wissen dient der Problemlösung.

Informationsmanagement

Informationsmanagementsysteme (IM; früher DV-Management) beschaffen, speichern, verarbeiten, bereiten auf und übermitteln führungsrelevante und -unterstützende Informationen (Weber/Schäffer 2014, S. 78). Dabei bedienen sie sich leistungsfähiger Informations- (IT) und Kommunikationstechnologien (IuK-Technologien; Kemper et al. 2011, S. 470 f.). Das Informationsmanagement nimmt eine zentrale Stellung im Führungssystem eines Unternehmens ein (vgl. Domschke/Scholl 2008, S. 376 f.). Zielorientiertes, betriebliches Handeln erfordert Informationen und Wissen als Basis rationaler Entscheidungen (vgl. Kap. 3.2.1). Sowohl das Informationsangebot als auch die Informationsnachfrage sind in den letzten Jahrzehnten stark angestiegen. Die Gründe dafür liegen einerseits in der rasanten Entwicklung der Informations- und Kommunikationstechnologie (IuK) und andererseits in der zunehmenden Komplexität und Dynamik wirtschaftlicher Prozesse. Oft wird von einem Übergang der Industriegesellschaft in eine *Dienstleistungs- und Wissensgesellschaft* gesprochen (vgl. Weber et al. 2014, S. 37).

Informationspyramide

Das Informationsmanagement liefert diejenigen Informationen, die für die Unternehmensführung von Bedeutung sind. Im Sinne einer Informationspyramide werden auf der untersten Ebene sehr umfangreiche und detaillierte Informationen gesammelt, die die Realität möglichst umfassend abbilden sollen (vgl. Abb. 8-31). Zur Entscheidungsunterstützung des Managements ist es allerdings erforderlich, diese Datenvielfalt in mehrstufigen Filterungsprozessen zu konzentrieren und zu verdichten (vgl. Weber/Schäffer 2014, S. 80 ff.).

Wissensmanagement

Die Erfüllung unternehmerischer Aufgaben erfordert den Einsatz und die Nutzung von dem Unternehmen zur Verfügung stehendem Wissen. Das sind zum einen das Wissen der Führungskräfte und Mitarbeiter und zum anderen das »überindividuelle« institutionalisierte Wissen des Unternehmens, das durch IuK-Systeme den Entscheidern zur Unterstützung bereitgestellt wird (vgl. Weber/Schäffer 2014, S. 78). Unternehmerisches Wissen manifestiert sich in den vorhandenen Fähigkeiten, Fertigkeiten, Konzepten, im Know-how (z. B. Patente) und in den Qualifikationen der Mitarbeiterinnen

Abb. 8-31

Aufbau einer Informationspyramide

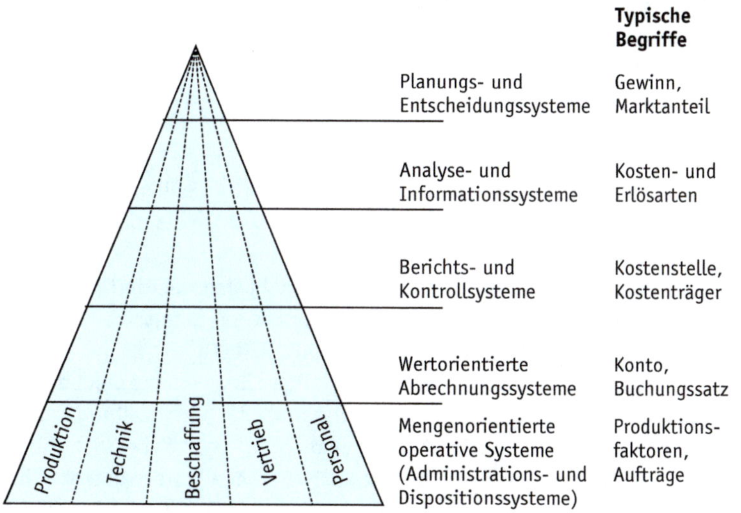

Quelle: Weber/Schäffer 2014, S. 81

und Mitarbeiter (Thommen et al. 2017, S. 552). Wissen kann sowohl *explizit* (z. B. im Unternehmen niedergeschriebene Verfahrensregeln) als auch *implizit* (z. B. als Bestandteil der Unternehmenskultur) im Unternehmen vorliegen (vgl. Weber/Schäffer 2014, S. 77). Informationen sind zu einem eigenständigen, dispositiven Produktionsfaktor geworden und stellen eine wesentliche Unternehmensressource (*Knowledge-based View*) zur Schaffung von Wettbewerbsvorteilen dar (vgl. Kemper et al. 2011, S. 470 f.; Macharzina/Wolf 2018, S. 814). *Wissensmanagement* dient der Erfassung, Speicherung, Veränderung, Verbreitung und Nutzung von Wissen im Unternehmen, das durch Interaktion und Kommunikation (Integration) von Mitarbeitern mit Spezialwissen (Spezialisierung) sowie den Einsatz von IuK-Systemen im Rahmen von Prozessen *organisationalen Lernens* entsteht (Thommen et al. 2017, S. 552; Macharzina/Wolf, 2018, 811 ff.).

Informationssysteme

Die Entwicklung und Anwendung leistungsfähiger IuK-Systeme ist Aufgabe der *Wirtschaftsinformatik*. Informationssysteme zur Unterstützung der Unternehmensführung wurden in den 1960er Jahren unter der Bezeichnung *»Management-Informationssysteme«* (MIS) entwickelt. Wegen der noch recht schwachen Leistungsfähigkeit damaliger Datenverarbeitungsanlagen scheiterten die Versuche, das vollständige Betriebsgeschehen mit solchen Systemen abzubilden (vgl. Weber/Schäffer 2014, S. 98). Heutige »Managementunterstützungssysteme« (MUS) bzw. »Executive Information Systems« (EIS) haben auf Grund der enormen technologischen Entwicklungen im IT-Bereich (z. B. hohe Rechnerleistungen, effiziente lokale Netzwerke, Automatisierung der Datenerfassung) diese Beschränkungen zum großen Teil überwunden (vgl. Kemper et al. 2011, S. 450 ff.; Weber/Schäffer 2014, S. 98 f.). Ein Informationssystem (EIS) zur Unterstützung des Managements hat nach Weber/Schäffer (2014, S. 100) fünf Komponenten (vgl. Abb. 8-32):

Komponenten von Informationssystemen

- *Vorsysteme*: In Unternehmen fallen viele unterschiedliche, oft sehr detaillierte unternehmensinterne und -externe Daten an. Diese Daten bilden die Grundlage für die betriebliche Informationsversorgung. Sie werden, je nach *Softwaresystem*, permanent (z. B. Kostenbeträge) oder nur auf Anforderung (z. B. Marktforschungsstudien) erhoben.
- *ETL-Schicht*: Werkzeuge einer sogenannten Extraktions-, Transformations- und Ladeschicht übernehmen Aufgaben des Abrufes, der Aufnahme, des Filterns, Verdichtens, Harmonisierens und Zusammenfügens von Informationen (vgl. Weber/Schäffer 2014, S. 100).
- *Data Warehouse*: Hierbei handelt es sich um eine themenorientierte Datenbank mit einem einheitlichen und homogenen Datenbestand aus unterschiedlichen Quellen (vgl. Weber/Schäffer 2014, S. 100 f.; Zahn 2005, S. 343).
- *OLAP-Engine* (*On-Line Analytical Processing*): Diese Komponente dient dem schnellen Zugriff auf die Daten des *Data Warehouse* sowie der Bereitstellung grundlegender Analysemethoden (z. B. Zeitreihenanalyse; vgl. Weber/Schäffer 2014, S. 101 f.). *Data Mining* sind intelligente Such- und Analyseinstrumente, die nicht erkannte Zusammenhänge und spezifische Muster (z. B. Merkmalskombinationen in einer Kundendatei) in Dateien entdecken können (vgl. vgl. Kemper et al. 2011, S. 468 f.).

Abb. 8-32

Typischer Aufbau eines Informationssystems zur Führungsunterstützung

Kommunikation und Analyse	Business Intelligence
Betriebswirtschaftliche Modellierung	OLAP- On-Line Analytical Processing
Zentrale Datenerhaltung	Data Warehouse
Aufbereitung und Integration	ETL-Extraction, Transformation, Laden
Datenquellen	Vorsysteme

Quelle: Weber/Schäffer 2014, S. 100

- *Business Intelligence*: Hierunter werden alle Hilfsmittel zusammengefasst, die die Datensammlung und -bereitstellung, Informationsentdeckung und Kommunikation im Unternehmen unterstützen (vgl. Kemper et al. 2011, S. 465; Weber/Schäffer 2014, S. 102 f.) Die bereitgestellten, aufbereiteten (z. B. Grafiken) und analysierten Daten verbessern das Geschäftsverständnis von Managern und dienen dazu, Entscheidungen rationaler zu treffen. Es können Berichte (*Reports*) erstellt und im Unternehmen verteilt werden (z. B. Umsatzentwicklungen).

8.10.2 Grundlagen des Controllings

Controlling wird nicht einheitlich in der Literatur definiert (vgl. Weber/Schäffer 2014, S. 20). Eine häufig anzutreffende Begriffsauffassung versteht unter Controlling die Planung (vgl. Kap. 6.2), Koordination und Steuerung informatorischer Prozesse im Unternehmen. *Controlling* wird als Unterstützung einer zielorientierten Steuerung des Unternehmens durch Informationsversorgung, Planung, Kontrolle und Koordination aufgefasst (vgl. Fischer et al. 2012, S. 29; Köhler 2001). Im Wesentlichen werden dem Controlling Aufgaben der Informationsversorgung, Planung und Kontrolle, Koordination sowie der Entscheidungsunterstützung zuerkannt (Weber/Schäffer 2014, S. 20 ff.).

Rationalitätssicherung

Weber/Schäffer (2014, S. 26 f.) sehen die Aufgabe des Controllings in der *Rationalitätssicherung* der Führung. Damit ist gemeint, dass Rationalitätsdefizite beim Management infolge beschränkter kognitiver Fähigkeiten und Informationsverarbeitungskapazitäten durch das Controlling vermindert bzw. sogar verhindert werden sollen. Controlling steigert nach dieser Auffassung die Rationalität und damit die

Effizienz und Effektivität von Führungsentscheidungen. Der aus dem englischen Verb »to control« abgeleitete Begriff Controlling wird in der deutschen Übersetzung mit »steuern, regeln, lenken« als Synonym für Führung bzw. Management sehr weit aufgefasst. Unzutreffend ist deshalb die viel zu enge Gleichsetzung von Controlling mit Kontrolle.

> *Controlling* unterstützt eine auf Ergebnissteuerung ausgerichtete Unternehmensführung durch koordinierende Aufgaben der Planung, Kontrolle und Informationsversorgung.

Koordination

Nach *Horváth* (2011, S. 106 ff.) hat Controlling die Funktion einer systembildenden und systemkoppelnden, ergebniszielorientierten Koordination von Planung und Kontrolle sowie der Informationsversorgung (vgl. Abb. 8-33). Die *systembildende* Koordination umfasst die Schaffung von Strukturen und Systemen zur Abstimmung von Aufgaben (z. B. Planungs-, Kontroll- und Informationsversorgungssysteme) und unter einer *systemkoppelnden* Koordination werden die jeweiligen Koordinationstätigkeiten verstanden (vgl. Horváth 2011, S. 106 f.). *Koordination* bedeutet in diesem Zusammenhang »das Abstimmen einzelner Entscheidungen auf ein gemeinsames Ziel hin« (Horváth 2011, S. 102). Insbesondere geht es um die Koordination der Informationssammlung und -bereitstellung mit dem definierten Informationsbedarf. Unter-

Abb. 8-33

Das Controllingsystem

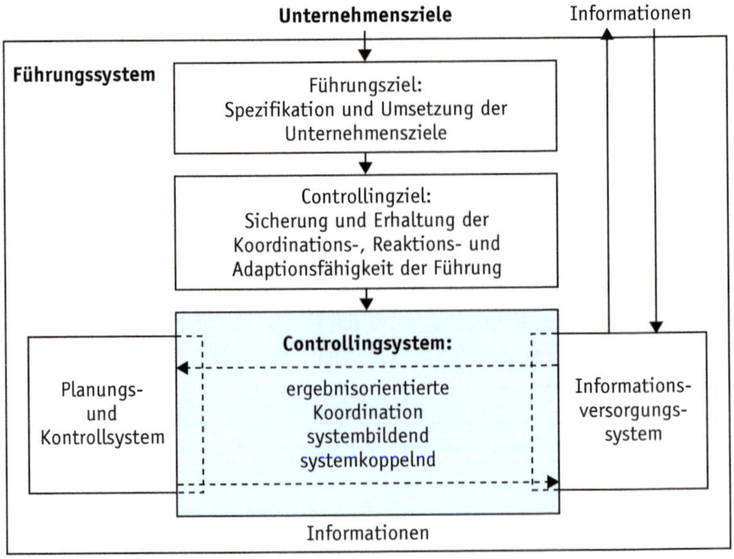

Quelle: In Anlehnung an Horváth 2011, S. 124

schiedliche Teilsysteme des Unternehmens (z. B. Personalführung, Produktion) müssen ebenso koordiniert werden wie das Planungs- und Kontrollsystem.

Controlling dient somit der Unterstützung der Unternehmensführung, indem es für die Koordination von Planungs-, Kontroll- und Informationsversorgungsaufgaben sorgt. Controllingziele richten sich auf die Sicherung und Erhaltung der Entscheidungsfähigkeit des Managements, d. h. die Gewährleistung der Koordinations-, Reaktions- und Adaptionsfähigkeit der Führung (vgl. Abb. 8-33).

Strategisches Controlling

Es wird zwischen strategischem und operativem Controlling unterschieden (Fischer et al. 2012, S. 5 f.). Das *strategische Controlling* verfolgt eine Langfristperspektive und zielt auf den Aufbau strategischer Leistungs- und Erfolgspotenziale des Unternehmens zur nachhaltigen Sicherung der Unternehmensexistenz. Es übernimmt strategische Planungs- und Kontrollaufgaben und dient als Frühaufklärungssystem (Franz/Kajüter 2011, S. 483). Insbesondere ist es die Aufgabe des strategischen Controllings, die Unternehmensleitung mit entscheidungsrelevanten Informationen zu versorgen und für eine erfolgsorientierte Koordination relevanter Subsysteme innerhalb und außerhalb des Unternehmens zu sorgen (*strategisches Berichtswesen*).

Operatives Controlling

Das operative Controlling hingegen ist kurzfristig und auf die Effizienz von Funktionsbereichen und -prozessen ausgerichtet (z. B. Produktionsprogramm). Es zielt auf die Erreichung kurzfristiger Erfolgsgrößen wie Gewinn und Liquidität. Hierbei gilt es, insbesondere unternehmensinterne Subsysteme (z. B. Kosten- und Leistungsrechnung, Finanzrechnung) zu koordinieren. Im Mittelpunkt der Unterstützung des Managements durch ein operatives Controlling steht die Ausrichtung der Prozesse auf Periodenziele einzelner Funktions- und Produktbereiche und auf meilensteinorientierte Ziele in Projekten (z. B. *Planungskalender*). Zusammenfassend kann festgestellt werden, dass das strategische Controlling alle Tätigkeiten betrifft, mit denen eine langfristige ergebniszielorientierte Ausrichtung und Koordination der Erfolgspotenziale eines Unternehmens unterstützt werden. Das operative Controlling hingegen hat dafür zu sorgen, dass in Funktionsbereichen Rahmenbedingungen für eine effektive und effiziente Durchführung der Prozesse geschaffen und verfügbare Ressourcen optimal genutzt werden.

Methoden und Instrumente

Die Controllinginstrumente müssen Unterschiede im zeitlichen Horizont von strategischem Controlling (*Langfristperspektive*) und operativem Controlling (*Kurzfristperspektive*) berücksichtigen. Es können generelle und bereichsbezogene Methoden, Verfahren und Instrumente unterschieden werden. Zu den generellen Methoden des strategischen Controllings zählen beispielsweise Verfahren zur Ermittlung des Unternehmenswerts (*Shareholder Value*; z. B. *Due Diligence-Analysen*) und bereichsübergreifende Kennzahlen und Kennzahlensysteme (z. B. Cashflow, ROI-Kennzahlensysteme, *Balanced Scorecard*). Im bereichsbezogenen Controlling geht es z. B. um Instrumente des F&E-Controlling (z. B. Meilenstein-Trendanalysen, Methoden der Projektablaufplanung) und des Produktionscontrolling (z. B. Methoden zur optimalen Kapazitätsauslastung, Simulationsmethoden für Produktionsprozesse). Die Vielfalt der Methoden und Instrumente des operativen Controllings ist kaum überschaubar. Zu den *Basismethoden* des Controllings gehören z. B. die ABC-Analyse, das Projektmanagement, die Kennzahlen- und Nutzwertanalyse (vgl. Eschenbach/Siller 2009, S. 92 ff.).

8.10.3 Aufgaben des Controllings

Neben der zentralen Koordinationsaufgabe werden dem Controlling die Informationsversorgung des Managements sowie die Planung und Kontrolle als wichtige Aufgabenbereiche zugewiesen (vgl. Weber/Schäffer 2014, S. 20 ff.):

Koordination

- *Koordination*: Vermeidung bzw. Reduktion von Abstimmungsproblemen zwischen betrieblichen Funktionsbereichen und Teilsystemen durch Übernahme von Koordinationsaufgaben. Alle Unternehmensbereiche sind miteinander vernetzt und es bedarf der Koordination, diese einzelnen Bereiche auf die einheitlichen Unternehmensziele auszurichten. Das erfordert auch, dass die Teilpläne aufeinander abgestimmt werden (vgl. Franz/Kajüter 2011, S. 473).

Planung

- *Planung*: Die Planung unterstützt das Erreichen von Unternehmenszielen und damit die Existenzsicherung (Fischer et al. 2012, S. 72; Franz/Kajüter 2011, S. 472; Kap. 6.2). Durch möglichst genaue Vorhersagen zukünftiger Ereignisse und Entwicklungen (*Planung*) kann erkennbaren Zielabweichungen frühzeitig entgegengewirkt werden. Planung verbessert die Beherrschung von Entscheidungskomplexität, Unsicherheit und Führungsprozessen (Fischer et al. 2012, S. 72).

Kontrolle

- *Kontrolle*: Die Ausrichtung des Unternehmens auf die Erreichung gesteckter Ziele erfordert eine laufende Überprüfung der Ziele (*Zielkompatibilität*; Zielkontrolle), des Grades der Zielerreichung (*Soll-Ist-Vergleich*) sowie eine Zielabweichungsanalyse (*Gap-Analyse*; vgl. Fischer et al. 2012, S. 82 ff.; Wöhe/Döring 2013, S. 183). Unter Kontrolle versteht man im Allgemeinen den Vergleich von Soll-Ist-Werten (Ex post Ergebniskontrolle). Die in der Planung festgelegten *Planzahlen* (Zielvorgaben) liefern als Ausdruck der Zukunftserwartungen die Basis für die Soll-Werte (vgl. Franz/Kajüter 2011, S. 479 ff.). Um rechtzeitig Planabweichungen feststellen und darauf reagieren zu können, werden in der Praxis oft »unterjährige« Soll-Ist-Vergleiche durchgeführt, die als *Frühaufklärungsinformationen* mögliche Gesamtzielabweichungen am Ende des Jahres vorzeitig anzeigen sollen (vgl. Franz/Kajüter 2011, S. 479). Es wird von einer Plan-Vorausschau-Abweichung (*Soll-Wird-Vergleich*) gesprochen, wenn innerhalb einer Planungsperiode versucht wird, die voraussichtliche Abweichung am Ende der Periode zu prognostizieren (vgl. Franz/Kajüter 2011, S. 480).

Informationsversorgung

- *Informationsversorgung*: Zur Unterstützung der Steuerung innerbetrieblicher Prozesse müssen Informationen, insbesondere aus dem Rechnungswesen, bereitgestellt werden. Aufgaben sind die Beschaffung (regelmäßig oder fallweise), Sammlung, Zusammenstellung, Aufbereitung, Verdichtung und Bereitstellung (z. B. *Berichtswesen*) von führungsrelevanten Informationen (vgl. Fischer et al. 2012, S. 94 ff.; Weber/Schäffer 2014, S. 80 ff.). Die bereitgestellten Informationen (z. B. Kennzahlen) dienen der Entscheidungsunterstützung und erfolgsorientierten Ausrichtung des Unternehmens. Sie können zur Lagebeurteilung, Bewertung von Handlungsalternativen und Entscheidungsfindung, Legitimation für Entscheidungen sowie als Argumentationsgrundlage in Kommunikations- und Verhandlungsprozessen genutzt werden (Fischer et al. 2012, S. 107). Für die Aufgaben der Informationsversorgung verwendet das Controlling leistungsfähige Informations- und Kommunikationstechnologien (*IuK-Technologien*; vgl. Kap. 8.10.1).

Informationsbedarf

Führungsrelevante Informationen sollten einheitlich und konsistent (standardisiert), richtig und verlässlich (fehlerfrei), zeitnah und termingerecht sowie störungsfrei (robust) bereitgestellt werden (vgl. Weber/Schäffer 2014, S. 95 f.). Die so zur Verfügung gestellten Informationen sollten für Führungskräfte objektiv (ohne Wertungen), überprüfbar, nachvollziehbar (verständlich), bedarfs- und nutzergerecht, aktuell und problemrelevant (nützlich) sein (vgl. Weber/Schäffer 2014, S. 93 f.; auch Horváth 2011, S. 298 ff.). Die Informationsversorgungsfunktion des Controllings erfolgt im Spannungsfeld zwischen dem Informationsangebot, der Informationsnachfrage und dem Informationsbedarf (vgl. Fischer et al. 2012, S. 90 ff.; Weber/Schäffer 2014, S. 89). Der *Informationsbedarf*, d. h. die Summe aller potenziell zur Aufgabenerfüllung nötigen Informationen, wird über unterschiedliche Methoden ermittelt (z. B. Befragung, Dokumentenanalyse). Die davon tatsächlich bereitgestellten Informationen stellen das *Informationsangebot* dar, das mehr oder weniger vom Management genutzt wird (*Informationsnachfrage*; Fischer et al. 2012, S. 90 ff.). Der betriebliche *Informationsbedarf* stellt die Grundlage für die Gestaltung des Informationsversorgungssystems dar (vgl. Horváth 2011, S. 310). Er richtet sich insbesondere auf (vgl. Horváth 2011, S. 325)

- die Erkennung von *Chancen und Risiken* auf Märkten sowie die Bewertung von *Stärken und Schwächen* der Unternehmung im Rahmen der strategischen Planung und Kontrolle (z. B. neue Technologien),
- die Bereitstellung von Daten des *Rechnungswesens* (vgl. Kap. 8.9) im Rahmen der taktischen und operativen Planung und Kontrolle (z. B. Finanz-, Kosten- und Investitionsrechnung) sowie auf
- die Bereitstellung steuerlich relevanter Informationen.

Die Betonung informationsbereitstellender Aufgaben für das Management macht zugleich den integrativen Ansatz des Controllings deutlich, mit dem eine ergebniszielorientierte Ausrichtung sowie eine horizontale und vertikale Abstimmung aller Leistungspotenziale und -prozesse erreicht werden sollen. Ohne Controlling besteht die Gefahr, dass mangels geeigneter Informationen keine systematische Planung erfolgt oder die notwendige Rückkopplung zwischen Planung und Kontrolle unterbleibt. Zudem würden der systematische Aufbau und die Pflege notwendiger Informationssysteme sowie die Koordination vernachlässigt werden.

8.10.4 Organisation und Bereiche des Controllings

Die Organisation des Controllings ist abhängig von der Größe und Struktur des Unternehmens bzw. Konzerns (vgl. Franz/Kajüter 2011, S. 473; Horváth 2011, S. 745 ff.). Es wird zwischen zentralem und dezentralem Controlling unterschieden (Weber/Schäffer 2014, S. 452 f.). Das in Konzernen anzutreffende *zentrale Controlling* ist in der Regel in der Nähe der Geschäftsführung bzw. des Vorstandes angesiedelt und übernimmt dort bereichsübergreifende strategische Planungs-, Kontroll- und Steuerungsaufgaben (vgl. Franz/Kajüter 2011, S. 474). Insbesondere übernimmt es typischerweise Aufgaben zur Abstimmung von Geschäftsbereichen, der Personalentwicklung und der

Konzeption einheitlicher Informationssysteme (Weber/Schäffer 2014, S. 453). Dagegen ist das *dezentrale Controlling* (Bereichscontrolling, operatives Controlling), je nach Aufbau des Konzerns, in funktionale, divisionale oder regionale Bereiche bzw. in Werke untergliedert (Horváth 2011, S. 745 ff.; Weber/Schäffer 2014, S. 452 f.). Es übernimmt operative Planungs-, Kontroll- und Steuerungsaufgaben (z. B. Kostenstellenplanung; vgl. Franz/Kajüter 2011, S. 475 ff.).

Beispiel F&E-Controlling

F&E-Controlling

▸▸▸ F&E-Controlling umfasst alle Tätigkeiten, mit denen eine ergebnisorientierte Ausrichtung und Koordination der F&E-Potenziale und -Prozesse unterstützt werden sollen (vgl. Specht et al. 2002, S. 447 ff.). Es ist zweckmäßig, wenn das Oberziel der Entwicklung in einzelne, etappenweise zu erreichende Teilziele zerlegt wird. Dies führt zur Unterscheidung einzelner *Meilensteine* im Prozess der Abwicklung eines F&E-Projekts (vgl. Specht et al. 2002, S. 483 ff.). Solche Meilensteine sind zugleich eine Voraussetzung für die Kontrolle der Erreichung definierter Teilziele. Bei positivem Ausgang einer Meilensteinkontrolle erfolgt eine sogenannte Freigabeentscheidung für die Bearbeitung des F&E-Projekts im nächsten Prozessschritt. Zur Messung der Effektivität und der Effizienz von F&E ist zu prüfen, ob

- deren Ergebnisse den Leistungsanforderungen und Preiserwartungen der Kunden gerecht werden,
- relativ niedrige Entwicklungskosten und relativ kurze Entwicklungszeiten erreicht werden können,
- geplante Entwicklungszeiten eingehalten werden können,
- der Entwicklungsprozess an Veränderungen von Technologien und Kundenerwartungen angepasst werden kann und
- das einzelne F&E-Ergebnis positive Ausstrahlungseffekte auf andere F&E-Projekte aufweist. ◂◂◂

Projekt-Controlling

Weiterhin kann jeweils zwischen organisatorischen Einheiten der Primär- und der Sekundärorganisation differenziert werden (z. B. Abteilungen in der Primärorganisation, Projekte in der Sekundärorganisation; vgl. Specht et al. 2002, S. 337). Diese zweckmäßige und in der Praxis weit verbreitete Differenzierung führt zur Unterscheidung eines Bereichs- und eines Projekt-Controllings, die jeweils unterschiedliche Schwerpunkte aufweisen. *Das Projekt-Controlling* unterstützt das Bereichscontrolling bei der Ermittlung des Budget- und Ressourcenbedarfs einzelner Projekte, Teilprojekte oder Arbeitspakete. Der detaillierte Budget- und Ressourcenbedarf ist nach der Durchführung der Projektstruktur- und Ablaufplanung zu ermitteln, mit der Termin- und Kostenplanung abzustimmen und vom Projekt-Controlling kritisch zu bewerten. Budget- und Ressourcenänderungen sind vor allem bei großen Projekten ein wichtiger Gegenstand der Kontrolle.

8.10.5 Kennzahlen und Kennzahlensysteme

Controlling richtet sich in seiner Aufgabe, der Unterstützung eines ergebnisorientierten Managements, auf *Erfolgsgrößen*. Unternehmenswert (*Shareholder Value*), Gewinn und Liquidität sind die zentralen Steuerungsgrößen des Controllings. Unternehmen verfolgen heute oft mehrere Ziele gleichzeitig (z. B. Rendite-, Gewinn- und Liquiditätsziele; vgl. Kap. 5.2). Neben finanzwirtschaftlichen (z. B. Umsatzrendite) sind auch nicht-finanzwirtschaftliche Ziele (z. B. Mitarbeiterzufriedenheit) zu berücksichtigen (Franz/Kajüter 2011, S. 490). Diese Ziele sind allerdings für viele Aktivitäten im Unternehmen nicht genügend operational, d. h., sie sind als Orientierungsbasis für konkrete Entscheidungen nicht immer geeignet.

Kennzahlen

Das Controlling verwendet *Kennzahlen*, um komplexe betriebswirtschaftliche Sachverhalte zu verdichten und in aggregierter Form abbilden zu können. Neben einer direkten Messung von Erfolgs- und Zielgrößen in Form von Kennzahlen liefern sogenannte *Indikatoren* indirekt Auskunft über Veränderungen bestimmter Zielgrößen (vgl. Baum et al. 2007, S. 332 f.). Indikatoren werden insbesondere in der *strategischen Frühaufklärung* eingesetzt. Das Controlling hat die Aufgabe, für bestimmte Zielgrößen geeignete Kennzahlen und Indikatoren zu finden. In *Kennzahlensystemen*, die auch als Zielsysteme verwendbar sind, werden dann einzelne Kennzahlen miteinander in Beziehung gesetzt (Fischer et al. 2012, S. 340).

Kennzahlen sind Informationen auf der Basis aggregierter, quantitativer Daten, die komplexe betriebswirtschaftliche Sachverhalte und Entwicklungen abbilden und der Entscheidungsunterstützung sowie der Verhaltenssteuerung dienen (vgl. Fischer et al. 2012, S. 356; Weber/Schäffer 2014, S. 173).

Kennzahlenarten

Es werden folgende Kennzahlenarten unterschieden (vgl. Eschenbach/Siller 2009, S. 104 ff.; Fischer et al. 2012, S. 341; Weber/Schäffer 2014, S. 174 f.):

- absolute (z. B. durchschnittlicher Deckungsbeitrag) und relative Kennzahlen (z. B. Eigenkapitalquote),
- finanzielle (z. B. Rendite) und nicht-finanzielle Kennzahlen (z. B. Kapazitätsauslastung),
- erfolgsorientierte (z. B. Eigenkapitalrentabilität) und liquiditätsorientierte (z. B. operativer Cashflow) Kennzahlen,
- lokale (bereichsspezifische) und globale (bereichsunspezifische) Kennzahlen,
- vorlaufende (*leading*, Ursache-Indikator) und nachlaufende (*lagging*, Wirkungs-Indikator) Kennzahlen.

Relative Kennzahlen (*Verhältniskennzahlen*) werden noch unterschieden in *Gliederungszahlen* (z. B. Rendite), *Beziehungszahlen* (Kennzahlen werden in eine Zweck-Mittel-Relation gebracht) und *Indexzahlen* (werden auf einen Basiszeitpunkt bezogen und bilden zeitliche Veränderungen ab; vgl. Fischer et al. 2012, S. 341). Beziehungskennzahlen knüpfen an den Ursachen bzw. Determinanten von Erfolgsgrößen wie Gewinn und Rentabilität an. Konkrete Ergebnisziele für spezifische Unternehmensbereiche und -prozesse bilden, als Bindeglied zwischen Unternehmenserfolg und einzelnen Aktivitäten, die Basis für die Gestaltung und den Ablauf des Controllings (*Zweck-Mittel-Relationen*; vgl. Reichmann 2006, S. 3f.). Kennzahlen ermöglichen insofern einen zeitpunkt- oder zeitraumbezogenen Vergleich. Sie bilden die Basis sowohl inner- als auch zwischenbetrieblicher *Vergleiche* und helfen damit, Probleme und deren Ursachen aufzudecken. Trends können durch die Gegenüberstellung von Kennzahlen aus verschiedenen Zeiträumen erkannt werden. Trenddaten machen das Ausmaß der Abweichung in Relation zu vorgegebenen Zielen sichtbar und zeigen auf, ob Abweichungen auf temporäre oder strukturelle Probleme zurückzuführen sind.

Werden Kennzahlen zueinander in Beziehung gesetzt, entstehen *Kennzahlensysteme.*

Arten von Kennzahlensystemen

Kennzahlensysteme ordnen die Gesamtheit aller über einen Sachverhalt vollständig informierenden Kennzahlen, die miteinander in Beziehung stehen (vgl. Horváth 2011, S. 500). Kennzahlensysteme werden nach der Art der Zusammensetzung in finanzielle und nicht-finanzielle und in solche, die Kennzahlenverknüpfungen mathematisch, nach dem Ursache-Wirkungs-Zusammenhang oder klassifikatorisch anordnen, unterschieden (Weber/Schäffer 2014, S. 193). Solche Kennzahlensysteme weisen Baumstrukturen mit horizontalen und vertikalen Beziehungen auf, wobei in der Regel die zentralen Oberziele (z. B. Rendite) den Ausgangspunkt bilden. Mit Hilfe von Kennzahlensystemen lassen sich komplexe Sachverhalte übersichtlich abbilden, weshalb sie eine ganzheitliche Beurteilung von Funktions- und Produktbereichen oder Projekten unter Berücksichtigung der relevanten Zielgrößen erleichtern (vgl. Reichmann 2006, S. 19). Damit bilden Kennzahlensysteme eine wesentliche Komponente des Informations- und Kontrollsystems des Unternehmens und seiner Geschäftsbereiche.

Balanced Scorecard

Während traditionelle Kennzahlensysteme oft auf finanzwirtschaftliche Aspekte fokussieren (z. B. das *DuPont System*; vgl. Weber/Schäffer 2014, S. 194ff.), wird in dem Konzept der *Balanced Scorecard* die finanzwirtschaftliche Perspektive noch durch eine Kunden-, interne Prozess- und eine Lern- und Entwicklungsperspektive ergänzt (Fischer et al. 2012, S. 404). Die *Balanced Scorecard* (»ausgeglichener Berichtsbogen«) wurde Anfang der 1990er Jahre von *Kaplan* und *Norton* (1997) als ein Instrument zur Umsetzung von Strategien in Zielgrößen und Maßnahmen entwickelt und stellt somit ein strategisches, kennzahlenbasiertes Managementinstrument dar. Als *Managementinstrument* dient die *Balanced Scorecard* dazu, geeignete Maßnahmen zur Umsetzung von Strategien sowie Kennzahlen zur Überwachung dieser Umsetzung zu identifizieren. Es stellt insofern ein Bindeglied zwischen der Festlegung einer Strategie (strategische Ebene) und ihrer Implementierung dar (operative Ebene; vgl. Rese/Kupp 2011, S. 104; Weber/Schäffer 2014, S. 201). Von einer »Balanced Scorecard« wird auch deshalb gesprochen, weil eine »Balance« zwischen kurzfristigen und langfristigen Zielen, monetären und nicht-monetären Kennzahlen, Spät- und Frühindikatoren sowie externen und internen »Performance-Perspektiven« gefunden werden soll (vgl. Kaplan/Norton 1997, S. VII). Die *Balanced Scorecard* umfasst *vier Perspektiven*, die jeweils durch spezifische Kennzahlen (*Key Performance Indicators*, KPI) beschrieben werden (vgl. Rese/Kupp 2011, S. 105; Abb. 8-34):

- die finanzielle Perspektive,
- die Kundenperspektive,
- die Perspektive der internen Geschäftsprozesse sowie
- die Lernen- und Entwicklungsperspektive.

Perspektiven der Balanced Scorecard

Der Ausgangspunkt der *Balanced Scorecard* ist die *Finanzperspektive*. Finanzkennzahlen (z. B. Gewinn, Umsatzwachstum, Kapitalrendite) zeigen an, ob eine implementierte Strategie zum gewünschten finanziellen Erfolg geführt hat. Die *Kundenperspektive* erfasst durch kundenorientierte Kennzahlen wie Kundentreue und Kundenzufriedenheit die Attraktivität des Leistungsangebots für die Kunden und liefert somit Hinweise auf die Wettbewerbsfähigkeit des Unternehmens. Durch die *interne Prozessperspektive* werden solche prozessorientierten Kennzahlen (z. B. Neuproduktrate, Entwicklungszeiten, Fehlerquote in der Fertigung, Durchlaufzeiten) erfasst, die für den finanziellen Erfolg und die Wettbewerbsfähigkeit des Unternehmens relevant sind. Die *Lern- und Entwicklungsperspektive* identifiziert das erforderliche Human- bzw. Mitarbeiterpotenzial, das zur Erreichung der Ziele der drei anderen Perspektiven erforderlich ist. Kennzahlen sind hier z. B. die Mitarbeiterzufriedenheit und die Fluktuationsrate.

Für alle vier Perspektiven werden in der mittelfristigen Planung geeignete *Ziele, Kennzahlen, Vorgaben und Maßnahmen* vorgegeben. Die Kennzahlen müssen in einem Ursache-Wirkungs- bzw. Zweck-Mittel-Zusammenhang stehen. Dadurch entsteht eine hierarchische Wirkungskette beginnend mit der Lern- und Entwicklungsperspektive, über die Prozess- und Kundenperspektive bis zur Finanzperspektive. Dabei wird impli-

Abb. 8-34

Grundmodell der Balanced Scorecard

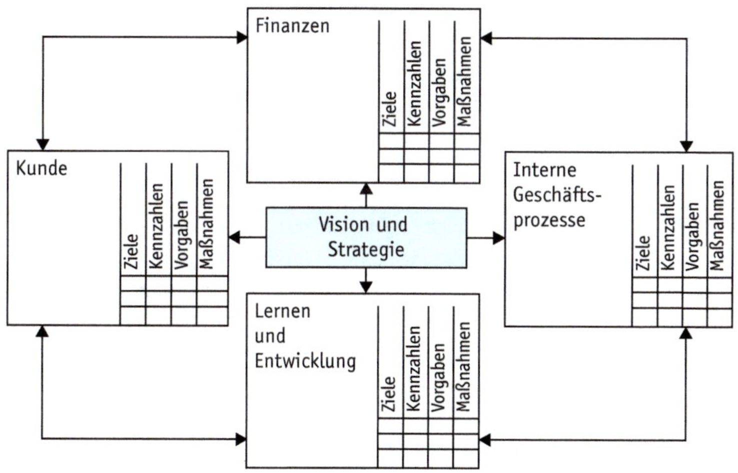

Quelle: Weber/Schäffer 2014, S. 198

zit von einer Zielkomplementarität ausgegangen. Die aus der Strategie abgeleiteten finanziellen Ziele stellen den Ausgangspunkt der Ursache-Wirkungsbeziehungen einzelner Kennzahlen dar. Folgendes Beispiel (vgl. Weber/Schäffer 2014, S. 201) verdeutlicht diesen Ursache-Wirkungs-Zusammenhang: Die Kapitalrentabilität (finanzielle Perspektive) als zentrale Zielgröße wird beeinflusst von der pünktlichen Lieferung und von der Kundentreue (Kundenperspektive). Die Kennzahlen der Kundenperspektive werden durch Prozessqualität und Durchlaufzeiten (Prozessperspektive) und diese Prozesskennzahlen wiederum durch das Fachwissen der Mitarbeiter bestimmt (Lern- und Entwicklungsperspektive).

Ergebniskennzahlen
Leistungstreiber

Kennzahlen werden nach Ergebniskennzahlen (Wirkungsindikatoren) und Leistungstreibern (Ursacheindikatoren) unterschieden. *Ergebniskennzahlen* decken die strategischen Zielbereiche ab und Leistungstreiber weisen auf die Erfordernisse für das Erreichen der Ziele hin. Im Gegensatz zu den Ergebniskennzahlen sind die *Leistungstreiber* unternehmensspezifisch. In ihnen kommt zum Ausdruck, wie ein Unternehmen seine Ziele erreichen will (vgl. Schaltegger/Dyllick 2002, S. 24). Ergebniskennzahlen und Leistungstreiber werden innerhalb und zwischen den vier Perspektiven so kausal verknüpft, dass ersichtlich wird, welche Leistungstreiber welche Ergebnisgrößen kausal beeinflussen. Aus den Ergebniskennzahlen und Leistungstreibern werden operative Vorgaben und Maßnahmen abgeleitet. In der Summe bietet das Konzept der *Balanced Scorecard* zahlreiche Ansatzpunkte zur Verbesserung der Unternehmenssteuerung.

Kontrollfragen Kapitel 8.10

1. *Welche Aufgaben umfasst die betriebliche Informationswirtschaft?*
2. *Was versteht man unter Managementunterstützungssystemen (MUS)?*
3. *Wie ist ein Executive Information System (EIS) aufgebaut?*
4. *Was wird unter Data Warehouse verstanden?*
5. *Wie ist eine Informationspyramide aufgebaut?*
6. *Was wird unter Controlling verstanden?*
7. *Welche Ziele verfolgt das Controlling?*
8. *Welche Aufgaben hat das Controlling?*
9. *Was ist mit der Aufgabe der Rationalitätssicherung des Controllings gemeint?*
10. *Welche Anforderungen sind an Informationen zu stellen?*
11. *Worauf richtet sich der betriebliche Informationsbedarf?*
12. *Grenzen Sie das zentrale vom dezentralen Controlling ab.*
13. *Erläutern Sie die Unterscheidung des Controllings in strategisches und operatives Controlling.*
14. *Was wird unter einem Bereichscontrolling verstanden?*
15. *Welche unternehmensbezogenen Basismethoden und Instrumente des Controllings kennen Sie?*
16. *Was sind Kennzahlen und welche Arten können unterschieden werden?*
17. *Was ist ein Kennzahlensystem und wozu dient es?*
18. *Was sind Indikatoren und wozu dienen sie?*

Weiterführende Literatur

Eschenbach, R./Siller, H. (2009): Controlling professionell, Stuttgart.
Fischer, T. M./Möller, K./Schultze, W. (2012): Controlling, Stuttgart.
Franz, K.-P./Kajüter, P. (2011): Controlling, in: Busse von Colbe, W./Coenenberg, A. G./Kajüter, P./Linnhoff, U./Pellens, B. (Hrsg.), Betriebswirtschaft für Führungskräfte, 4. Aufl., Stuttgart, S. 471–493.
Horváth, P. (2011): Controlling, 12. Aufl., München.
Kemper, H.-G./Lasi, H./Zahn, E. (2011): Informationstechnologie und Informationsmanagement, in: Bea, F. X./Friedl, B./Schweitzer, M. (Hrsg.), Allgemeine Betriebswirtschaftslehre, Bd. 2: Führung, 10. Aufl., Stuttgart, S. 448–488.
Reichmann, T. (2006): Controlling mit Kennzahlen und Managementberichten, 7. Aufl., München.
Thommen, J.-P./Achleitner, A.-K./Gilbert, D. U./Hachmeister, D./Kaiser, G. (2017): Allgemeine Betriebswirtschaftslehre, 8. Aufl., Wiesbaden.
Weber, J./Schäffer, U. (2014): Einführung in das Controlling, 14. Aufl., Stuttgart.

9 Schlussbemerkung

Die Spezialisierung ist in vielen Teilbereichen der Betriebswirtschaftslehre so weit fortgeschritten, dass von der Bildung relativ autonomer Disziplinen innerhalb der Betriebswirtschaftslehre gesprochen werden muss. Auf der anderen Seite setzt sich jedoch die Erkenntnis durch, dass eine Problemlösung, gerade auch auf wirtschaftlichem Gebiet, ohne interdisziplinäre Zusammenarbeit nicht zufriedenstellend möglich ist. Diese Zusammenarbeit erfordert sowohl eine Öffnung der Betriebswirtschaftslehre gegenüber sozialwissenschaftlichen Nachbardisziplinen (z. B. *Soziologie* und *Psychologie*) als auch gegenüber den Ingenieurwissenschaften und der Informatik (z. B. *Wirtschaftsinformatik*). Besonders intensiv wird die Öffnung der Betriebswirtschaftslehre gegenüber der Philosophie und Ethik diskutiert (vgl. Kreikebaum 1996). Ausgangspunkt ist die Feststellung, dass rein wirtschaftlich-rationales, oft auf kurzfristige Gewinnmaximierung ausgerichtetes Verhalten zu ethisch, gesellschaftlich und ökologisch nicht tragbaren Konsequenzen führen kann, wie etwa inhumane Arbeitsbedingungen bei Lieferanten in sogenannten »Billiglohnländern«, um nur ein Beispiel zu nennen. Das Ziel sollte unternehmerisches Handeln sein, das wirtschaftlichen Erfolg, soziale Gerechtigkeit und Umwelt- und Klimaschutz nicht als Widersprüche bzw. unvereinbare Gegensätze auffasst, sondern Chancen in der Balance dieser drei Bereiche erkennt. Das gesellschaftliche Leitbild der Nachhaltigkeit (*Sustainable Development*) bzw. der umfassenden gesellschaftlichen Verantwortung von Unternehmen (*Corporate Social Responsibility*) fordert Umwelt- und Sozialverträglichkeit wirtschaftlichen Handelns (vgl. Balderjahn 2013). Unternehmen, deren Geschäftsführung bzw. Management und deren Mitarbeiterinnen und Mitarbeiter müssen sich dieser Verantwortung bewusst werden. Betriebswirtschaftslehre muss entscheidend dazu beitragen, Unternehmen erfolgreich auf die zukünftigen Herausforderungen von Umwelt (z. B. Klimawandel) und Gesellschaft (z. B. Schaffung von auskömmlichen Arbeitsplätzen) vorzubereiten. Dabei geht es allerdings nicht nur allein um unternehmerische Interessen, sondern das gesellschaftliche Gemeinwohl und die Lebensqualität sind hier die zentralen Zielvorgaben. Unternehmerische Tätigkeit und unternehmerischer Erfolg werden sich nur in intakten gesellschaftlichen und ökologischen Zusammenhängen dauerhaft realisieren lassen. Der Bestand des Gemeinwesens ist eine notwendige Voraussetzung für wirtschaftliches Handeln. Nachhaltiges Wirtschaften ist kein Nischenphänomen für Paradiesvögel, sondern eine Verpflichtung für alle, die in der betriebswirtschaftlichen Forschung und Lehre verantwortungsvoll arbeiten. Studierende sollten deshalb neben dem Erwerb notwendigen fachlichen Wissens, Kompetenzen und Fähigkeiten auch in ihrer Ausbildung sensibilisiert werden für die Verantwortung von Unternehmen für die Gesellschaft und Umwelt und den Beitrag, den sie selbst dazu zu leisten haben. Nur eine Betriebswirtschaftslehre, die die Verantwortung von Unternehmen nicht nur gegenüber den Shareholdern definiert, sondern auch und insbesondere gegenüber der Umwelt, dem Klima, der Biodiversität und der Gesellschaft, ist zukunftsfähig und als Wissenschaft gesellschaftlich legitimiert.

Literaturverzeichnis

Abell, D. F./Hammond, J. S. (1979): Strategic Market Planning, Englewood Cliffs, N. J.

Backhaus, K./Voeth, M. (2014): Industriegütermarketing, 10. Aufl., München.

Balderjahn, I. (1993): Marktreaktionen von Konsumenten, Berlin.

Balderjahn, I. (1995): Bedürfnis, Bedarf, Nutzen, in: Tietz, B./Köhler, R./Zentes, J. (Hrsg.), Handwörterbuch des Marketing (HWM), 2. Aufl., Stuttgart, S. 179–190.

Balderjahn, I. (2003): Erfassung der Preisbereitschaft, in: Diller, H./Herrmann, A. (Hrsg.), Handbuch Preispolitik, Wiesbaden, S. 387–404.

Balderjahn, I. (2013): Nachhaltiges Management und Konsumentenverhalten, München.

Balderjahn, I. (2014): Standortmarketing, 2. Aufl., München.

Balderjahn, I./Mennicken, C./Berger, M./Minx, E. (1996): Neuprodukt-Marketing: Ein phasenintegrierendes und methodengestütztes Konzept, in: Ahsen, A. v./ Czenskowsky, T. (Hrsg.), Marketing und Marktforschung: Entwicklungen, Erweiterungen und Schnittstellen im nationalen und internationalen Kontext, Hamburg, S. 299–317.

Balderjahn, I./Scholderer, J. (2002): Benefit- und Life Style-Segmentierung, in: Albers, S./Herrmann, A. (Hrsg.), Handbuch Produkt-Management, 2. Aufl., Wiesbaden, S. 267–288.

Balderjahn, I./Scholderer, J. (2007): Konsumentenverhalten und Marketing, Stuttgart.

Bamberg, G./Coenenberg, A. G./Krapp, M. (2012): Betriebswirtschaftliche Entscheidungslehre, 15. Aufl., München.

Baum, H.-G./Coenenberg, A. G./Günter, Th. (2007): Strategisches Controlling, 4. Aufl., Stuttgart.

Bea, F. X. (2011): Einleitung: Führung, in: Bea, F. X./Schweitzer, M. (Hrsg.), Allgemeine Betriebswirtschaftslehre, Bd. 2: Führung, 10. Aufl., Konstanz und München, S. 23–37.

Bea, F. X. (2009a): Entscheidungen des Unternehmens, in: Bea, F. X./Schweitzer, M. (Hrsg.), Allgemeine Betriebswirtschaftslehre, Bd. 1: Grundfragen, 10. Aufl., Stuttgart, S. 332–437.

Bea, F. X. (2009b): Wirtschaftsordnung, in: Bea, F. X./Schweitzer, M. (Hrsg.), Allgemeine Betriebswirtschaftslehre, Bd. 1: Grundfragen, 10. Aufl., Stuttgart, S. 163–177.

Bea, F. X./Friedl, B./Schweitzer, M. (2006): Einleitung Leistungsprozess, in: Bea, F. X./Friedl, B./Schweitzer, M. (Hrsg.), Allgemeine Betriebswirtschaftslehre, Bd. 3: Leistungsprozess, 9. Aufl., Stuttgart, S. 1–7.

Benkenstein, M./Uhrich, M. (2009): Strategisches Marketing, 3. Aufl., Stuttgart.

Berthel, J./Becker, F. G. (2013): Personal-Management, 10. Aufl., Stuttgart.

Bloech, J./Lücke, W. (2006): Produktionswirtschaft, in: Bea, F. X./Friedl, B./ Schweitzer, M. (Hrsg.), Allgemeine Betriebswirtschaftslehre, Bd. 3: Leistungsprozess, 9. Aufl., Stuttgart, S. 183–252.

Bonse, A./Linnhoff, U./Pellens, B. (2011): Jahresabschlüsse, in: Busse von Colbe, W./Coenenberg, A. G./Kajüter, P./Linnhoff, U./Pellens, B. (Hrsg.), Betriebswirtschaft für Führungskräfte, 4. Aufl., Stuttgart, S. 497–533.

Brockhoff, K. (1999): Forschung und Entwicklung, 5. Aufl., München, Wien.

Bruhn, M. (2014): Marketing, 12. Aufl., Wiesbaden.

Bundesministerium für Umwelt, Naturschutz und Reaktorsicherheit (BMU) (2002): Wirtschaftliche Globalisierung und Umwelt, Berlin.

Bundesverband der Deutschen Industrie e. V. (2006): Leitfaden Kartellrecht (BDI-Drucksache Nr. 367), Berlin.

Coenenberg, A. G./Schultze, W. (2011): Akquisition und Unternehmensbewertung, in: Busse von Colbe, W./Coenenberg, A. G./Kajüter, P./Linnhoff, U./Pellens, B. (Hrsg.), Betriebswirtschaft für Führungskräfte, 4. Aufl., Stuttgart, S. 353–384.

Coenenberg, A. G./Haller, A./Mattner, G./Schultze, W. (2014a): Einführung in das Rechnungswesen, 5. Aufl., Stuttgart.

Coenenberg, A. G./Haller, A./ Schultze, W. (2014b): Jahresabschluss und Jahresabschlussanalyse, 23. Aufl., Stuttgart.

Diller, H. (2007): Grundprinzipien des Marketing, 2. Aufl., Nürnberg.

Domschke, W./Scholl, A. (2008): Grundlagen der Betriebswirtschaftslehre, 4. Aufl., Berlin u. a.

Drukarczyk, J. (2006): Finanzierung, in: Bea, F. X./Friedl, B./Schweitzer, M. (Hrsg.), Allgemeine Betriebswirtschaftlehre, Bd. 3: Leistungsprozess, 9. Aufl., Stuttgart, S. 401– 516.

Ebers, M./Gotsch, W. (2006): Institutionenökonomische Theorien der Organisation, in: Kieser, A./Ebers, M. (Hrsg.), Organisationstheorien, 6. Aufl., Stuttgart, S. 247–308.

Eisele, W./Kratz, N. (2011): Rechnungswesen, in: Bea, F. X./Schweitzer, M. (Hrsg.), Allgemeine Betriebswirtschaftslehre, Bd. 2: Führung, 10. Aufl., Stuttgart, S. 499–694.

Eschenbach, R./Siller, H. (2009): Controlling professionell, Stuttgart.

Fischer, T. M./Möller, K./Schultze, W. (2012): Controlling, Stuttgart.

Franz, K.-P./Kajüter, P. (2011): Controlling, in: Busse von Colbe, W./Coenenberg, A. G./Kajüter, P./Linnhoff, U./Pellens, B. (Hrsg.), Betriebswirtschaft für Führungskräfte, 4. Aufl., Stuttgart, S. 471–493.

Fritz, W./v.d. Oelsnitz, D. (2006): Marketing, 4. Aufl., Stuttgart.

Europäische Kommission (2001): Europäische Rahmenbedingungen für die soziale Verantwortung der Unternehmen (Grünbuch), Brüssel.

Gaitanides, M. (2007): Prozessorganisation, 2. Aufl., München.

Gelbmann, U./Vorbach, S. (2007a): Das Innovationssystem, in: Strebel, H. (Hrsg.), Innovations- und Technologiemanagement, 2. Aufl., Wien, S. 95–155.

Gelbmann, U./Vorbach, S. (2007b): Strategisches Innovationsmanagement, in: Strebel, H. (Hrsg.), Innovations- und Technologiemanagement, 2. Aufl., Wien, S. 157–211.

Gerpott, T. J. (2005): Strategisches Technologie- und Innovationsmanagement, 2. Aufl., Stuttgart.

Gerum, E./Mölls, S. (2009): Unternehmensordnung, in: Bea, F. X./Schweitzer, M. (Hrsg.), Allgemeine Betriebswirtschaftslehre, Bd. 1: Grundfragen, 10. Aufl., Stuttgart, S. 224–309.

Hauschildt, J./Salomo, S. (2007): Innovationsmanagement, München.

Heinen, E. (1991): Industriebetriebslehre, 9. Aufl., Wiesbaden.

Horsch, A./Paul, St./Rudolph, B. (2011): Finanzmanagement, in: Busse von Colbe, W./Coenenberg, A. G./Kajüter, P./Linnhoff, U./Pellens, B. (Hrsg.), Betriebswirtschaft für Führungskräfte, 4. Aufl., Stuttgart, S. 385–434.

Horváth, P. (2011): Controlling, 12. Aufl., München.

Howard, J. A./Sheth, J. N. (1969): The Theory of Buyer Behavior, New York.

Hungenberg, H. (2011): Strategisches Management in Unternehmen, 6. Aufl., Wiesbaden.

Kaplan, R. S./Norton, D. P. (1997): Balanced Scorecard: Strategien erfolgreich umsetzen, Stuttgart.

Kemper, H.-G./Lasi, H./Zahn, E. (2011): Informationstechnologie und Informationsmanagement, in: Bea, F. X./Friedl, B./Schweitzer, M. (Hrsg.), Allgemeine Betriebswirtschaftslehre, Bd. 2: Führung, 10. Aufl., Stuttgart, S. 448–488.

Kirsch, W./Seidl, D./van Aaken, D. (2007): Betriebswirtschaftliche Forschung, Stuttgart.

Köhler, R. (1993): Beiträge zum Marketing-Management, 3. Aufl., Stuttgart.

Köhler, R. (2001): Marketingcontrolling, in: Küpper, H.-U./Wagenhofer, A. (Hrsg.), Handwörterbuch Unternehmensrechnung und Controlling, 4. Aufl., Stuttgart, Sp. 1243–1254.

Korndörfer, W. (2003): Allgemeine Betriebswirtschaftslehre, 13. Aufl., Wiesbaden.

Kossbiel, H. (2006): Personalwirtschaft, in: Bea, F. X./Friedl, B./Schweitzer, M. (Hrsg.), Allgemeine Betriebswirtschaftslehre, Bd. 3: Leistungsprozess, 9. Aufl., Stuttgart, S. 517–622.

Kotler, P./Keller, L. K./Bliemel, F. (2007): Marketing-Management, 12. Aufl., München u. a.

Kreikebaum, H. (1996): Grundlagen der Unternehmensethik, Stuttgart.

Kreikebaum, H./Gilbert, D. U./Behnam, M. (2011): Strategisches Management, 7. Aufl., Stuttgart.

Kroeber-Riel, W./Gröppel-Klein, A. (2013): Konsumentenverhalten, 10. Aufl., München.

Kriz, J./Lisch, R. (1988). Methodenlexikon; für Mediziner, Psychologen, Soziologen. München.

Krüger, W. (2011): Organisation, in: Bea, F. X./Schweitzer, M. (Hrsg.), Allgemeine Betriebswirtschaftslehre, Bd. 2: Führung, 10. Aufl., Stuttgart, S. 178–269.

Küpper, H.-U. (1999): Entscheidung und Verantwortung im institutionellen Rahmen, in Korff, W. (Hrsg.), Handbuch der Wirtschaftsethik, Band 3: Ethik wirtschaftlichen Handelns, Gütersloh 1999, S. 39–67.

Küpper, H.-U. (2011): Unternehmensethik, 2. Aufl. Stuttgart.

Kußmaul, H. (2007): Kostenrechnung, in: Busse von Colbe, W./Coenenberg, A. G./ Kajüter, P./Linnhoff, U./Pellens, B. (Hrsg.), Betriebswirtschaft für Führungskräfte, 3. Aufl., Stuttgart, S. 237–274.

Laux, H./Gillenkirch, R. M./Schenk-Mathes, H. Y. (2014): Entscheidungstheorie, 9. Aufl., Berlin, Heidelberg.

Lewin, K. (1963): Feldtheorie in den Sozialwissenschaften, Bern.

Linnhoff, U./Pellens, B. (2011): Investitionsrechnung, in: Busse von Colbe, W./ Coenenberg, A. G./Kajüter, P./Linnhoff, U./Pellens, B. (Hrsg.), Betriebswirtschaft für Führungskräfte, 4. Aufl., Stuttgart, S. 323–352.

Macharzina, K./Wolf, J. (2018): Unternehmensführung, 10. Aufl., Wiesbaden.

Meffert, H./Burmann, Ch./Kirchgeorg, M. (2012): Marketing, 11. Aufl., Wiesbaden.

Müller-Merbach, H. (1976): Einführung in die Betriebswirtschaftslehre, München.

Müller-Stewens, G./Lechner, Ch. (2011): Strategisches Management, 4. Aufl., Stuttgart.

Nieschlag, R./Dichtl, E./Hörschgen, H. (2002): Marketing, 19. Aufl., Berlin.

Peters, S./Brühl, R./Stelling, J. N. (2005): Betriebswirtschaftslehre, 12. Aufl., München, Wien.

Picot, A./Reichwald, R./Wigand, R. T. (2003): Die grenzenlose Unternehmung, 5. Aufl., Wiesbaden.

Picot, A./Dietl, H./Franck, E./Fiedler, M./Royer, S. (2012): Organisation, 6. Aufl., Stuttgart.

Porter, M. E. (1980): Competitive Strategy, New York.

Porter, M. E. (2000): Wettbewerbsvorteile. Spitzenleistungen erreichen und behaupten, 6. Aufl., Frankfurt am Main.

Raffée, H. (1974): Grundprobleme der Betriebswirtschaftslehre, Göttingen.

Reichmann, T. (2006): Controlling mit Kennzahlen und Managementberichten, 7. Aufl., München.

Rese, M./Kupp, M. (2011): Strategisches Management, in: Busse von Colbe, W./ Coenenberg, A. G./Kajüter, P./Linnhoff, U./Pellens, B. (Hrsg.), Betriebswirtschaft für Führungskräfte, 4. Aufl., Stuttgart, S. 85–108.

Rühli, E. (1975): Beiträge zur Unternehmensführung und Unternehmenspolitik, Bern, Stuttgart.

Saatweber, J. (2005): Nutzen- und Qualitätsmanagement im Entwicklungsprozess – Kundenanforderungen systematisch umsetzen und Risiken minimieren, in: Schäppi, B./Andreasen, M. M./Kirchgeorg, M./Rademacher, F. J. (Hrsg.), Handbuch Produktentwicklung, München, Wien, S. 357–396.

Schaltegger, St./Dyllick, T. (2002): Nachhaltig managen mit der Balanced Scorecard, Wiesbaden.

Schanz, G. (2009): Wissenschaftsprogramme der Betriebswirtschaftslehre, in: Bea, F. X./Schweitzer, M. (Hrsg.), Allgemeine Betriebswirtschaftslehre, Bd. 1: Grundfragen, 10. Aufl., Stuttgart, S. 83–161.

Scherer, A. G.; Picot, A.: Unternehmensethik und Corporate Social Responsibility – Herausforderungen an die Betriebswirtschaftslehre, in: zfbf-Sonderheft, 58 Jg. (2008), S. 1–25.

Schierenbeck, H./Wöhle, C. B. (2016): Grundzüge der Betriebswirtschaftslehre, 19. Aufl., München.

Schmalen, H./Pechtl, H. (2013): Grundlagen und Probleme der Betriebswirtschaft, 15. Aufl., Stuttgart.

Schneider, D. (1987): Allgemeine Betriebswirtschaftslehre, München, Wien.
Schneider, D. (1995): Betriebswirtschaftslehre, Bd. 1, 2. Aufl., Wiesbaden.
Schweiger, G./Schrattenecker, G. (2013): Werbung, 8. Aufl., Stuttgart.
Schweitzer, M. (2009a): Gegenstand und Methoden der Betriebswirtschaftslehre, in: Bea, F. X./Schweitzer, M. (Hrsg.), Allgemeine Betriebswirtschaftslehre, Bd. 1: Grundfragen, 10. Aufl., Stuttgart, S. 23–80.
Schweitzer, M. (2009b): Grundfragen, in: Bea, F. X./Schweitzer, M. (Hrsg.), Allgemeine Betriebswirtschaftslehre, Bd. 1: Grundfragen, 10. Aufl., Stuttgart, S. 1–22.
Schweitzer, W. (2011): Planung und Steuerung, in: Bea, F. X./Schweitzer, M. (Hrsg.), Allgemeine Betriebswirtschaftslehre, Bd. 2: Führung, 10. Aufl., Stuttgart, S. 38–177.
Schweizer, M./Schweitzer, M. (2006): Erfolgreiches Innovationsmanagement, in: Bea, F. X./Friedl, B./Schweitzer, M. (Hrsg.), Allgemeine Betriebswirtschaftslehre, Bd. 3: Leistungsprozess, 9. Aufl., Stuttgart, S. 9–112.
Seelbach, H. (2006): Investition, in: Bea, F. X./Friedl, B./Schweitzer, M. (Hrsg.), Allgemeine Betriebswirtschaftslehre, Bd. 3: Leistungsprozess, 9. Aufl., Stuttgart, S. 337–400.
Silberer, G. (1979): Warentest, Informationsmarketing, Verbraucherverhalten, Berlin.
Specht, G. (1971): Grundlagen der Preisführerschaft, Wiesbaden.
Specht, G. (1986): Grundprobleme eines strategischen markt- und technologieorientierten Innovationsmanagements, in: Wirtschaftswissenschaftliches Studium, 15. Jg., H. 12, S. 609–613.
Specht, G. (2000): Schnittstellenmanagement: Marketing und Forschung und Entwicklung, in: Herrmann, A./Hertel, G./Virt, W./Huber, F. (Hrsg.), Kundenorientierte Produktgestaltung, München, S. 265–285.
Specht, G./Beckmann, C./Amelingmeyer, J. (2002): F&E-Management, 2. Aufl., Stuttgart.
Specht, G./Fritz, W. (2005): Distributionsmanagement, 4. Aufl., Stuttgart u. a.
Staehle, W. H. (1999): Management, 8. Aufl., München.
Steinmann, H./Schreyögg, G./Koch, J. (2013): Management, 7. Aufl., Wiesbaden.
Theisen, M. R. (2011a): Steuerpolitik der Unternehmen, in: Busse von Colbe, W./Coenenberg, A. G./Kajüter, P./Linnhoff, U./Pellens, B. (Hrsg.), Betriebswirtschaft für Führungskräfte, 4. Aufl., Stuttgart, S. 435–451.
Theisen, M. R. (2011b): Rechtsformen und Corporate Governance, in: Busse von Colbe, W./Coenenberg, A. G./Kajüter, P./Linnhoff, U./Pellens, B. (Hrsg.), Betriebswirtschaft für Führungskräfte, 4. Aufl., Stuttgart, S. 145–169.
Thommen, J.-P./Achleitner, A.-K./Gilbert, D. U./Hachmeister, D./Kaiser, G. (2017): Allgemeine Betriebswirtschaftslehre, 8. Aufl., Wiesbaden.
Trommsdorff, V./Steinhoff, F. (2007): Innovationsmarketing, München.
Troßmann, E. (2006): Beschaffung und Logistik, in: Bea, F. X./Friedl, B./Schweitzer, M. (Hrsg.), Allgemeine Betriebswirtschaftslehre, Bd. 3: Leistungsprozess, 9. Aufl., Stuttgart, S. 113–181.
Ulrich, H. (1970): Die Unternehmung als produktives System, Bern, Stuttgart.

Vahs, D./Brem, A. (2015): Innovationsmanagement, 5. Aufl., Stuttgart.
Warning, S./Welzel, P. (2007): Industrieökonomik, in: Busse von Colbe, W./Coenenberg, A. G./Kajüter, P./Linnhoff, U./Pellens, B. (Hrsg.), Betriebswirtschaft für Führungskräfte, 3. Aufl., Stuttgart, S. 47–85.
Weber, J./Schäffer, U. (2014): Einführung in das Controlling, 14. Aufl., Stuttgart.
Weber, W./Kabst, R. (2009): Einführung in die Betriebswirtschaftslehre, 7. Aufl., Wiesbaden.
Weber, W./Kabst, R./Baum, M. (2014): Einführung in die Betriebswirtschaftslehre, 9. Aufl., Wiesbaden.
Webster, F. E./Wind, Y. (1972): Organizational Buying Behaviour, New Jersey.
Winkler, J. R./Falter, J. W. (1997): Grundzüge der politikwissenschaftlichen Forschungslogik und Methodenlehre, in: Mohr, A. (Hrsg.), Grundzüge der Politikwissenschaft, 2. Aufl., München, Wien S. 65–141.
Wöhe, G./Döring, U./Brösel, G. (2016): Einführung in die Allgemeine Betriebswirtschaftslehre, 26. Aufl., München.

Stichwortverzeichnis